Roland Berger Strategy Consultants – Academic Network

Weitere Publikationen des Academic Network

T. Bieger · N. Bickhoff · R. Caspers
D. zu Knyphausen-Aufseß · K. Reding
(Hrsg.)
Zukünftige Geschäftsmodelle
XII, 279 Seiten. 2002.
ISBN 978-3-540-42744-5

N. Bickhoff · C. Böhmer · G. Eilenberger
K.-W. Hansmann · M. Niggemann
C. Ringle · K. Spremann · G. Tjaden
Mit Virtuellen Unternehmen zum Erfolg
VI, 125 Seiten. 2003.
ISBN 978-3-540-44246-2

G. Corbae · J. B. Jensen · D. Schneider
Marketing 2.0
VI, 151 pages. 2003.
ISBN 978-3-540-00285-7

R. Caspers · N. Bickhoff · T. Bieger (Hrsg.)
Interorganisatorische Wissensnetzwerke
XI, 353 Seiten. 2004.
ISBN 978-3-540-20182-3

L. Schuster · A. W. Widmer (Hrsg.)
Wege aus der Banken- und Börsenkrise
X, 527 Seiten. 2004.
ISBN 978-3-540-21106-8

N. Bickhoff · M. Blatz · G. Eilenberger
S. Haghani · K.-J. Kraus (Hrsg.)
Die Unternehmenskrise als Chance
X, 440 Seiten. 2004.
ISBN 978-3-540-21433-5

K. Spremann (Hrsg.)
Versicherungen im Umbruch
IX, 543 Seiten. 2005.
ISBN 978-3-540-22063-3

B. Schwenker · S. Bötzel
Auf Wachstumskurs
V, 147 Seiten. 2006.
ISBN 978-3-540-26755-3

M. Blatz · K.-J. Kraus · S. Haghani (Hrsg.)
Gestärkt aus der Krise
XII, 177 Seiten. 2006.
ISBN 978-3-540-29416-0

S. Dutta · A. DeMeyer · A. Jain
G. Richter (Eds.)
**The Information Society
in an Enlarged Europe**
X, 290 pages. 2006.
ISBN 978-3-540-26221-3

M. Blatz · K.-J. Kraus · S. Haghani (Eds.)
Corporate Restructuring
XII, 180 pages. 2006.
ISBN 978-3-540-33074-5

G. Kasperk · M. Woywode · R. Kalmbach
Erfolgreich in China
VIII, 166 Seiten. 2006.
ISBN 978-3-540-29839-7

B. Schwenker · S. Bötzel
Making Growth Work
VI, 138 pages. 2007.
ISBN 978-3-540-46486-0

B. Stauss · K. Engelmann · A. Kremer
A. Luhn (Eds.)
Services Science
VI, 172 pages. 2008.
ISBN 978-3-540-74487-0

B. Schwenker · K. Spremann
**Unternehmerisches Denken
zwischen Strategie und Finanzen**
XII, 343 Seiten. 2008.
ISBN 978-3-540-75950-8

G. Eilenberger · S. Haghani · A. Kötzle
K. Reding · K. Spremann (Hrsg.)
Finanzstrategisch denken!
VIII, 129 Seiten. 2008.
ISBN 978-3-540-76433-5

G. Eilenberger · S. Haghani (Hrsg.)
**Unternehmensfinanzierung zwischen Strategie
und Rendite**
XIV, 169 Seiten. 2008
ISBN 978-3-540-70761-5

Burkhard Schwenker · Klaus Spremann
Management Between Strategy and Finance
XIII, 335 pages. 2009
ISBN 978-3-540-85274-2

Thomas Bieger • Dodo zu Knyphausen-Aufseß
Christian Krys
Herausgeber

Innovative
Geschäftsmodelle

Konzeptionelle Grundlagen,
Gestaltungsfelder und
unternehmerische Praxis

 Springer

academic**network**

Herausgeber
Prof. Dr. Thomas Bieger
Universität St. Gallen
IMP-HSG
Dufourstrasse 40a
9000 St. Gallen
Schweiz
thomas.bieger@unisg.ch

Prof. Dr. Dodo zu Knyphausen-Aufseß
Technische Universität Berlin
Strategische Führung und
Globales Management
Straße des 17. Juni 135/H 92
10623 Berlin
Deutschland
knyphausen@strategie.tu-berlin.de

Dr. Christian Krys
Roland Berger Strategy Consultants
Holding GmbH
.bits Knowledge Group
Karl-Arnold-Platz 1
40474 Düsseldorf
Deutschland
christian_krys@de.rolandberger.com

ISBN 978-3-642-18067-5   e-ISBN 978-3-642-18068-2
DOI 10.1007/978-3-642-18068-2
Springer Heidelberg Dordrecht London New York

Die Deutsche Nationalbibliothek verzeichnet diese Publikation in der Deutschen Nationalbibliografie; detaillierte bibliografische Daten sind im Internet über http://dnb.d-nb.de abrufbar.

Einbandentwurf: WMXDesign GmbH, Heidelberg

Gedruckt auf säurefreiem Papier

Springer ist Teil der Fachverlagsgruppe Springer Science+Business Media (www.springer.com)

Vorwort

Der Begriff des „Geschäftsmodells" ist heute aus keinem Unternehmen mehr wegzudenken. Sogar an einigen Börsen wird die Beschreibung des Geschäftsmodells als Teil der Berichterstattung an die Aktionäre verlangt. Auch umgangssprachlich sowie in Politik und Gesellschaft spricht man heute von „Geschäftsmodellen", beispielsweise von Parteien oder Kulturinstitutionen.

Bereits im Frühling 2002 ist das Buch „Zukünftige Geschäftsmodelle. Konzept und Anwendung in der Netzökonomie" als eine der ersten Publikationen zu diesem Thema im deutschsprachigen Raum erschienen. Damals schrieb Burkhard Schwenker, heute Vorsitzender des Aufsichtsrats von Roland Berger Strategy Consultants, in seinem Geleitwort: „Gemeinsam mit den 15 in unserem ,Academic Network' assoziierten Lehrstühlen […] sind wir heute stolz, die Früchte der Arbeit in unserem ersten Band unserer neuen Buchreihe zu präsentieren. Diese Reihe wendet sich an Manager und Wissenschaftler gleichermaßen und leistet mit praxisbezogenen wie auch wissenschaftlichen Beiträgen aktuelle und vorausschauende Gestaltungsempfehlungen für die Unternehmensführung."

Diesem Anspruch ist die Buchreihe mit ihren 16 seit 2002 veröffentlichten Titeln treu geblieben. Auch das Konzept und die Ziele des „Academic Network" haben sich nicht verändert: Das Roland Berger Strategy Consultants – Academic Network ist ein Netzwerk von heute 16 Universitätsprofessoren und Beratern aus dem Hause Roland Berger. Seit seiner Gründung im Jahr 1998 treffen sich die Mitglieder dieses Netzwerks regelmäßig, um gemeinsam neue Forschungsprojekte zu definieren und die Ergebnisse laufender Projekte vorzustellen. Zentrales Anliegen des Netzwerks ist der Erfahrungsaustausch und Wissenstransfer zwischen Theorie und Praxis. Dabei handelt es sich beim Academic Network nicht um Auftragsforschung: Alle Teilnehmer sind ohne Verpflichtungen Mitglieder des Netzwerks.

Als die Beiträge für die Publikation „Zukünftige Geschäftsmodelle" im Jahr 2001 entstanden, war die Internet-Ökonomie bereits den Kinderschuhen entwachsen, durchlebte aber die für die Adoleszenz typischen Stimmungsschwankungen von totaler Euphorie bis zum Katzenjammer nach dem Platzen der Dotcom-Blase. Bei aller Ungewissheit über die Perspektiven der Netzökonomie bestanden jedoch kaum Zweifel, dass die neuen Technologien auch enorme Potenziale für die Entwicklung neuer Geschäftsmodelle boten. Vor diesem Hintergrund betonten die Autoren damals stark die Phänomene der Netzökonomie und deren Konsequenzen. Vor allem die Möglichkeiten im Marketing sowie der Trend, einzelne Leistungselemente auszulagern, wurden vertieft bearbeitet. Dementsprechend stark fiel beispielsweise die Gewichtung der Wertschöpfungskonfiguration aus.

Inzwischen haben sich die Rahmenbedingungen deutlich verändert: Zwar werden nach wie vor Unternehmen gegründet, die die Möglichkeiten des Internets nutzen, um für ihre Kunden Werte zu schaffen. Und das World Wide Web ist aus dem Alltag von Firmen und Privathaushalten nicht mehr wegzudenken. Aber bei der Gestaltung und Diskussion von Geschäftsmodellen sind andere Aspekte in den Vordergrund gerückt: Durch die Zunahme der Globalisierung und die Dynamisierung des Wettbewerbs haben Innovationen immens an Bedeutung gewonnen. Dem Finanzbereich des Unternehmens kommt heute ein erhebliches Gewicht zu: Die Art der Finanzierung und deren fortlaufende Gestaltung prägen beispielsweise wesentlich die Wachstumsmöglichkeiten eines Unternehmens. Weitere Herausforderungen für das Management bestehen in der zunehmenden Volatilität der Märkte sowie in den veränderten Erwartungen und Bedürfnissen der Stakeholder.

Die veränderten Rahmenbedingungen verlangen nach einer Weiterentwicklung der bisherigen Geschäftsmodellsystematiken. Dieser Aufgabe stellen sich die Herausgeber und Autoren des vorliegenden Buches, das die Grundlagen und Gestaltungsfelder sowie Praxisbeispiele innovativer Geschäftsmodelle beleuchtet. Das theoretisch-konzeptionelle Fundament dafür liefert der wertbasierte Geschäftsmodellansatz, der die sechs Elemente Leistungskonzept, Wertschöpfungskonzept, Ertragsmodell, Kanäle, Wertverteilung und Entwicklungskonzept berücksichtigt.

Die Verknüpfung von Theorie und Praxis gehört, wie oben erwähnt, zu den Leitmotiven des Academic Network. Diesem Grundsatz entsprechend, belässt es diese Publikation nicht bei abstrakten Erörterungen des Begriffs „Geschäftsmodell", sondern untersucht das Konzept immer aus dem Blickwinkel der konkreten Umsetzung im Unternehmen. Denn bereits im Geleitwort der „Zukünftigen Geschäftsmodelle" von 2002 wurde die bis heute spannende Schlüsselfrage formuliert: „Wie kann man aus einem vielschichtigen Begriff tragfähige Konzepte schmieden, die Unternehmen zum Erfolg führen?"

Antworten darauf zu finden, ist das ambitionierte Ziel dieses Buches. Nachdem die Idee zu diesem Projekt bei einem der regelmäßigen Treffen des Academic Network entwickelt wurde, entstanden die Beiträge in der zweiten Jahreshälfte 2010. Dass diese Beiträge ein breites Spektrum

abdecken, dabei aber niemals den nötigen Tiefgang bei der Auseinandersetzung mit einzelnen Themen vermissen lassen, verdankt diese Publikation ihren Autoren aus Wissenschaft, Unternehmen und Beratung. Gerade
die Bündelung ihrer subjektiven Erfahrungen und Kenntnisse machen
dieses Beitragswerk zu einer – wie wir meinen – lohnenden Lektüre, für
Praktiker ebenso wie für Wissenschaftler, Lehrende und Studierende. Wir
bedanken uns herzlich für das Engagement aller Autoren sowie für die Zeit
und die Energie, die sie in das Schreiben ihrer Manuskripte investiert
haben.

Der Respekt vor der Individualität der Beiträge hat auch den Umgang mit
den einzelnen Manuskripten geprägt. Richtschnur bei der Bearbeitung war
die Devise „So viel Vereinheitlichung von Schreibweisen, Literaturan-
gaben etc. wie nötig, so viel Freiraum wie möglich." Der Weg von der
Word-Datei bis zum fertig gedruckten Buch hat viele Stationen und viele
Beteiligte, denen wir zu Dank verpflichtet sind. Stellvertretend für alle
Mitwirkenden möchten wir uns beim Design Team von Roland Berger
Strategy Consultants für die Überarbeitung der zahlreichen Abbildungen
bedanken. Bei Alice Blanck vom Springer-Verlag bedanken wir uns herzlich dafür, dass sie auch diese Publikation des Academic Network pro-
fessionell begleitet hat.

Thomas Bieger
Dodo zu Knyphausen-Aufseß
Christian Krys

St. Gallen, Berlin, Düsseldorf
Januar 2011

Inhaltsverzeichnis

Innovative Geschäftsmodelle – Die Sicht des Managements 71
STEPHAN REINHOLD, EMMANUELLE REUTER, THOMAS BIEGER

Finanzarchitekturen von Geschäftsmodellen 93
KLAUS SPREMANN, ROMAN FRICK

**Transformation von Geschäftsmodellen –
Treiber, Entwicklungsmuster, Innovationsmanagement**
DODO ZU KNYPHAUSEN-AUFSESS, MICHAEL ZOLLENKOP

TEIL 3: INNOVATIVE GESCHÄFTSMODELLE IN DER PRAXIS

Geschäftsmodellwandel in der Automobilindustrie – Determinanten, zukünftige Optionen, Implikationen

WOLFGANG BERNHART, MICHAEL ZOLLENKOP

.

Einleitung – Die Dynamik von Geschäftsmodellen

Thomas Bieger, Christian Krys

Das „Geschäftsmodell" als Konzept hat sich seit Längerem in Theorie und Praxis etabliert. Trotz einer fehlenden allgemeingültigen Definition gibt es Grundmerkmale, die in den meisten Definitionsversuchen wiederzufinden sind. Veränderte Rahmenbedingungen, wie die Dynamisierung und Globalisierung des Wettbewerbs, haben dafür gesorgt, dass bisherige Geschäftsmodellsystematiken weiterentwickelt werden müssen. Der wertbasierte Geschäftsmodellansatz berücksichtigt die veränderten Rahmenbedingungen und verknüpft die sechs Elemente Leistungskonzept, Wertschöpfungskonzept, Ertragsmodell, Kanäle, Wertverteilung und Entwicklungskonzept. Dieser Ansatz wird in diesem Buch vorgestellt. Entscheide zur Ausgestaltung der einzelnen Elemente des Strukturansatzes werden diskutiert. Darüber hinaus unternimmt das Buch den Versuch einer umfassenden Beschäftigung mit der Geschäftsmodellthematik. Es stellt die Ergebnisse einer Befragung deutscher und Schweizer Manager vor, beleuchtet einzelne Elemente und Querschnittsaspekte von Geschäftsmodellen, untersucht die Geschäftsmodelle beispielhafter Unternehmen und wagt einen Ausblick auf Geschäftsmodelle im Jahr 2030.

1 Geschäftsmodelle – Ein etabliertes Konzept

Das Konzept „Geschäftsmodell" als Grundlage für die Beschreibung der Funktionsweise eines Unternehmens hat sich seit den 1990er Jahren in der strategischen Unternehmensplanung und in der Umgangssprache unwiderruflich durchgesetzt (vgl. unter anderem Rentmeister/Klein, 2003). Kein Jahresbericht, keine Strategiebeschreibung, keine (grundlegende) Presseinformation und kein Vortrag eines Vorstandsvorsitzenden verzichtet mittlerweile auf den Begriff „Geschäftsmodell". Neuerdings fordern Corporate Governance Richtlinien sogar die Offenlegung von Geschäftsmodellen. Auch Unternehmen, die ihren Auftrag aus der öffentlichen Daseinsvorsorge erhalten, wie Nahverkehrsbetriebe oder kommunale Versorger (vgl. unter anderem Drozdova, 2008), und ebenso Non-Profit-Organisationen haben für ihre Aktivitäten Geschäftsmodelle formuliert. Und selbst im volkwirtschaftlichen Kontext wird der Terminus benutzt, um ein typisches ökonomisches Muster zu beschreiben – so wird im Zusammenhang mit Deutschlands wirtschaftlichen Aktivitäten vom „Geschäftsmodell Export" gesprochen (Prognos, 2009) oder auch von Geschäftsmodellen von Regionen.

Auch wenn sich der Geschäftsmodell-Begriff also umfassend etabliert hat, fehlt dennoch sowohl in der Wissenschaft als auch in der betrieblichen Praxis eine ebenso weit verbreitete Definition oder ein allgemein anerkannter Strukturierungsansatz. Relativ pionierhaft wurde bereits 2002 in einem schon damals vom Roland Berger Academic Network getragenen Buch „Zukünftige Geschäftsmodelle" ein Geschäftsmodell definiert als „vereinfachte Darstellung oder Abbilder der Mechanismen und der Art und Weise, wie ein Unternehmen oder ein Unternehmenssystem oder eine Branche am Markt Werte schafft" (Bieger/Bickhoff/zu Knyphausen-Aufseß, 2002). Darüber hinaus bestehen verschiedene Definitionsansätze (vgl. unter anderem Loos et al., 2003; Shafer et al., 2005; Umbeck, 2009). Diesen Versuchen ist gemeinsam, dass darin ein Geschäftsmodell als „modellhafte Beschreibung" gesehen wird, das die folgenden Kernfragen beantwortet:

1. Wie kann Wertschöpfung am Markt erzielt werden?

2. Wie müssen dazu die Kunden bearbeitet werden?

3. Wie sind Kommerzialisierung und Ertragsmechanismen ausgestaltet?

4. Wie wird die Wertschöpfungskette konfiguriert – und wie kann innerhalb der Kette mit Partnern zusammengearbeitet werden?

5. Welcher Leistungsfokus besteht – und welche Entwicklungsdynamik ist darin enthalten?

6. Wie werden Produkt- und Leistungsinnovationen gestaltet?

7. Wie können diese Elemente in einer positiven Wachstumsdynamik kombiniert werden?

Die in den Kernfragen angesprochenen Elemente von Geschäftsmodellen gestalten erfolgreiche Unternehmen in konsistenten Geschäftsmodellen so, dass Verstärkungskreisläufe entstehen. So erzielt beispielsweise Apple mit der Ergänzung seiner Angebotspalette um Internetshops wie iTunes Music oder AppStore einen zusätzlichen Einnahmestrom, der es dem Unternehmen ermöglicht, kontinuierlich in neue Innovationen zu investieren. Solche Verstärkungskreisläufe können über K-K-Zyklen (das heißt, Kunden generieren neue Kunden), K-L-K-Zyklen (das heißt, Kunden generieren neue Leistungen, die wiederum neue Kunden generieren) oder L-L-Zyklen (das heißt, Leistungen, wie zum Beispiel der Handel von Unternehmen durch Banken mit integriertem Geschäftsmodell, führen zu neuen Leistungen wie beispielsweise Anlageprodukten) laufen.

Besondere Bedeutung kommt Geschäftsmodellen in der internen und externen Kommunikation zu. Die Geschäftsleitung nutzt die Erklärungskraft von Geschäftsmodellen, um den Kern der Geschäftstätigkeit eines Unternehmens sowohl gegenüber den eigenen Mitarbeitern als auch gegenüber externen Partnern wie Kapitalgebern und Kooperationspartnern zu kommunizieren. Entsprechend werden Geschäftsmodelle in spezifische Gruppen strukturiert und plakativ betitelt. So spricht man beispielsweise von Low-Cost-Geschäftsmodellen oder B2B-Geschäftsmodellen (vgl. unter anderem Malone et al., 2006; Osterwalder/Pigneur, 2009).

2 Veränderte Rahmenbedingungen

Die Bedeutung von Geschäftsmodellen, ihre Vielschichtigkeit und ihr Wandel im Zeitalter der von der Evaluation der Informations- und Kommunikationstechnologie getriebenen Netzökonomie waren vor knapp zehn Jahren der Anlass, dass das Academic Network von Roland Berger Strategy Consultants das Buch „Zukünftige Geschäftsmodelle – Konzept und Anwendung in der Netzökonomie" erstellte. Damit wurde ein Grundlagenwerk geschaffen, das bereits in seiner zweiten unveränderten Auflage erschienen ist. Das darin präsentierte achtstufige Raster für Geschäftsmodelle von Bieger, Rüegg-Stürm und von Rohr (2002) hat sich im Unterricht und in der Praxis gut bewährt, ist jedoch geprägt durch seinen Entwicklungszeitpunkt (2000/2001) und die damals vorherrschenden neuen technologischen Möglichkeiten, insbesondere auch im Marketing (Community Marketing), sowie Trends, einzelne Leistungselemente auszulagern (vgl. entsprechend die starke Gewichtung der Wertschöpfungskonfiguration und der Kooperation mit drei von acht Dimensionen des Beschreibungsrasters).

Die damaligen Rahmenbedingungen haben sich enorm gewandelt (Bieger/Reinhold, 2009). Zwar entstehen nach wie vor neue Unternehmen, die die Möglichkeiten des Internet nutzen, um für ihre Kunden Werte zu schaffen. Und in nahezu allen Unternehmen spielt das Internet heutzutage eine große Rolle, sei es etwa als Vertriebskanal, als Kommunikationsplattform oder als Informationsquelle. Doch haben andere Aspekte bei der Gestaltung und Diskussion von Geschäftsmodellen wesentlich an Bedeutung gewonnen:

1. Durch die Zunahme der *Globalisierung* und die Dynamisierung des Wettbewerbs (vgl. Chesbrough, 2006; Zollenkop, 2006) hat sich die Bedeutung von Innovationen markant verstärkt – auch in bis dato national oder sogar regional geschützten Märkten im Bereich von Dienstleistungen. Es geht damit bei Unternehmen heute nicht mehr nur primär um die Frage, wie die Marktleistungen ausgestaltet werden sollen, sondern wie der kontinuierliche Leistungsinnovationsprozess konfiguriert werden soll – das heißt, nicht nur um Produkte, sondern um die Ausgestaltung der „Mechanik" der Produkte-Pipeline (Idea Sourcing, Produktentwicklung und -design, Produktion).

2. Umgekehrt hat das Gewicht der *Konfiguration der Wertschöpfungskette* relativ abgenommen. Zum einen bestehen etablierte Konzepte und vermehrt auch klar ausdefinierte Transaktionsschnittstellen, zum anderen ist in einigen Märkten ein Trend zum vermehrten Insourcing zu beobachten (beispielsweise in der Luftfahrtindustrie und in der Pharmaindustrie).

3. Ein wesentliches Gewicht kommt gerade vor dem Hintergrund der neuesten Entwicklung dem *Finanzbereich* des Unternehmens zu. Die Art der Finanzierung und deren fortlaufende Gestaltung prägen das Wachstum beziehungsweise die Wachstumsmöglichkeiten eines Unternehmens. Die Eigenkapitalseite, also die Eigentümerstruktur, bestimmt wesentlich die strategischen Prioritäten. Zudem kann der Finanzbereich selbst Ergebnisbeiträge für die Unternehmung generieren.

4. Die *Volatilität von Märkten* hat enorm zugenommen. Rohstoffpreise schossen vor der Krise auf Allzeithochs, gingen in der Krise dramatisch zurück und sind seitdem wieder deutlich angestiegen. Von der Richtung her eine normale Entwicklung – neu sind die großen Amplituden der Ausschläge. Die gleiche Entwicklung zeigt sich bei Wachstumsraten, Aktienkursen und Geschäftsklimaindizes. All diese Größen beeinflussen die Geschäftsmodelle von Unternehmen. Aus Gewinnen werden Verluste, wenn die Rohstoffkosten Schwellenwerte überschreiten. Preissicherungen sind hier ebenso vonnöten wie eine Erweiterung von stark produktlastigen Geschäftsmodellen um Services, die einen kontinuierlichen Einnahmestrom garantieren und deren Kosten weniger stark schwanken. Die Absicherung solcher Ausschläge durch neue Finanzinstrumente ebenso wie die Gestaltung von Vorleisterbeziehungen durch Kooperationen etc. gewinnen an Gewicht.

5. In vielen Branchen sind *Transformations- oder auch Konvergenzprozesse* von Geschäftsmodellen zu beobachten, so beispielsweise in der Luftfahrtindustrie, wo sich mindestens im Kurzstreckenbereich die Geschäftsmodelle von Linienfluggesellschaften und Low-Cost-Carrieren angleichen. Weitere Beispiele bestehen in der Pharmaindustrie (vgl. Meinhardt, 2002) oder den zusehends konvergierenden Telekommunikations-, IT-, Media- und Entertainmentindustrien (TIME-Industry) (vgl. Hofbauer, 2008). Die Transformation von Geschäftsmodellen und die aktive Gestaltung dieser Prozesse haben entsprechend großes Gewicht.

6. In vielen Bereichen haben sich zusätzlich die Akzente verschoben. So ist im Bereich der Kommerzialisierung beziehungsweise der *Ertragsmechanik* der Aspekt des Zahlungszeitpunkts (Vorauszahlung oder spätere Zahlung) bedeutender geworden. Im Bereich der *Kommunikation* haben sich durch die Entwicklung der Technologie neue Möglichkeiten zu einer Interaktion mit den Kunden und damit zu einer intensiven Kundenintegration ergeben (Kunde als Co-Developer oder Co-Producer). Gleichzeitig führten neue Erkenntnisse auf dem Gebiet des Behavioral Pricing zu Innovationen im Bereich der *Preisgestaltung der Ertragskonzepte*.

7. Kundinnen und Kunden sind heute immer weniger in klassische Marktsegmente zu gliedern. Der ‚hybride‘ *Konsumierende* mit situativen Konsummustern scheint Tatsache geworden zu sein: Je nach Konsumsituation zeichnen sich Kunden durch unterschiedliche Gewichtung von Bedürfnissen, unterschiedliche Auseinandersetzung mit dem Kaufgegenstand und -prozess sowie unterschiedliche Bindungsbereitschaft aus. Dies prägt den situativen Entscheid und führt unter anderem zur Ausdifferenzierung des Konsums in den Kauf von umfassenden Leistungsbündeln versus den Kauf von isolierten Teilleistungen.

Unternehmen müssen daher ihr Geschäftsmodell ständig auf den Prüfstand stellen, um es entweder den veränderten Bedingungen reaktiv anzupassen oder aber um zukünftige Bedingungen zu antizipieren und proaktiv im Sinne einer Geschäftsmodellinnovation tätig zu werden. Gerade die proaktive Vorgehensweise, also die Entwicklung von Geschäftsmodellinnovationen, ist aufgrund der großen Dynamik des heutigen Wettbewerbsumfelds dringender denn je. Dabei können sich Geschäftsmodellinnovationen auf einzelne Bestandteile des Geschäftsmodells oder auf die Beziehungen zwischen den Bestandteilen beziehungsweise auf die Gesamtarchitektur beziehen (vgl. Zollenkop, 2006). Die größten Aussichten, durch Geschäftsmodellinnovationen zeitlich möglichst lange haltbare Wettbewerbsvorteile zu erzielen, bieten prinzipielle Geschäftsmodellinnovationen, also solche, bei denen sowohl mehrere Bestandteile als auch die Architektur des Geschäftsmodells innoviert werden.

3 Ein neuer Geschäftsmodellansatz

Die genannten Entwicklungen erfordern eine Weiterentwicklung des Geschäftsmodellansatzes nach Bieger, Rüegg-Stürm und von Rohr (2002). Die Weiterentwicklung wird in diesem Buch im Beitrag von Thomas Bieger und Stephan Reinhold vorgestellt. Es ist das wertbasierte Geschäftsmodell, dem die Prämisse zugrunde liegt, dass der wichtigste Zweck eines Unternehmens in der Schaffung von monetären und nicht-monetären Werten für die Anspruchsgruppen des Unternehmens (Kunden, Lieferanten, Mitarbeiter, Kapitalgeber, Öffentlichkeit etc.) und das Unternehmen selbst liegt.

Der neue Geschäftsmodellansatz umfasst die sechs Stufen *Leistungskonzept* (Value Proposition), *Wertschöpfungskonzept* (Value Creation), *Kanäle* (Value Communication and Transfer), *Ertragsmodell* (Value Capture), *Wertverteilung* (Value Dissemination), und *Entwicklungskonzept* (Value Development). Er trägt den veränderten Rahmenbedingungen und dem fortgeschrittenen Stand der Geschäftsmodellforschung Rechnung:

1. Er orientiert sich durchgängig an der Schaffung von Werten für Kunden und das Unternehmen.

2. Er berücksichtig unter dem Aspekt der „Wertverteilung" im Vergleich zu bisherigen Ansätzen erstmals explizit Aspekte der Finanzierung.

3. Er korrigiert die bisherige Überbetonung des Wertschöpfungsprozesses.

4. Er trägt der hohen Umweltdynamik Rechnung, indem er mit der „Wertentwicklung" Aspekte des quantitativen Wachstums und der Innovation einführt.

5. Er unterstützt die praktische Anwendung des Geschäftsmodells als Analyse-, Planungs- und Kommunikationsmodell, indem er für jedes Geschäftsmodellelement Entscheidungsraster und Leitfragen für die Analyse bereitstellt.

4 Innovative Geschäftsmodelle – Eine umfassende Herangehensweise

Der neue wertbasierte Geschäftsmodellansatz bildet den analytischen Ausgangspunkt dieses Buches, das darüber hinaus eine möglichst umfassende Behandlung der modernen Geschäftsmodellthematik bieten möchte. Grundlage dafür waren Beiträge von und Diskussionen zwischen sieben wirtschaftswissenschaftlichen Lehrstühlen deutscher und Schweizer Universitäten mit Roland Berger Strategy Consultants im Rahmen des Academic Network. Diese Zusammenarbeit ermöglichte eine interdisziplinäre Kooperation und die Verbindung von Theorie und Praxis. Mit dem Buch richten wir uns gleichermaßen an Wissenschaftler wie an Praktiker und stellen sowohl neue Konzepte als auch Ergebnisse aktueller empirischer Untersuchungen vor. Es dürfte darüber hinaus – wie bereits das Buch aus dem Jahre 2002 – eine Grundlage für Kurse zum Thema Geschäftsmodelle an Hochschulen werden.

Das Buch gliedert sich in drei Hauptteile. Der erste Teil beginnt mit dem konzeptionellen Grundlagenkapitel von Thomas Bieger und Stephan Reinhold zum wertbasierten Geschäftsmodellansatz. Dieser Ansatz ist eine Weiterentwicklung des Geschäftsmodellansatzes von Bieger, Rüegg-Stürm und von Rohr (2002), der dem aktuellen Stand der Forschung zu Geschäftsmodellen Rechnung trägt. Neben der Orientierung an der Wertschaffung werden dort neu auch die Dimensionen Innovation und Wertverteilung eingeführt. Der nachfolgende Beitrag von Stephan Reinhold, Emmanuelle Reuter und Thomas Bieger stellt die Ergebnisse einer Befragung von Managern der größten deutschen und Schweizer Unternehmen zu Geschäftsmodellen vor. Danach behandeln Klaus Spremann und Roman Frick die Finanzierungs-, Risiko- und Ertragsseite von Geschäftsmodellen. Dabei werden typische Architekturen von Geschäftsmodellen angesprochen, etwa ein Typus, der auf Innovation abzielt, und ein anderer Typus, der seinen Schwerpunkt auf „Operational Efficiency" legt. Teil 1 schließt mit einem Beitrag von Michael Zollenkop und Dodo zu Knyphausen-Aufseß. Sie beschäftigen sich mit der Transformation von Geschäftsmodellen: Was sind die Treiber des Wandels von Geschäftsmodellen, und welche Entwicklungsmuster gibt es bei der Transformation?

Der zweite Teil des Buches behandelt ausgewählte Gestaltungsfelder von Geschäftsmodellen. Im ersten Beitrag untersuchen Karl-Ulrich Rudolph, Michael Harbach und Daniel Gregarek, wie die Konfiguration der Wertschöpfungskette Geschäftsmodelle beeinflusst. Dabei greifen sie die deutsche Wasserwirtschaft heraus, die aufgrund der Sättigung im Heimatmarkt unter dem Druck steht, ihre Wertschöpfungskette zu internationalisieren. Für die mittelständisch geprägten Unternehmen gibt es dabei vor allem die Möglichkeiten, Teilkomponenten zu fertigen oder wissensintensive Dienstleistungen zu erbringen. Im nächsten Beitrag beschäftigen sich Julia Daecke und Dodo zu Knyphausen-Aufseß damit, wie Kunden über die Plattform einer virtuellen Welt in die Produktentwicklung von Unternehmen eingebunden werden können. Daran anschließend beleuchten Dodo zu Knyphausen-Aufseß, Eiko van Hettinga, Hendrik Harren und Tim Franke das Erlösmodell. In ihrem Fokus stehen dabei Erlösmodelle mit Quersubventionierung. Das Wechselspiel zwischen Wachstumsstrategien und Geschäftsmodellinnovationen analysiert Christian Krys im vierten Beitrag des zweiten Teils: Einerseits braucht es Wachstum, um Innovationen zu finanzieren, andererseits sind erfolgreiche Innovationen selbst die Grundlage für Wachstum. Danach thematisiert Michael Zollenkop das Konstrukt „Geschäftsmodellinnovation" aus Sicht von Unternehmensgründern sowie Managern etablierter Unternehmen. Ziel ist die Identifikation von Situationen, in denen Geschäftsmodellinnovationen für den Unternehmenstyp Startup beziehungsweise für bestehende Unternehmen erfolgversprechend sind. Klaus Möller, Alexander Drees und Marten Schläfke führen im sechsten Beitrag des zweiten Teils Performance Management als Gestaltungsrahmen für die Steuerung von Geschäftsmodellen ein. Dabei schlagen sie das Input-Process-Output-Outcome-Modell vor, um das wertbasierte Geschäftsmodell innerhalb der Leistungsmessung und -steuerung zu integrieren. Zum Abschluss des zweiten Teils behandeln Martin Heitmann, Dodo zu Knyphausen-Aufseß, Robert Mansel und Andreas Zaby die Identifizierung von Faktoren, die die Wahl des Geschäftsmodells beeinflussen. Am Beispiel der Biotech-Industrie verfolgen sie damit einen Forschungsstrang, der trotz der grundlegenden Bedeutung, die die Geschäftsmodellwahl für ein Unternehmen besitzt, bisher weniger Beachtung fand als die Konfiguration des Geschäftsmodells.

Teil 3 widmet sich beispielhaften Geschäftsmodellen in unterschiedlichen Branchen. Zunächst untersuchen Wolfgang Bernhart und Michael Zollenkop den Wandel traditioneller und das Entstehen neuer Geschäftsmodelle am Beispiel der Automobilindustrie. Anschließend stellen Christian Krys, Andrea Wiedemann, Guido Eilenberger, Thomas Bieger, Mirco Gross, Christian Laesser, Klaus Spremann, Dirk Hoffmann und Roman Frick die Fallstudien Google, manroland, Banco Santander, Metro-Bank, SBB und BSH/Protos vor. Zum Abschluss des dritten Teils – und damit auch des gesamten Buches – unternimmt Christian Krys einen Ausblick, wie Geschäftsmodelle im Jahr 2030 aussehen könnten.

Unsere Ausführungen verstehen sich als konzeptionell und empirisch fundierter Beitrag zu einem modernen Verständnis von Geschäftsmodellen. Mit dem wertbasierten Geschäftsmodellansatz soll ein Bezugsrahmen geschaffen werden, der einerseits die Diskussion über Geschäftsmodelle und ihre dynamische Entwicklung über Geschäftsmodellinnovationen systematisiert und andererseits Unternehmen ein Gerüst an die Hand gibt, anhand dessen sie ihr Geschäftsmodell analysieren und weiterentwickeln können. Die weiteren Beiträge und Fallstudien geben einen tiefen Einblick in die Vielschichtigkeit von Geschäftsmodellen und den großen Einfluss der richtigen Gestaltung von Geschäftsmodellen auf den Erfolg von Unternehmen.

5   Literaturverzeichnis

Bieger, T./Bickhoff, N./zu Knyphausen-Aufseß, D. (2002). Einleitung. In: Bieger, T./Bickhoff, N./Caspers, R./zu Knyphausen-Aufseß, D./Reding, K. (Hrsg.): *Zukünftige Geschäftsmodelle: Konzept und Anwendung in der Netzökonomie* (S. 1-11). Berlin et al.: Springer-Verlag.

Bieger, T./Reinhold, S. (2009). Innovative Geschäftsmodelle und die „Innovation" des Geschäftsmodels. In: *IDT-Blickpunkte, 21/2009*, S. 18-20.

Bieger, T./Rüegg-Stürm, J./Rohr, T. v. (2002). Strukturen und Ansätze einer Gestaltung von Beziehungskonfigurationen – Das Konzept Geschäftsmodell. In: Bieger, T./Bickhoff, N./Caspers, R./zu Knyphausen-Aufseß, D./Reding, K. (Hrsg.): *Zukünftige Geschäftsmodelle: Konzept und Anwendung in der Netzökonomie* (S. 35-61). Berlin et al.: Springer-Verlag.

Chesbrough, H. W. (2006). *Open business models how to thrive in the new innovation landscape*. Boston: Harvard Business Press.

Drozdova, M. (2008). New business model of educational institutions. In: *Ekonomika a Management,* (1), S. 60-68.

Hofbauer, C. (2008). *Geschäftsmodelle Quadruple Play – eine Einschätzung der Entwicklung in Deutschland.* Wiesbaden: Gabler.

Loos, P./Scheer, C./Deelmann, T. (2003). *Geschäftsmodelle und internetbasierte Geschäftsmodelle – Begriffsbestimmung und Teilnehmermodell* (Vol. 12). Mainz: Johannes Gutenberg-University Mainz.

Malone, T./Weill, P./Lai, R./D'Urso, V./Herman, G./Apel, T./Woerner, S. (2006). Do some business models perform better than others? *MIT Sloane Research Paper* No. 4615-06, May 2006.

Meinhardt, Y. (2002). *Veränderung von Geschäftsmodellen in dynamischen Industrien. Fallstudien aus der Biotech-/Pharmaindustrie und bei Business-to-Consumer-Portalen.* Wiesbaden: Deutscher Universitäts-Verlag.

Osterwalder, A./Pigneur, Y. (2009). Business model generation – a handbook for visionaires, game changers, and challengers. Osterwalder/Pigneur: Amsterdam.

Prognos (2009). *Prognos Globalisierungsreport 2009. Muss Deutschland sein Geschäftsmodell überdenken?* Basel: Prognos AG.

Rentmeister, J./Klein, S. (2003). Geschäftsmodelle – ein Modebegriff auf der Waagschale. In: *Zeitschrift für Betriebswirtschaft, 2003* (Special Issue 1), S. 17-30.

Shafer, S. M./Smith, H. J./Linder, J. C. (2005). The power of business models. In: *Business Horizons, 48*(3), S. 199-207.

Umbeck, T. (2009). *Musterbrüche in Geschäftsmodellen.* Wiesbaden: Gabler.

Zollenkop, M. (2006). *Geschäftsmodellinnovation. Initiierung eines systematischen Innovationsmanagements für Geschäftsmodelle auf Basis lebenszyklusorientierter Frühaufklärung.* Wiesbaden: Deutscher Universitäts-Verlag.

Teil 1: Konzeptionelle Grundlagen

Das wertbasierte Geschäftsmodell – Ein aktualisierter Strukturierungsansatz

Thomas Bieger, Stephan Reinhold[1]

Dieser Beitrag stellt den wertbasierten Geschäftsmodellansatz als Herangehensweise zur strukturierten Beschreibung und Konzeption von Geschäftsmodellen vor. Dieser Ansatz ist eine Weiterentwicklung des Geschäftsmodellansatzes von Bieger, Rüegg-Stürm und von Rohr (2002), die dem aktuellen Stand der Forschung zu Geschäftsmodellen Rechnung trägt. Insbesondere werden neben der Orientierung an der Wertschaffung neu auch die Dimensionen Innovation und Wertverteilung eingeführt.

1 Einleitung

Beschreiben Manager – und immer öfter auch Wissenschaftler – wie eine Unternehmung funktioniert, so wird häufig von „Geschäftsmodellen" gesprochen. Der Begriff taucht dabei nicht nur im wirtschaftlichen Kontext auf; auch in touristischen Regionen oder bei Kulturen ist von Geschäftsmodellen die Rede. Was ist ein Geschäftsmodell wirklich? Welche sind die relevanten Dimensionen für die Beschreibung von Geschäftsmodellen? Wie können Geschäftsmodelle typisiert werden? Diese und ähnliche Fragen beschäftigen die Managementforschung und -praxis spätestens, seit der Begriff *Geschäftsmodell* Anfang der 1990er Jahre ins Bewusstsein einer breiteren Öffentlichkeit gelangt ist (vgl. Baden-Fuller/Morgan, 2010; Ghaziani/Ventresca, 2005).

Dieser Beitrag stellt Antworten aus dem aktuellen wissenschaftlichen Diskurs und aktuelle Forschungsresultate zu diesen Fragen zusammen und präsentiert einen aktuellen Strukturierungsansatz für Geschäftsmodelle: den wertorientierten Geschäftsmodellansatz.

Der erste Teil dieses Beitrags thematisiert die Entwicklung des Geschäftsmodells als Konzept in der Managementforschung. Im Einzelnen werden (i) der Ursprung des Geschäftsmodells, (ii) die Deutungen und Bedeutung

---

[1] Besonderer Dank für kritisches Feedback, wertvolle Hinweise und Ergänzungen in der Ausarbeitung dieses Beitrags gilt Emmanuelle Reuter.

des Begriffs, (iii) bestehende Geschäftsmodellansätze, (iv) der Nutzen und die Verwendung des Konzepts und (v) die Beziehung zu anderen Konzepten der Managementforschung behandelt. Der zweite Teil dieses Beitrags präsentiert den wertorientierten Geschäftsmodellansatz sowie dessen Elemente und gibt Hinweise zur Anwendung des Ansatzes als Analyse- und Planungsinstrument in der Unternehmenspraxis. Der Beitrag schließt mit einem Ausblick auf mögliche Themen für eine weitere Vertiefung.

2 Entwicklung des Geschäftsmodells

2.1 Ursprung und Verbreitung des Konzepts

Der Ursprung des Geschäftsmodells als Konzept der Praxis oder Wissenschaft ist bis heute nicht schlüssig geklärt. Autoren aus verschiedenen disziplinären Strömungen der Sozialwissenschaften ordnen das Konzept unterschiedlichen Quellen zu; mehrere Disziplinen wollen die Einführung des Konzepts für sich beanspruchen:

Forschende aus dem Bereich der Management- und Betriebswissenschaften führen den Ursprung des Geschäftsmodells auf Publikationen von Peter Drucker aus den 1950er Jahren zurück (Casadesus-Masanell/Ricart, 2010; Johnson, 2010; Markides, 2008): Mit dem Begriff „logic of business" schuf er einen Vorläufer dessen, was heute unter dem Konzept „Geschäftsmodell" in der Managementlehre verstanden wird.

Für Forschende aus dem Bereich der Informationssysteme und Wirtschaftsinformatik besteht die Quelle des Geschäftsmodellkonzepts in der Geschäftsmodellierung der 1970er Jahre (Zollenkop, 2006). Im Sinne dieser Disziplin bezeichnet der Begriff Geschäftsmodell „eine vereinfachte Beschreibung eines Aspektes des Geschäfts zum Zweck der Veranschaulichung und Unterstützung der Kommunikation" (Rentmeister/Klein, 2003, S. 18).

Ökonomen datieren den Ursprung des Geschäftsmodellkonzepts weiter zurück. Sie sehen erste Anwendungen des Konzepts in der generischen Beschreibung von Geschäftstätigkeiten wie beispielsweise des mittelalterlichen Zunftwesens oder des Fabriksystems der industriellen Revolution im späten 18. Jahrhundert (Baden-Fuller/Morgan, 2010).

In der Folge haben sich im Lauf der Zeit unterschiedliche Konzeptionen des Konzepts „Geschäftsmodell" entwickelt, die sich nach dem disziplinären Zugang unterschiedlicher Forschergemeinschaften unterscheiden.

Ghaziani und Vetresca (2005) haben für den Zeitraum von 1975 bis 2000 die Verwendung des Begriffs Geschäftsmodell und die assoziierten Begriffsbedeutungen in verschiedenen Forschergemeinschaften untersucht. Sie identifizieren und definieren die Forschergemeinschaften, die sich mit dem Konzept auseinandersetzen anhand der Journals, in denen Artikel zu Geschäftsmodellen publiziert wurden. Die Anzahl der Publikationen vermittelt Aufschluss über die Intensität der Diskussion in den Forschergemeinschaften. Basierend auf einer qualitativen Analyse der Abstracts von 507 Journalbeiträgen haben die Autoren unterschiedliche Bedeutungen („Frames") identifiziert, die dem Geschäftsmodell zugeschrieben werden.

FRAME	FOKUS	BEISPIELE AUS ABSTRACTS
Geschäfts-modellierung (*Computer/systems modeling*)	Computer-assistierte Geschäftsmodellierung Computer-basierte Geschäftstätigkeit Computersoftware	„The [software] package [...] programs allow the development and use of customized planning and analysis tools. Even without computer programming knowledge, the user builds relatively sophisticated business models [...]. This software is an important tool" (*Small Business Computers Magazine*, 1982)
Ertragsmodell (*Revenue model*)	Generierung von Umsatz und Ertrag	„The business model provides the necessary tools for the different departments to evaluate their profitability" (*Industrial Management & Data Systems*, 1991)
Wertschöpfung und -schaffung (*Value Creation*)	Wertschöpfung und -schaffung Transaktionsinhalt, Governance und Struktur	„The key to reconfiguring business models for the knowledge economy lies in understanding the new currencies of value" (*Journal of Business Strategy*, 2000)

Tab. 1: Mit dem Begriff „Geschäftsmodell" assoziierte Bedeutungen (in Anlehnung an Ghaziani/Ventresca, 2005, S. 536-538)

Die Analyse von Ghaziani und Ventresca (2005) zeigt, dass sich die dominante Bedeutung, die dem Geschäftsmodell zugeschrieben wird, über den Zeitablauf verschoben hat:

Von 1975 bis 1994 dominiert die Konnotation *Geschäftsmodellierung* („computer/systems modeling") der Forschenden zu Informationssystemen und Wirtschaftsinformatik; ab 1995 bis 2000 setzt sich die Konnotation *Wertschöpfung und -schaffung* („value creation") für das Geschäftsmodell durch, wie sie von der Managementforschung vertreten wird (vgl. Tabelle 1). Diese Konnotation des Geschäftsmodells kann während dieser Zeit jedoch nicht die gleichermaßen überlegene Dominanz für sich beanspruchen wie die Geschäftsmodellierung in den Vorjahren. Dafür erreicht sie zusammen mit der Konnotation *Ertragsmodell* („revenue model") ab 1995 eine sehr hohe Durchdringung über sämtliche analysierte Forschergemeinschaften hinweg.

Die Beiträge namhafter Managementforscher mit Fokus „Geschäftsmodelle" in den Special Issues des *Long Range Planning* (für einen Überblick vgl. Baden-Fuller, Demil, Lecocq/MacMillan, 2010) und der *Harvard Business Review* (vgl. beispielsweise Anthony/Eyring/Gibson, 2006; Govindarajan/Trimble 2005; Johnson/Christensen/Kagermann, 2008; Zook, 2007) zu Geschäftsmodellinnovation aus dem Jahr 2010 zeigen, dass die Wertschöpfung und das Ertragsmodell für das Verständnis des Konzepts nach wie vor von zentraler Bedeutung sind.

Die Tatsachen, dass (i) die Gestaltung und Verwendung des Begriffs in unterschiedlichen Forschergemeinschaften parallel begonnen hat, dass (ii) sich das Konzept verschiedener Elemente und Theorien unterschiedlicher sozialwissenschaftlicher Disziplinen bedient und (iii) Verbreitung mit dem Aufkommen der „New Economy" fand, tragen dazu bei, dass sich bis heute kein einheitliches Begriffsverständnis durchsetzen konnte (Baden-Fuller/Morgan, 2010; Ghaziani/Ventresca, 2005; Teece, 2010).

Obschon sich die Konnotation des Geschäftsmodells aus dem Bereich der Managementforschung durchzusetzen scheint, gewinnt das Konstrukt in dieser Forschergemeinschaft erst nach und nach an Aufmerksamkeit und Akzeptanz (zur Kritik vgl. beispielsweise Porter, 2001; Svejenova/Planellas/Vives, 2010; Umbeck, 2009). Hinweise darauf liefern die Aufnahme von geschäftsmodellbezogenen Themen an wissenschaftlichen Konferenzen wie dem *Academy of Management Annual Meeting* im August 2009, die Publikation geschäftsmodellbezogener Artikel in wissenschaftlichen Journals wie *Organization Science, Strategic Management Journal* und *Long Range Planning* sowie die Verankerung des Konzepts in Lehrveranstaltungen führender Business Schools wie der Harvard Business School (unter anderem Professor Ramon Casadesus-Masanell), Haas School of Business (unter anderem Professor Henry Chesbrough), IESE Business School (unter anderem Professor Joan E. Ricart) oder der Universität St. Gallen (unter anderem Professor Thomas Bieger).

Das Geschäftsmodell hat seit den 1990er Jahren auch in der populärwissenschaftlichen Managementliteratur, Geschäftsberichten, Zeitungsartikeln und Radio- sowie Fernsehprogrammen weite Verbreitung gefunden (Baden-Fuller/Morgan, 2010; Demil/Lecocq, 2010; Ghaziani/Ventresca, 2005). Die Verwendung des Begriffs bleibt jedoch meist ohne Spezifizierung des genauen Begriffsverständnisses. Vielmehr wird ein implizites Verständnis des Begriffs vorausgesetzt – wie dies sogar in manchen wissenschaftlichen Publikationen der Fall ist (vgl. Ghaziani/Ventresca, 2005).

2.2 Übersicht über bestehende Konzeptionen des Geschäftsmodells und Geschäftsmodellansätze

Geschäftsmodelle sind als „Modelle" immer vereinfachte Abbildungen der Realität. Sie beschreiben als *Skalenmodelle*, wie „Geschäfte" gemacht werden respektive wie Wertschöpfung erzielt wird. Für die Beschreibung dieser vereinfachten Abbilder der Geschäftstätigkeit bedarf es Beschreibungsdimensionen, die in Geschäftsmodellansätzen zusammengefasst werden.

Im Rückblick auf die Entstehung und Verbreitung des Konzepts „Geschäftsmodell" hat sich bisher weder eine einheitliche Begriffsdefinition noch ein einheitliches Beschreibungsraster mit Dimensionen durchgesetzt. Jedoch sind die Wertschöpfung und das Ertragsmodell für viele Konzeptionen bedeutend. Dieser Abschnitt vermittelt einen systematisierten Überblick über die bestehenden Konzeptionen des Geschäftsmodells in der Managementforschung.

Die nachfolgend dargestellte Auswahl an Geschäftsmodellansätzen basiert auf einer systematischen Literaturanalyse. Anhand der Stichworte „Business Model" und „Business Models" wurden im Oktober 2010 aus den Top-20 Management Journals[2] anhand der EBSCO und ABInform (Proquest) Datenbanken empirische und theoretische Journalartikel aus der Periode von 1995 bis 2010 identifiziert. Insgesamt erfüllten 798 Journalartikel die obigen Kriterien. Inhaltlich setzen sich davon jedoch nur 110 Artikel substanziell mit dem Konzept „Geschäftsmodell" auseinander. Tabelle 2 vermittelt einen Überblick über die Vielfalt an Beschreibungsdimensionen ausgewählter Geschäftsmodellansätze aus der Literaturanalyse. Die Begriffe Geschäftsmodelldimension und -element sowie Geschäftsmodellkonfiguration und -architektur werden dabei synonym verwendet.

---

[2] Berücksichtigt wurden die Top-20 Management Journals, die gemäß dem Journal Citation Index mindestens einen „impact factor" von 1.6 aufweisen: *Academy of Management Review, Academy of Management Journal, Strategic Management Journal, Journal of Management, Organizational Research Methods, Journal of International Business Studies, Academy of Management Learning and Education, Administrative Science Quarterly, Research Policy, Organization Science, Journal of Management Studies, Management Science, Journal of Business Venturing, Organization Studies, British Journal of Management, Harvard Business Review, International Small Business Journal, Entrepreneurship Theory and Practice, International Journal of Management Review, Long Range Planning.*

Autoren	Björkdahl (2009)	Chesbrough (2010)	Dahan, Doh, Oetzel & Yaziji (2010)	Demil / Lecocq (2010)	Doganova / Eyquem-Renault (2009)	Johnson / Christensen / Kagermann (2008)
Definition Geschäfts-modell (sinngemäß)*	Das Geschäfts-modell definiert sich durch die „Logik und Aktivitäten, welche ökonomischen Wert schaffen, und ihn zu eigen machen, sowie das Zusammen-spiel zwischen beiden".	Das Geschäfts-modell ist eine dominante Logik, die technisches Potenzial (Input) mit der Realisierung von ökonomischem Wert (Output) verknüpft.	Das Geschäfts-modell stellt die zentrale Logik und die strategischen Entscheidungen dar, um sowohl soziale als auch ökonomische Werte innerhalb eines Werte-Netzwerkes zu schaffen und einzufangen.	Das Geschäfts-modell beschreibt die Artikulierung zwischen den verschiedenen Aktivitätsbe-reichen und die Art und Weise, wie die Organisation nachhaltig Wert erzeugt. Die Autoren unterscheiden zwischen einer statischen Sicht, welche die Kohärenz der Kernelemente des Geschäfts-modells be-schreibt, und einer transfor-mativen, dynamischen Sicht als Erklärungsansatz organisationalen Wandels und organisationaler Innovation.	Das Geschäfts-modell verkörpert ein intelligentes und kollektives Instrument mit einer perfor-mativen Rolle in Kontexten der Unsicherheit. Die Autoren unter-scheiden zwischen einer essentialisti-schen, repräsentativen Sicht, und einer pragmatischen, konstruktiven Rolle des Geschäfts-modells.	Das Geschäfts-modell liefert auf profitable Weise Wert für Kunden durch die Kombination von Schlüssel-ressourcen und -prozessen.
Anwendungs-bereich	Partiell (Neue Technologien)	Universell	Partiell (*Cross-sector* Kollabora-tionen)	Universell	Universell	Universell
Festlegung der Elemente	Literaturbezogen	A priori	A priori	Literaturbezogen	Literaturbezogen	A priori
Aktionstyp	Dynamisch	Statisch	Statisch	Dynamisch	Statisch	Statisch
Darstellung	Tabelle	Liste	Text	Grafik	Liste	Tabelle
Theoretische Fundierung	Ressourcen-basierter Ansatz	Interdisziplinär	Ressourcen-basierter Ansatz	Ressourcen-basierter Ansatz	Akteur-Netzwerk Theorie	Theorie der strategischen Wahl
Dimensionen/ Elemente des Geschäfts-modells	> Wertschöp-fungskonzept > Kanäle > Ertragskonzept	> Leistungs-konzept > Ertragskonzept > Kanäle > Wertschöp-fungskette > Wettbewerbs-strategie	> ökonomische und soziale Wertschaffung > Ertragsmodell > *Cross-sector* Kollabora-tionskonzept (NPO, MNUs) > Kanäle	> Ressourcen und Fähigkeiten > Organisations-struktur > Leistungs-konzept > Kanäle	> Leistungs-konzept > Kooperations-konzept > Koordinations-konzept > Kanäle > Ertragskonzept > Marktinstru-ment mit einer kalkulatori-schen und einer narrativen Rolle	> Leistungs-konzept > Ertragskonzept > Kern-ressourcen > Kernprozesse

Tab. 2: Vergleich der Elemente und Systematisierung ausgewählter Geschäfts-modellansätze

Autoren	Magretta (2002)	Svejenova / Planellas / Vives (2010)	Teece (2010)	Wirtz / Schilke / Ullrich (2010)	Yunus / Moingeon / Lehmann-Ortega (2010)	Zott / Amit (2008)
Definition Geschäftsmodell (* sinngemäß)	Ein Geschäftsmodell repräsentiert Variationen in der generischen Wertschöpfungskette, die allen Geschäften unterliegt. Es beschreibt als System, wie die Teile eines Geschäfts zusammenpassen.	Individuelle Geschäftsmodelle bezeichnen Aktivitäten, das Organisieren und die Anwendung strategischer Ressourcen, die Individuen nutzen, um ihre Interessen und Motivationen zu verfolgen und um in diesem Prozess Wert zu schaffen und Erträge einzufangen.	Das Geschäftsmodell artikuliert die Logik, wie Unternehmen Wert schöpfen und an Kunden weiterverteilen: eine organisationale und finanzielle „Architektur" des Geschäfts.	Das Geschäftsmodell reflektiert den Systemoutput einer Organisation, die Art und Weise wie die Organisation funktioniert und Werte schöpft.	Das Geschäftsmodell liefert ein konsistentes und integriertes Bild der Art und Weise, wie eine Organisation durch neue Leistungskonzepte und Wertekonfigurationen Erträge generiert. In sozialen Geschäftsmodellen ersetzen diverse Anspruchsgruppen die Gesellschafter als Fokus der Wertemaximierung.	Das Geschäftsmodell ist eine strukturelle Darstellung, die alle Transaktionen zwischen der zentralen Firma und deren externen Austauschpartnern und Produktmärkten repräsentiert.
Anwendungsbereich	Universell	Universell (Individuelle Ebene)	Universell	Partiell (Internet Geschäftsmodelle)	Partiell (soziale Geschäftsmodelle)	Universell
Festlegung der Elemente	A priori	A priori	A priori	A priori	Literaturbezogen	Literaturbezogen
Aktionstyp	Statisch	Dynamisch	Statisch	Statisch	Statisch	Statisch
Darstellung	Text	Text	Grafik	Text	Grafik	Liste
Theoretische Fundierung	Theorie der strategischen Wahl	Theorie der strategischen Wahl	Interdisziplinär	Theorie der strategischen Wahl	Theorie der strategischen Wahl	Contingency Theorie
Dimensionen/ Elemente des Geschäftsmodells	> Leistungskonzept: Aktivitäten assoziiert mit dem Design, der Produktion, dem Einkauf und der Bestimmung von Kundenwert > Ertragskonzept: Aktivitäten assoziiert mit dem Verkauf > Kanäle: Aktivitäten assoziiert mit der Distribution und der Relation mit dem Kunden	> Wertschöpfungskonzept > Werteverteilung > Wertverlust	> Marktsegmentierung > Leistungskonzept > Ertragskonzept > Mechanismen zum „Schutz von Wettbewerbsvorteilen"	> Beschaffung > Wertschöpfung > Kanäle > Leistungsangebot > Ertragskonzept	> Leistungskonzept > Wertekonfiguration > Kanäle > Wertschöpfungskette > Ertragskonzept	> Wertschöpfungskonzept > Ertragskonzept > Kooperationskonzept > Koordinationskonzept

Tab. 2 (Fortsetzung): Vergleich der Elemente und Systematisierung ausgewählter Geschäftsmodellansätze

Die Dimensionen von Geschäftsmodellansätzen lassen sich anhand von vier Kriterien strukturieren:

1. *Anwendungsbereich (universell vs. partiell):* Universelle Ansätze beschreiben die Geschäftstätigkeit eines Unternehmens ganzheitlich und integriert; partielle Ansätze sind in ihrer Anwendung auf einzelne Branchen eingeschränkt oder beschreiben explizit nur einzelne Elemente des Geschäftsmodells (Meinhardt, 2002; Zollenkop, 2006).

2. *Festlegung der Elemente (ex ante vs. ex post):* Ex-ante-Ansätze bezeichnen und definieren die Elemente eines Geschäftsmodells vor der Analyse des Untersuchungsobjektes; Ex-post-Ansätze bestimmen die Elemente eines Geschäftsmodells induktiv für ein spezifisches Untersuchungsobjekt (Demil/Lecocq, 2010).

3. *Aktionstyp (statisch vs. dynamisch):* Statische Ansätze vermitteln eine Zeitpunktaufnahme verschiedener Elemente eines Geschäftsmodells und deren konsistente Anordnung; dynamische Ansätze beinhalten ein dynamisches Element und dienen als Instrument für die Beschreibung und Gestaltung von Wandel und Innovation (Demil/Lecocq, 2010).

4. *Darstellung (Text vs. Grafik):* Ansätze in Textform beschreiben die Elemente und deren Zusammenhang im Fließtext; grafische Ansätze bilden die Elemente des Geschäftsmodells und deren Beziehungen in Form von Netzwerken, Kreisläufen oder ähnlichen Illustrationen ab.

Der Überblick über die Geschäftsmodellansätze in Tabelle 2 zeigt, dass es in der Wissenschaft weder eine einheitliche Definition des Begriffs „Geschäftsmodell" noch eine einheitliche Perspektive auf das Konstrukt gibt. Es bestehen höchstens partielle Überschneidungen zwischen den Geschäftsmodelldefinitionen.

Auf einer generellen Ebene wird der Begriff „Geschäftsmodell" als „*Logik*" (vgl. Björkdahl, 2009; Chesbrough, 2010; Dahan/Doh/Oetzel/Yaziji, 2010; Teece, 2010), oder als „*konsistentes und integriertes Bild*" (Yunus/Moingeon/Lehmann-Ortega, 2010) bezeichnet. Geschäftsmodelle reflektieren damit meist eine kognitive Darstellung der beiden zentralen Dimensionen: wie eine Organisation Werte schafft und wieder internalisiert. Andere Autoren verwenden den Geschäftsmodellbegriff zur Artikulierung von zentralen „*Aktivitätsbereichen*" (vgl. Demil/Lecocq, 2010; Magretta, 2002; Svejenova et al., 2010; Zott/Amit, 2008). Hervorzuheben ist der Beitrag von Amit und Zott (2008), die den meist ausschließlich auf intra-organisationaler Ebene verwendeten Begriff um die inter-organisationale Ebene ergänzen. In ihrem Geschäftsmodellansatz fokussieren die beiden Autoren (Zott/Amit, 2010) insbesondere auf die Struktur, den Inhalt und die Governance von Transaktionen. Diese Perspektive begründet aktuelle Diskussionen über erweiterte organisationale Grenzen und die unternehmerische Wirkungskraft von Geschäftsmodellen in entstehenden Märkten (vgl. Santos/Eisenhardt, 2009).

Generell werden Geschäftsmodelle bisher meist aus abstrakter, essentialistischer Sicht betrachtet. Hierbei liegt der Fokus auf dem kohärenten Zusammenspiel zwischen den vorgegebenen Geschäftsmodelldimensionen beziehungsweise -elementen. Dabei bleiben die materiellen und performativen Komponenten eines Geschäftsmodells als „intelligentes und kollektives Instrument" mit einer narrativen und kalkulatorischen Rolle unterbelichtet (Doganova/Eyquem-Renault, 2009). Nur vereinzelt wird die Relevanz des Geschäftsmodellbegriffs auf der Ebene von Individuen sowie deren Aktivitäten und Ressourcen zur Schaffung von Wert und Erträgen beleuchtet (vgl. Svejenova et al., 2010).

Die dargestellte Vielfalt an *Definitionen* und an Perspektiven reflektiert den noch jungen Stand der Forschung zum Thema „Geschäftsmodelle". Darüber hinaus sind auch die unterschiedlichen Forschungsansätze und divergierende Forschungsprogramme Ausdruck des aktuellen Forschungsstandes (vgl. Zott/Amit/Massa, 2010).

Während die meisten identifizierten Geschäftsmodellansätze universelle Gültigkeit hinsichtlich Branchen oder Organisationstypen für sich beanspruchen, stechen drei *Teilbereiche* aus der Literatur heraus, denen die Forschung besondere Aufmerksamkeit gewidmet hat: Geschäftsmodelle sind ein zentrales Thema für Wertschöpfung (i) im Kontext des Internets, (ii) im Zusammenhang mit technologischer Innovationen (vgl. Björkdahl, 2009; Chesbrough/Rosenbloom, 2002) und (iii) in Verbindung mit ökonomischen Opportunitäten in Schwellenländern (vgl. Prahalad/Hart, 2002). Geschäftsmodelle, die auf die Erschließung von Schwellenländern abzielen, werden im Hinblick auf ihre monetäre Wertschöpfung sowie auch auf ihren Beitrag zum gesellschaftlichen Allgemeinwohl thematisiert (vgl. Dahan et al., 2010; Yunus et al., 2010).

Im Hinblick auf die *Dimensionen* des Geschäftsmodells sind die Elemente „Wertschöpfungskonzept" und „Ertragskonzept" den meisten Autoren gemein (vgl. Tabelle 2). Die Beschreibungen von Geschäftsmodelldimensionen in den analysierten Artikeln unterscheiden sich jedoch hinsichtlich des Abstraktionsgrads, des Detailgrads und der Komplexität. Diese Unterschiede sind unter anderem auf die theoretische Einbettung der Geschäftsmodellansätze zurückzuführen.

Aus Sicht der *theoretischen Fundierungen* lassen sich infolge der Literaturanalyse zwei Gruppen von Geschäftsmodellansätzen unterscheiden:

- Ansätze *ohne* theoretische Fundierung: Sie bedienen sich zwar einzelner Konzepte aus verschiedenen Teilbereichen der Managementforschung, verwenden diese aber ohne Bezug auf entsprechende Theorien. Beispiele dafür sind grundsätzlich die Geschäftsmodellontologien[3] (vgl. Johnson et al., 2008; Magretta, 2002). Hier gilt die implizite Annahme der Theorie der strategischen Wahl. Das Management analysiert die Veränderungen in der Umwelt und leitet Gestaltungsentscheide ein zur verbesserten Anpassung des Unternehmens an die externe Umwelt.

- Ansätze *mit* theoretischer Fundierung: Der Geschäftsmodellansatz wird anhand einer durchgängigen Theorie erklärt, oder die Elemente eines Geschäftsmodelles werden anhand einer Theorie beleuchtet. Prominente Beispiele solcher Theorien sind der Ressourcen-basierte Ansatz (vgl. Björkdahl, 2009; Demil/Lecocq, 2010), die Kontingenztheorie (Zott/Amit, 2008) oder das Activity System Design Framework (Zott/Amit, 2010).

Teece (2010) führt das Fehlen einer einheitlichen theoretischen Fundierung des Geschäftsmodells auf zwei Ursachen zurück: Zum einen setzen die Annahmen über Wettbewerb in traditionellen volkswirtschaftlichen Theorien kein Denken in Geschäftsmodellen voraus: Die Theorien arbeiten mit Konzepten wie dem perfekten Wettbewerb und unterstellen in den meisten Fällen transparente Märkte, starken Schutz intellektuellen Eigentums, kostenlosen Informationstransfer, perfekte Arbitrage und keine Innovation. In einem solchen Umfeld sind die Ausgestaltung der Ertragsmechanismen oder der Marktleistung keine komplexen Aufgaben. Zum anderen hat das Geschäftsmodell in der Organisations-, Strategie- und Marketingforschung noch keinen festen Platz gefunden. Dies ist unter anderem darauf zurückzuführen, dass das Geschäftsmodell bisher noch nicht eindeutig gegenüber bestehenden Konzepten wie der Strategie abgegrenzt wurde (vgl. Konzeptionen bei Casadesus-Masanell/Ricart, 2010; Teece, 2010; Zollenkop, 2006).

---

[3] Eine Ontologie bezeichnet in diesem Kontext in Anlehnung an Gruber (1993) und Osterwalder (2004) die explizite Spezifizierung der Elemente eines Geschäftsmodells sowie die Spezifizierung der Beziehungen zwischen diesen Elementen.

2.3   Beziehung zwischen Strategie und Geschäftsmodell

Wenn heute Manager gebeten werden, den Begriff „Strategie" zu definieren, formulieren viele eine Antwort, die den Begriff „Geschäftsmodell" enthält (Baden-Fuller/Morgan, 2010). Damit verleihen sie ihrer Aussage jedoch nicht mehr Klarheit; beide Begriffe werden vielschichtig und überlappend verwendet und deren Zusammenhang ist unklar (Baden-Fuller/Morgan, 2010; Mintzberg/Lampel/Ahlstrand, 2000; Porter, 1996). Um einen Beitrag zur Klärung der Beziehung der beiden Konstrukte zu liefern, präsentieren die folgenden Abschnitte den aktuellen Stand der Diskussion zur Beziehung zwischen Strategie und Geschäftsmodell.

Obschon die Begriffe „Strategie" und „Geschäftsmodell" in der Managementpraxis oft gemeinsam oder gar als Synonym verwendet werden, sind sich die meisten Managementforscher einig, dass es sich dabei um zwei verschiedene Konzepte handelt, die auf unterschiedlichen Ebenen wirken (Casadesus-Masanell/Ricart, 2010; Chesbrough/Rosenbloom, 2002; Magretta, 2002; Morris/Schindehutte/Allen, 2005; Yip, 2004; Zott/Amit, 2008).

Umbeck (2009) kommt in seiner Analyse aktueller Beiträge der Geschäftsmodell-Literatur zum Schluss, dass die meisten Publikationen den Zusammenhang nur sehr vage oder stark vereinfacht thematisieren.

Geschäftsmodellansätze, die sich mit den Unterschieden zwischen Strategie und Geschäftsmodell detaillierter auseinandersetzen, halten fest, dass zwischen den beiden Konzepten hinsichtlich der Berücksichtigung von Konkurrenz, Finanzierung und Wissen wesentliche Unterschiede bestehen (Chesbrough/Rosenbloom, 2002; Davenport/Leibold/Voelpel, 2006; Zollenkop, 2006; Zott/Amit, 2008).

- *Konkurrenz:* Die Abgrenzung gegenüber der Konkurrenz und die Sicherung nachhaltiger Wettbewerbsvorteile ist Aufgabe der Strategie („competitive strategy"). Das Geschäftsmodell hingegen fokussiert auf die Erstellung überlegenen Kundenwerts durch Kooperation.

- *Finanzierung:* Die Finanzierung ist Teil der strategischen Planung. Viele Geschäftsmodellansätze berücksichtigen finanzielle Aspekte nur am Rande und unterstellen eine Finanzierung durch interne Ressourcen oder durch Venture Capital bei Startups. Ausführlich thematisiert das Geschäftsmodell hingegen die Quellen und Mechanismen für Erträge, die in der strategischen Planung wenig Beachtung finden.

- *Wissen:* Das Geschäftsmodell ist mit der Annahme verbunden, dass das verfügbare Wissen zur Entwicklung des Ansatzes begrenzt ist und durch die bisherigen Erfahrungen des Unternehmens beeinflusst wird. Die klassische strategische Planung bedingt hingegen ein hohes Maß an zuverlässigen Informationen, die durch Umwelt- und Unternehmensanalysen gewonnen werden (vgl. Müller-Stewens/Lechner, 2005).

Differenziert setzen sich insbesondere Casadesus-Masanell und Ricart (2010) mit der Beziehung zwischen Strategie, Geschäftsmodell und Taktik auseinander. Gemäß dem Begriffsverständnis dieser beiden Autoren ist eine *Strategie* ein kontextabhängiger Plan, der entworfen wird, um spezifische Ziele zu erreichen. Die im Rahmen der Strategie verfügbaren Handlungsspielräume (Entscheide hinsichtlich Regeln, Ressourcen und Führungsstrukturen) bilden das „Rohmaterial" für die Gestaltung von Geschäftsmodellen. Die Festlegung des Geschäftsmodells und dessen Anpassung, um die Ziele der Strategie zu erreichen, sind Teil des Strategieprozesses. Das Geschäftsmodell einer Unternehmung reflektiert daher dessen realisierte Strategie. *Taktiken* sind Pläne ähnlich der Strategie – wenn auch detaillierter und operativer. Die Handlungsspielräume für die Taktik des Unternehmens werden durch das realisierte Geschäftsmodell bestimmt. Abbildung 1 fasst die Zusammenhänge der drei Konstrukte nach Casadesus-Masanell und Ricart (2010) zusammen.

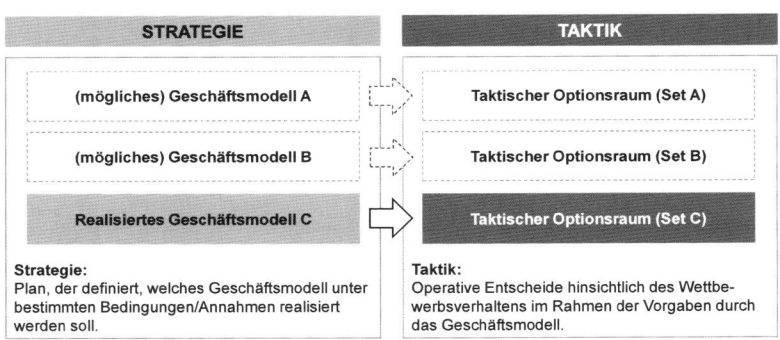

Abb. 1: Zusammenhang zwischen Strategie, Geschäftsmodell und Taktik (in Anlehnung an Casadesus-Masanell/Ricart, 2010)

Während das Geschäftsmodell für den außenstehenden Betrachter oft weitgehend erkennbar ist und daher bis zu einem gewissen Grad kopiert werden kann (Teece, 2010), ist die Strategie für den Betrachter nur in trivialen Wettbewerbssituationen vollständig erkennbar (Casedesus-Masanell/Ricart, 2010). Die Strategie eines Unternehmens in ihrer Gesamtheit bestimmt nicht bloß die einmalige Ausgestaltung des Geschäftsmodells, sondern auch unter welchen Bedingungen das bestehende Geschäftsmodell neu konfiguriert werden muss (Casedesus-Masanell/Ricart, 2010).

Gemäß dem Verständnis von Casadesus-Masanell und Ricart (2010) verfügt jede Unternehmung zwingend über ein *Geschäftsmodell*. Die Autoren begreifen das Geschäftsmodell als Set aus Entscheiden und daraus folgenden Konsequenzen; jede Unternehmung trifft Entscheide, die Konsequenzen haben. Nicht zwingend verfügt ein Unternehmen jedoch über eine explizit formulierte Strategie, die festlegt, wie das Unternehmen angesichts sich verändernder Rahmenbedingungen gewisse Ziele erreichen will (Casedesus-Masanell/Ricart, 2010).

Zusammenfassend lassen sich aus der hierarchischen Strukturierung von Strategie, Geschäftsmodell und Taktik sowie der unterschiedlichen Bedeutung der Aspekte Konkurrenz, Finanzierung und Wissen die folgenden Schlussfolgerungen über den Zusammenhang von Strategie und Geschäftsmodell ziehen:

Die Strategie bildet den Bezugsrahmen für die Entwicklung und Ausgestaltung eines Geschäftsmodells. Das gewählte Geschäftsmodell lässt Schlüsse auf die realisierte Strategie zu, innerhalb einer Strategie sind jedoch verschiedene Geschäftsmodellkonfigurationen möglich. Das Geschäftsmodell ist keine vereinfachte Darstellung der Strategie, sondern eine Konkretisierung der realisierten Strategie hinsichtlich ausgewählter Elemente des Geschäftsmodellansatzes. Die Entwicklung von Geschäftsmodellen bedingt, dass die Geschäftsmodell- und Strategieplanung sinnvoll miteinander verbunden werden. Teece (2010) betont, dass erst diese Verbindung es erlaubt, Wettbewerbsvorteile zu schützen, die aus der Konzeption und der Implementierung des Geschäftsmodells entstehen.

Wie im obigen Ansatz findet sich auch in der Planungshierarchie in der Tradition des St. Galler Managementmodells (Rüegg-Stürm, 2009) die Unterscheidung zwischen der strategischen und operativ-taktischen Ebene wieder. So wird zwischen normativer Unternehmenspolitik (Vision/Leitbild), Strategie (Kompetenzen, Marktleistungsstrategien, Netzwerke und Kooperationen) und operativer Planung (Jahres- bis Mittelfristziele und Budgets) unterschieden (Bieger, 2004). Die Unternehmenspolitik bezweckt die Legitimation der Unternehmung, die Strategie das Schaffen und Pflegen strategischer Erfolgspositionen und die operative Planung die operative Steuerung der Abläufe und Sicherstellung der Zahlungsfähigkeit.

Inhaltlich ergänzt das Denken in Geschäftsmodellen die strategische Planung um die Wertdimension. Aus Sicht dieser Planungshierarchie liegen Geschäftsmodelle „zwischen" strategischen Erfolgspositionen und Budgets (vgl. Abbildung 2). Es geht dabei um die Frage, wie aus strategischen Erfolgspositionen Werte erzeugt und Wertmechanismen etabliert werden können, deren Abschöpfung sich in den Budgets positiv niederschlägt.

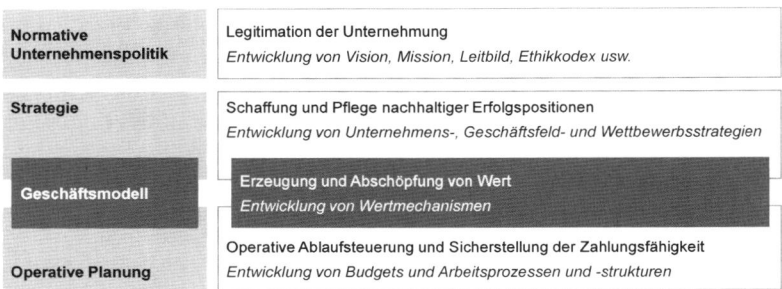

Abb. 2: Das Geschäftsmodell in der Planungshierarchie des St. Galler Managementmodells (in Anlehnung an Bieger, 2004)

2.4   Nutzen des Geschäftsmodellansatzes

Die folgenden Ausführungen thematisieren den Nutzen des Geschäftsmodells in der Managementforschung und -praxis.

Das Geschäftsmodell ist ein Konzept multivalenter Natur, das mit unterschiedlichen Anwendungen und Nutzen in Verbindung gebracht wird (Baden-Fuller et al., 2010). Diese lassen sich in drei Bereiche gliedern: das Geschäftsmodell als Modell zur Analyse, Planung und Kommunikation der Geschäftstätigkeit.

Als *Analysemodell* bildet das Geschäftsmodell vereinfacht die wichtigsten Elemente der Geschäftstätigkeit eines Unternehmens sowie deren Beziehungen ab (Baden-Fuller/Morgan, 2010; zu Knyphausen-Aufseß/Meinhardt, 2002). Welche Elemente zur Beschreibung der Unternehmensrealität wesentlich sind und in welcher systemischen Beziehung sie zueinander stehen, bestimmen der gewählte Geschäftsmodellansatz und die zugrunde liegenden Theorien der Geschäftstätigkeit. Wie in Abschnitt 2.2 dargelegt wurde, können Geschäftsmodelle sowohl statisch als auch dynamisch analysiert werden.

Zu Analysezwecken können Geschäftsmodelle klassifiziert und in Taxonomien strukturiert werden (Baden-Fuller/Morgan, 2010). Geschäftsmodelltaxonomien[4] beschreiben ausgehend von beobachtetem Verhalten von Unternehmen unterschiedliche Klassen von Geschäftstätigkeit. Da Taxonomien auf empirischen Beobachtungen beruhen, können sie sich im Lauf der Zeit verändern und weiterentwickeln (vgl. Abbildung 3 auf der folgenden Seite). Besonders erfolgreiche Geschäftsmodelle in bestimmten Taxonomieklassen oder Industrien können dabei als Vorbilder („role models") (vgl. Baden-Fuller/Morgan, 2010) für Gruppen von Unternehmen dienen und sich gar zu dominierenden Geschäftsmodelldesigns entwickeln (Zollenkop, 2006). Beispiele dafür sind etwa das Low-Cost-Modell, das von der Aviatik in andere Branchen transferiert wurde, oder das Market-Maker-Modell, das beispielsweise mit den Versicherungsbrokern neue Geschäftsformen in der Versicherungsindustrie hervorgebracht hat.

Vergleichende Analysen sind anhand eines Geschäftsmodellansatzes möglich, wenn dieser aus generischen Elementen besteht, die für verschiedene Organisationstypen und Kontexte Gültigkeit haben (Demil/Lecocq, 2010). Dies ist bei den meisten Universalansätzen der Fall. Das Geschäftsmodell ist dabei als Analyseeinheit nicht an die Grenzen von Branchen oder Industrien gebunden und kann auch für den dynamischen Kontext divergierender Branchen wie der TIME-Industrie (Telecommunications, Internet, Media and Entertainment) verwendet werden (Hofbauer, 2008; McGrath, 2010; Meinhardt, 2002).

Die analytische Anwendung des Geschäftsmodells in der Managementforschung gleicht heute eher dem Ansatz eines Modellorganismus aus der Biologie als den mathematischen Modellen der Ökonomie (Baden-Fuller/Morgan, 2010): Anhand ausgewählter Unternehmen wie EasyJet oder Google wird stellvertretend für ganze Populationen ähnlicher Geschäftsmodelle untersucht, was diese im Einzelnen auszeichnet. Auf Basis der detaillierten Analysen werden schließlich Theorien und (Erfolgs-) Konzepte entwickelt, die für die ganze Population Gültigkeit haben sollen.

Als *Planungsmodell* helfen Geschäftsmodellansätze neue Geschäftstätigkeiten zu planen und die bestehende Geschäftstätigkeit weiterzuentwickeln (Baden-Fuller/Morgan, 2010; Demil/Lecocq, 2010; McGrath, 2010): Die Elemente von Geschäftsmodellen weisen auf Schlüsselentscheide der Geschäftstätigkeit hin und strukturieren diese. Die Verbindung zwischen den Geschäftsmodellelementen unterstützen Planende in der systemischen

---

[4] Im Gegensatz dazu beruhen Geschäftsmodelltypologien auf theoretisch beziehungsweise konzeptionell hergeleiteten Klassen (Baden-Fuller/Morgan, 2010).

Optimierung der geplanten Geschäftstätigkeit über die einzelnen Geschäftsmodellelemente hinweg (Sosna/Trevinyo-Rodriguez/Velamuri, 2010).

Timmers (1998) e-business typology	Wirtz et al. (2010) e-business typology
E-Shop Promotion, Kostenreduktion, zusätzliche Bestell- und Verkaufsmöglichkeit (Suche nach Nachfrage)	**Content** Unternehmen, die Online-Inhalte sammeln, selektieren, zusammentragen, verteilen und/oder präsentieren.
E-Procurement Zusätzliche Beschaffung (Suche nach Lieferanten)	Einfacher und benutzerfreundlicher Zugang zu verschiedenen Inhalten, finanziert durch Online-Werbung (und vermehrt Subscription- oder Pay-Per-Use Modelle)
E-Auction Elektronische Versteigerung (über geografische und Zeitgrenzen hinweg)	**Commerce** Unternehmen, die Online-Transaktionen initiieren, verhandeln und/oder ausführen.
E-Malls Sammlung von elektronischen Shops im Sinne eines Einkaufszentrums (zum Beispiel unter einer Marke)	Kosteneffizienter Marktplatz für Anbieter und Nachfrager von Gütern und Dienstleistungen, finanziert durch Verkaufserlös oder Kommissionsmodelle
3rd Party Marketplace Ermöglichung von Marketing und Transaktionen von Drittanbietern (zum Beispiel Lieferanten)	
Virtual Communities Fokus auf Wertgewinn durch Kommunikation zwischen Community-Mitgliedern	**Context** Unternehmen, die Online-Informationen sortieren und/oder aggregieren
Value Chain Service Provider Spezialisierung auf gewisse Wertschöpfungsaktivitäten (bspw. Logistik oder elektronischer Zahlungsverkehr)	Komplexitätsreduktion und Transparenz durch Struktur und Navigationshilfen für Internetbenutzer, meist finanziert durch Online-Werbung
Value Chain Integrator Erzeugt Wert durch Integration mehrerer Wertschöpfungsschritte	**Connection**
Collaboration Platforms Bereitstellung von Instrumenten und Informationen für die Zusammenarbeit anderer Unternehmen	Unternehmen, die physische und/oder virtuelle Netzwerkinfrastruktur zur Verfügung stellen
Information Brokers Treuhanddienstleistungen, Business Information und Beratungsdienstleistungen	Angebot der Voraussetzungen für den Informationsaustausch über das Internet, finanziert durch Online-Werbung, Subscription-, Zeit- oder nutzungsvolumenbasierte Modelle

Abb. 3: Veränderung von Taxonomien für Internetgeschäftsmodelle (in Anlehnung an Timmers, 1998; Wirtz/Schilke/Ullrich, 2010)

Geschäftsmodelle finden in der Planung auch als (Erfolgs-)Rezepte Anwendung (Baden-Fuller/Morgan, 2010; Sabatier/Mangematin/Rousselle, 2010): Erfolgreiche, idealtypische Geschäftsmodellkonfigurationen werden hinsichtlich der Ausgestaltung der Geschäftsmodellelemente („Zutaten") und zugrunde liegenden Prinzipien („kochen", „backen", „braten" etc.) nachempfunden, um ein gewisses Maß an Erfolg in der Planung von Geschäftsmodellinitiativen sicherzustellen. Allerdings hängt die erfolgreiche Umsetzung einer Geschäftsmodellrezeptur vom impliziten Wissen und den Fähigkeiten des „Kochs" ab. Durch die Konzeption des Geschäftsmodells als Rezept implizieren Baden-Fuller und Morgan (2010) einerseits, dass Geschäftsmodelle bis zu einem gewissen Grad kopiert werden können. Anderseits implizieren sie, dass es viele verschiedene Möglichkeiten gibt, um ein erfolgreiches Geschäftsmodell zu gestalten: „Innerhalb der physikalischen Grundregeln des Kochens und der Art des gewählten Gerichts steht es dem Koch frei, viele Variationen und Innovationen des gleichen Gerichts zu kreieren." (Baden-Fuller/Morgan, 2010, Anm. eigene Übersetzung).

Als Modell in der *Kommunikation* vermittelt das Geschäftsmodell ein konsistentes, strukturiertes Bild der Grundmechanismen der aktuellen oder geplanten Geschäftstätigkeit gegenüber internen und externen Anspruchsgruppen eines Unternehmens (Doganova/Eyquem-Renault, 2009; Meinhardt, 2002). Es ist insbesondere in der Kommunikation mit Investoren ein häufig genutztes Konzept, das hilft abstrakte, auf Vorsteuerung der Erfolgsfähigkeit ausgerichtete Strategien plausibel zu machen und die konkreten Mechanismen der Wertschaffung und Wert(ab)schöpfung zu illustrieren. Beispielhaft zeigen dies die Verankerung des Geschäftsmodells als Teil der Corporate Governance Richtlinien Großbritanniens und der Geschäftsbericht 2009 des Reiseunternehmens Kuoni in Abbildung 4.

Auszug aus dem UK Corporate Governance Code 2010 (Financial Reporting Council, 2010, S. 18)

ACCOUNTABILITY: Financial And Business Reporting
The directors should include in the annual report an explanation of the basis on which the company generates or preserves value over the longer term (the business model) and the strategy for delivering the objectives of the company.

Auszug aus dem Geschäftsbericht 2009 der KUONI Gruppe (KUONI Group, 2010, S. 16)

Business-Modell – Ferienreisen und Destination Management
Die Geschäftsaktivitäten der Kuoni-Gruppe konzentrieren sich auf die beiden Geschäftsbereiche Ferienreisen und Destination Management. Der Bereich Ferienreisen beinhaltet das Premium-, Spezialisten und Mainstreamsegment. Im Berichtsjahr hatten Ferienreisen einen Anteil von 78% am gruppenweiten Nettoerlös. [...] Die beiden Geschäftstätigkeiten sind in eine Unternehmensstrategie der geringen Vertikalisierung integriert. Das heißt, dass Kuoni praktisch keine festen Anlagen wie Flugzeuge, Schiffe oder Hotels besitzt. Der Anteil der variablen Kosten beträgt 79%.

Abb. 4: Auszug aus dem UK Corporate Governance Code und dem Geschäftsbericht des Reiseanbieters Kuoni

2.5 Weshalb ein neuer Geschäftsmodellansatz?

Der achtstufige, universelle Geschäftsmodellansatz von Bieger, Rüegg-Stürm und von Rohr (2002) ist durch die Zeit seiner Entstehung Ende der 1990er Jahre geprägt. Seine Dimensionen spiegeln die Trends der New Economy beziehungsweise Net Economy wider: Die Verbreitung des Internets eröffnete neue Wege, um Wert für private und geschäftliche Kunden zu schaffen. Es entstanden neue Möglichkeiten zur Interaktion mit den Kunden im Einzelnen und über (virtuelle) Communities in großen Gruppen. Die Digitalisierung und Standardisierung von Schnittstellen erlaubte es, die Wertschöpfungsketten aufzubrechen und im Rahmen von Outsourcing einzelne Schritte des Leistungserstellungsprozesses auszugliedern und so unternehmensübergreifend neu zu ordnen. Dies rückte Themen der Organisation, Kooperation und Koordination von Unternehmen in den Vordergrund. Eine Finanzierung über Aktien und Kapitalmärkte war in der Boomphase des Internets selbst für Unternehmen mit negativem Ertrag möglich. Fragen der Finanzierung hatten daher wenig Priorität.

Diese Rahmenbedingungen haben sich gewandelt (Bieger/Reinhold, 2009): Nach wie vor entstehen neue Unternehmen, die basierend auf den Möglichkeiten, die das Internet bietet, für Kunden neue Werte schaffen (vgl. beispielsweise Markides, 2008). Die Finanzierung neuer Geschäftsmodelle bedarf jedoch größerer Anstrengung. Die Finanzmärkte haben aus dem Konkurs zahlreicher Dotcom-Unternehmen (vgl. Stähler, 2002) gelernt und setzen heute strenge Maßstäbe für die Vergabe von Mitteln an. Die Finanzierung von Geschäftsmodellen prägt jedoch das Gesamtgefüge der Geschäftsmodelle. Zum einen nehmen Geldgeber unterschiedlich Einfluss, zum anderen sind sie mitbestimmend hinsichtlich Wachstums- und Entwicklungsperspektiven von Geschäftsmodellen. Zudem eignen sich unterschiedliche Finanzierungsformen für bestimmte Konfigurationen von Geschäftsmodellen aufgrund der Risikostruktur (beispielsweise bei teurem Marktaufbau) oder Entwicklungsdynamiken. Die Gestaltung der Wertschöpfung hat gleichzeitig an Gewicht verloren. Heute bestehen etablierte Organisations- und Kooperationskonzepte für die Netzökonomie und vermehrt vordefinierte Transaktionsschnittstellen (vgl. beispielsweise Knieps, 2007; Wirtz et al., 2010). In der Interaktion mit dem Kunden ergeben sich über die Weiterentwicklung der Informations- und Kommunikationstechnologie neue Möglichkeiten zur Kommunikation und Integration des Kunden in den Leistungserstellungsprozess (vgl. beispielsweise Johnson, 2010; Osterwalder/Pigneur, 2009; Wirtz et al., 2010). Der zunehmend dynamische und globale Wettbewerb verleiht zudem der Innovation mehr Bedeutung (vgl. IBM, 2008, 2010; Zollenkop, 2006). Neben quantitativem Wachstum und Markleistungsoptimierung (Bieger et al., 2002) stehen Unternehmen vor der Herausforderung, einen kontinuierlichen Leistungs-innovationsprozess zu gestalten und ihr Geschäftsmodell weiterzuentwickeln, um zukunftsfähig zu sein (Chesbrough, 2006, 2007; Hamel/Valikangas, 2003).

Aus diesen Entwicklungen leitet sich der Bedarf einer Überarbeitung des bestehenden achtstufigen Geschäftsmodellansatzes nach Bieger, Rüegg-Stürm und von Rohr (2002) ab. Der neue sechsstufige Geschäftsmodellansatz trägt den veränderten Rahmenbedingungen und dem fortgeschrittenen Stand der Geschäftsmodellforschung Rechnung:

- Er orientiert sich durchgängig an der Schaffung von Werten für Kunden und das Unternehmen.

- Er berücksichtig unter dem Aspekt der „Wertverteilung" im Vergleich zu bisherigen Ansätzen erstmals explizit Aspekte der Finanzierung.

- Er korrigiert die bisherige Überbetonung des Wertschöpfungsprozesses.

- Er trägt der hohen Umweltdynamik Rechnung, indem er mit der „Wertentwicklung" Aspekte des quantitativen Wachstums und der Innovation einführt.

- Er unterstützt die praktische Anwendung des Geschäftsmodells als Analyse-, Planungs- und Kommunikationsmodell, indem er für jedes Geschäftsmodellelement Entscheidungsraster und Leitfragen für die Analyse bereitstellt.

3 Das wertbasierte Geschäftsmodell

3.1 Der Geschäftsmodellansatz im Überblick

Das *wertbasierte Geschäftsmodell* ist ein universeller Geschäftsmodellansatz zur ganzheitlichen und integrierten Beschreibung der Geschäftstätigkeit eines Unternehmens. Der Ansatz besteht aus sechs ex ante festgelegten Dimensionen. Die generische Natur dieser Dimensionen, die verschiedene untergeordnete Elemente und Konzepte vereinen, erlaubt die Anwendung des Geschäftsmodellansatzes auf verschiedene Organisationstypen und Branchen (vgl. Demil/Lecocq, 2010). Die Anwendung derselben Elemente auf unterschiedliche Unternehmen ermöglicht es, organisations-übergreifende Vergleiche anzustellen.

Dem wertbasierten Geschäftsmodellansatz liegt die Prämisse zugrunde, dass der primäre Zweck einer jeden Organisation in der Schaffung von monetären und nicht-monetären Werten für die Anspruchsgruppen des Unternehmens (Kunden, Lieferanten, Mitarbeiter, Kapitalgeber, Öffentlichkeit etc.) und das Unternehmen selbst liegt. Darauf aufbauend kann das Geschäftsmodell wie folgt definiert werden:

> *Ein Geschäftsmodell beschreibt die Grundlogik, wie eine Organisation Werte schafft. Dabei bestimmt das Geschäftsmodell, (1) was ein Organisation anbietet, das von Wert für Kunden ist, (2) wie Werte in einem Organisationssystem geschaffen werden, (3) wie die geschaffenen Werte dem Kunden kommuniziert und übertragen werden, (4) wie die geschaffenen Werte in Form von Erträgen durch das Unternehmen „eingefangen" werden, (5) wie die Werte in der Organisation und an Anspruchsgruppen verteilt werden und (6) wie die Grundlogik der Schaffung von Wert weiterentwickelt wird, um die Nachhaltigkeit des Geschäftsmodells in der Zukunft sicherzustellen.*

Das wertbasierte Geschäftsmodell umfasst gemäß der Definition sechs Dimensionen (vgl. Abbildung 5), denen nachfolgend je ein Abschnitt gewidmet ist:

1. Das *Leistungskonzept (Value Proposition)* legt in Form des Wertversprechens fest, für welchen Kunden oder für welche Kundengruppen über welche Leistungen Wert erbracht werden soll. Die Leistung umfasst sowohl materielle und immaterielle Produkte als auch Dienstleistungen und Kombinationen dieser Leistungsbestandteile.

2. Das *Wertschöpfungskonzept (Value Creation)* definiert, wie das Wertversprechen gegenüber dem Kunden erfüllt wird, das heißt, wie durch die Kombination von unternehmensinternen und externen Ressourcen und Fähigkeiten in einem Wertschöpfungsnetzwerk Wert geschaffen wird.

3. Die *Kanäle (Value Communication and Transfer)* bestimmen, in welcher Form sich das Unternehmen mit seinen Kunden austauscht und wie die Übertragung der Leistung zwischen ihnen stattfindet. Dabei können Kommunikations- und Distributionskanäle vom Unternehmen zum Kunden und vom Kunden zum Unternehmen gestaltet werden. Es geht um die Frage, wie der geschaffene Wert dem Kunden kommuniziert und vermittelt wird.

4. Das *Ertragsmodell (Value Capture)* setzt fest, wie der Wert, den das Unternehmen für seine Kunden schafft in Form von Erträgen an das Unternehmen zurückfließt beziehungsweise „eingefangen" werden kann.

5. Die *Wertverteilung (Value Dissemination)* beschreibt, wie die erzielten Werte beziehungsweise Erträge im Unternehmen und an Kapitalgeber sowie andere Anspruchsgruppen verteilt werden, um die nachhaltige Finanzierung und kooperative Wertschöpfung im Rahmen des Geschäftsmodells sicherzustellen.

6. Das *Entwicklungskonzept (Value Development)* beschreibt die dynamischen Aspekte des Geschäftsmodells. Es definiert zum einen, wie das Unternehmen die Schaffung von Wert im Rahmen des bestehenden Geschäftsmodells quantitativ wie qualitativ evolutionär weiterentwickelt. Zum anderen beschreibt es, wie das Geschäftsmodell angesichts veränderter Rahmenbedingungen revolutionär weiterentwickelt wird.

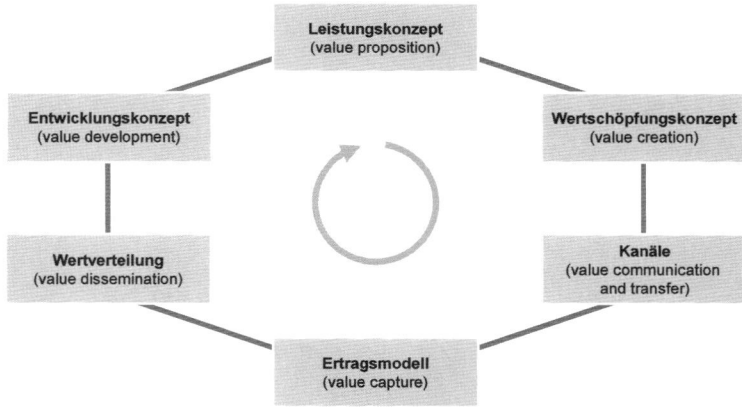

Abb. 5: Der wertbasierte Geschäftsmodellansatz

Ob und in welcher Form durch die Geschäftsmodellkonfiguration Wettbewerbsvorteile geschaffen werden können, hängt nicht nur von der Ausgestaltung der einzelnen Geschäftsmodellelemente ab, sondern auch von der Optimierung des systemischen Zusammenspiels der einzelnen Dimensionen (zu Knyphausen-Aufseß/Meinhardt, 2002; Teece, 2010). Ausprägungen einzelner Dimensionen sind nur beschränkt kompatibel mit anderen

34

Dimensionen. Es bedarf daher der integrierten Sicht aller sechs Dimensionen, um synergetische Prozesse und Entscheidungen sicherstellen zu können.

3.1.1 Das Leistungskonzept (Value Proposition)

Das Leistungskonzept definiert, für welche Kundengruppen welche Leistungen in Form von Produkten und/oder Dienstleistungen erbracht werden sollen.

Ausgangspunkt jedes Geschäftsmodellentwurfs und jeder Geschäftsmodellanalyse ist die Bestimmung des Wertversprechens für relevante Kundengruppen in Form der Leistung eines Unternehmens (vgl. McGrath, 2010).

Die Leistung eines Unternehmens für seine Kundengruppen besteht dabei nicht nur aus einzelnen Produkten oder Dienstleistungen. Integrierte Leistungssysteme erlauben die umfassende Lösung relevanter Kundenprobleme unterschiedlichster Art (Belz/Bieger, 2004a). Abbildung 6 zeigt den Ansatz zur Gestaltung von Leistungs- und Kundensystemen nach Belz (1997):

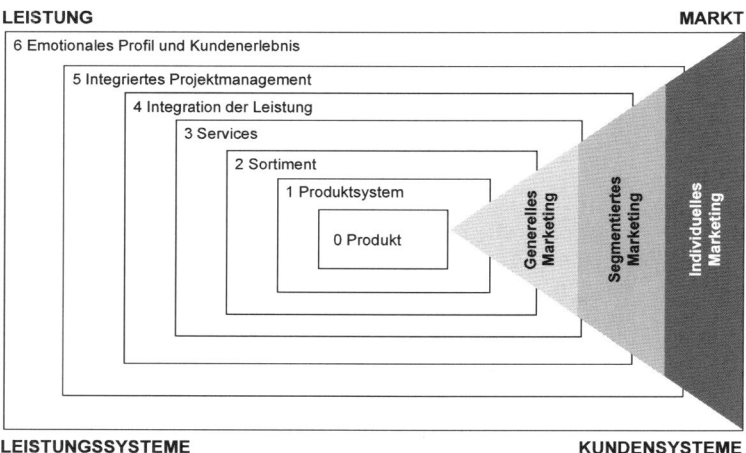

Abb. 6: Leistungs- und Kundensysteme (nach Belz, 1997, S. 23)

Das Produkt im Kern des Leistungssystems wird durch ein Produktsystem, ein Sortiment, Services, die Integration der Leistung in Prozesse des Kunden und durch Projektmanagement für den Erwerb komplexerer Leistun-

gen (zum Beispiel schlüsselfertiger Hotelanlagen) ergänzt, um Mehrwert
für den Kunden zu schaffen. Emotionen und Kundenerlebnisse sind im
Leistungssystem stufenübergreifend zu verstehen. So spielen beispielsweise Emotionen bereits beim Design des Kernprodukts eine Rolle
(Belz/Bieger, 2004a).

Im Fall von Gillette steht im Zentrum des Leistungssystems der Nassrasie-
rer, der zusammen mit den Wegwerfklingen und Pflegeprodukten für die
Phasen vor, während und nach der Rasur ein integriertes Produktsystems
bildet. Das Leistungsversprechen von Gillette im Rahmen des Leistungssystems ist eine saubere, weitgehend irritationsfreie Rasur für ein gepfleg-
tes Auftreten, das dank innovativer Klingentechnik erfüllt wird. Das Produktsortiment setzt sich aus verschiedenen Rasierern mit unterschiedlicher
Klingenanzahl und Technologie sowie verschiedenen Pflegeprodukten
zusammen. Als Services über den Kauf- und Gebrauchszyklus hinweg
stehen den Kunden auf der Markenhomepage Pflege und Rasurtips sowie
Informationen zum Umgang mit Rasierern über den Lebenslauf zur Verfügung. Das emotionale Profil des Produktes ist durchgängig auf die saubere,
irritationsfreie Rasur für den gepflegten Mann ausgerichtet, wie das Pro-
duktdesign und die Kommunikation auf der Produktinternetpräsenz verdeutlichen.

Leistungssysteme richten sich an spezifische Kundensegmente, Kundengruppen oder einzelne Kunden und deren spezifische Problemstellungen
und Bedürfnisse (Belz/Bieger, 2004a). Das Kernprodukt eines Leistungssystems kann für mehrere Kundengruppen einen Nutzen bieten. Je um-
fangreicher und ausdifferenzierter das Leistungssystem gestaltet wird,
desto detaillierter werden spezifische Kunden(-gruppen) angesprochen.
Tabelle 3 auf der folgenden Seite fasst wichtige Prinzipien zur Gestaltung
von Leistungs- und Kundensystemen zusammen.

Der Wert oder Nutzen einer Leistung für den Kunden, kurz *Customer Va-
lue* oder Kundenvorteil, besteht aus der Differenz zwischen dem wahrge-
nommen Nutzen einer Leistung für den Kunden und den wahrgenomme-
nen Kosten im Vergleich zu alternativen Leistungen der Konkurrenz
(Belz/Bieger, 2004a; Matzler, 2000). Da der Wert einer Leistung in der
Regel nicht nur beim Kauf anfällt, ist der Kundenvorteil im Rahmen des
Ge-/Verbrauchs des Produktes über den gesamten Kaufzyklus (Buying
Cycle) des Kunden hinweg zu gestalten (Belz/Bieger, 2004a).

PRINZIP	BESCHREIBUNG
1. Integration	Leistungssysteme sind so zu gestalten, dass sich zwischen den einzelnen Stufen Synergien für den Kunden ergeben.
2. Verrechnung	Zusätzliche Leistungen im Rahmen des Leistungssystems müssen dem Kunden verrechnet werden können.
3. Partizipation und Dialog	Die Entwicklung von integrierten Leistungssystemen bedingt die Zusammenarbeit mit Kooperationspartnern und Dialog mit Kunden.
4. Evolution	Leistungs- und Kundensysteme sind sich verändernden Kundenbedürfnissen und Wettbewerbsverhältnissen anzupassen
5. Relevanz	Die angebotenen Leistungen sollten Werte für Kundenbedürfnisse mit hoher Relevanz schaffen.

Tab. 3: Prinzipien zur Gestaltung von Kunden- und Leistungssystemen (in Anlehnung an Belz/Bieger, 2004a)

Die Relevanz von Kundengruppen für das Unternehmen wird generell über den Wert des Kunden (*Customer Equity*) bestimmt. Nach Belz und Bieger (2004a) besteht der Kundenwert aus der Summe aller Beiträge eines spezifischen Kunden zu den Zielen (wie Sicherheit, Wachstum und Profitabilität) eines Unternehmens. Quantitativ wird dies analog zur Unternehmenswertberechnung als die Summe der Beiträge eines Kunden zum positiven Free-Cash-Flow eines Unternehmens berechnet (Belz/Bieger, 2004a). Eine qualitative Beurteilung der Relevanz gewisser Kundengruppen, wie beispielsweise Meinungsführer für die Verbreitung neuer Produkte, ist ergänzend heranzuziehen, da diese Gruppen wichtig für die Erreichung der Unternehmensziele sind, sich jedoch nicht durch einen hohen Free-Cash-Flow auszeichnen. Dass neben wenigen großen Kunden mit hohem Beitrag zum Free-Cash-Flow auch viele Kleinstkunden mit geringem Beitrag für ein Unternehmen relevant sein können, zeigen die Erfahrungen mit Bottom-of-the-Pyramid-Geschäftsmodellen[5] in Schwellen- und Entwicklungsländern (J. Anderson/Kupp, 2008; J. Anderson/Markides, 2007; Hart/Christensen, 2002; Yunus et al., 2010) oder das Prinzip der Long-Tail-Geschäftsmodelle[6] (Elberse, 2008).

---

[5] Bottom-of-the-Pyramid-Geschäftsmodelle fokussieren auf die einkommensschwächsten Bevölkerungsschichten, das heißt auf Kunden mit einem jährlichen kaufkraftbereinigten Einkommen von weniger als 1.500 US-Dollar (Pralahad/Hart, 2002).

[6] Long-Tail-Geschäftsmodelle fokussieren auf den großzahligen Verkauf vor allem von digitalisierbaren Nischenprodukten wie Videos und Musik über Plattformen anstelle von wenigen Bestsellern über traditionelle Kanäle (C. Anderson, 2009).

Abbildung 7 fasst abschließend Leitfragen zu Analyse und Gestaltung des Leistungskonzepts zusammen:

LEITFRAGEN ZUM LEISTUNGSKONZEPT

☐ Welche Kunden werden mit dem Leistungskonzept angesprochen?

☐ Wie ist das Leistungs- und Kundensystem ausgestaltet?

☐ Welchen Kundenvorteil bietet das Leistungskonzept den Kunden?

☐ Welchen Kundenwert haben die angesprochenen Kunden für das Unternehmen?

Abb. 7: Leitfragen zum Leistungskonzept

3.1.2   Das Wertschöpfungskonzept (Value Creation)

Das Wertschöpfungskonzept definiert, wie das Wertversprechen gegenüber den Kunden durch die Kombination von unternehmensinternen und -externen Ressourcen und Fähigkeiten in einem Wertschöpfungsnetzwerk erbracht wird.

Ausgangspunkt des Wertschöpfungskonzepts ist der Ressourcenbasierte Ansatz der Unternehmenstheorie (Barney, 1991; Penrose, 1959; Wernerfelt, 1984, 1995): Unternehmen sind Bündel von Ressourcen und darauf aufbauenden Fähigkeiten und Kompetenzen. Der Ressourcenbasierte Ansatz („Resource-based View") unterstellt, dass (i) Ressourcen heterogen sind, dass (ii) einzigartige oder nicht imitierbare Ressourcen existieren, dass (iii) der Wettbewerb um und die Mobilität von Ressourcen begrenzt sind, und dass (iv) dynamische Fähigkeiten (wie beispielsweise die Generierung und Integration von neuem Wissen) zur Entwicklung neuer Fähigkeiten zentral sind (Lewin/Weigelt/Emery, 2004; Teece/Pisano/Shuen, 1997).

Ressourcen im Sinne des ressourcenbasierten Ansatzes bezeichnen Faktoren, die in den Produktionsprozess eines Unternehmens einfließen und zu Endprodukten oder Dienstleistungen transformiert werden (Amit/Schoemaker, 1993). Grundlegend wird zwischen tangiblen Ressourcen (zum Beispiel Produktionswerkstätten, Werkstoffen, Geld etc.) und intangiblen Ressourcen (beispielsweise Wissen, Reputation etc.) unterschieden (Huff/Floyd/Sherman/Terjesen, 2009). Ressourcen sind handelbar und nicht firmenspezifisch (Makadok, 2001). Beispielhaft führt Johnson (2010) folgende Schlüsselressourcen für Geschäftsmodelle auf: Personen, Technolo-

gien, Produkte, Betriebsmittel, Wissen, Informations- und Distributionskanäle, Partnerschaften und Allianzen, Finanzierung und Marken.

Fähigkeiten bezeichnen in einem Unternehmen vorhandene wissensba-
sierte Prozesse. Sie ermöglichen es dem Unternehmen, vorhandene Ressourcen zu nutzen, um die Ziele des Unternehmens zu erreichen (Amit/
Schoemaker, 1993). Fähigkeiten sind firmenspezifisch und nicht handelbar, da sie sich im Verlauf der Zeit über die komplexe Interaktion verschiedener Ressourcen im Unternehmen entwickeln (Grant, 1991; Mada-
kok, 2001). Schlüsselfähigkeiten für Geschäftsmodelle können zum Beispiel in der Produktentwicklung und im -design, im Markenmanagement
oder in den Personalentwicklungsprozessen bestehen (vgl. Johnson, 2010).

Im Rahmen des Wertschöpfungskonzepts legt ein Unternehmen fest, wie
das Wertversprechen gegenüber den Kunden erbracht wird. Dazu muss es
in Kenntnis der eigenen Ressourcen und Fähigkeiten bestimmen,

- welche Position es in einem Wertschöpfungsprozess einnimmt,

- wie mit Partnern, Zulieferern und Kunden für die Leistungserstellung
  zusammengearbeitet wird und

- wie die Transaktionen des Unternehmens koordiniert werden.

Die Konfiguration legt fest, welche Funktionen ein Unternehmen innerhalb
des Wertschöpfungsprozesses (vgl. Porter, 1992) einnimmt. Zu Knyphausen-Aufseß und Meinhardt (2002) unterschieden hierfür in Anlehnung
an Heuskel (1999) vier Funktionen (vgl. Abbildung 8):

1. *Spezialisten (Layer Player)* beschränken sich auf die Erbringung einer Wertschöpfungsstufe für verschiedene Wertschöpfungsketten.
   Entsprechend verfügen sie über ein sehr spezifisches Set an Ressourcen und Fähigkeiten. Sie profitieren dabei von Economies of Scale
   (Skaleneffekten) und sind in der Lage, kostengünstiger und oft qualitativ besser zu produzieren. Bei fehlenden Kundenkontakten stehen
   sie in einem starken Abhängigkeitsverhältnis zu anderen Unternehmen. Procter & Gamble nutzt beispielsweise ausgeprägte Vermark-
   tungsfähigkeiten über verschiedene Konsumgüterwertschöpfungs-
   ketten hinweg (vgl. Müller-Stewens/Lechner, 2005).

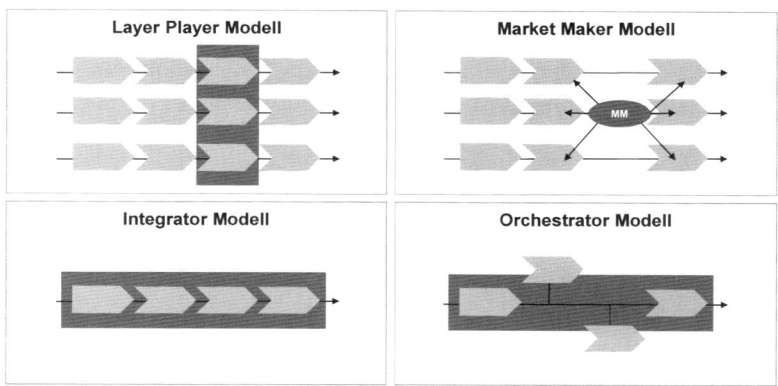

Abb. 8: Funktionen innerhalb der Wertschöpfungskette (in Anlehnung an zu Knyphausen-Aufseß/Meinhardt, 2002)

2. *Integratoren* beherrschen alle Wertschöpfungsstufen eines Wertschöpfungsprozesses. Die Kontrolle über sämtliche Ressourcen und Fähigkeiten im Rahmen der Wertschöpfung liegt vollständig bei einem Unternehmen. Der Wertschöpfungsprozess kann innerhalb eines einzigen Unternehmens optimiert werden, wodurch sich Economies of Scope (Breiteneffekte) erzielen und die Transaktionskosten senken lassen. Aufgrund mangelnder Spezialisierung können jedoch Qualitäts- und Kostennachteile entstehen. Verschiedene Unternehmen in der Bekleidungsindustrie wie Zara haben in den letzten Jahren ihre Wertschöpfungsketten (re-)integriert, um mehr Kundenkontakt zu haben und schneller auf nachfrageseitige Präferenzschwankungen reagieren zu können (vgl. Zollenkop, 2006).

3. *Market Maker* vermitteln zwischen verschiedenen Wertschöpfungsprozessen. Sie schaffen einen Mehrwert durch ihre Fähigkeiten und Ressourcen zur Vermittlung und Bündelung von Information sowie durch das Verschaffen von Zugang zu unterschiedlichen Beteiligten am Wertschöpfungsprozess. Jedoch besteht die Gefahr, dass unter Umgehung der Market Maker direkter Kontakt zwischen den Unternehmen im Wertschöpfungsprozess hergestellt wird. So ermöglicht beispielsweise eBay Business-to-Business- und Consumer-to-Consumer-Auktionen für Produkte, die bisher über bestehende Kanäle kaum handelbar waren (vgl. Zollenkop, 2006).

4. *Orchestratoren* kontrollieren ähnlich wie die Integratoren den Großteil der Wertschöpfungskette. Jedoch lagern sie verschiedene Wert-

schöpfungsschritte an spezialisierte Unternehmen mit entsprechenden Ressourcen und Fähigkeiten aus, um Kosten- und Qualitätsvorteile gegenüber der Eigenproduktion zu erzielen. Potenzielle Nachteile bestehen in der Abhängigkeit von Kooperationspartnern und den entstehenden Transaktionskosten. Dell steuert ein Netzwerk von Wertschöpfungspartnern und konzentriert sich selbst auf die Vermarktung und den kundenindividuellen Zusammenbau von Computerhardware (vgl. Magretta, 1998; Teece, 2010).

In Abhängigkeit der gewählten Konfiguration, stellt sich die Frage nach der Integration externer Ressourcen und Fähigkeiten, die das Unternehmen im Rahmen des Wertschöpfungskonzepts anstreben soll. Dies kann in Form des Kaufs auf einem Markt, der Kooperation, einer strategischen Allianz oder Integration erfolgen.

Die Entscheide zur Kooperationsintensität und Governance werden durch die Transaktionskosten- und Spieltheorie fundiert. Transaktionskosten entstehen im Wertschöpfungsprozess an den Schnittstellen beim Übergang von einer Bearbeitungsstufe zur nächsten, beispielsweise beim Übergang von der Fertigung in die Distribution (Williamson, 1983). Die Transaktionskostentheorie nach Coase (1937) und Williamson (1979) erklärt die Auswahl von Transaktionsformen zwischen Hierarchie und Markt anhand der Optimierung von Transaktionskosten. Die Theorie unterstellt dabei, dass (i) sich die ökonomischen Akteure opportunistisch verhalten, um ihren eigenen Nutzen zu maximieren, dass (ii) die Akteure sich durch beschränkte Rationalität auszeichnen und dass (iii) effiziente Transaktionen eine Quelle für Wettbewerbsvorteile sein können (Williamson, 1979, 1991).

Die Wahl der geeigneten Transaktionsform hängt von drei Faktoren ab (Klein/Crawford/Alchian, 1978; Williamson, 1979, 1983):

- Die *Spezifität* beschreibt die Bindung von Ressourcen und Fähigkeit an eine bestimmte Transaktion. Williamson (1983) unterscheidet zusammengefasst zwischen Standortspezifität (beispielsweise natürliche Ressourcen, die an einen bestimmten Ort gebunden sind) und Faktorspezifität (beispielsweise physische Produktionsfaktoren wie spezialisierte Fertigungsmaschinen oder Arbeitskräfte mit speziellen Fähigkeiten).

- Die *Unsicherheit* (beziehungsweise das Risiko) bezeichnet die Wahrscheinlichkeit von externen Ereignissen oder Verhalten von Transaktionspartnern, die die Transaktion aus Sicht eines Partners negativ beeinflussen.

Die *Häufigkeit* der Transaktionen (beziehungsweise Anzahl der Spielrunden) hat einen Einfluss auf Spezialisierungs- und Skaleneffekte. Für Transaktionen mit hoher Spezifität und großer Unsicherheit, die in hoher Anzahl stattfinden, eignen sich hierarchische Kooperationsformen. Für einmalige Transaktionen mit geringer Spezifität, die kaum mit Unsicherheit verbunden sind, eignen sich Marktstrukturen (vgl. Abbildung 9).

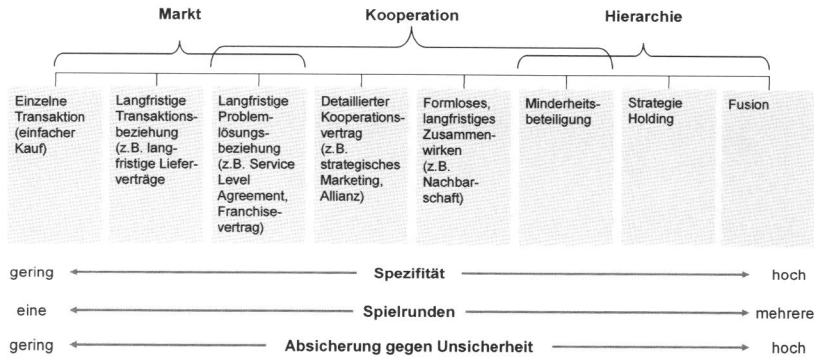

Abb. 9: Koordinationsformen und Spezifität (nach Belz/Bieger, 2004b)

Die Spieltheorie gibt Aufschluss über das Entscheidungsverhalten von Kooperationsparteien unter Berücksichtigung von Unsicherheit und der Anzahl der „Spielrunden" (Nalebuff/Brandenburger, 1996): In einem Einrundenspiel maximiert jeder Kooperationspartner seinen eigenen Gewinn; in Mehrrundenspielen müssen die Kooperationspartner die Auswirkungen ihrer Handlungen auf den nächsten Spielzug des Partners (Vergeltung oder Kooperation) berücksichtigen. Hierarchische und hybride Kooperationsformen (vgl. Abbildung 9) definieren daher die Sanktionsmöglichkeiten im Falle des Fehlverhaltens einer Kooperationspartei.

Abbildung 10 fasst abschließend Leitfragen zu Analyse und Gestaltung des Wertschöpfungskonzepts zusammen:

LEITFRAGEN ZUM WERTSCHÖPFUNGSKONZEPT

▢ Welcher Konfigurationsform (Layer Player, Orchestrator, Integrator, Market Maker) entspricht die Rolle des Unternehmens in der Wertschöpfungskette?

▢ Wie werden die externen Ressourcen und Fähigkeiten anderer Akteure im Wertschöpfungsprozess integriert?

▢ Wie werden Transaktionen im Rahmen des Wertschöpfungsprozesses zwischen Markt und Hierarchie koordiniert?

Abb. 10: Leitfragen zum Wertschöpfungskonzept

3.1.3 Die Kanäle (Value Communication und Value Transfer)

Die Kanäle legen fest, wie sich das Unternehmen mit seinen Kunden austauscht und wie die Leistung zur Erfüllung des Wertversprechens zwischen dem Unternehmen und dem Kunden übertragen wird.

Angesichts von Reizüberflutung und Aufmerksamkeitsökonomie (Franck, 1998) hat die Kommunikation von Kunde zu Kunde (C2C) eine stärkere Bedeutung. Vor allem Unternehmen, die für ihre Leistungen bei Kunden hohes Involvement erzielen, können von dieser Form der Kommunikation profitieren (Bieger et al., 2002).

Für die C2C-Kommunikation spielen Communities eine wichtige Rolle. Als Communities werden Gruppen von Kunden mit ähnlichen Werthaltungen und Interessen bezeichnet, die sich virtuell (beispielsweise über Social Platforms wie Facebook, Linked-In oder Twitter) oder real (zum Beispiel in Vereinen) austauschen. Diese Gruppen erlauben es, Ideen, Botschaften, Einschätzungen und Markenimages schnell zu transportieren und zu multiplizieren (Belz/Bieger, 2000).

Das Geschäftsmodellelement „Kanäle" umfasst zwei Entscheidungsbereiche:

- Kanäle zur Kommunikation zwischen Unternehmen und Kunde sowie
- Kanäle für die Übermittlung und/oder Bezug der Leistung.

Beide Kanalarten können uni- oder bidirektional konzipiert werden, das heißt vom Unternehmen zum Kunden oder auch in die Gegenrichtung. Immer mehr ist eine Integration aller Kanäle der Kommunikation und Leistungsübertragung notwendig, da Kunden im Buying Cycle respektive

Informations- und Kaufprozess zwischen Kanälen wechseln (Channel Swapping).

Die Gestaltung der *Kommunikation* zwischen Unternehmen und Kunden gehört klassisch zur Domäne des Marketings. Tabelle 4 fasst zentrale Entscheide zur Gestaltung der Kommunikation zusammen (Belz/Bieger, 2004b; Kotler/Keller/Bliemel, 2007):

PRINZIP	BESCHREIBUNG
1. Festlegung der Kommunikations-ziele	Welche kommunikativen (nicht-monetären) Wirkungsziele (Information, Einstellungs-änderung, Erinnerung etc.) werden mit der Kommunikation verfolgt? Welche verkaufswirksamen (monetären) Ziele werden mit der Kommunikation verfolgt?
2. Zielgruppe der Kommunikation?	Welche Zielgruppen (bestehende/potenzielle Kunden, Kooperationspartner, Meinungsführer etc.; wie viele Kunden etc.) sollen durch die Kommunikation angesprochen werden?
3. Festlegung des Kommunikations-budgets	Welche Ressourcen stehen für die Kommunikation zur Verfügung (in Abhängigkeit von Finanzkraft, Umsatz, Wettbewerb oder gemäß Zielsetzung)?
4. Festlegung der Kommunikations-botschaft	Wie soll die Botschaft in der Kommunikation inhaltlich (beispielsweise sachlich oder emotional) und visuell gestaltet werden?
5. Festlegung der Kommunikationsk anäle	Über welche Kanäle (Printmedien, Fernsehen, Hörfunk, Internet, Product Placement, Point of Purchase, Außenwerbeflächen etc.) findet die Kommunikation angesichts der Präferenzen der Zielgruppe, Ressourcenrestriktionen, Erfordernisse der Kommunikationsziele und -botschaft statt?

Tab. 4: Entscheidungen zur Kommunikation (in Anlehnung an Kotler/ Keller/Bliemel, 2007; Belz/Bieger, 2004b)

Das Ziel der Kommunikation des Unternehmens besteht nicht nur darin, Kunden kurzfristig zu Transaktionen mit dem Unternehmen zu bewegen (*transaktionales Marketing*). Vielmehr muss es dem Unternehmen gelingen, eine langfristige Beziehung mit relevanten Kundengruppen aufzubauen (*relationales Marketing*) (Bieger et al., 2002; Bieger/Schuh et al., 2004): Stabile Kundenbeziehungen verhindern einerseits die Kundenmigration und sichern kontinuierliche Wiederkäufe, andererseits ermöglichen sie über die Zeit einen Ausbau des Kundenpotenzials durch Folgekäufe und Zusatzverkäufe zum Ausbau des Share of Wallet. Weitere Vorteile von Kundenbindung liegen in der Verteilung der Akquisitions- und Transaktionskosten über mehrere Transaktionen und positiver Mund-zu-Mund-Propaganda.

Die Entwicklung der Informations- und Kommunikationstechnologie (zum Beispiel Web 2.0 Entwicklerplattformen) erlaubt zudem eine großzahlige, kommunikative Einbindung von Kunden in den Leistungserstellungsprozess (Wikström, 1996). Als *Ko-Produzenten* nutzen Unternehmen wie

Lego, Ikea und Threadless Entwürfe und Hinweise von Kunden für das Design neuer Produkte (vgl. Abbildung 11). Daecke und zu Knyphausen-Aufseß (2011) thematisieren zudem, wie internetbasierte 3-D-Welten für die Einbettung des Kunden in den Wertschöpfungsprozess genutzt werden können.

LEGO	**LEGO Design By Me** *Kunden entwickeln ihre eigenen LEGO Sets, die sie und andere Kunden anschließend erwerben können.*
IKEA	**MyIKEA** *Kunden designen Design Covers für IKEA Möbel, die sie und andere Kunden erwerben können. Kunden werden am Verkauf von Möbel mit ihrem Designs beteiligt.*
Threadless	**Threadless T-Shirt Community** *Kunden designen T-Shirts, die von einer Kunden-Community beurteilt werden, ob sie diese kaufen wollen.*

Abb. 11: Beispiele von Unternehmenslösungen zur Integration von Kunden als Ko-Produzenten

Die *Distributionskanäle* bestimmen den Zugang eines Unternehmens zum Kunden, um das Wertversprechen zu erfüllen. Dies kann beispielsweise in Form eines Produktverkaufs am Point of Sales, durch Erbringung einer Dienstleistung am Kunden an einem Servicepoint oder durch den Verkauf von digitalen Gütern wie Software oder elektronische Zeitschriften über E-Commerce geschehen. Die konkrete Auslieferung oder Abholung bis hin zum Bezug über IT-Kanäle (insbesondere bei „disembodied" Dienstleistungen wie Wissensdienstleistungen) kann ebenfalls über diese Kanäle erfolgen. Wie bei der Kommunikation ist auch für die Distribution das Kanalsystem nicht nur für einmalige Transaktionen auszurichten. Das Distributionssystem ist über die Phasen des Buying Cycles des Kunden hinweg zu gestalten (Bieger/Schuh et al., 2004). Dabei gehen Kommunikation und Leistungslieferung insbesondere bei High-Involvement-Leistungen mit hohem Wissensanteil ineinander über. So erhält beispielsweise der Kunde beim Motorradhändler während eines Services gleich Informationen über die neusten Motorsporttrends.

Abbildung 12 zeigt die generischen Phasen eines Kaufprozesses vom Interesse über die Evaluation alternativer Leistungsangebote, den Kaufentscheid bis hin zur Nutzung der erworbenen Leistung und wie diese durch Kommunikations- und Verkaufsmaßnahmen über den Selling Cycle begleitet werden. Im Anschluss an die Nutzugsphase tritt der Kunde bei vielen Leistungen in eine Wiederkaufsphase ein. In dieser Phase profitiert der Kunde von bereits gewonnener Erfahrung mit der Leistung und dem Unternehmen, was den Kaufprozess vereinfacht (Bieger/Schuh et al., 2004).

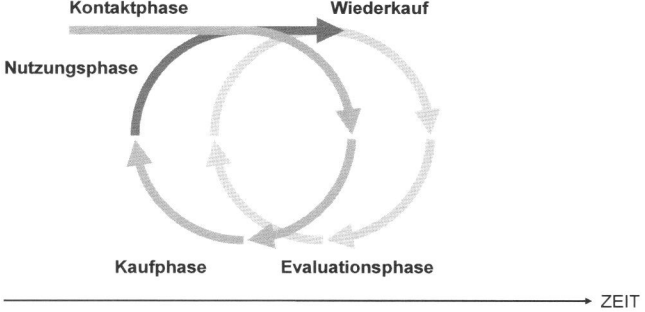

Abb. 12: Buying Cycle and Selling Cycle (Bieger, 2004)

Tabelle 5 fasst zentrale Entscheide zur Gestaltung der Distribution zusammen, die über den Buying Cycle hinweg zu optimieren sind (Bieger/ Tomczak/Reinecke, 2004; Kotler et al., 2007):

ENTSCHEID	BESCHREIBUNG
1. Festlegung der Distributionsziele	Welche akquisitorischen Distributionsziele (Beziehung der Akteure im Distributions-system und Aufgabenverteilung) werden verfolgt? Welche physischen/ logistischen Distributionsziele (Transport, Lagerung, Auslieferung etc.) werden verfolgt? Welche distributionsrelevanten Eigenschaften weisen die Nachfrage und das Leistungsangebot auf?
2. Festlegung der Distributions-organe	Über welche Organe (bspw. unternehmenseigene Verkäufer, Absatzmittler wie Groß- oder Einzelhandel, Absatzhelfer, Kooperationspartner des produzierenden Unternehmens etc.) soll die Distribution erfolgen?
3. Festlegung des Distributionswegs	Wie soll der Distributionsweg gestaltet werden: direkt vs. indirekt (Anzahl und Art der Akteure); intensiv (flächendeckend), selektiv (einige ausgewählte Absatzmittler) oder exklusiv (wenige Absatzmittler)? Welchen Einfluss hat die Gestaltung des Distributionswegs auf Kapitalbedarf, Kosten und Erlös?

Tab. 5: Entscheidungen zur Distribution (in Anlehnung an Bieger/ Tomczak/ Reinecke, 2004; Kotler/Keller/Bliemel, 2007)

Als besondere Herausforderung erweisen sich die Entscheidungen zur Distribution und Kommunikation für den Aufbau von Bottom-of-the-Pyramid-Geschäftsmodellen in Drittwelt- oder Schwellenländern (J. Anderson/Markides, 2007): Großhandelsketten fehlen, das Straßen- und Schienennetz ist schlecht ausgebaut oder zu gewissen Jahreszeiten nicht passierbar, und die Erreichbarkeit dieser Bevölkerungsschicht über traditionelle Massenmedien ist schwierig. Um unter diesen komplizierten Bedingungen die Kommunikation mit den Kunden und die Distribution ihrer Leistungen sicherzustellen, haben Unternehmen wie Tata und Hindustan Lever in Indien oder Smart Communications auf den Philippinen alternative Ansätze wie den Vertrieb über Micro-Franchisen (Kleinstgeschäfte, die von Studenten oder Hausfrauen im Nebenberuf betrieben werden), Produktabwurf per Flugzeug, Werbung an Dreiradtaxis, den Versand von Billigautos als Selbstbausatz an lokale Werkstätten oder Artistengruppen zur Information und Ausbildung von Kunden entworfen (J. Anderson/ Kupp, 2008; J. Anderson/Markides, 2007; Hart/Christensen, 2002; Prahalad/Hart, 2002).

Abbildung 13 fasst abschließend Leitfragen zur Analyse und Gestaltung der Kanäle zusammen:

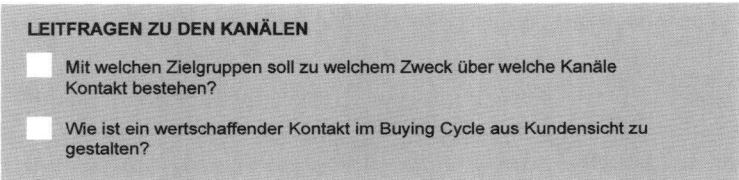

LEITFRAGEN ZU DEN KANÄLEN

- Mit welchen Zielgruppen soll zu welchem Zweck über welche Kanäle Kontakt bestehen?
- Wie ist ein wertschaffender Kontakt im Buying Cycle aus Kundensicht zu gestalten?

Abb. 13: Leitfragen zu den Kanälen

3.1.4 Das Ertragsmodell (Value Capture)

Das Ertragsmodell definiert, wie der Wert, den das Unternehmen für seine Kunden schafft, in Form von Erträgen an das Unternehmen zurückfließt.

Das Ertragsmodell unterscheidet die Abschöpfung von Wert auf zwei Ebenen: die Abschöpfung von Kundenwerten und die Abschöpfung von Unternehmenswert, der über Kundenwerte geschaffen wird.

Kundenwerte, auf der ersten Ebene, können nur abgeschöpft und in Erträge überführt werden, wenn sie tatsächlich exisitieren. Die Zielgruppen müssen den Wert der erbrachten Leistung anerkennen und honorieren. Zudem müssen Techniken beziehungsweise Kanäle bestehen, die es erlauben, den entstandenen Wert für das Unternehmen abzuschöpfen. So stehen beispielsweise Eisenbahngesellschaften wie die Schweizerischen Bundesbahnen (SBB) vor der Herausforderung, dass der Wert, den sie durch die Erschließung von räumlichen Gebieten mit öffentlichem Verkehr erstellen, primär von Liegenschaftsbesitzern über höhere Miet- und Bodenpreise abgeschöpft wird (Laesser/Reinhold, 2010).

Der Ertrag, den ein Unternehmen im Rahmen seines Geschäftsmodells erwirtschaftet, setzt sich aus der Grundgleichung *Preis mal Menge* zusammen. Je nachdem, ob das Geschäftsmodell auf einen Massenmarkt oder eine differenzierte Marktnische abzielt, wird den beiden Termen „Preis" und „Menge" unterschiedliche Bedeutung beigemessen (Johnson, 2010): Im wettbewerbsintensiven Massenmarkt werden viele Leistungen zu relativ geringen Preisen abgesetzt, während in der differenzierten Marktnische wenige Leistungen zu einem hohen Preis verkauft werden. Die Menge wird nicht nur durch die Anzahl verkaufter Produkte, sondern auch durch die Menge der Kunden, die Kauffrequenz, die Anzahl der Transaktionen pro Kunde etc. bestimmt (Johnson, 2010).

Abbildung 14 zeigt Gestaltungsdimensionen für das Ertragsmodell in Anlehnung an den Verrechnungswürfel von Bieger, Rüegg-Stürm und von Rohr (2002, S. 55), Johnson (2010) und Zollenkop (2006):

Hauptleistung	◄ ▪ ▪ ▪ ▪ ▪ ►	Nebenleistung
Pauschalverrechnung der Leistung	◄ ▪ ▪ ▪ ▪ ▪ ►	Individuelle Verrechnung der Leistung
Preis für Nutzung (transaktionsabhängig)	◄ ▪ ▪ ▪ ▪ ▪ ►	Preis für Nutzbarkeit (transaktionsunabhängig)
Fixer Preis	◄ ▪ ▪ ▪ ▪ ▪ ►	Variabler Preis
Einmalzahlung	◄ ▪ ▪ ▪ ▪ ▪ ►	Ratenzahlung
Kauf	◄ ▪ ▪ ▪ ▪ ▪ ►	Finanzierung
Zahlung im Voraus	◄ ▪ ▪ ▪ ▪ ▪ ►	Zahlung nach Erhalt der Leistung
Zahlung direkt an das Unternehmen	◄ ▪ ▪ ▪ ▪ ▪ ►	Zahlung indirekt über Dritte

Abb. 14: Gestaltungsdimensionen des Ertragsmodells (in Anlehnung an Bieger/Rüegg-Stürm/von Rohr, 2002; Johnson, 2010; Zollenkop, 2006)

Unternehmen können ihren Ertrag durch die Hauptleistung oder durch Nebenleistungen generieren. Beispielsweise kann ein integrierter Skiresortbetreiber die Skipässe für die Transportleistungen mit sehr geringen Deckungsbeitragsmargen im Skigebiet verkaufen, wenn er dadurch seine Vermietungszentren für Skiausrüstung und Restaurationsbetriebe auslastet, die Leistungen mit hohem Deckungsbeitrag verkaufen. Die Verrechnung für Produkte und Dienstleistungen kann pauschalisiert, in Form von Einzelleistungen oder auch in Kombination erfolgen.

Der Preis kann transaktionsabhängig für die Nutzung einer bestimmten Leistung oder transaktionsunabhängig gestaltet werden. Ein Beispiel aus dem Bereich der Telekommunikation sind Internetverbindungsgebühren nach Nutzung (gemessen an der Verbindungszeit und dem Datenvolumen) im Gegensatz zu Flatrate-Tarifen für uneingeschränkten Internetzugang.

Des Weiteren kann der Preis für eine Leistung unveränderlich sein oder in Abhängigkeit vom Kundenwert, von der Marktnachfrage oder anderen Variablen flexibel gestaltet werden, wie dies beispielsweise bei Flugtickets der Fall ist. Geschäftsmodelle, die auf einkommensschwache Käufer-schichten abzielen, setzen weniger auf Einmalzahlungen als auf Raten-zahlungssysteme und bevorzugen Finanzierungsmodelle anstelle von Ver-kauf (vgl. Prahalad/Hart, 2002; Umbeck, 2009).

Die Zahlung der Leistung kann vor oder nach Erhalt der Leistung erfolgen. Dies ist beispielsweise der Vorteil von Amazon gegenüber traditionellen Buchgeschäften wie Borders oder Orell-Füssli (Johnson, 2010). Die Zah-lung kann schließlich direkt an das leistungserbringende Unternehmen oder indirekt an Dritte erfolgen, wie dies zum Beispiel bei Provisionsmo-dellen oder Bannerwerbung üblich ist (Zollenkop, 2006).

Neben dem Verkauf von Produkten und Dienstleistungen an Kunden kann auf Ebene des Kundenwerts auch der Kontakt zum Kunden selbst verkauft werden. So verkaufen etwa Fluggesellschaften den Kontakt zu Kunden, die über Telefon Flugtickets kaufen, an Mietwagengesellschaften: Am Ende des Verkaufsgesprächs für ein Flugticket wird dem Kunden der Flugge-sellschaft angeboten, ihn mit einer Mietwagengesellschaft zu verbinden. Stimmt der Kunde zu, realisiert die Fluggesellschaft Wert aus der Kunden-beziehung durch einen Abgeltungsvertrag mit der Mietwagengesellschaft.

Auf zweiter Ebene wird der *Unternehmenswert,* definiert über die Discounted-Free-Cash-Flow-Methode, durch die Abschöpfung des Kun-denwerts und den dadurch erzielten Free-Cash-Flow pro Kunden be-stimmt. Abbildung 15 illustriert diese Zusammenhänge.

Die Abschöpfung von Wert auf der Ebene des Gesamtunternehmens in Form von Unternehmenswert funktioniert unternehmensintern und -extern:

- Intern in Form der Multiplikation des Geschäftsmodells etwa in ei-nem Franchisingsystem oder durch eine Markenausweitung oder

- extern in Form eines (Teil-)Verkaufs von Unternehmensanteilen durch die Unternehmenseigentümer.

Zur Auswahl der geeigneten Ertragsmodelle, präsentieren zu Knyphausen-Aufseß, van Hettinga, Harren und Franke (2011) ein Entscheidungsmodell für zweiseitige Märkte.

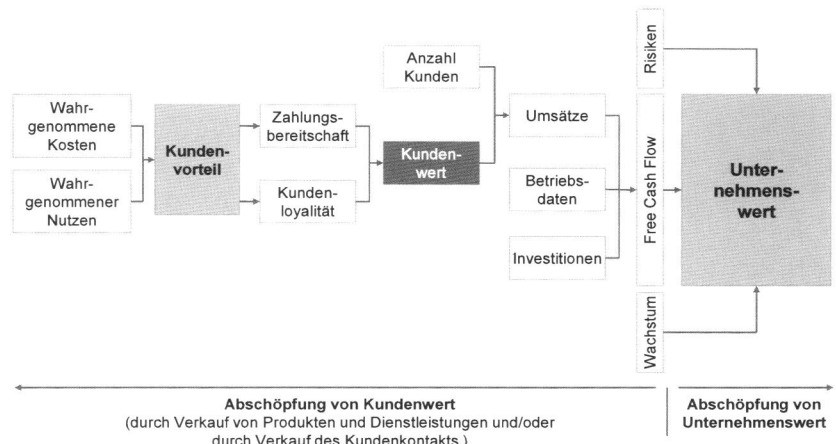

Abb. 15: Zusammenhang zwischen Kundenwert (in Anlehnung an Matzler, 2000)

Abschließend fasst Abbildung 16 Leitfragen zu Analyse und Gestaltung des Ertragsmodells zusammen:

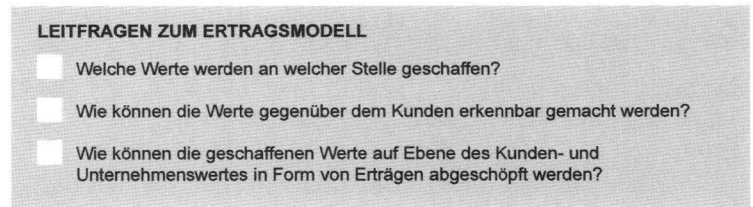

Abb. 16: Leitfragen zum Ertragsmodell

3.1.5 Die Wertverteilung (Value Dissemination)

Die Wertverteilung beschreibt, wie die erzielten Werte beziehungsweise Erträge im Unternehmen und an Kapitalgeber sowie andere Anspruchsgruppen verteilt werden, um die nachhaltige Finanzierung und kooperative Wertschöpfung im Rahmen des Geschäftsmodells sicherzustellen.

Nach dem klassischen Anspruchsgruppenkonzept der Unternehmung (Rüegg-Stürm, 2009) ist es die Aufgabe der Kerngruppe, der Unternehmensleitung, die weitere Mitwirkung der verschiedenen Anspruchsgruppen durch eine angemessene Verteilung von Wertschöpfung zu sichern. In der heutigen Netz- und Wissensökonomie zeichnen sich dabei drei Veränderungen ab:

- Erstens sind nicht nur interne Anspruchsgruppen wie die eigenen Kunden, die Lieferanten, die Kapitalgeber und die Öffentlichkeit zu beachten. Vielmehr müssen auch die Partner im Wertschöpfungsnetzwerk und deren Anspruchsgruppen berücksichtigt werden. So müssen beispielsweise die Kunden der Kunden eines Unternehmens zur aktiven Mitgestaltung und weiteren Mitwirkung motiviert werden; oder die Kapitalgeber eines Lieferanten, von dem man technologisch abhängig ist, müssen in einer Krise zur weiteren Mitwirkung motiviert werden. Die Verteilung von Wertschöpfung wird damit immer vielschichtiger.

- Zum Zweiten werden immaterielle Werte immer wichtiger. Wie oben dargestellt, kommen aufgrund der globalen Vernetzung mit der Multiplikation von potenziellen Partnern der Reputation, der Bekanntheit, aber auch dem Wissen eine große Bedeutung zu. Anspruchsgruppen können damit auch durch Austausch von Aufmerksamkeit, Bekanntheit etc. zur weiteren Mitwirkung motiviert werden. Deshalb wird im Folgenden von Value Dissemination gesprochen und nicht nur auf monetäre Wertschöpfung fokussiert.

- Zum Dritten haben die Öffentlichkeit und durch Medien ermöglichte Communities eine immer größere Sanktionsmacht – sei dies durch ihren Einfluss auf die Nachfrage oder notwendige Bewilligungen. Aus diesem Grund muss der Beitrag des Unternehmens für den Standort der Wertschöpfung und die damit verbundenen Parteien sichtbar gemacht werden.

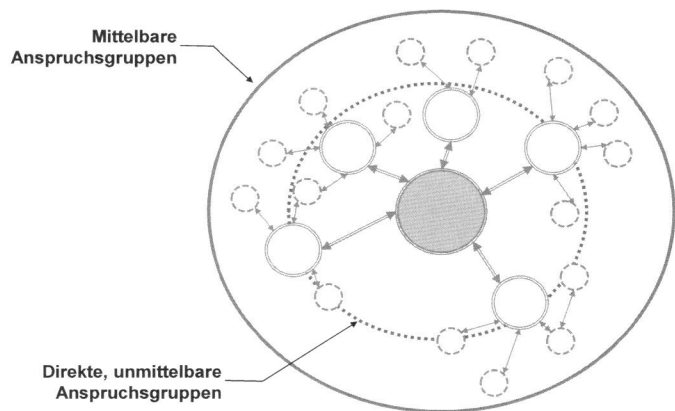

Abb. 17: Beispielhaftes Firmennetzwerk mit fokalem Unternehmen, Netzwerkpartnern und weiteren Anspruchsgruppen

Die größte Herausforderung besteht dabei in der Verteilung der geschaffenen Werte in unternehmensübergreifenden Wertschöpfungsprozessen an die verschiedenen Leistungspartner. Dazu können folgende Kriterien zur Bemessung herangezogen werden:

- Kosten des Netzwerkpartners,

- Beitrag des Netzwerkpartners zur Gesamtattraktivität des Netzwerks (zum Beispiel über Optionsnutzen, Reputationsbeitrag, Wissen- und Innovationsbeitrag).

- Beitrag des Netzwerkpartners zum spezifischen Leistungsprozess (konkreter Leistungsbezug, zum Beispiel in einem Skigebiet tatsächliche Frequenz).

Die Art der Entscheidungsfindung über diese Verteilung erfolgt zwischen hierarchischen Entscheiden, Kooperationen und Marktlösungen. Bei physischen Produkten wie in der Automobilproduktion existiert meist ein fokales Unternehmen, das das Netzwerk steuert, weil und indem es über die Endkundenkontakte verfügt. Bei Potenzialdienstleistungen wie Tourismus- oder Transportnetzwerken erfolgen der Kundenkontakt und oft auch die Koordination dezentral über Kooperationen oder Marktmechanismen. So werden beispielsweise innerhalb strategischer Allianzen im Luftfahrtsektor Pro Rates ausgehandelt. Außerhalb der Allianzen gelten jedoch Entschädigungen für Teilstrecken nach Branchenstandards.

Abschließend fasst Abbildung 18 Leitfragen zu Analyse und Gestaltung der Wertverteilung zusammen:

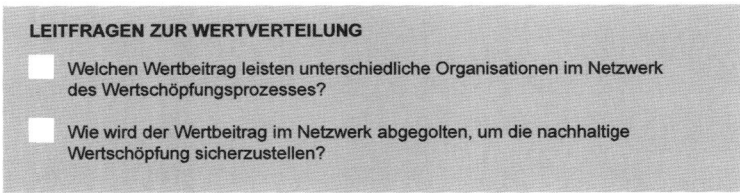

LEITFRAGEN ZUR WERTVERTEILUNG

Welchen Wertbeitrag leisten unterschiedliche Organisationen im Netzwerk des Wertschöpfungsprozesses?

Wie wird der Wertbeitrag im Netzwerk abgegolten, um die nachhaltige Wertschöpfung sicherzustellen?

Abb. 18: Leitfragen zur Wertverteilung

3.1.6 Das Entwicklungskonzept (Value Development)

Das Entwicklungskonzept beschreibt, wie das Unternehmen die Schaffung von Wert im Rahmen des bestehenden Geschäftsmodells entwickelt und angesichts sich verändernder Rahmenbedingungen das Geschäftsmodell evolutionär und revolutionär weiterentwickelt beziehungsweise innoviert.

Das Entwicklungskonzept thematisiert die dynamischen Aspekte des wertbasierten Geschäftsmodells. Diese sind aus zwei Gründen zentral für den Bestand eines Geschäftsmodells: Zum einen gilt es, das bestehende Geschäftsmodell zu optimieren. Johnson (2010), Chesbrough (2010), Demil und Lecocq (2010) sowie weitere Autoren betonen, dass sowohl neue Geschäftsmodelle nicht von der Blaupause direkt optimal umgesetzt werden können, sondern erlernt und optimiert werden müssen. Dasselbe gilt auch für bestehende Geschäftsmodelle von gestandenen Unternehmungen, die fortlaufender Optimierung bedürfen. Die Ursache für den Optimierungsbedarf besteht gemäß der ressourcenbasierten Unternehmenstheorie aufgrund ungenutzter Potenziale von unternehmensinternen Ressourcen und der permanenten Entwicklung von Wissen (Demil/Lecocq, 2010). Zum anderen ist Werterzeugung nie stabil. Das Geschäftsmodell eines Unternehmens muss sich durch evolutionäre oder revolutionäre Veränderung beziehungsweise Innovation den sich verändernden Rahmenbedingungen wie regulativem oder technologischem Wandel, wechselnden Kundenbedürfnissen oder Wettbewerbsbedingungen anpassen (Johnson et al., 2008; Zollenkop, 2006). Beispielsweise verändern technische Innovationen die Positionen in Wertschöpfungsnetzwerken, oder Ertragsmechanismen verlieren an Wirkung aufgrund der Reaktion von Kooperationspartnern und veränderten Gewichtungen einzelner Elemente im Wettbewerb.

Die Veränderung des Geschäftsmodells im letzteren Sinn ist kein einfaches Vorhaben. Aufgrund des systemischen Zusammenhangs bringen Veränderungen in den einzelnen Geschäftsmodellelementen meist auch Veränderungen in der Geschäftsmodellarchitektur[7] mit sich (Zollenkop, 2006). Dies liegt darin begründet, dass der Erfolg eines Geschäftsmodells von der Konsistenz seiner Ausgestaltung abhängt. Nachfolgend werden ausgehend vom Grad der Veränderung der Geschäftsmodellelemente und -architektur drei generische Entwicklungsansätze vorgestellt:[8] quantitatives Wachstum im bestehenden Geschäftsmodell, evolutionäre Adaption des Geschäftsmodells und revolutionäre Adaption des Geschäftsmodells. Die Beurteilung des Veränderungsgrades erfolgt subjektiv, das heißt aus Sicht des betrachteten Unternehmens, wie es in der Innovationsforschung gebräuchlich ist (N. Anderson/De Dreu/Nijstad, 2004). Demzufolge muss das Resultat einer revolutionären Adaption eines Geschäftsmodells keine Weltneuheit darstellen.

Quantitatives Wachstum: Im bestehenden Geschäftsmodell kann ein Unternehmen ohne Veränderung der Geschäftsmodellelemente und -architektur quantitativ wachsen. Dies ist beispielsweise durch Mehrverkäufe an Bestandskunden, durch eine Steigerung der Transaktionsvolumen und Transaktionsfrequenz oder geografische Expansion möglich. Motiviert wird dieser Entwicklungsansatz primär durch die Möglichkeit zur Steigerung des Unternehmenswertes über die Erhöhung des Free-Cash-Flow.

Evolutionäre Adaption: Werden mindestens die Geschäftsmodellelemente oder -architektur graduell verändert oder höchstens beide Achsen graduell adaptiert, handelt es sich um eine evolutionäre Adaption. Dies kann beispielsweise durch die Anpassung des Leistungssystems im Zuge von Produktinnovationen auf Basis neuer Technologien geschehen (wie beim Übergang von Handys zu Smart Phones), durch die Übertragung eines bestehenden Geschäftsmodells in eine neue Industrie (wie bei der Übertragung des Low-Cost-Geschäftsmodells von Fluglinien auf Kinos, beispielsweise easyCinema) oder auch durch die Veränderung des Ertragskonzepts wie im Fall von südamerikanischen Billigfluglinien, die für einkommensschwache Bevölkerungsschichten ein Ratenzahlungssystem eingeführt haben, bei dem Flugtickets im Voraus bezahlt werden (Umbeck,

---

[7] Die Geschäftsmodellarchitektur bezeichnet die Wirkungsbeziehungen zwischen den Geschäftsmodellelementen hinsichtlich deren komplementären Zusammenspiels und hinsichtlich derer Kompatibilität (Zollenkop, 2006).

[8] Bei den beiden in Abbildung 19 nicht beschrifteten, dunkelgrauen Feldern handelt es sich um hypothetische, in der Realität kaum erfolgreich umsetzbare Ansätze, die nicht thematisiert werden.

54

2009). Auslöser und Motivation der evolutionären Adaption des Geschäftsmodells sind neben dem Unternehmenswert die Lebenszyklen der angebotenen Produkte und Dienstleistungen und Veränderungen in den Rahmenbedingungen. Evolutionäre Adaption im Geschäftsmodell kann sowohl geplant als auch emergent entstehen, beispielsweise durch unkoordinierte Anpassungen oder Optimierungen von Bestandteilen der Geschäftsmodellelemente (Demil/Lecocq, 2010).

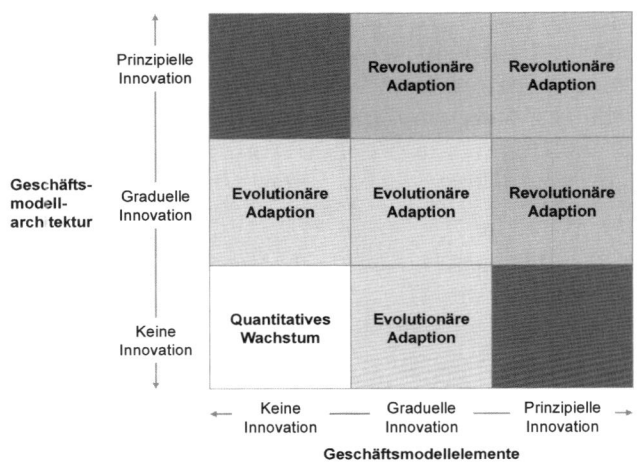

Abb. 19: Entwicklungsansätze basierend auf dem Grad der Veränderung der Geschäftsmodellelemente und -architektur (in Anlehnung an Zollenkop, 2006, S. 121)

Revolutionäre Adaption: Wenn mindestens die Geschäftsmodellelemente oder -architektur prinzipiell verändert werden und gleichzeitig die andere Achse zumindest graduell innoviert wird, erfährt das Geschäftsmodell eine revolutionäre Adaption. Diese Form der Geschäftsmodellanpassung zeichnet sich in der Regel dadurch aus, dass aus Sicht des Unternehmens völlig neue Märkte und Bedürfnisse angesprochen werden und der Kundenwert auf neue Art geschaffen wird. Beispiele revolutionärer Adaption sind etwa für den Buchhandel das Geschäftsmodell von Amazon (Online-Buchhandel), für die Computerindustrie das Geschäftsmodell von Dell (On-demand PC Konfiguration), oder die Low-Cost, No-Frills Punkt-zu-Punkt Flugangebote von EasyJet und Ryanair für den europäischen Flugmarkt (vgl. Markides, 2008). Für all diese Geschäftsmodellinnovationen ging der Anstoß für den Wandel von veränderten Rahmenbedingungen aus (Regulativ, Wettbewerb, Technologie, Kundenbedürfnisse etc.); oder aus dem Unternehmensinneren kam ein Impuls, der die grundlegende Logik der Geschäftstätigkeit des Unternehmens infrage gestellt hat. Technologie ist dafür bei Weitem nicht der einzige oder bedeutendste Treiber revolutionärer Adaption (Chesbrough, 2007; Teece, 2007).

Um zu erklären, wie sich die Wettbewerbsbedingungen in einer Industrie verändern, unterstellt Johnson (2010) eine evolutionäre Entwicklung der Wettbewerbsbasis: Wenn sich ein neuer Markt entwickelt, konkurrieren Unternehmen hauptsächlich auf der Basis von Leistungsargumenten und Funktionalität. Wenn diese ersten Produkte den Grundanforderungen der Kunden entsprechen, verlagert sich der Wettbewerb hin zu einer Verbesserung der Qualität und Verlässlichkeit der Leistung. Dies ermöglichen in erster Linie Prozessinnovationen. Mit zunehmender Verlässlichkeit und Funktionalität der Leistungen verschiebt sich der Wettbewerb in einem nächsten Schritt zu Convenience-Angeboten. Durch das zusätzliche Maßschneidern von Leistungen auf spezifische Kundenbedürfnisse können höhere Preise erzielt werden. In einem letzten Schritt verlagert sich der Wettbewerb hin zu einem Konkurrenzkampf auf Preisbasis. Bei der Verlagerung des Wettbewerbs von Funktion und Verlässlichkeit zu Convenience und Kosten verändert sich das Leistungskonzept und damit das Geschäftsmodell in evolutionärer oder radikaler Form (vgl. Abbildung 20 auf der folgenden Seite).

Als Entscheidungshilfe für die Antwort auf die Frage, ob ein bestehendes Geschäftsmodell angepasst werden sollte, führen Johnson, Christensen und Kagerman (2008) fünf allgemeingültige Situationen auf, die nach einer Geschäftsmodellanpassung verlangen:

1. Eine disruptive Innovation bietet das Potenzial, die Bedürfnisse einer großen Zahl neuer Kunden zu befriedigen.

2. Es besteht die Möglichkeit, von einer neuen Technologie zu profitieren, indem diese in einem passenden Geschäftsmodell vermarktet wird.

3. In einer Industrie, in der bisher nur fragmentarisch Produkte und Dienstleistungen vorhanden waren, kann ein Leistungssystem für relevante Kundenprobleme eingeführt werden.

4. Das eigene Geschäft muss durch eigene Aktivitäten kannibalisiert werden, um einem Low-End-Wettbewerber zuvorzukommen.

5. Die Wettbewerbsgrundlagen einer Industrie ändern sich beispielsweise durch staatliche De- oder Reregulierung.

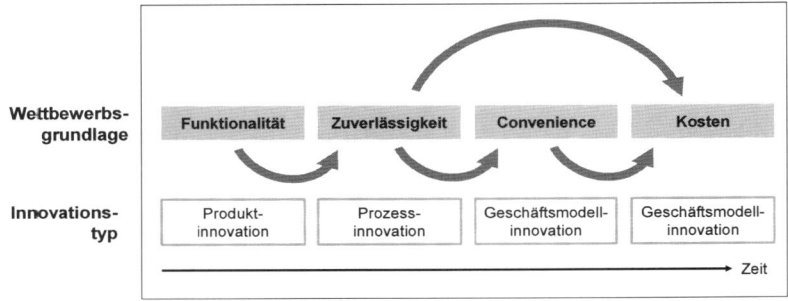

Abb. 20: Veränderung der Wettbewerbsbasis (in Anlehnung an Johnson, 2010)

Welche Gestaltungsoptionen im Rahmen der drei generischen Entwicklungsansätze zur Verfügung stehen und wie der Entwicklungsstand des Geschäftsmodells bestimmt werden kann, detailliert der Beitrag von zu Knyphausen-Aufseß und Zollenkop (2011). Zollenkop (2011) thematisiert zudem, welche Handlungs- und Entscheidungsoptionen hinsichtlich der organisatorischen Einbettung von Geschäftsmodellinitiativen zu berücksichtigen sind.

Abschließend fasst Abbildung 21 Leitfragen zu Analyse und Gestaltung des Entwicklungskonzepts zusammen:

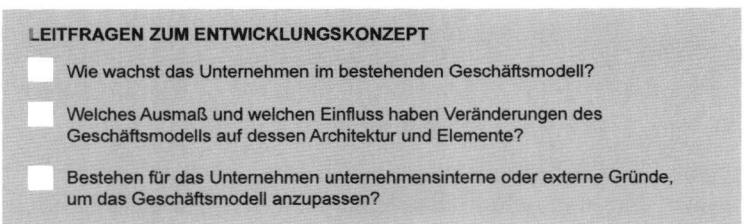

Abb. 21: Leitfragen zum Entwicklungskonzept

3.2   Interaktion der Geschäftsmodellkomponenten

Das wertbasierte Geschäftsmodell ist als System von Geschäftsmodellelementen zu begreifen, die im Rahmen einer Geschäftsmodellarchitektur interagieren. Die Leistung dieses Systems wird am Wert gemessen, den das Geschäftsmodell für seine Kunden und das Unternehmen schafft sowie an der Nachhaltigkeit des Geschäftsmodells für den Fortbestand der Unternehmung. Die Leistungsfähigkeit hängt dabei nicht nur von der optimalen Ausgestaltung der einzelnen Geschäftsmodellelemente ab, sondern auch von der Konsistenz (das heißt von der Kompatibilität und Komplementarität der Elemente) der Geschäftsmodellarchitektur (Zollenkop, 2006): Zum Beispiel müssen das Wertschöpfungskonzept und die Kanäle entsprechend den Ansprüchen des Leistungskonzepts gestaltet werden, um das Wertversprechen erfüllen zu können und dem Kunden die Leistung zugänglich zu machen. Des Weiteren ist das Ertragsmodell derart zu konzipieren, dass der für den Kunden geschaffene Wert dem Unternehmen in ausreichender Form entgolten wird.

Abbildung 22 (siehe folgende Seite) illustriert zwei konsistente Geschäftsmodellkonfigurationen für den Luftverkehr. Netzwerkfluggesellschaften wie beispielsweise die Swiss International Airlines Ltd. offerieren Kunden ein differenziertes Leistungsangebot auf einem großen Flugnetz, das Verbindungen zu einer möglichst großen Auswahl an Destinationen sicherstellt. Ihre Kompetenzen in der Wertschöpfung liegen daher im Management des Netzwerks von Flugstrecken und Leistungspartnern sowie in der Vermarktung der differenzierten Leistung. In der Kommunikation konzentrieren sie sich auf den Aufbau langfristiger Kundenbeziehungen, da bei diesen ein höherer Share-of-Wallet erzielt werden kann, was angesichts der Bedeutung des Nebengeschäfts für das Ertragsmodell essenziell ist. In der Wertverteilung sind komplexe Mechanismen notwendig, um langfristig die Finanzierung und nachhaltige Wertschöpfung sicherzustellen. In der Entwicklung des Geschäftsmodells wird im Rahmen der regulativen Möglichkeiten vor allem auf quantitatives Wachstum des Flugstreckennetzes gesetzt.

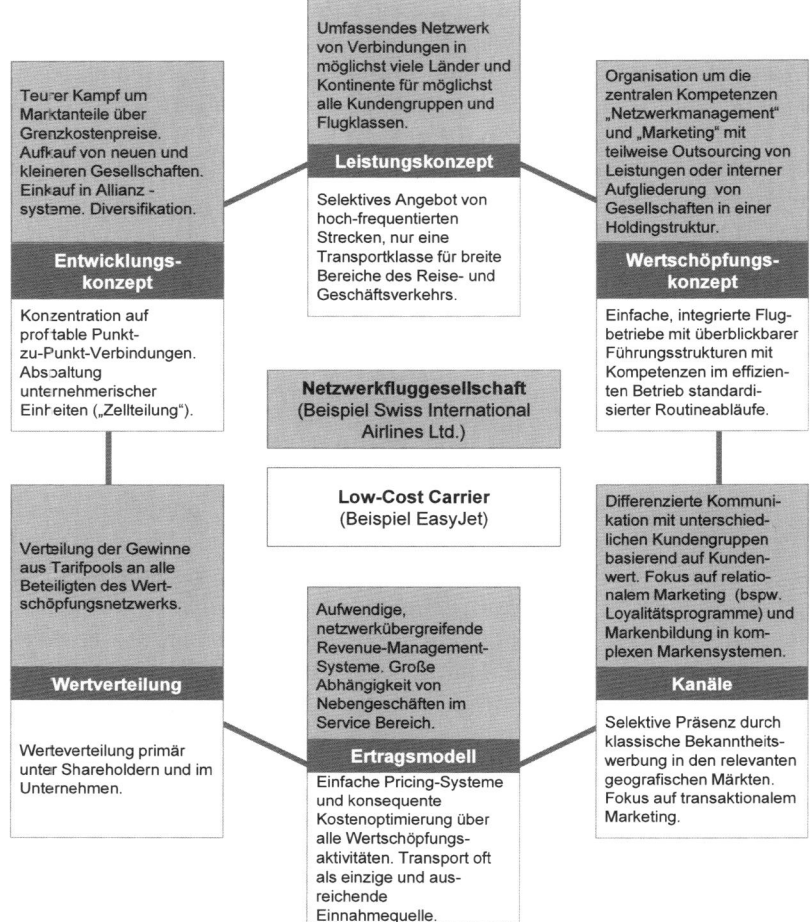

Abb. 22: Interaktion der Geschäftsmodellkomponenten bei Fluggesellschaften in Anlehnung an (Bieger et al., 2002)

Bei Billigfluglinien ist hingegen das ganze Geschäftsmodell auf das Thema Kosteneffizienz ausgerichtet. Das Angebot ist bewusst auf wenige Optionen eingeschränkt. Die Organisationen wie EasyJet arbeiten in flachen Strukturen und sind auf den effizienten Betrieb standardisierter Routinen spezialisiert. In den Kanälen wird bewusst auf transaktionales Marketing fokussiert. Die Bedeutung der Anzahl der Transaktionen zeigt sich auch in der Ausgestaltung des Ertragsmodells, das auf einer Vielzahl erbrachter Flugleistungen zu vergleichsweise niedrigen Preisen beruht. Aufgrund der integrierten und effizienten Wertschöpfungsprozesse sind in der Wertverteilung nur wenige Anspruchsgruppen zu berücksichtigen. Und das Wachstum orientiert sich an Opportunitäten für quantitatives Wachstum (vor allem geografisch).

Amit und Zott (2010) identifizieren für die Gestaltung von Geschäftsmodellarchitekturen vier grundlegende Designthemen:

- *Neuartigkeit:* Die Geschäftsmodellelemente werden aus Sicht des Unternehmens oder aus Sicht der bisherigen Geschäftsmodellkonfigurationen in einer Industrie auf neuartige Weise verbunden.

- *Lock-in:* Das Geschäftsmodell wird so gestaltet, dass Kooperationspartner stark an das Wertschöpfungssystem gebunden werden.

- *Komplementarität:* Komplementäre Aktivitäten werden im Rahmen eines einzigen Geschäftsmodells so kombiniert, dass aus der Verbindung ein Mehrwert für das Unternehmen, die Kooperationspartner und die Kunden entsteht.

- *Effizienz:* Das Geschäftsmodell als Ganzes ermöglicht es, ein Wertversprechen effizienter zu erbringen als bestehende Konfigurationen.

Konsistente Geschäftsmodelle zeichnen sich häufig durch selbstverstärkende Kreisläufe (oder Motoren) aus, über die sich verschiedene Geschäftsmodellelemente gegenseitig positiv (beziehungsweise negativ) beeinflussen (Casadesus-Masanell/Ricart, 2010). Dies trifft insbesondere für Unternehmen in Netzindustrien mit Skaleneffekten (Economies of Scale and Scope) und Dichteeffekten (Economies of Density) zu (Bieger/Rüegg-Stürm, 2002). Casadesus-Masanell und Ricart (2010) zeigen beispielhaft für den Billigfluganbieter Ryanair verschiedene selbstverstärkende Kreisläufe auf, die sich aufgrund der Geschäftsmodellkonfiguration ergeben: Billige Flugangebote führen zu hohen Passagiervolumina, was wiederum die Verhandlungsmacht Ryanairs gegenüber Zulieferern stärkt, die Fixkosten senkt und niedrigere Flugpreise ermöglicht. Gleichzeitig mindern die hohen Passagiervolumina die Fixkosten über die höhere Flugzeugauslastung, was ebenfalls zu den niedrigen Flugpreisen beiträgt.

Ein konsistentes Geschäftsmodell ermöglicht die Schaffung von Wettbewerbsvorteilen (Amit/Zott, 2001; zu Knyphausen-Aufseß/Meinhardt, 2002). Nachhaltig werden Wettbewerbsvorteile aber erst aufgrund einer sinnvollen Kombination von Strategie und Geschäftsmodell (Teece, 2010), da Geschäftsmodelle, im Gegensatz zur Strategie, für Wettbewerber beobachtbar und replizierbar sind. Teece (2010) nennt drei mögliche Barrieren, die das Geschäftsmodell und damit verbundene Wettbewerbsvorteile vor Nachahmung schützen können:

• Systeme, Prozesse, Ressourcen und Fähigkeiten, die beispielsweise aufgrund von notwendigen Lernkurven, geografischen Gegebenheiten oder einmaligen strategischen Partnerschaften etc. nur schwer kopiert werden können.

• Undurchsichtigkeit gewisser Einzelheiten der Geschäftsmodellelemente und -architektur wie beispielsweise die genauen Algorithmen für Yield-Management-Systeme im Rahmen des Ertragskonzepts beispielsweise bei Mietwagenfirmen.

• Trotz weitgehender Transparenz können die Geschäftsmodelle von Pionierunternehmungen und Startups für etablierte Unternehmen, insbesondere Branchenführer, zur Nachahmung wenig attraktiv erscheinen, weil sie eine Kannibalisierung des eigenen Geschäftsmodells bedeuten würden, etablierte Kooperationspartner ausschalten würden oder die unternehmensinternen Anforderungen wie Deckungsbeitragsmargen etc. nicht erfüllen (vgl. auch Johnson, 2010; Markides/Charitou, 2004).

3.3   Hinweise zur Anwendung

Der wertbasierte Geschäftsmodellansatz ermöglicht sowohl den *statischen* Vergleich von Zeitpunktaufnahmen von Geschäftsmodellen als auch das Beschreiben der *dynamischen* Entwicklung des Ansatzes über das Entwicklungskonzept.

Der Ansatz kann auf unterschiedlichen *Betrachtungsebenen* angewandt werden: auf der Ebene von ganzen Industrien (beispielsweise zum Vergleich dominierender Geschäftsmodellkonfigurationen), auf der Ebene von Unternehmen, wie dies in diesem Kapitel meist dargestellt wurde, oder für einzelne Geschäftseinheiten oder Produkte eines Unternehmens (beispielsweise zur Beschreibung des Geschäftsmodells des Apple iPods). Einzelne Autoren konzeptionalisieren Unternehmen daher als Portfolio von Geschäftsmodellen, die parallel geführt werden (vgl. Davenport et al., 2006; Sabatier et al., 2010; Smith/Binns/Tushman, 2010).

Die Analyse der Nachhaltigkeit eines Geschäftsmodells kann jedoch nicht völlig in Abstraktion erfolgen. Vielmehr muss sie den *Kontext und die Rahmenbedingungen* des Geschäftsmodells in die Beurteilung mit einbeziehen (Teece, 2010). Dabei ist der universelle Geschäftsmodellansatz nicht an einzelne Industriekontexte gebunden.

Für die Analyse oder Gestaltung von Geschäftsmodellen existieren heute Geschäftsmodellanalogien (vgl. Johnson, 2010; McGrath, 2010), die Geschäftsmodelle in der Regel grob aufgrund des Leistungs- und Ertragskonzepts unterscheiden. Diese können als Grundmuster für die Gestaltung oder als Bezugspunkt für die Analyse verwendet werden. Als Abschluss von Abschnitt 3 zeigt Tabelle 6 eine aktuelle Auswahl gängiger *Analogien*:

ANALOGIE	BESCHREIBUNG UND BEISPIEL
Auktion	Kunden benennen den Preis (Zahlungsbereitschaft) für Güter und Dienstleistungen (Beispiel: eBay)
Bait and Hook (= Razor/Blades	Kostengünstige oder kostenlose Abgabe des Grundproduktes („Razor") und Verkauf des Verbrauchsmaterials mit hohen Margen „Blades") (Beispiel : Gillette, Nespresso)
Broker	Bringt Anbieter und Nachfrager zusammen und vereinfacht deren Transaktionen gegen eine Gebühr für erfolgreiche Vermittlung (Beispiel : Century 21)
Bricks and Clicks	Integration von online („clicks") und offline („bricks") Geschäftstätigkeit für die Verkaufsanbahnung und -abwicklung (Beispiel: Tesco)
Bundling	Vereinfachung des Verkaufs und Ergänzung des Kundenwerts durch den Verbund mehrerer Produkte und/oder Dienstleistungen (Beispiel: iPod und iTunes)
Communities	Mitglieder der Community erhalten exklusiven Zugriff auf Informationen über Produkte und Dienstleistungen gegen eine Gebühr. Zusätzliche Finanzierung geschieht über Werbeeinnahmen (Beispiel: Angie's List)
Crowdsourcing	Aufgaben der Wertschöpfung werden an eine große Community von Kunden ausgelagert, die gratis Inhalte zur Verfügung stellen und im Gegenzug Zugang zum Inhalt anderer Community-Mitglieder erhalten (Beispiel: YouTube)
Disintermediation	Direktlieferung von Produkten und Dienstleistungen an Kunden, die vorher über einen Intermediär geliefert wurden (Beispiel: Dell)
Fraktionalisierung	Ermöglicht Kunden, einen Anteil an einem Produkt zu erwerben und damit Vorteile des ganzen Produktes zum Bruchteil des Preises zu nutzen (Beispiel: NetJets)
Freemium	Grundleistungen sind kostenlos, Premiumleistungen kosten jedoch (Beispiel: Xing)
Low-Cost/Low-Touch	Angebot von preisgünstigen, standardisierten Varianten für Produkte und Dienstleistungen, die üblicherweise als Premiumleistungen angeboten werden (Beispiel: EasyJet)
Pay-as-you-go	Verrechnung von effektivem Verbrauch und Gebrauch von Gütern und Dienstleistungen (Beispiel: Prepayed Mobiltelefonie)
Produkt als Dienstleistung	Anstelle des Produktes wird die Dienstleistung verkauft, die durch das Produkt ermöglicht wird (Beispiel: Hilti)
Subscription	Kunden bezahlen eine Abonnementsgebühr, um Zugang zu Produkten und Dienstleistungen zu erhalten (Beispiel: Netflix)

Tab. 6: Geschäftsmodellanalogien (in Anlehnung an Johnson, 2010)

4   Ausblick

Die Ausführungen im ersten Teil dieses Beitrags zeigen, dass das Konzept „Geschäftsmodell" und die Forschung dazu nicht als bloße Modeerscheinung der 1990er Jahre abgetan werden können (vgl. Dottore, 2009). Vielmehr spiegeln die Vielzahl von Strukturierungsansätzen sowie schon der Gebrauch des Begriffs „Geschäftsmodell" das Bedürfnis wider, die Wertschöpfung von Unternehmen näher zu beschreiben und modellhaft abzubilden. Diese beiden Aufgaben werden vor dem Hintergrund zunehmend komplexer Wertschöpfungssysteme in Zukunft noch an Bedeutung gewinnen und stellen eine sinnvolle Ergänzung der strategischen Planung dar.

Der wertbasierte Geschäftsmodellansatz, der in diesem Beitrag beschrieben wurde, kann für die Beschreibung und Modellierung der Wertschöpfung herangezogen werden. Abbildung 23 illustriert, wie die Dimensionen des wertbasierten Geschäftsmodellansatzes entlang einer Wertschöpfungslogik dargestellt werden können, um Geschäftsmodelle systematisch darzustellen und zu analysieren.

Zur weiteren Vertiefung sind beispielsweise die Erstellung von Geschäftsmodelltypologien und -taxonomien anhand des wertbasierten Geschäftsmodells erstrebenswert. Darüber hinaus wäre eine informationstechnologisch unterstützte Umsetzung des Geschäftsmodellansatzes denkbar, um eine Szenario-ähnliche Anwendung im Rahmen von strategischen Planungsprozessen zu ermöglichen.

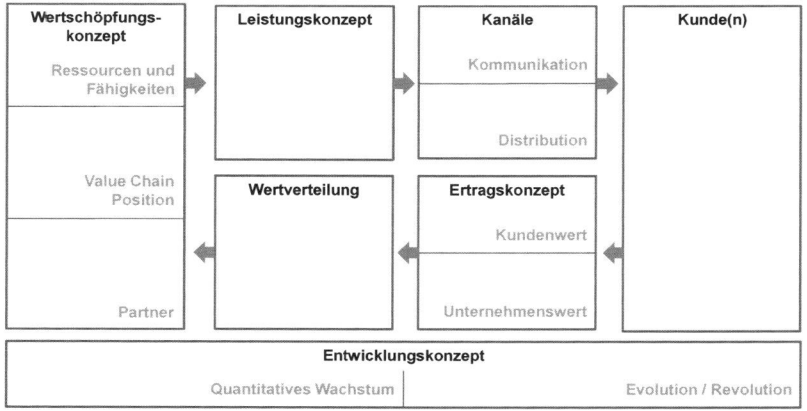

Abb. 23: Zusammenhänge der Geschäftsmodellelemente entlang der Wertschöpfungslogik des wertbasierten Geschäftsmodellansatzes

Literaturverzeichnis

Amit, R./Schoemaker, P. J. H. (1993). Strategic Assets and Organizational Rent. In: *Strategic Management Journal, 14*(1), S. 33-46.

Amit, R./Zott, C. (2001). Value Creation in E-Business. In: *Strategic Management Journal, 22*(6/7), S. 493-520.

Anderson, C. (2009). *The Long Tail: Nischenprodukte statt Massenmarkt: das Geschäft der Zukunft* (M. Bayer/Schlatter, Übers.). München: Deutscher Taschenbuchverlag.

Anderson, J./Kupp, M. (2008). Serving the poor: drivers of business model innovation in mobile. In: *Info, 10*(1), S. 5-12.

Anderson, J./Markides, C. (2007). Strategic Innovation at the Base of the Pyramid. In: *MIT Sloan Management Review, 49*(1), S. 82-88.

Anderson, N./De Dreu, C./Nijstad, B. (2004). The routinization of innovation research: A constructively critical review of the state-of-the-science. In: *Journal of Organizational Behavior, 25*(2), S. 147-173.

Anthony, S. D./Eyring, M./Gibson, L. (2006). Mapping Your Innovation Strategy. In: *Harvard Business Review, 84*(5), S. 104-113.

Baden-Fuller, C./Demil, B./Lecocq, X./MacMillan, I. (2010). Editorial. In: *Long Range Planning, 43*(2/3), S. 143-145.

Baden-Fuller, C./Morgan, M. S. (2010). Business Models as Models. In: *Long Range Planning, 43*(2/3), S. 156-171.

Barney, J. (1991). Firm Resources and Sustained Competitive Advantage. In: *Journal of Management, 17*(1), S. 99-120.

Belz, C. (1997). Leistungssysteme. In C. Belz (Hrsg.), *Leistungs- und Kundensysteme* (S. 12-39). St. Gallen: Thexis.

Belz, C./Bieger, T. (2000). Fazit – Zukünftige Kompetenzfelder im Dienstleistungsmanagement. In: Belz, C./Bieger, T. (Hrsg.): *Dienstleistungskompetenz und innovative Geschäftsmodelle*. St. Gallen: Thexis.

Belz, C./Bieger, T. (2004a). Kundenvorteile für Unternehmenserfolge. In: Belz, C./Bieger, T./Ackermann, W./Maas, P./Füglistaller, U./Herrmann, A./Haller, M./Rudolph, T./Schmid, B. F./Volery, T./Dyllick, T. (Hrsg.): *Customer Value: Kundenvorteile schaffen Unternehmensvorteile* (S. 37-142). Frankfurt/Main: Redline Wirtschaft.

Belz, C./Bieger, T. (2004b). Management von Leistungs- und Kundensystemen – der Leistungsansatz (L-Ansatz). In: Belz, C./Bieger, T./Ackermann, W./Maas, P./Füglistaller, U./Herrmann, A./Haller, M./Rudolph, T./Schmid, B. F./Volery,

T./Dyllick, T. (Hrsg.): *Customer Value: Kundenvorteile schaffen Unternehmensvorteile* (S. 143-416). Frankfurt/Main: Redline Wirtschaft.

Bieger, T. (2004). Geschäftsprozesse. In: Dubs, R./Euler, D./Rüegg-Stürm, J./Wyss, C. E. (Hrsg.): *Einführung in die Managementlehre* (2. Aufl., Bd. 3) (S. 29-168). Bern: Haupt.

Bieger, T./Reinhold, S. (2009). Innovative Geschäftsmodelle und die „Innovation" des Geschäftsmodels. In: *IDT-Blickpunkte, 21/2009*, S. 18-20.

Bieger, T./Rüegg-Stürm, J. (2002). Net Economy – Die Bedeutung der Gestaltung von Beziehungskonfigurationen. In: Bieger, T./Bickhoff, N./Caspers, R./zu Knyphausen-Aufseß, D. /Reding, K. (Hrsg.): *Zukünftige Geschäftsmodelle – Konzept und Anwendung in der Netzökonomie* (S. 15-33). Berlin et al.: Springer.

Bieger, T./Rüegg-Stürm, J./Rohr, T. v. (2002). Strukturen und Ansätze einer Gestaltung von Beziehungskonfigurationen – Das Konzept Geschäftsmodell. In: Bieger, T./Bickhoff, N./Caspers, R./zu Knyphausen-Aufseß, D./Reding, K. (Hrsg.): *Zukünftige Geschäftsmodelle – Konzept und Anwendung in der Netzökonomie* (S. 35-61). Berlin et al.: Springer.

Bieger, T./Schuh, G./Friedli, T./Tomczak, T./Fahrni, F./Reinecke, S. (2004). Struktur der Geschäftsprozesse. In: Dubs, R./Euler, D./Rüegg-Stürm, J./Wyss, C. E. (Hrsg.): *Einführung in die Managementlehre* (Bd. 3, S. 61-114). Bern: Haupt.

Bieger, T./Tomczak, T./Reinecke, S. (2004). Marktorientierte Gestaltung und Führung der Geschäftsprozesse – Marketingkonzept. In: Dubs, R./Euler, D./Rüegg-Stürm, J. (Hrsg.): *Einführung in die Managementlehre* (S. 115-167). Bern: Haupt.

Björkdahl, J. (2009). Technology cross-fertilization and the business model: The case of integrating ICTs in mechanical engineering products. In: *Research Policy, 38*(9), S. 1468-1477.

Casadesus-Masanell, R./Ricart, J. E. (2010). From Strategy to Business Models and onto Tactics. In: *Long Range Planning, 43*(2/3), S 195-215.

Chesbrough, H. W. (2006). *Open business models how to thrive in the new innovation landscape*. Boston, Mass.: Harvard Business Press.

Chesbrough, H. W. (2007). Business model innovation: It's not just about technology anymore. In: *Strategy & Leadership, 35*(6), S. 12-17.

Chesbrough, H. W. (2010). Business Model Innovation: Opportunities and Barriers. In: *Long Range Planning, 43*(2/3), S. 354-363.

Chesbrough, H. W./Rosenbloom, R. S. (2002). The role of the business model in capturing value from innovation: Evidence from Xerox Corporation's technology spin-off companies. In: *Industrial and Corporate Change, 11*(3), S. 529-555.

Coase, R. (1937). The nature of the firm. In: *Economica, 4*(16), S. 386-405.

Daecke, J./zu Knyphausen-Aufseß, D. (2011). Von der Kommunikation zur Kundenintegration: Neue Ansätze der Gestaltung der Beziehung zwischen Unternehmen und Kunden am Beispiel der Produktentwicklung. In: Bieger, T./zu Knyphausen-Aufseß, D./Krys, C. (Hrsg.): *Innovative Geschäftsmodelle. Konzeptionelle Grundlagen, Gestaltungsfelder und unternehmerische Praxis* (S. 143-162). Berlin et al.: Springer-Verlag.

Dahan, N. M./Doh, J. P./Oetzel, J./Yaziji, M. (2010). Corporate-NGO Collaboration: Co-creating New Business Models for Developing Markets. In: *Long Range Planning, 43*(2/3), S. 326-342.

Davenport, T. H./Leibold, M./Voelpel, S. (2006). *Strategic management in the innovation economy strategy approaches and tools for dynamic innovation capabilities*. Erlangen: Publicis.

Demil, B./Lecocq, X. (2010). Business Model Evolution: In Search of Dynamic Consistency. In: *Long Range Planning, 43*(2/3), S. 227-246.

Doganova, L./Eyquem-Renault, M. (2009). What do business models do?: Innovation devices in technology entrepreneurship. In: *Research Policy, 38*(10), S. 1559-1570.

Dottore, A. G. (2009, Jun 14-17). *Business model adaptation as a dynamic capability: a theoretical lens for observing practitioner behaviour*, Bled, SLOVENIA.

Elberse, A. (2008). Should you invest in the long tail. In: *Harvard Business Review, 86*(7/8), S. 88-96.

Financial Reporting Council (2010). *UK Corporate Governance Code June 2010*. London: Financial Reporting Council (FRC).

Franck, G. (1998). *Ökonomie der Aufmerksamkeit – Ein Entwurf*. München: Carl Hanser.

Ghaziani, A./Ventresca, M. (2005). Keywords and cultural change: Frame analysis of business model public talk, 1975 to 2000. In: *Sociological Forum, 20*(4), S. 523-559.

Govindarajan, V./Trimble, C. (2005). Building Breakthrough Businesses Within Established Organizations. In: *Harvard Business Review, 83*(5), S. 58-68.

Grant, R. M. (1991). The Resource-Based Theory of Competitive Advantage: Implications for Strategy Formulation. In: *California Management Review, 33*(3), S. 114-135.

Gruber, T. (1993). A translation approach to portable ontologies. In: *Knowledge acquisition, 5*(2), S. 199-220.

Hamel, G./Valikangas, L. (2003). The quest for resilience. In: *Harvard Business Review, 81*(9), S. 52-65.

Hart, S. L./Christensen, C. M. (2002). The Great Leap: Driving Innovation From the Base of the Pyramid. In: *MIT Sloan Management Review, 44*(1), S. 51-56.

Heuskel, D. (1999). *Wettbewerb jenseits von Industriegrenzen: Aufbruch zu neuen Wachstumsstrategien.* Frankfurt: Campus-Verlag.

Hofbauer, C. (2008). *Geschäftsmodelle Quadruple Play – Eine Einschätzung der Entwicklung in Deutschland.* Wiesbaden: Gabler.

Huff, A. S./Floyd, S. W./Sherman, H. G./Terjesen, S. (2009). *Strategic Management – Logic and Action.* Hoboken: Wiley.

IBM (2008). *The Enterprise of the future: The IBM Global CEO Study 2008.* Heruntergeladen von http://www.ibm.com/ibm/ideasfromibm/us/ceo/20080505/

IBM (2010). *Seizing the advantage – When and how to innovate your business model.* Heruntergeladen von http://www-935.ibm.com/services/us/gbs/bus/html/ibv-business-model-innovation.html

Johnson, M. W. (2010). *Seizing the White Space: Business Model Innovation for Growth and Renewal.* Boston: Harvard Business Press.

Johnson, M. W./Christensen, C. M./Kagermann, H. (2008). Reinventing Your Business Model. In: *Havard Business Review*(December), S. 50-59.

Klein, B./Crawford, R./Alchian, A. (1978). Vertical integration, appropriable rents, and the competitive contracting process. In: *The Journal of Law and Economics,* 21 (2), S. 297-326.

Knieps, G. (2007). *Netzökonomie: Grundlagen-Strategien-Wettbewerbspolitik.* Wiesbaden: Gabler Verlag.

zu Knyphausen-Aufseß, D./Meinhardt, Y. (2002). Revisiting Strategy: Ein Ansatz zur Systematisierung von Geschäftsmodellen. In: Bieger, T./Bickhoff, N./Caspers, R./zu Knyphausen-Aufseß, D./Reding, K. (Hrsg.): *Zukünftige Geschäftsmodelle: Konzept und Anwendung in der Netzökonomie* (S. 63-89). Berlin et al.: Springer-Verlag.

zu Knyphausen-Aufseß, D. /van Hettinga, E./Harren, H./Franke, T. (2011). Das Erlösmodell als Teilkomponente des Geschäftsmodells. In: Bieger, T./zu Knyphausen-Aufseß, D./Krys, C. (Hrsg.): *Innovative Geschäftsmodelle. Konzeptionelle Grundlagen, Gestaltungsfelder und unternehmerische Praxis* (S. 163-184). Berlin et al.: Springer-Verlag.

zu Knyphausen-Aufseß, D./Zollenkop, M. (2011). Transformation von Geschäftsmodellen – Treiber, Entwicklungsmuster, Innovationsmanagement. In: Bieger, T./zu Knyphausen-Aufseß, D./Krys, C. (Hrsg.): *Innovative Geschäftsmodelle. Konzeptionelle Grundlagen, Gestaltungsfelder und unternehmerische Praxis* (S. 111-128). Berlin et al.: Springer-Verlag.

Kotler, P./Keller, K. L./Bliemel, F. (2007). *Marketing-Management Strategien für wertschaffendes Handeln* (12. aktual. und überarb. Aufl.). München: Pearson Studium.

KUONI Group (2010). *KUONI Marktbericht 2009*. Zürich: KUONI Reisen Holding AG.

Laesser, C./Reinhold, S. (2010). *Der Wert der Wohnstandort-Erschliessung mit Öffentlichem Verkehr*. St. Gallen: SBB Lab an der Universität St. Gallen.

Lewin, A. Y./Weigelt, C. B./Emery, J. D. (2004). Adaptation and Selection in Strategy and Change: Perspectives on Strategic Change in Organizations. In: Poole, M. S./Van de Ven, A. H. (Hrsg.): *Handbook of organizational change and innovation* (S. 108-160). New York: Oxford University Press.

Magretta, J. (1998). The power of virtual integration: An interview with Dell Computer's Michael Dell. In: *Harvard Business Review, 1998*(March/April), S. 73-84.

Magretta, J. (2002). Why Business Models Matter. In: *Havard Business Review* (May 2002), S. 1-8.

Makadok, R. (2001). Toward a Synthesis of the Resource-Based and Dynamic-Capability Views of Rent Creation. In: *Strategic Management Journal, 22*(5), S. 387-401.

Markides, C. (2008). *Game-changing Strategies: How to Create New Market Space in Established Industries by Breaking the Rules*. San Francisco: Jossey-Bass.

Markides, C./Charitou, C. D. (2004). Competing with dual business models: A contingency approach. In: *Academy of Management Executive, 18*(3), S. 22-36.

Matzler, K. (2000). Customer Value Management. In: *Die Unternehmung, 54*(4), S. 289-308.

McGrath, R. G. (2010). Business Models: A Discovery Driven Approach. In: *Long Range Planning, 43*(2/3), S. 247-261.

Meinhardt, Y. (2002). *Veränderung von Geschäftsmodellen in dynamischen Industrien. Fallstudien aus der Biotech-/Pharmaindustrie und bei Business-to-Consumer-Portalen*. Wiesbaden: Deutscher Universitäts-Verlag.

Mintzberg, H./Lampel, J./Ahlstrand, B. (2000). *Strategy Safari: A Guided Tour Through The Wilds of Strategic Mangament*: New York: Simon and Schuster.

Morris, M./Schindehutte, M./Allen, J. (2005). The entrepreneur's business model: toward a unified perspective. In: *Journal of Business Research, 58*(6), S. 726-735.

68

Müller-Stewens, G./Lechner, C. (2005). *Strategisches Management: Wie strategische Initiativen zum Wandel führen. Der St. Galler General Management Navigator®* (3., aktual. Aufl.). Stuttgart: Schäffer-Poeschel.

Nalebuff, B./Brandenburger, A. (1996). *Co-opetition*. New York: HarperCollins Business.

Osterwalder, A. (2004). *The Business Model Ontology – A Proposition in a Design Science Approach*. Lausanne: The University of Lausanne.

Osterwalder, A./Pigneur, Y. (2009). *Business Model Generation – A Handbook for Visionaires, Game Changers, and Challengers*. Osterwalder & Pigneur: Amsterdam.

Penrose, E. T. (1959). *The theory of the growth of the firm*. Oxford: Blackwell.

Porter, M. E. (1992). *Wettbewerbsvorteile: Spitzenleistungen erreichen und behaupten (Competitive Advantage)* (A. Jaeger, Übers., 3. Aufl.). Frankfurt/Main: Campus Verlag.

Porter, M. E. (1996). What Is Strategy? In: *Harvard Business Review, 74*(6), S. 61-78.

Porter, M. E. (2001). Strategy and the Internet. In: *Havard Business Review* (March), S. 62-78.

Prahalad, C. K./Hart, S. L. (2002). The Fortune at the Bottom of the Pyramid. In: *Strategy + Business, 26*(1), S. 1-14.

Rentmeister, J./Klein, S. (2003). Geschäftsmodelle – ein Modebegriff auf der Waagschale. In: *Zeitschrift für Betriebswirtschaft, 2003* (Special Issue 1), S. 17-30.

Rüegg-Stürm, J. (2009). Das neue St. Galler Management-Modell. In: Dubs; R./Euler, D./Rüegg-Stürm; J./Wyss, C. E. (Hrsg.): *Einführung in die Managementlehre* (Bd. 2, S. 65-142). Bern: Haupt.

Sabatier, V./Mangematin, V./Rousselle, T. (2010). From Recipe to Dinner: Business Model Portfolios in the European Biopharmaceutical Industry. In: *Long Range Planning, 43*(2/3), S. 431-447.

Santos, F./Eisenhardt, K. (2009). Constructing markets and shaping boundaries: Entrepreneurial power in nascent fields. In: *The Academy of Management Journal (AMJ), 52*(4), S. 643-671.

Smith, W. K./Binns, A./Tushman, M. L. (2010). Complex Business Models: Managing Strategic Paradoxes Simultaneously. In: *Long Range Planning, 43*(2/3), S. 448-461.

Sosna, M./Trevinyo-Rodriguez, R. N./Velamuri, S. R. (2010). Business Model Innovation through Trial-and-Error Learning: The Naturhouse Case. In: *Long Range Planning, 43*(2/3), S. 383-407.

Spremann, K./Frick (2011): Finanzarchitekturen von Geschäftsmodellen. In: Bieger, T./zu Knyphausen-Aufseß, D./Krys, C. (Hrsg.): *Innovative Geschäftsmodelle. Konzeptionelle Grundlagen, Gestaltungsfelder und unternehmerische Praxis* (S. 93-109). Berlin et al.: Springer-Verlag.

Stähler, P. (2002). *Geschäftsmodelle in der digitalen Ökonomie Merkmale, Strategien und Auswirkungen* (2. Aufl.). Lohmar: Eul.

Svejenova, S./Planellas, M./Vives, L. (2010). An Individual Business Model in the Making: a Chef's Quest for Creative Freedom. In: *Long Range Planning, 43*(2/3), S. 408-430.

Teece, D. J. (2010). Business Models, Business Strategy and Innovation. In: *Long Range Planning, 43*(2/3), S. 172-194.

Teece, D. J./Pisano, G./Shuen, A. (1997). Dynamic Capabilities and Strategic Management. In: *Strategic Management Journal, 18*(7), S. 509-533.

Timmers, P. (1998). Business Models for Electronic Markets. In: *Electronic Markets, 8*(2), S. 3-8.

Umbeck, T. (2009). *Musterbrüche in Geschäftsmodellen.* Wiesbaden: Gabler.

Wernerfelt, B. (1984). A Resource-based View of the Firm. In: *Strategic Management Journal, 5*(2), S. 171-180.

Wernerfelt, B. (1995). The Resource-based View of the Firm: Ten Years After. *Strategic Management Journal, 16*(3), S. 171-174.

Wikström, S. (1996). The customer as co-producer. In: *European Journal of Marketing, 30*(4), S. 6-19.

Williamson, O. (1979). Transaction-Cost Economics: The Governance of Contractual Relations. In: *Journal of Law and Economics,* 22 (2), S. 233-261.

Williamson, O. (1983). Organizational innovation: The transaction cost approach. In: *Entrepreneurship, Lexington Books, Lexington, MA*, S. 101-133.

Williamson, O. (1991). Strategizing, economizing, and organization. In: *Strategic Management Journal, 12*, S. 75-94.

Wirtz, B. W./Schilke, O./Ullrich, S. (2010). Strategic Development of Business Models: Implications of the Web 2.0 for Creating Value on the Internet. In: *Long Range Planning, 43*(2/3), S. 272-290.

Yip, G. S. (2004). Using Strategy to Change your Business Model. In: *Business Strategy Review, 15*(2), S. 17-24.

Yunus, M./Moingeon, B./Lehmann-Ortega, L. (2010). Building Social Business Models: Lessons from the Grameen Experience. In: *Long Range Planning, 43*(2/3), S. 308-325.

Zollenkop, M. (2006). *Geschäftsmodellinnovation Initiierung eines systematischen Innovationsmanagements für Geschäftsmodelle auf Basis lebenszyklusorientierter Frühaufklärung.* Wiesbaden: Deutscher Universitäts-Verlag.

Zollenkop, M. (2011). Geschäftsmodellinnovation im Spannungsfeld zwischen Unternehmensgründung und Konzernumbau. In: Bieger, T./zu Knyphausen-Aufseß, D./Krys, C. (Hrsg.): *Innovative Geschäftsmodelle. Konzeptionelle Grundlagen, Gestaltungsfelder und unternehmerische Praxis* (S. 201-211). Berlin et al.: Springer-Verlag.

Zook, C. (2007). Finding Your Next CORE Business. In: *Harvard Business Review, 85*(4), S. 66-75.

Zott, C./Amit, R. (2008). The fit between product market strategy and business model: implications for firm performance. In: *Strategic Management Journal, 29*(1), S. 1-26.

Zott, C./Amit, R. (2010). Business Model Design: An Activity System Perspective. In: *Long Range Planning, 43*(2/3), S. 216-226.

Zott, C./Amit, R./Massa, L. (2010). The Business Model: Theoretical Roots, Recent Developments, and Future Research. Heruntergeladen von http://ssrn.com/abstract=1674384

Innovative Geschäftsmodelle – Die Sicht des Managements

Stephan Reinhold, Emmanuelle Reuter, Thomas Bieger

Dieser Beitrag präsentiert die Ergebnisse einer explorativen Unternehmer- und Managerbefragung zu den wichtigsten Rahmenbedingungen als Treiber neuer Geschäftsmodelle sowie zu den Eigenschaften innovativer Geschäftsmodelle. Die Resultate zeigen, dass Geschäftsmodellinnovation unbestritten als Priorität auf höchster Hierarchieebene anzusiedeln ist.

1 Innovative Geschäftsmodemodelle als Herausforderungen für das Management

Industrieübergreifend beeinflussen Veränderungen in der Unternehmensumwelt die nachhaltige Wettbewerbsfähigkeit von Geschäftsmodellen. Wettbewerber mit neuen Geschäftslogiken, neue Technologien sowie Änderungen des regulativen Umfelds machen die Fähigkeit, solche Veränderungen zu erkennen und das Geschäftsmodell den neuen Gegebenheiten anzupassen zu einer Überlebensdeterminante etablierter Unternehmen (Hamel, 2000; Johnson, 2010; Zollenkop, 2006).

Angesichts der gegenwärtigen Umweltdynamik stellt sich die Frage nach der Deutung der Umweltveränderung durch das Management im Hinblick auf die Weiterentwicklung von Geschäftsmodellen und die Geschäftsmodellinnovation. Welche Chancen bieten die Veränderungen, um innovative Geschäftsmodelle für die Unternehmenszukunft zu entwickeln?

Dieser Beitrag stellt die Ergebnisse einer explorativen Befragung von 31 deutschen (n=13) und Schweizer Unternehmen (n=18) vor und positioniert die Ergebnisse im Kontext bestehender Erhebungen zur Veränderung von Geschäftsmodellen. Die Befragung erfasst die Wahrnehmung von Charakteristiken, Treibern und Hemmnissen innovativer Geschäftsmodelle aus Sicht innovationsverantwortlicher Praktiker und leistet einen aktuellen Beitrag zur obigen Fragestellung. Darüber hinaus bietet die Befragung eine aktuelle Bestandsaufnahme zum Verständnis und zum Verhalten etablierter Unternehmen in Bezug auf Geschäftsmodellinnovation.

Der nachfolgende Abschnitt 2 präsentiert den Inhalt und den konzeptionellen Aufbau der Managementbefragung. Abschnitt 3 präsentiert die Resultate der Befragung und diskutiert Implikationen für das Innovationsmanagement zukünftiger Geschäftsmodelle aus Sicht der Praxis.

2 Methodisches Vorgehen

Die Daten, die in diesem Kapitel präsentiert werden, beruhen auf einer Managementbefragung zum Thema „Innovative Geschäftsmodelle: Die Sicht des Managements".

Die Daten wurden im Oktober und November 2010 bei deutschen und Schweizer Unternehmen erhoben, die im jährlichen Ranking der *Welt* und im *Handelsblatt* in den Top 500 Unternehmen der Branchen Industrie und Handel sowie Banken und Versicherungen in Deutschland und in der Schweiz gelistet waren. Insgesamt wurden 1.000 Unternehmensvorstände angeschrieben und gebeten, sich an der Befragung zur Wahrnehmung von Praktiken, Perspektiven, Innovationsaktivitäten und Veränderungen im Hinblick auf innovative Geschäftsmodelle zu beteiligen. Die Inhalte der Befragung wurden unter Berücksichtigung der Konzepte, respektive Itembatterien und Forschungsergebnisse aus der bestehenden Geschäftsmodell- und Innovationsforschung (vgl. Casadesus-Masanell/Ricart, 2010; Demil/Lecocq, 2010) sowie der Konzeption der Community Innovation Surveys (OECD, 2005) und der KOF Innovationserhebung (Aravanitis/Bolli/Hollenstein/Marius/Wörter, 2010) erstellt.

Nach vier telefonischen Nachfassrunden wurde insgesamt ein Rücklauf von 48 Fragebögen erzielt. Diese Fragebögen repräsentieren 31 Unternehmen.[1] Jedem Unternehmensvorstand wurden zwei Fragebögen zugestellt:

- Ein Fragebogen für den CEO beziehungsweise ein Mitglied der Geschäftsleitung, der in erster Linie Einschätzungen und Beurteilungen zur Thematik „innovative Geschäftsmodelle" erfasst.

- Ein Fragebogen für den/die Assistenten/in der Geschäftsleitung, der primär objektive Daten wie unternehmensdemografische Merkmale erfasst.

---

[1] Die Abweichung zwischen der Anzahl der Fragebögen und der Anzahl der repräsentiertenUnternehmen resultiert daraus, dass einige Unternehmen nur den CEO- bzw. Assistentenfragebogen zurückgeschickt haben.

Das Sample von 31 Unternehmen umfasst Unternehmen aller Wertschöpfungsstufen, sowohl in From voll-integrierter Unternehmen als auch Spezialisten, die sich auf einzelne Wertschöpfungsstufen fokussieren. Die Unternehmen decken nach dem SIC Branchencode die Bereiche „Medien", „Konstruktion", „Produktion", „Transport und öffentliche Dienstleistungen", „Einzelhandel", „Finanzwesen, Versicherungen und Immobilien" sowie „Dienstleistungen" ab. Die größte Gruppe bilden 10 Unternehmen aus dem Bereich „Finanzwesen, Versicherungen und Immobilien". Die Unternehmen wiesen 2009 im Durchschnitt einen Umsatz von 4,4 Mrd. Euro[2] am Heimatstandort aus. Etwa die Hälfte der Unternehmen ist mit dem Umsatz von 2009 zufrieden. Die andere Hälfte ist indifferent oder unzufrieden mit dem Ergebnis von 2009. Den Umsatz 2009 erwirtschafteten die befragten Unternehmen mit einem Median von 3.600 Mitarbeitenden (Vollzeitäquivalent) am Heimatstandort. Das Alter der Unternehmen im ausgewerteten Sample liegt zwischen sechs und circa 250 Jahren, wobei der Median bei 107 Jahren liegt.

Um für die nachfolgende Auswertung die externe Validität der Aussagen mit der gegeben Stichprobe zu erhöhen, werden einzelne Aussagen mit den Ergebnissen der IBM CEO Studies von 2006, 2008 und 2010 verglichen (IBM, 2006, 2008, 2010a, 2010b).

3   Resultate und Diskussion

3.1   Geschäftsmodell und Geschäftsmodellinnovation nach der Definition der Praxis

Der Begriff „*Geschäftsmodell*" wird von rund 90% der befragten Manager in ihrem Unternehmen verwendet. Die Mehrheit der befragten Unternehmen nutzt den Begriff „Geschäftsmodell" im Unternehmenskontext sowohl explizit als auch implizit. Von einer expliziten Verwendung wird ausgegangen, wenn der Begriff „Geschäftsmodell" in offiziellen Dokumenten (beispielsweise im Geschäftsbericht oder Rundschreiben an die Mitarbeiter) verwendet wird und formell definiert ist; das heißt, es existiert eine Definition, die den Mitarbeitern vorgibt, was sie unter dem Begriff in ihrem Unternehmen zu verstehen haben. Wie Abbildung 1 zeigt, ist bei den befragten Unternehmen die Verwendung des Begriffs stärker impliter Natur. Dies bedeutet, dass der Begriff eher in der informellen Kommu-

---

[2]   Umsatz = Bruttoertrag exkl. MwSt. am Heimatstandort Schweiz oder Deutschland.

nikation, sinngemäß (das heißt, man spricht über das Geschäftsmodell, ohne es beim Namen zu nennen), ohne Bezeichnung oder ohne formalisierte Definition (das heißt, man spricht vom Geschäftsmodell ohne einheitliche, explizite Begriffsdefinition) verwendet wird.

Insgesamt weniger häufig verbreitet ist die Verwendung des Begriffs „Geschäftsmodellinnovation". Insgesamt gaben nur 56% der Befragten an, diesen Begriff im Unternehmenskontext zu verwenden. Auch hier ist tendenziell die implizite Verwendung des Begriffs „Geschäftsmodellinnovation" etwas stärker ausgeprägt, wobei wiederum die explizite und implizite Begriffsverwendung häufig gepaart auftritt.

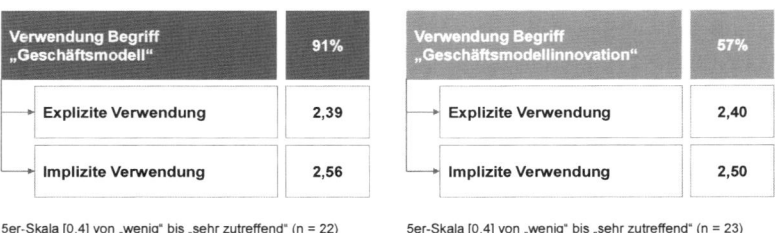

5er-Skala [0,4] von „wenig" bis „sehr zutreffend" (n = 22)   5er-Skala [0,4] von „wenig" bis „sehr zutreffend" (n = 23)

Abb. 1: Verwendung der Begriffe „Geschäftsmodell" und „Geschäftsmodellinnovation"

Ausgehend von den Aussagen, dass die Begriffe „Geschäftsmodell" und „Geschäftsmodellinnovation" sowohl explizit als auch implizit in der Managementpraxis eingesetzt werden, wurde in einem folgenden Schritt analysiert, welche zugrunde liegenden Dimensionen das Verständnis der beiden Begriffe ausmachen. Dazu wurden die Befragten am Anfang des Fragebogens gebeten, auf jeweils einer halben Seite folgende Fragen zu beantworten: Was verstehen Sie unter dem Begriff „Geschäftsmodell"? Was ist das Geschäftsmodell Ihres Unternehmens? Und was verstehen Sie unter dem Begriff „Geschäftsmodellinnovation"?

3.1.1   Methodisches Vorgehen bei der Auswertung

Die Antworten der Befragten (n=39) wurden anhand eines systematischen qualitativen Vorgehens ausgewertet. Die Auswertung erfolgte in drei Schritten (vgl. George/Bock, 2011): Als Erstes wurden anhand einer detaillierten Literaturanalyse Elemente (in der qualitativen Analyse als „Kategorien" bezeichnet) ermittelt, die gemäß der Geschäftsmodellforschung

Geschäftsmodelle konstituieren.[3] Im zweiten Schritt wurden die Definitionen der Befragten anhand der identifizierten Kategorien aus der Literatur kodiert. Die verwendete Inhaltsanalyse erlaubte es, Texte auf Wort- und Satzebene zu zentralen Kategorien zu verdichten (vgl. Sonpar/Golden-Biddle, 2007). Um eine hohe interne Validität der qualitativen Analyse zu erzielen, wurden die Texte von zwei Personen unabhängig kodiert.[4] Insgesamt mussten sich die Kodierer bei 11 von insgesamt 193 Subkategorien auf eine Kategorie einigen, was einer hohen Intercoder Reliability von rund 94% entspricht und auf eine umfassende Definition der Kategorien zurückzuführen ist. Als dritter Schritt wurden analog zur Methodik von George und Bock (2011) die dominanten Begriffsdefinitionen für „Geschäftsmodell" und „Geschäftsmodellinnovation" aus der Forschung und der Managementpraxis miteinander verglichen.

3.1.2 Ansätze der Geschäftsmodellforschung und Managementpraxis im Vergleich

Die folgenden Abschnitte stellen die identifizierten Kategorien der Praxisdefintion der Begriffe „Geschäftsmodell" und „Geschäftsmodellinnovation" vor und vergleichen diese mit den dominanten Begriffsassoziationen aus der Geschäftsmodellforschung.

Die Geschäftsmodellforschung kann gemäß George und Bock (2011) grob in sieben verschiedene, dominante Ansätze aufgeteilt werden: (1.) Organisationales Design, (2.) Narrative Perspektive, (3.) Innovationsform, (4.) Unternehmertum, (5.) Transaktionsstrukturen, (6.) Ressourcenbasierter Ansatz und (7.) Wertebasierter Ansatz. Wie nachfolgend anhand von anonymen Zitaten aus der explorativen Befragung zu innovativen Geschäftsmodellen illustriert wird, finden sich diese Ansätze in den Definitionen der Befragten Manager wieder.

Organisationales Design: Aus Sicht des Organisationalen Designs steht die Rolle des rationalen strategischen Akteurs im Vordergrund. Der Akteur leitet das Geschäftsmodell logisch aus der Geschäftsstrategie ab (George/Bock, 2011). Das Geschäftsmodell wird folglich als „Logik" beziehungsweise logische Konsequenz der realisierten Strategie betrachtet (Casadesus-Masanell/Ricart, 2011). Dementsprechend wird das Geschäfts-

---

3   Ein exemplarischer Auszug der Ergebnisse der Literaturanalyse findet sich in Tabelle 2 bei Bieger und Reinhold (2011, S. 18f.).

4   Wir danken Frau Stephanie Grubenmann für ihre Unterstützung als unabhängige Datenkodiererin.

modell in dieser Perspektive tendenziell als „mentales Modell", als „Struktur", „Konfiguration", „Plan" oder „Landkarte" wahrgenommen:

> **Zitat 1:** *[Das Geschäftsmodell als] „visuelle oder schriftliche Darstellung "[oder, als] „Modell, dem das Handeln im Unternehmen zu Grunde liegt. "*

Narrative Perspektive: Die narrativen Perspektive (vgl. Magretta, 2008) beleuchtet die Rolle des Geschäftsmodells als sinnstiftende Beschreibung oder „Geschichte" auf zwei Ebene. Auf unternehmensübergreifender Ebene geht es darum zu erkennen, mit welchen anhaltenden sinn- und legitimitätsstiftenden Geschichten Geschäftsmodelle in neuen institutionellen Feldern (zum Beispiel neue Märkte) legitimiert werden (Lounsbury/Glynn, 2001). Auf unternehmensinterner Ebene wird analysiert, wie Geschäftsmodelle als „Geschichten" beispielsweise auf die Schaffung organisationsinterner sozialer Ordnung, Hierarchien sowie Strukturen wirken und wie die Sinnstiftung unterstützt wird (Downing, 2005):

> **Zitat 2:** *[Das Unternehmen X] „konzipiert, entwickelt, produziert und errichtet leistungsstarke [Produktart] in fast allen geographischen Regionen, die dem Kunden über die gesamte Lebensdauer wirtschaftlich den höchst möglichen Ertrag generieren [...]. "*

Innovationsform: Gemäß dieser Perspektive werden Geschäftsmodelle als eigenständige Innovationsform verstanden, die die Kommerzialisierung von technologischen Innovationen fördern (vgl. Chesbrough, 2010): Technologische Charakteristika werden als Inputs begriffen und deren Verarbeitung im Rahmen eines konsistenten Geschäftsmodells als Throughput verstanden, der letztlich ökonomischen Wert als Output erzeugt. Auch diese Perspektive findet sich in den Definitionen der Managementpraxis wieder, auch wenn dies das nachfolgende Zitat weniger deutlich zu illustrieren vermag:

> **Zitat 3:** *[Geschäftsmodellinnovation als] „Adaption und Weiterentwicklung bestehender Geschäftsmodelle sowie Schaffung neuer Geschäftsmodelle auf Basis von Trends und neuen Technologien. "*

Unternehmertum: Die bisherigen Perspektiven verstehen Geschäftsmodelle als Bindeglied zwischen technischer Innovation und Wertschöpfung sowie als Resultat von kognitiv-rationaler Evaluation unternehmerischer Opportunitäten, die realisiert wurden. Die vierte Perspektive, Unternehmertum, begreift das Geschäftsmodell im Kontext unternehmerischer Unsicherheit nicht zwingend als Ergebnis rationaler Evaluations- und Entscheidungsprozesse. Die Definition des Begriffs erfolgt daher auf der abstrakteren Ebene einer „unternehmerischen Geschäftsidee" oder eines „Wertschöpfunsmechanismus" (Fiet/Patel, 2008; George/Bock, 2011):

> **Zitat 4:** *[Das Geschäftsmodell als] „Geschäftsidee, Vorteile für Nutzer [...] " [oder als] „grundsätzliche unternehmerische Vorgehensweise zur Erreichung der Unternehmensziele." [Geschäftsmodellinnovation beschreibt die] „Erschließung neuer Marktsegmente."*

Transaktionsstrukturen: Die Perspektive der Transaktionsstrukturen (Zott/Amit, 2008) definiert das Geschäftsmodell als übergreifende Abbildung des Inhalts, der Struktur und der Steuerung von Transaktionen zwischen einem Unternehmen und Partnerfirmen sowie anderen Stakeholdern. Dieser Ansatz fokussiert auf unternehmensinterne und -übergreifende Transaktionen mit Kunden, Wertschöpfungspartnern und Märkten sowie die Kanäle zur Erstellung der Marktleistungen:

> **Zitat 5:** *[Das Geschäftsmodell designiert den] „Umfang eines Angebotes und wie dabei auf externe Parteien zurückgegriffen wird."*

Ressourcenbasierter Ansatz: Aus Sicht der Ressourcenbasierte Perspektive besteht das Geschäftsmodell aus einer Reihe von finanziellen, humanen und sozialen Ressourcen (vgl. Demil/Lecocq, 2010; Mangematin et al., 2003) sowie aus einer Reihe von Aktivitäten und Prozessen (Zott/Amit, 2010). Die befragten Manager haben in der Umfrage diesbezüglich mehrheitlich auf intangible Aspekte Bezug genommen. Beispiele hierfür sind etwa „Swissness" als Asset bei den befragten Schweizer Unternehmen oder die Wichtigkeit von „Wissen" oder von organisationaler „Kultur" zur Pflege der Einzigartigkeit und zur Sicherung der Wettbewerbsvorteile. Zudem wurden die zentralen Prozesse und Fähigkeiten beschrieben, mit denen Unternehmen ihre Ressourcen einsetzen und mit denen sich die Unternehmen flexibel ausrichten (Doz/Kosonen, 2010):

> **Zitat 6:** *[Das Geschäftsmodell beschreibt einen] „Informationsvorsprung" [, einen] „Wissenstransfer innerhalb der Gruppe" [und eine] „gesamthafte Aufstellung des Unternehmens einschliesslich unternehmerischer Einheiten, operativen Standorte [...] und unterstützenden Systeme, die zur Erfüllung des Geschäftszwecks [...] ausgerichtet worden sind".*

Wertbasierter Ansatz: Die wertbasierte Betrachtung von Geschäftsmodelle genießt – verglichen mit den übrigen Ansätzen – etwas weniger Aufmerksamkeit durch die Theorie, dafür umso mehr Unterstützung durch die Praxis. Hier sind Werteschöpfung und das Ertragsmodell die beiden zentralen Komponenten. Demzufolge beschreibt ein Geschäftsmodell ganzheitlich, wie strategische Entscheidungen in Werteschöpfung und Erträge überführt werden (Smith/Binns/Tushman, 2010; Zott/Amit, 2008). Während gewinnorientierte Unternehmen die Wertestruktur oft als selbstverständlich erachten, wird bei der Gestaltung von Geschäftsmodellen für Non-Profit-Organisationen und Emerging Markets darauf ein Schwergewicht gelegt und Wertschöpfung weiter definiert (Dahan/Doh/Oetzel/Yaziji, 2010):

Zitate 7: „Das Geschäftsmodell beschreibt die Struktur der Wertschöpfung, das heißt, wie ein Unternehmen für seine Stakeholder Nutzen/Gewinn generiert," „wie ein Unternehmen dem Kunden Nutzen bringt". [Das Geschäftsmodell beschreibt] „welche Form(en) von wertschöpfende(en) Tätigkeit(en) gewinnbringend in einem definierbaren Markt durch die Unternehmung abgesetzt werden".

Zusammenfassend zeigen die Zitate, dass die Definitionen der Manager in der explorativen Befragung das gesamte Spektrum an identifizierten Kategorien aus der Literatur abdecken. Die Gewichtung der verschiedenen Ansätze fällt jedoch nicht einheitlich aus.

Wie die folgende Abbildung 2 verdeutlicht, werden Geschäftsmodelle in der Managementpraxis gemäß den Resultaten der vorliegenden Studie mit deutschen und Schweizer Unternehmen primär mit den Begriffsdefinitionen des Organisationalen Designs und mit Bezug zur organisationalen Strategie sowie der Ressourcen-, Transaktions und Wertestruktur in Verbindung gebracht. Diese Resultate stützen jene der Studie von George und Bock (2011) und validieren damit ansatzweise die aufgezeichneten Kategorien sowohl aus Sicht der Managementpraxis[5] als auch aus Sicht der Geschäftsmodellforschung. Wie George und Bock (2011) zeigen die Ergebnisse der Analyse, dass in der Praxis und der Geschäftsmodellforschung mehrere dominante Begriffsverständnisse nebeneinander Anwendung finden und getrennt weiterentwickelt werden.

---

[5] George und Bock (2011) haben ihre Praxiskategorien aus Daten abgeleitet, die im Rahmen einer MBA-Studentenbefragung erhoben wurden.

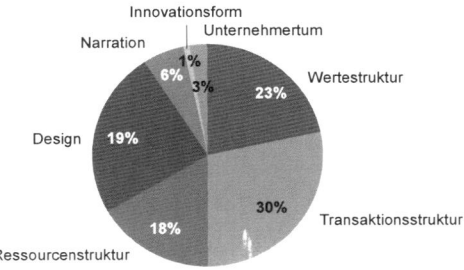

Abb. 2: Verständnisdimensionen des Begriffs „Geschäftsmodell" im Vergleich

Eine wichtige Erkenntnis ist, dass das Geschäftsmodell als zusätzliche Analyseeinheit betrachtet wird, deren Fokus sich tendenziell auf ein einzelnes Unternehmen bezieht (vgl. Organisationales Design, Ressourcenstruktur), aber auch über die Grenzen des einzelnen Unternehmens hinaus (vgl. Transaktions- und Wertestruktur) auf eine systemische, holistische Perspektive ausgeweitet werden kann.

Darüber hinaus wurden diese Resultate mit der im zweiten Teil dieses Artikels beschriebenen quantitativen Auswertung gestützt. Im Vergleich mit der Studie von Ghaziani und Ventresca (2005) wurde in dieser Auswertung festgestellt, dass die Assoziationen vom Begriff Geschäftsmodell mit der organisationalen Strategie (hier Organisationales Design), mit Werteschöpfung und mit Ertragsmodell (hier Wertestruktur) insgesamt dominiert. Während in der Literatur zu Geschäftsmodellen der Werteansatz untergewichtet ist, kann hier besonders hervorgehoben werden, dass der wertebasierten Ansatz eine wichtige Rolle im Denken der Managementpraxis einnimmt.

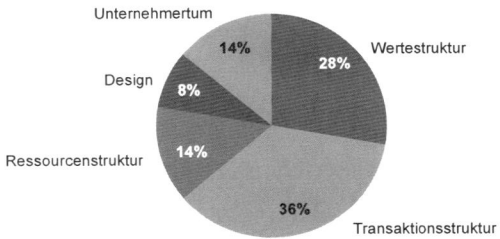

Abb. 3: Verständnisdimensionen des Begriffs „Geschäftsmodellinnovation" im Vergleich

Ähnlich dem Begriffsverständnis von Geschäftsmodellen beziehen sich CEOs, wie die folgende Abbildung illustriert, bei der Innovation von Geschäftsmodellen auf die zugrunde liegende Werte-, Transaktions- und Ressourcenstruktur sowie auf das Organisationale Design. Darüber hinaus ist das Unternehmertum, das heißt die Erschließung neuer unternehmerischen Möglichkeiten oder, auf abstrakterer Ebene, die Erkenntnis neuer Geschäftsideen, ein wichtiger Aspekt für die Praxisdefinition von Geschäftsmodellinnovation.

3.2   Anwendungskontext der Begriffe

Im Unternehmenskontext wird der Begriff „Geschäftsmodell" in erster Linie zur Visualisierung, Kommunikation und kalkulatorischen Planung im Rahmen der strategischen Planung (vgl. Abbildung 4) gebraucht. Deutlich seltener wird der Begriff „Geschäftsmodell" in der allgemeinen externen Kommunikation mit Medien (PR), im Jahresbericht sowie mit Investoren und Aktionären verwendet. Dies kann erstens damit zusammenhängen, dass ein Teil der befragten Unternehmen nicht börsenkotiert ist, und zweitens damit, dass zum Zeitpunkt der Erhebung eine Offenlegung des Geschäftsmodells im Rahmen der Corporate Governace Richtlinien ausschließlich in Großbritannien verpflichtend gewesen ist (vgl. Financial Reporting Council, 2010). Tendenziell findet der Begriff „Geschäftsmodell" im Zusammenhang mit den operativen Budgetierungsprozessen eher selten Anwendung.

Die Ergebnisse derselben Auswertung für den Begriff „Geschäftsmodellinnovation" unterscheiden sich von den obigen Resultaten nur unwesentlich. Überraschend ist jedoch, dass der Begriff „Geschäftsmodellinnovation" gemäß den deskriptiven Resultaten tendenziell häufigere Anwendung in operativen Budgetierungsprozessen erfährt als der Begriff „Geschäftsmodell". Dies lässt sich folgendermaßen plausibilisieren: Erste Budgetrunden in Unternehmen zeigen üblicherweise eine starke Diskrepanz zwischen Kosten und Erträgen, weil der Vertrieb eher vorsichtige Absatzzahlen für die kommende Periode plant. In einer zweiten Budgetrunde werden in der Folge die Absatzzahlen zwar nach oben korrigiert, jedoch unter der Bedingung, dass dazu innovative Produkte oder innovative Geschäftsmodelle (hier oft gleichgesetzt mit Ertragsmodellen) notwendig sind, die im Konkurrenzumfeld besser positioniert sind.

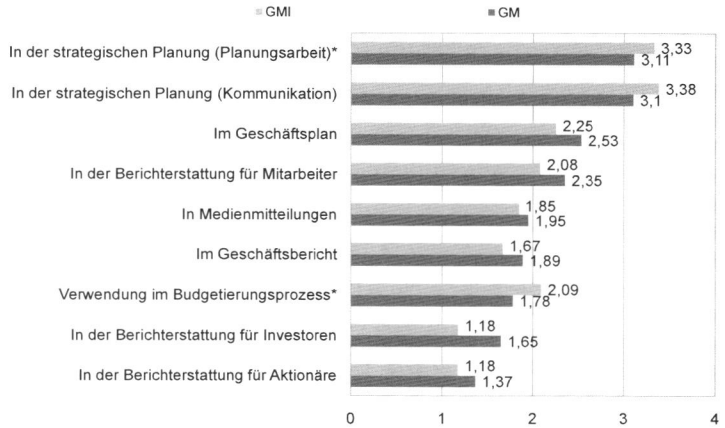

Abb. 4: Verwendungskontext des Begriffs „Geschäftsmodell"

3.3 Geschäftsmodellinnovation als Managementpriorität

Pohle und Chapman (2006) haben durch die Befragung von 765 Unternehmensvorständen öffentlicher und privater Unternehmen im Rahmen der IBM 2006 CEO Study gezeigt, dass sich insgesamt eine Verschiebung der Innovationsprioritäten abzeichnet: Die Innovationsprioritäten der CEOs verschieben sich weg von traditionellen Innovationstypen wie Produkt- und Prozessinnovation hin zu Geschäftsmodellinnovation.

Dieses Bild zeigen auch die Ergebnisse der explorativen Befragung deutscher und Schweizer Unternehmensvorstände. Während in den Jahren 2007 bis 2009 Geschäftsmodellinnovation auf dem vierten Rang hinter Produkt-, Prozess und organisationaler Innovation liegt, belegt Geschäftsmodellinnovation in der Prioritätenliste der CEOs für den Zeitraum 2010 bis 2012 neu den zweiten Platz hinter der Produktinnovation.

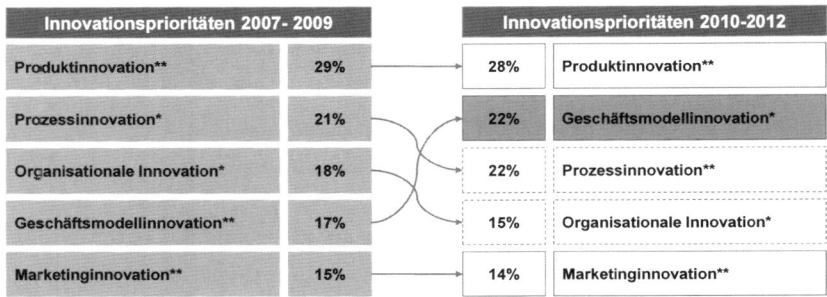

Vergabe von 100%-Punkten auf Innovationstypen; Werte repräsentieren arithmetische Mittel (n = 24)
*) Wert mathematisch abgerundet.
**) Wert mathematisch aufgerundet.

Abb. 5: Veränderung der Innovationsprioritäten

Anhand einer vielfach größeren Stichprobe stellen Pohle und Chapman (2006) fest, dass sich insbesondere überdurchschnittlich profitable Unternehmen durch eine starke Priorisierung von Geschäftsmodellinnovation auszeichnen. Der verstärkte Fokus auf Geschäftsmodellinnovation liegt nicht nur darin begründet, dass die Sicherung nachhaltiger Wettbewerbsvorteile mit Produkten und Dienstleistungen in bestehenden Märkten immer schwieriger wird, sondern auch darin, dass sich den Unternehmen neue Möglichkeiten zur Umgestaltung des Geschäftsmodells bieten (IBM, 2008).

Die IBM-Studien (IBM, 2008, 2010b) kommen zum Ergebnis, dass die innovativen Geschäftsmodellanpassungen insbesondere die Art und Weise der Wertschöpfung, die Ertragsmodelle und Leistungen für Kunden betreffen.[6] In der explorativen Befragung deutscher und Schweizer Unternehmen lässt sich dies ansatzweise ebenfalls erkennen. Von 2007 bis 2009 haben durchschnittlich diejenigen Dimensionen, die mit der Wertschöpfung und den Leistungen für die Kunden assoziiert sind, die größten Veränderungen erfahren. Die Ertragskomponente des Geschäftsmodells wurde jedoch nur geringfügig verändert.

---

[6] Die Veränderungen der Wertschöpfung werden von IBM (2008) unter dem Stichwort „Enterprise Model Innovation" und die Veränderung des Ertragsmodells gepaart mit der Leistung für den Kunden als „Revenue Model Innovation" aufgeführt. Der dritte Typ „Industry Model Innovation" wird nicht aufgeführt, da er im Rahmen der explorativen Umfrage nicht berücksichtigt wurde.

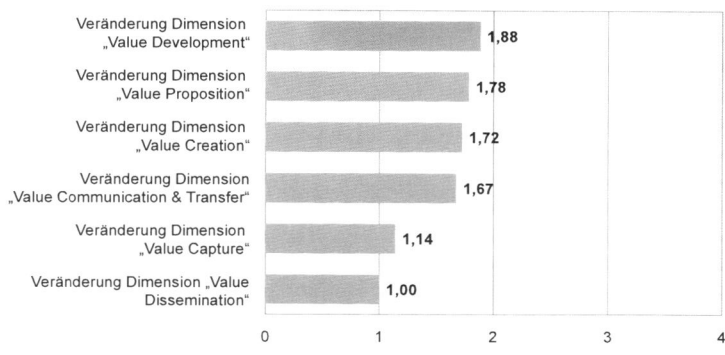

5er-Skala von „keine Veränderung" bis „sehr starke Veränderung" (n = 25)

Abb. 6: Veränderung der Geschäftsmodellkomponenten

Insgesamt erwarten Unternehmensvorstände, die geplant haben, ihr Geschäftsmodell 2010 bis 2012 zu innovieren, eine durchschnittliche bis starke Veränderung ihres Geschäftsmodells. In den meisten Unternehmen liegt die Verantwortung für die Initiative zu Geschäftsmodellinnovation beim Top-Management.

3.4 Best Practice und Charakteristika innovativer Geschäftsmodelle

Im Rahmen der explorativen Befragung wurden die Unternehmensvorstände gebeten, diejenigen Unternehmen zu nennen, die weltweit und branchenübergreifend das innovativste Geschäftsmodell besitzen. Anschließend beurteilten die CEOs aus der Außensicht die Vorteile der bezeichneten Unternehmen anhand der mit Geschäftsmodellinnovation assoziierten Vorteilen aus der IBM 2006 CEO Study (IBM, 2006). Die Dimensionen wurden um den Vorteil „überlegener Kundenwert" ergänzt, um einen in der Geschäftsmodellliteratur verbreiteten Anspruch innovativer Geschäftsmodelle aufzunehmen (Johnson/Christensen/Kagermann, 2008; Teece, 2010).

Zwei Unternehmen wurden besonders häufig genannt: Apple und Google. Abbildung 7 zeigt die mit den beiden Profilen assoziierten Vorteile für die beiden Unternehmen.

84

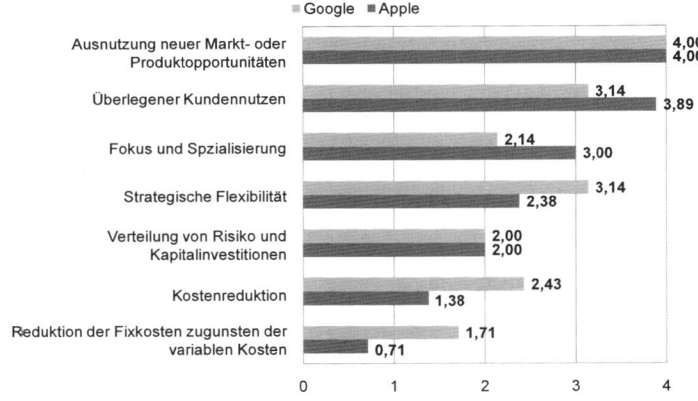

5er-Skala von „trifft überhaupt nicht" zu bis „trifft sehr stark zu" (n = 7)

Abb. 7: Erfolgsprofile Apple und Google

Beide Unternehmen zeichnen sich durch die Fähigkeit aus, im Rahmen ihres Geschäftsmodells neue Markt- und Produktopportunitäten rasch ausnutzen zu können und überlegenen Kundenwert zu schaffen. Des Weiteren sehen die CEOs bei Google eher Vorteile hinsichtlich strategischer Flexibilität und Ausnutzung von Kostenvorteilen. Apple hingegen bringen die CEOs eher mit Fokus und Spezialisierung sowie strategischer Flexibilität in Verbindung.

3.5 Treiber und Hemmnisse von Geschäftsmodellinnovation

Veränderungen in der Unternehmensumwelt beeinflussen die nachhaltige Wettbewerbsfähigkeit von Geschäftsmodellen. Die Unternehmensvorstände in der explorativen Unternehmensbefragung nehmen im Ausblick auf den Zeitraum 2010 bis 2012 insbesondere die allgemeine technologische Entwicklung als Treiber für Geschäftsmodellinnovation wahr. Bei den übrigen unternehmensexternen Faktoren schwankt die Wahrnehmung als Treiber oder Hindernis stark und ist daher mit Vorsicht zu genießen. Tendenziell werden neben der bereits erwähnten technologischen Entwicklung die gesamtwirtschaftliche Entwicklung, Globalisierung und die ökologischen Entwicklungen als Treiber von Geschäftsmodellinnovation wahrgenommen. Ein ähnliches Bild zeichnet die IBM 2010 CEO Study (IBM, 2010a): Technologische und makroökonomische Faktoren belegen nach Faktoren der Marktentwicklung die Plätze zwei und drei auf einer

Liste der Faktoren, die den stärksten Einfluss auf das Unternehmen ausüben.

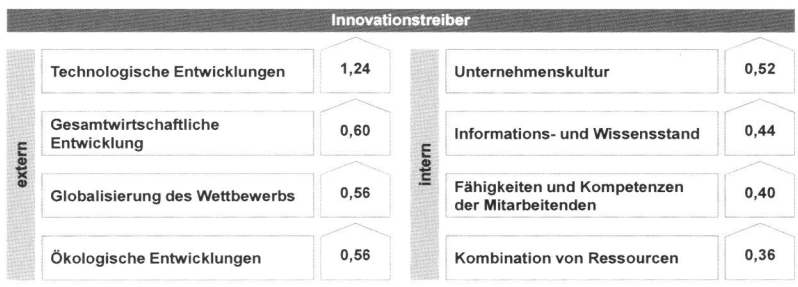

Bi-polare 5er-Skala [-2,+2] von „starkes Hemmnis" bis „starker Treiber" (n = 24)

Abb. 8: Treiber von Geschäftsmodellinnovation

Bi-polare 5er-Skala [-2,+2] von „starkes Hemmnis" bis „starker Treiber" (n = 24)

Abb. 9: Hemmnisse von Geschäftsmodellinnovation

Aus einer unternehmensinternen Perspektive nehmen Unternehmensvorstände vor allem interne Ressourcen als Treiber der Geschäftsmodellinnovation in den kommenden Jahren wahr, das heißt die organisationale Kultur, verfügbare Information und Wissen sowie diverse Ressourcenkom-
binationen und zuletzt Mitarbeiterfähigkeiten. Auch hier ist bei der Interpretation Vorsicht geboten, weil die Wahrnehmung der Elemente
schwankt.[7] Die IBM 2006 CEO Study (IBM, 2006) betont im Umkehr-
schluss, dass eine wenig unterstützende organisationale Kultur und inno-
vationsresistente Mitarbeiter große Hemmnisse für die Geschäftsmodellinnovation bedeuten. Als größte Hemmnisse in der explorativen Studie
werden vor allem die verfügbare Zeit von der Ideengenerierung bis zur
Implementierung einer Geschäftsmodellinnovation sowie die Mitwirkung
von unternehmensinternen Anspruchsgruppen an Geschäftsmodellinitiativen gesehen. Folglich nehmen die befragten CEOs die verfügbaren Res-

---

[7] Obschon das arithmetische Mittel die Items als Treiber oder Hemmnis ausweist, deutet
die Standardabweichung darauf hin, dass auch das Gegenteil nicht ausgeschlossen werden kann.

sourcen sowohl als Treiber als auch als Hemmnisse der Geschäftsmodell-innovation wahr.

Im Rahmen der Auswertung der explorativen Befragung wurde einer evolutionären Geschäftsmodellinnovationsperspektive folgend untersucht (Demil/Lecocq, 2010), ob

a. gewisse evolutionäre Veränderungen in den Dimensionen[8] von Geschäftsmodellen eher mit Geschäftsmodellinnovationen assoziiert werden sowie ob

b. gewisse Innovationstypen[9] (Produkt-, Prozess-, Marketinginnovation und/oder organisationale Innovation) eher zu Geschäftsmodellinnovation führen als andere.

Für (a) die Veränderungen in den Geschäftsmodelldimensionen konnten aufgrund der vorliegenden, zu kleinen Stichprobe keine signifikanten Zusammenhänge identifiziert werden. Für (b) die Innovationstypen konnte jedoch eine signifikante Korrelation zwischen Geschäftsmodellinnovation und den Innovationstypen Produktinnovation, Marketinginnovation und organisationale Innovation festgestellt werden:[10] Produktinnovation und – in etwas geringerem Maße – Marketinginnovation führen gemäß der Wahrnehmung der Unternehmensvorstände zu einer Veränderung des Geschäftsmodells, die sie als Geschäftsmodellinnovation bezeichnen. Organisationale Innovation ist hingegen negativ mit Geschäftsmodellinnovation assoziiert. Dies ist so zu interpretieren, dass organisationale Innovation im Sinne der vorgegebenen Definition zwar vor- oder nachgelagert zu Geschäftsmodellinnovation stattfindet, aber von den CEOs nicht als Teil der Geschäftsmodellinnovation wahrgenommen wird.

---

[8] In der Befragung wurden die Unternehmensvorstände gebeten, die relative Veränderung ihres Geschäftsmodells in den Jahren 2007 bis 2009 anhand operationalisierter Dimensionen zum Geschäftsmodell nach Bieger und Reinhold (2011) zu beurteilen.

[9] Die Definition der Innovationstypen folgt der Empfehlung des OSLO Manuals (OECD, 2005).

[10] Für Prozessinnovation konnte weder einzeln für die beschreibenden Items noch insgesamt ein signifikanter Zusammenhang etabliert werden. Der niedrige Homogenitätsindex Cronbach Alpha von 0,387 legt zudem nahe, dass die gewählten Items zur Beschreibung des Konstrukts Prozessinnovation nicht besonders geeignet sind bzw. überprüft werden müssen.

3.6 Suchfelder für und Einbettung von Geschäftsmodellinnovation

Wie die obigen Ausführungen gezeigt haben, nehmen die befragten Unternehmensvorstände verschiedene Treiber und Impulse hinsichtlich Geschäftmodellinnovation wahr. Es stellt sich daher weiter gehend die Frage, wie im Sinne eines strukturierten Prozesses mit diesen Signalen verfahren werden kann. Dazu wurden in der Umfrage zwei Aspekte beleuchtet: Welche Ideenquellen sind für innovative Geschäftsmodelle relevant, und wo sind Geschäftsmodellinnovationsprojekte organisatorisch anzusiedeln?

Im Rahmen der Umfrage wurden CEOs gebeten, verschiedene Quellen hinsichtlich ihrer Relevanz für Geschäftsmodellinnovation zu beurteilen (Abbildung 10). Als wichtigste Quellen erachten die CEOs ihre Mitarbeiter, ihre Kunden und ihre Geschäftspartner im Wertschöpfungsprozess. Dies enspricht dem Bild der IBM 2006 CEO Study (IBM, 2006). Kaum von Bedeutung sind hingegen Konferenzen, Messen und Ausstellungen sowie Industrieverbände. Dies ist verständlich, denn Geschäftsmodellinnovationen als Ganzes lassen sich weder wie Produkte vorführen noch können sie mittels Patenten geschützt werden.[11] Eine Präsentation im Rahmen öffentlicher Veranstaltungen wird oft unterlassen aus Angst vor Nachahmung (vgl. Teece, 2010). Hier gilt es besonders, den First-Mover-Advantage zu nutzen.

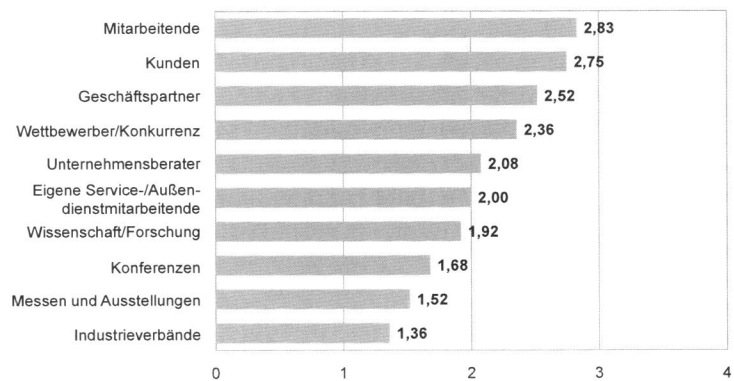

Abb. 10: Priorisierung der Innovationsquellen für Geschäftsmodellideen

---

[11] Ausgenommen von dieser Aussage sind jedoch einzelne, tangible Teilaspekte der Geschäftsmodellinnovation wie beispielsweise neue Produkte im Rahmen des Leistungskonzepts, die sehr wohl ausgestellt und patentiert werden können.

88

Die befragten Unternehmen betten ihre Geschäftsmodellinnovationen primär in die bestehenden unternehmensinternen Stukturen ein. In etwas geringerem Maße werden intern neue Strukturen für Initiativen zu Geschäftsmodellinnovation geschaffen. Möglichkeiten zur gemeinsamen
Entwicklung von Geschäftsmodellinnovationen in unternehmensexternen
Strukturen (beispielsweise mit einem Zulieferer oder anderen Kooperationspartnern) werden hingegen kaum genutzt, obschon Geschäftspartner als
wichtige Quelle für innovative Ideen betrachtet werden.

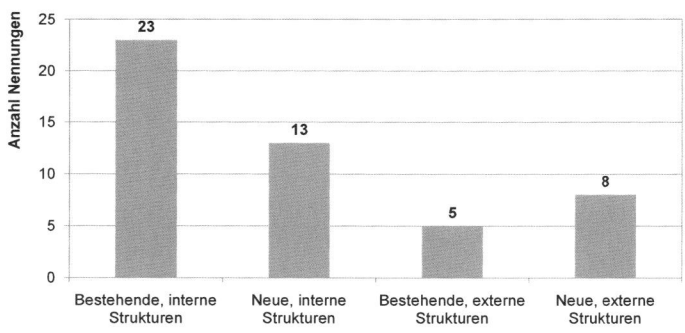

In welchem Kontext sind Initiativen für Geschäftsmodellinnovation Ihres Unternehmens angesiedelt?
(Mehrfachantworten möglich) (n = 25)

Abb. 11: Organisationaler Kontext von Initiativen zur Geschäftsmodellinnovation

3.7 Implikationen für die Praxis

Zusammenfassend sind für die Unternehmenspraxis folgende Resulate aus
der obigen Befragung wichtig:

1. Der Begriff „Geschäftsmodellinnovation" wird in der Unternehmens-
    praxis unterschiedlich interpretiert und gewichtet.

2. Die wichtigsten Interpretationen des Begriffs finden sich entlang der
    Dimensionen Wertestruktur und Transaktionsstruktur und spiegeln
    den Markt- und Kundenbezug von Geschäftsmodellinnovation wider.

3. Der wertebasierte Ansatz mit den beiden Hauptdimensionen Werte-
    schöpfung und Ertragsmodell nimmt im Denken der Manager eine
    wichtige Rolle ein, ist in der Theorie neben den Transaktions- und
    Ressourcenansätze aber noch unterrepräsentiert.

4. In der Praxis besteht Konsens darüber, dass Geschäftsmodellinno-
    vationen auf der obersten Hierarchiestufe anzusiedeln sind.

5. Der Nutzen von Geschäftsmodellinnovation scheint unstrittig, sonst würde sich die oberste Führungsebene nicht mit der Thematik auseinandersetzen.

6. Treiber für Geschäftsmodellinnovation finden sich sowohl in der Unternehmensumwelt (vor allem die technologische und gesamtwirtschaftliche Entwicklung) als auch im Unternehmen (vor allem Unternehmenskultur und verschiedene interne Ressourcen).

7. Die Dynamik im globalen Wettbewerb begünstigt oder verlangt nach der Einführung innovativer Geschäftsmodelle.

8. Für manche Unternehmen sind Geschäftsmodellinnovationen wichtiger als andere Innovationstypen (wie Marketing oder organisationale Innovation).

Wie diese Erkenntnisse im Rahmen des Innovationsmanagements und der strategischen Planung nutzbar gemacht werden können, behandeln die weiteren Kapitel des vorliegenden Buches.

4   Literaturverzeichnis

Aravanitis, S./Bolli, T./Hollenstein, H./Marius, L./Wörter, M. (2010). *Innovationsaktivitäten in der Schweizer Wirtschaft: Eine Analyse der Ergebnisse der Innovationserhebung 2008.*
Retrieved from http://www.kof.ethz.ch/publications/science/show_studien

Bieger, T./Reinhold, S. (2011). Das wertbasierte Geschäftsmodell – Ein aktualisierter Strukturierungsansatz. In: Bieger, T./zu Knyphausen-Aufseß, D./Krys, C. (Hrsg.): *Innovative Geschäftsmodelle. Konzeptionelle Grundlagen, Gestaltungsfelder und unternehmerische Praxis* (S. 13-70). Berlin et al.: Springer-Verlag.

Casadesus-Masanell, R./Ricart, J. E. (2010). From Strategy to Business Models and onto Tactics. In: *Long Range Planning*, 43(2/3), S. 195-215.

Chesbrough, H. (2010). Business Model Innovation: Opportunities and Barriers. In: *Long Range Planning*, 43(2-3), S. 354-363.

Dahan, N. M./Doh, J. P./Oetzel, J./Yaziji, M. (2010). Corporate-NGO Collaboration: Co-creating New Business Models for Developing Markets. In: *Long Range Planning*, 43(2-3), S. 326-342.

Demil, B./Lecocq, X. (2010). Business Model Evoslution: In Search of Dynamic Consistency. In: *Long Range Planning*, 43(2/3), S. 227-246.

Downing, S. (2005). The social construction of entrepreneurship: Narrative and dramatic processes in the coproduction of organizations and identities. In: *Entrepreneurship: Theory & Practice*, 29(2), S. 185-204.

Doz, Y. L./Kosonen, M. (2010). Embedding Strategic Agility: A Leadership Agenda for Accelerating Business Model Renewal. In: *Long Range Planning*, 43(2-3), S. 370-382.

Fiet, J. O./Patel, P. C. (2008). Forgiving Business Models for New Ventures. In: *Entrepreneurship: Theory & Practice*, 32(4), S. 749-761.

Financial Reporting Council (2010). *UK Corporate Governance Code June 2010*. London: Financial Reporting Council (FRC).

George, G./Bock, A. (2011). The Business Model in Practice and its Implications for Entrepreneurship Research. In: *Entrepreneurship: Theory & Practice* (in print).

Ghaziani, A./Ventresca, M. (2005). Keywords and cultural change: Frame analysis of business model public talk, 1975-2000. In: *Sociological Forum*, 20(4), S. 523-559.

Hamel, G. (2000). *Leading the revolution*. Boston: Harvard Business School Press.

IBM (2006). *Expanding the Innovation Horizon: The Global CEO Study 2006*. Retrieved from www.ibm.com/innovation/ceo

IBM (2008). *The Enterprise of the future: The IBM Global CEO Study 2008*. Retrieved from http://www.ibm.com/ibm/ideasfromibm/us/ceo/20080505/

IBM (2010a). *Capitalizing on Complexity – Insights from the Global Chief Executive Officer Study*. Retrieved from www.ibm.com/innovation/ceo

IBM (2010b). *Seizing the advantage – When and how to innovate your business model*. Retrieved from http://www-935.ibm.com/services/us/gbs/bus/html/ibv-business-model-innovation.html

Johnson, M. W. (2010). *Seizing the White Space: Business Model Innovation for Growth and Renewal*. Boston: Harvard Business Press.

Johnson, M. W./Christensen, C. M./Kagermann, H. (2008). Reinventing Your Business Model. In: *Havard Business Review, Vol.* 86, December, S. 50-59.

Lounsbury, M./Glynn, M. A. (2001). Cultural entrepreneurship: Stories, legitimacy, and the acquisition of resources. In: *Strategic Management Journal*, 22(6/7), 545.a

Magretta, J. (2002). Why Business Models Matter. In: *Harvard Business Review, 80, May, S. 86-92*.

Mangematin, V./Lemarié, S./Boissin, J.-P./Cathering, D./Corolleur, F./Coronini, R. et al. (2003). Development of SMEs and heterogeneity of trajectories: the case of biotechnology in France. In: *Research Policy*, 32, S. 621-638.

OECD (2005). *Oslo Manual: Guidelines for Collecting and Interpreting Innovation Data.* European Commission, Eurostat, OECD.

Pohle, G./Chapman, M. (2006). *IBM's global CEO report 2006: business model innovation matters.* In: *Strategy & Leadership, 34(5), S. 34-40.*

Smith, W. K./Binns, A./Tushman, M. L. (2010). Complex Business Models: Managing Strategic Paradoxes Simultaneously. In: *Long Range Planning*, 43(2-3), S. 448-461.

Sonpar, K./Golden-Biddle, K. (2007). Using Content Analysis to Elaborate Adolescent Theories of Organization. In: *Organizational Research Methods*, 11(4), S. 795-814.

Teece, D. J. (2010). Business Models, Business Strategy and Innovation. In: *Long Range Planning*, 43(2/3), S. 172-194.

Zollenkop, M. (2006). *Geschäftsmodellinnovation. Initiierung eines systematischen Innovationsmanagements für Geschäftsmodelle auf Basis lebenszyklusorientierter Frühaufklärung.* Wiesbaden: Deutscher Universitäts-Verlag.

Zott, C./Amit, R. (2008). The fit between product market strategy and business model: Implications for firm performance. In: *Strategic Management Journal*, 29(1), S. 1-26.

Zott, C./Amit, R. (2010). Business Model Design: An Activity System Perspective. In: *Long Range Planning*, 43(2-3), S. 216-226.

Finanzarchitekturen von Geschäftsmodellen

Klaus Spremann, Roman Frick

Investitionen wie der Aufbau oder Wandel eines Geschäftsmodells müssen finanziert werden. Die Kapitalgeber erwarten Rückflüsse und erheben Ansprüche hinsichtlich Entscheidung und Information, die von der Finanzierungsart abhängen. Nachstehend werden Varianten der Finanzierung innerhalb von Geschäftsmodellen charakterisiert. Wir zeigen, dass die zu wählende Finanzierung durch die leistungswirtschaftlichen Dimensionen des Geschäftsmodells vorbestimmt ist, also von den dominanten Inputs (Ressourcen und Fähigkeiten), von Produktion, Distribution und von der Ertragserzeugung abhängt.

1 Architekturen der Wertschöpfung

Geschäftsmodelle sind Architekturen der Wertschöpfung. Sie stellen dar, wie Faktoren (Ressourcen und Fähigkeiten) zusammenwirken sollen, damit Wertvolles entsteht. Die Vorarbeiten, das gesamte Geschehen und eventuelle Veränderungen zielen darauf ab, nützliche oder wertvolle Ergebnisse entstehen zu lassen.[1] Eine solche Wertschöpfung setzt voraus, dass es Opportunitäten gibt, die noch nicht allgemein bekannt oder zugänglich sind.[2]

Geschäftsmodelle zeigen, wie das Wertvolle erstellt, über welche Kanäle es Kunden und anderen Gruppen zugeleitet wird und wie dadurch Erträge generiert werden. Zunehmend werden die Voraussetzungen solcher Wertschöpfungen thematisiert. Zu ihnen gehören vor allem Investitionen.

---

[1] Dabei sollen nicht einfach Werte unter Verwendung und Verbrauch anderer Werte gleicher Höhe erzeugt werden. Vielmehr sollen zusätzliche Werte geschaffen werden.

[2] Drucker (1985) sieht drei grundsätzliche Möglichkeiten für die Schaffung neuer, zusätzlicher Werte: Erstens Ineffizienzen in existierenden Märkten, zweitens bedeutsamer Wandel (soziales, rechtliches Umfeld) sowie drittens Erfindungen und Entwicklungen, die neues Wissen mit sich bringen.

Investitionen müssen finanziert werden. Die Kapitalgeber erwarten Rückflüsse und erheben Ansprüche, insbesondere hinsichtlich Entscheidung und Information. Deren Art hängt von der gewählten Finanzierung ab.

Wir zeigen, dass die Finanzierung, die letztlich infrage kommt, durch die leistungswirtschaftlichen Dimensionen des Geschäftsmodells vorbestimmt ist, dass sie also von Ressourcen, Fähigkeiten, von Produktion, Distribution und von der Ertragserzeugung abhängt. Denn die verschiedenen leistungswirtschaftlichen und finanziellen Merkmale eines Geschäftsmodells müssen zueinanderpassen. Diese Konsistenz ist wichtig, weil sie eine Selbstverstärkung der verschiedenen Geschäftsmodellelemente bewirkt, die erfolgreiche Geschäftsmodelle auszeichnet.[3]

Bei der Charakterisierung des angesprochenen Zusammenhangs zwischen Leistungswirtschaft und Finanzierung treten zwei leistungswirtschaftliche Aspekte in den Vordergrund. Gemeint sind *Berechenbarkeit* und *Kommunizierbarkeit*.

• Erlauben die leistungswirtschaftlichen Gegebenheiten Berechenbarkeit, dann kann bei der Finanzierung Fremdkapital eingesetzt werden.

• Erlauben sie es, in der Öffentlichkeit kommuniziert zu werden, dann kann bei der Finanzierung Kapital über den Kapitalmarkt beschafft werden.

Hingegen muss bei unzureichender Berechenbarkeit auf Fremdkapital verzichtet werden. Wenn der Zugang zum Kapitalmarkt (wegen ungenügender Kommunizierbarkeit) erschwert ist, bleiben nur private Formen des Kapitals.

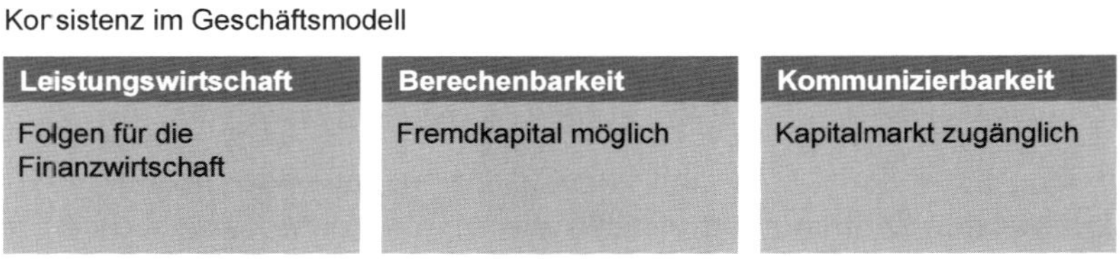

Konsistenz im Geschäftsmodell

Leistungswirtschaft	Berechenbarkeit	Kommunizierbarkeit
Folgen für die Finanzwirtschaft	Fremdkapital möglich	Kapitalmarkt zugänglich

Abb. 1: Folgen der Leistungswirtschaft für die Finanzierung

---

[3] Siehe Bieger/Reinhold, 2011. Erst ein konsistentes Geschäftsmodell ermöglicht die Schaffung von Wettbewerbsvorteilen (Amit/Zott, 2001; zu Knyphausen-Aufseß/Meinhardt, 2002), wobei es hierbei häufig zu sich selbst verstärkenden Beziehungen zwischen den einzelnen Geschäftsmodellelementen kommt (Casadesus-Masanell/Ricart, 2010). Diese Wechselwirkungen treten insbesondere bei Unternehmen in Netzindustrien mit Economies of Scale, Scope and Density auf (Bieger/Rüegg-Stürm, 2002).

2 Finanzierungsmodelle

2.1 Wertschöpfung, Leistungswirtschaft, Finanzen

Geschäftsmodelle zeichnen den Zweck, den Bauplan sowie die Abläufe in ihrem Zusammenwirken und beantworten dazu verschiedene Fragen.[4]

1. Welche Opportunitäten solleл ausgenutzt werden? Welche Ergebnisse der Tätigkeit tragen dann die geschaffenen Werte? Wer kann diese Werte erwerben, wem können sie übertragen werden?

2. Welche Assets (Ressourcen und Fähigkeiten) und welche Prozesse (Transformationen) sind verlangt? Über welche Kanäle kann das Geschaffene und Wertvolle den Kunden, Partnern und anderen Verwendungen zugeleitet werden? Wie können bei ihnen Erträge eingefangen werden? Wie werden diese leistungswirtschaftlichen Prozesse organisiert, geführt, kontrolliert und rechnerisch abgebildet?

3. Welche Vorbereitungen, welche Investitionen, welche Kooperationen sind vorausgesetzt? Wie können Investitionen finanziert werden? Welche Kapitalgeber müssen gewonnen werden und wie soll die weitere Beziehung zu ihnen ablaufen? Wie sollen Einflussnahme und Kontrolle seitens der Kapitalgeber gestaltet werden? Wie soll sich die Beziehung zu Kapitalgebern entwickeln? Wie soll die Governance gestaltet werden?

Diese Fragen sind hier in drei Ebenen gruppiert. In der ersten Ebene geht es um eine kurze Synthese des Konzepts der Wertschöpfung, gleichsam als Überschrift des Geschäftsmodells. Die Fragen der zweiten und der dritten Ebene verlangen detailliertere Antworten, die zusätzlich in ihren Bezügen untereinander darzustellen sind. Die auf der zweiten Ebene genannten Fragen betreffen die Leistungswirtschaft (einschließlich der Ertragsgewinnung). Die auf der dritten Ebene genannten Fragen behandeln die Finanzierung (unter Einschluss der Governance).

In diesem Licht zeigt ein jedes Geschäftsmodell diese drei Aspekte auf: erstens die Wertschöpfung, zweitens das dominante Asset (Ressourcen und Fähigkeiten), drittens die Gestaltung von Governance und Finanzierung. Bieger/Reinhold (2011) gruppieren die Fragen in ihrer Systematik in sechs Dimensionen: Sie unterschieden sechs Dimensionen des Geschäftsmodells,

---

[4] Welche Fragen dies sind, wird in der Forschung weitgehend übereinstimmend gesehen. Allerdings gibt es unterschiedliche Systeme, die Fragen in „Ebenen" oder „Dimensionen" zu gruppieren.

bezeichnet als (1) Value Proposition, (2) Value Creation, (3) Value Communication and Transfer, (4) Value Capture, (5) Value Dissemination und (6) Value Development. Die erste Dimension benennt, was die Organisation anbietet und welchen Kunden oder Partnern damit ein Nutzenversprechen gegeben werden kann. Sie entspricht damit der ersten Ebene. Die zweite, dritte und vierte Dimension im Bieger-Reinhold-Konzept beantworten die grundlegenden Fragen zur Leistungswirtschaft: Wie entsteht durch Arbeit mit Ressourcen und Fähigkeiten Wertvolles? Wie, mit welcher Distribution und über welche Kanäle werden die Werte übertragen und kommuniziert? Wie werden die Erträge eingefangen? Die unterste Ebene des Geschäftsmodells (Finanzen) wird im Bieger-Reinhold-Konzept durch die fünfte und sechste Dimension erfasst. Wie werden die Erträge im Unternehmen verwendet und wie den Kapitalgebern und weiteren Anspruchsgruppen zurückgegeben? Schließlich: Wie soll es mit dem Unternehmen weitergehen, wie kann es sich entwickeln?

Wir konzentrieren uns im Folgenden auf die Finanzierung, mithin auf die Fragen der obengenannten dritten Ebene. Diese Fragen gingen in verschiedene Richtungen. Das zeigt, dass die Finanzierung hinsichtlich diverser Gestaltungsparameter gewählt werden kann. Das lässt einen großen Freiraum für die Finanzierung vermuten. Jedoch wird oft und auch hier argumentiert, dass die Finanzierung von der Leistungswirtschaft (Ebene 2) nicht losgelöst ist. Wird die Leistungswirtschaft vorab gestaltet, muss die Finanzierung in einer zu ihr passenden Weise folgen. Wir wollen zeigen, welche Vorgaben sich aus der zweiten Ebene (Leistungswirtschaft) für die dritte Ebene (Finanzierung) ergeben.[5]

2.2 Berechenbarkeit

Um die Zusammenhänge zu verdeutlichen, reduzieren wir die Gestaltung der Finanzen der Unternehmung auf zwei wichtige Merkmale. Das erste Gestaltungsmerkmal der Finanzierung soll der Anteil an Fremdfinanzierung sein. Selbstverständlich ist eine Finanzierung allein mit Eigenkapital möglich. Doch der Einbezug von Fremdkapital bringt gewisse Vorteile mit

---

[5] Gewisse leistungswirtschaftliche Muster ziehen gewisse finanzielle Lösungen nach sich. Auch das Umgekehrte gilt: Gewisse Finanzierungsmodelle greifen nur, wenn gewisse Leistungen und Prozesse beabsichtigt werden.

sich, darunter steuerliche Vorteile. Sie sind in der Literatur zur Kapital-struktur ausgeführt.[6]

Das zweite Gestaltungsmerkmal der Finanzierung ist der Anteil an Kapital, das über den Kapitalmarkt aufgenommen werden kann. Beim zweiten Merkmal geht es also um die Kapitalaufnahme durch die Ausgabe von Aktien (und Anleihen) über den Kapitalmarkt an Investoren aus dem Pub-likum. Wird Kapital über den Kapitalmarkt besorgt, dann ergeben sich gewisse Vorteile (die sich letztlich die Unternehmung und die Investoren teilen). Denn der Kapitalmarkt gestattet die Aufnahme großer Volumina, was es erlaubt, in der realwirtschaftlichen Ebene allfällige Skalenerträge und Bereichsvorteile (sofern es solche gibt) zu realisieren. Sodann schät-zen Investoren die Liquidität, die Aktien und Anleihen im Kapitalmarkt (im Allgemeinen) aufweisen und die eine jederzeitige Beendigung der Beziehung zwischen ihnen und der Unternehmung durch Verkauf der Wertpapiere gestattet.

Allerdings können die Vorteile der Fremdfinanzierung (gegenüber einer reinen Eigenfinanzierung) und die Vorteile des öffentlichen (gegenüber privaten) Kapitals nur realisiert werden, wenn gewisse Voraussetzungen erfüllt sind. Wir subsumieren sie unter den Begriffen der Berechenbarkeit und der Kommunizierbarkeit. Diese Voraussetzungen müssen von der leistungswirtschaftlichen Ebene erfüllt sein.

Berechenbarkeit bedeutet die Vorhersehbarkeit der Ergebnisse unter Kenntnis der Art von Unsicherheiten und der Größe ihrer erwarteten Aus-wirkungen, verbunden mit der Möglichkeit, über die Ergebnisverteilung glaubhafte Verträge schließen zu können. Formal ausgedrückt: Die Ergeb-nisse lassen sich (a) quantitativ messen, (b) zukünftige Ergebnisse sind durch ihre Erwartungswerte prognostizierbar und (c) die Varianzen der Ergebnisse sind bekannt.[7]

Konkret bedeutet dies, dass Fremdkapitalgeber (wie beispielsweise Ban-ken) verlangen, dass ihre Forderungen von den Ansprüchen der Eigenka-pitalgeber rechnerisch klar getrennt werden können, dass die Ergebnisse periodisch ermittelt und geprüft werden können, dass die (immer vorhan-denen) Risiken kalkulierbar sind und das Geschäft keine „bösen Überra-

---

[6] So entwickelte beispielsweise Myers (1974; 1984; 2001) grundlegende Literatur zur Kapitalstruktur. Welch (2004) befasste sich mit dem Zusammenhang der Kapitalstruk-tur und Aktienrenditen.

[7] Die Berechenbarkeit sichert, dass „Safeguards" im Sinn der Vertragstheorie nach Williamson (2002) wirken, das heißt, Verträge über die Aufteilungen von Ergebnissen können abgeschlossen und durchgesetzt werden.

schungen" mit sich bringen kann. Wir sprechen diese Voraussetzung kurz als *Berechenbarkeit* an.

Die Wirtschaftsrechnung und ihre Überprüfung müssen so gestaltet sein, dass die Fremdkapitalgeber glaubhafte Informationen erhalten, die eine Einschätzung eventueller Gefährdungen der Kredite erlauben. Des weiteren müssen Vorkehrungen bestehen, dass die Eigenkapitalgeber die Fremdkapitalgeber nicht ausspielen können. Denn immerhin verbleiben die wesentlichen Entscheidungsrechte bei den Eigenkapitalgebern allein. Es soll keine Unsicherheit hinsichtlich der Einflussfaktoren geben, die relevant werden können. Die Eigenkapitalgeber dürfen auch die realwirtschaftlichen Unsicherheiten nicht dahingehend verändern und Risiken so verschieben, dass Fremdkapitalgeber in unerkannter Weise belastet und getroffen werden. All das muss durch Regeln, Rechnungen und Prüfungen verhindert werden. Fremdfinanzierung setzt deshalb voraus, dass die Gegebenheiten und die Handlungen in der leistungswirtschaftlichen Ebene vertragliche Regelung und periodische Abrechnung erlauben.

Die Berechenbarkeit der leistungswirtschaftlichen Ebene wird gefördert, wenn die Ressourcen eher konkret sind und wenn diese greifbaren Vermögenspositionen eher wichtiger als die Fähigkeiten und andere ungreifbare Assets sind. Die Berechenbarkeit ist zudem höher, wenn die Unsicherheiten eher Zufälligkeiten sind als Ungewissheiten und wenn schließlich das Umfeld eher einfach, statisch und überschaubar als komplex und dynamisch ist.[8]

2.3   Kommunizierbarkeit

Bei privatem Kapital gibt es nur einen oder einige wenige Kapitalgeber, der beziehungsweise die eine deutlich engere Beziehung zur Unternehmung eingehen – im Vergleich zu öffentlichem Kapital, das über Kapitalmärkte alloziiert wird. Bei privatem Kapital ist die Beziehung zwischen Kapitalgeber und Unternehmen dauerhafter und ähnelt einer Schicksalsgemeinschaft. So können bei privatem Kapital die Kapitalgeber ihre Ex-

---

[8] Frank H. Knight (1921) unterschied innerhalb der Gruppe unsicherer Konsequenzen solche, für die sich Wahrscheinlichkeitsverteilungen aufstellen lassen, von solchen, für die dies nicht möglich ist. Im ersten Fall wird heute von „Risiko" gesprochen, im zweiten von „Ungewissheit". Im Fall von Risiko ist die Unsicherheit mithin durch Zufallsvariable modellierbar, während im Fall von ungewissen Faktoren nicht von „Zufälligkeiten" gesprochen werden kann. Wenn die Unsicherheiten durch Zufallsvariablen oder Wahrscheinlichkeitsverteilungen beschreibbar sind, ist in diesem Sinn die Berechenbarkeit viel höher als im Fall von Unsicherheit.

pertise einbringen, vor allem technologisches Wissen und Kundenkontakte. Die Kapitalgeber bei öffentlichem Kapital sind hingegen Portfolioinvestoren. Sie können ihre Engagements – ein großer Vorteil der Börsen – jederzeit lösen und zur Diversifikation auf mehrere Engagement verteilen. Die Beziehung zwischen Kapitalgeber und Unternehmen ist bei öffentlichem Kapital daher viel loser, unverbindlicher und dürfte im Mittel von kürzerer Dauer sein.

Einige Unterschiede zwischen privatem und öffentlichem Kapital fallen auf. So ist die Einstellung gegenüber Risiken, insbesondere gegenüber Gefährdungen der Existenz der Unternehmung, bei privatem Kapital anders als wenn, wie bei öffentlichem Kapital, diversifiziert werden kann. Vor allem erlaubt es privates Kapital aufgrund der Nähe der Kapitalgeber der Unternehmung, ohne förmliche Kommunikation auszukommen, wie sie hingegen bei einem öffentlichen Auftritt verlangt wird. Weil nicht alles an die Öffentlichkeit getragen werden muss, können bei privatem Kapital unternehmerische Aktivitäten ergriffen werden, die sich nicht für eine Darstellung in den Medien und eine Diskussion in der Öffentlichkeit eignen. Darunter fallen beispielsweise Strategien, die von der Konkurrenz imitiert werden könnten. Wird die Finanzierung so gestaltet, dass öffentliches Kapital (Aktien und Anleihen) in Anspruch genommen wird, dann ist die Beziehung zwischen Unternehmung und ihren Kapitalgebern in fast allen Aspekten anders.

Auch hinsichtlich der Kapitalbeschaffung über Kapitalmärkte muss eine Voraussetzung erfüllt sein. Vor allem sind *Transparenz* und periodische beziehungsweise fallweise, formalisierte *Kommunikation* verlangt. Durch die lose Beziehung entsteht zudem eine Trennung zwischen Eigentum und Verfügungsmacht, die eine *Delegation* der Geschäftsführung an (dafür entlohnte) Manager voraussetzt. Insgesamt müssen sich die leistungswirtschaftlichen Prozesse für eine Darstellung in den Medien und für einen Einsatz unter Delegation eignen. Wir sprechen diese Voraussetzung kurz als *Kommunizierbarkeit* an.

Definition: Kommunizierbarkeit bedeutet die Darstellbarkeit der Inhalte der Geschäftätigkeit angesichts des Wissens über die Unternehmung, über ihre Größe, ihre Produkte und ihre Technologien.

Im Allgemeinen ist die Kommunizierbarkeit höher, wenn die Unternehmung größer ist und ihre dominanten Assets eine hohe Spezifizität aufweisen.[9]

---

[9] Wie die Wirksamkeit von Safeguards ist die Spezifizität von Assets eine der Eigenschaften, die nach der Vertragstheorie von Williamson (2002) bestimmen, ob eher

2.4   Unabhängigkeit der beiden Merkmale

Fassen wir vorläufig zusammen: Es werden zwei Merkmalsdimensionen der Finanzierung betrachtet, erstens der Grad an *Fremdfinanzierung* (Voraussetzung dafür ist die *Berechenbarkeit* in der Leistungswirtschaft) und zweitens der Grad der Öffnung gegenüber den *Kapitalmärkten* (Voraussetzung dafür ist die *Kommunizierbarkeit* der Leistungswirtschaft).

Die Berechenbarkeit (als Voraussetzung für Fremdfinanzierung) und die Kommunizierbarkeit (als Voraussetzung für eine Finanzierung über den Kapitalmarkt) sind bei vielen Geschäftsmodellen durch die leistungswirtschaftlichen Gegebenheiten gleichzeitig erfüllt. In Situationen, in denen die Leistungswirtschaft beide Merkmale aufweist, kann Fremdkapital eingesetzt werden und das Kapital insgesamt kann über öffentliche Kapitalmärkte bezogen werden.

Diese Situationen liegen beispielsweise für Unternehmungen mit etablierten Produkten vor, wenn sie diese weiterentwickeln, das Sortiment vergrößern, die Produktmärkte bedienen, wachsen und auf Erträge achten. Unternehmen in dieser Situation sind oft groß und haben Manager als Geschäftsführer angestellt. Sie setzen Fremdkapital ein, und sie finanzieren das Wachstum über den Kapitalmarkt.

Ebenso sind Geschäftsmodelle mit einer leistungswirtschaftlichen Konfigurationen anzutreffen, in denen Berechenbarkeit und Kommunizierbarkeit beide schwach ausgeprägt sind. Man denke an Aktivitäten in einem dynamischen und zugleich komplexen Umfeld, das durch starke Ungewissheit geprägt ist. Dann ist die Berechenbarkeit gering. Wenn zugleich die Technologie sehr „eng und speziell" ist, und kaum öffentliches Interesse findet (wie früher die Produktion seltener Erden), dann ist auch die Kommunizierbarkeit gering und in der Tat hat die Industrie der Seltenen Erden in den USA nicht ausreichend Kapital aufnehmen können.

Es könnte nun vermutet werden, dass die beiden Merkmale Berechenbarkeit und Kommunizierbarkeit letztlich zusammenhängen und sich deshalb auf ein einziges Merkmal reduzieren lassen. Doch das ist nicht der Fall. Denn es gibt ebenso Situationen und Geschäftsmodelle, in denen die Leistungswirtschaft zwar kommuniziert werden kann, die Berechenbarkeit aber gering ist. Ebenso gibt es Situationen, in denen zwar Berechenbarkeit, aber keine Kommunizierbarkeit gegeben ist.

---

der Markt oder die Hierarchie beziehungsweise die Delegation als Governance für einen wirtschaftlichen Einsatz der Assets in Frage kommen.

Hier ein erstes Geschäftsmodell, bei dem die beiden Merkmale nicht gleichzeitig gegeben sind: Die nachstehend beschriebene Situation ist berechenbar, aber nicht kommunizierbar: Es ist die frühe Produktion eines neuen Prototyps in einem noch ungewissen technologischen Umfeld, etwa im Zusammenhang mit gesellschaftlich wünschenswerten Wasserstoff-Brennzellen. Aufgrund der enormen Ungewissheiten des Ausgangs der weiteren Entwicklungsarbeiten leidet die Berechenbarkeit, weshalb eine Fremdfinanzierung praktisch ausscheidet. Dennoch lassen sich die Tätigkeiten des Unternehmens gut kommunizieren, und sie werden auch von der Kapitalmarktöffentlichkeit beachtet. Von daher wären solche Arten von Entwicklungen durch die Beteiligung zahlreicher Eigenkapitalgeber finanzierbar.

In anderen Geschäftsmodellen ist Berechenbarkeit gegeben, nicht aber Kommunizierbarkeit. Man denke an die Produktion spezieller Produkte oder Dienste, die in der Öffentlichkeit kein Interesse wecken. Sie werden vielleicht von Unternehmen mittlerer Größe ausgeführt, wodurch jene Beachtung ausfällt, die Großunternehmen von selbst erhalten. Ein Beispiel ist ein Logistikunternehmen, das Transporte organisiert, Waren verzollt, und Lager führt. Zwar könnte man über diese Prozesse durchaus in der Öffentlichkeit sprechen, doch fehlt möglicherweise jene Phantasie, die den Analysten und den Portfolioinvestor locken könnte. Aufgrund der Berechenbarkeit ist Fremdfinanzierung möglich, doch der Zugang zum Kapitalmarkt bleibt aufgrund nur geringer Kommunikationsmöglichkeiten erschwert.

Im Ergebnis sind die beiden Merkmale der Berechenbarkeit und der Kommunizierbarkeit voneinander unabhängig. Sie können daher nicht (ohne großen Informationsverlust) zu einem einzigen Merkmal zusammengefasst werden.

2.5   Vier Typen von Finanzierungen

Wir betrachten nun für die beiden Merkmalsdimensionen jeweils eine niedrige und eine hohe Ausprägung. So ergeben sich vier verschiedene Typen von Finanzierung. Diese vier Finanzierungstypen sind in Abbildung 2 dargestellt:

Die Leistungs-wirtschaft ist ...	... kaum berechenbar	... gut berechenbar
... kaum kommunizierbar	Finanzierung durch Private Equity	Finanzierung durch privates Eigenkapital und privates Fremdkapital (Bankkredite)
... gut kommunizierbar	Finanzierung durch öffentliches Eigenkapital	Finanzierung durch Aktien und Anleihen

Abb. 2: Vier Typen der Finanzierung von Geschäftsmodellen

Ursachen für die vier Konstellationen sind schnell gefunden. Universell verwendbare, plastische Ressourcen (man kann noch alles damit machen) und Assets geringer Spezifizität sowie Intangibles bewirken geringe Berechenbarkeit und implizieren damit eine Finanzierung allein oder hauptsächlich über Eigenkapital. Spezielle Ressourcen, Tangibles und geringe Komplexität im Umfeld fördern die Berechenbarkeit und gestatten die Finanzierung mit Fremdkapital. Kommunizierbarkeit wird durch Größe des Unternehmens gefördert sowie durch leistungswirtschaftliche Gegebenheiten, die eine Delegation erlauben. Dazu gehört beispielsweise die Spezifizität der Assets.

Diese kurze Betrachtung führt zu folgenden Ursachen für die vier in Abbildung 2 gezeigten Konstellationen in der Vier-Felder-Matrix: große Ungewissheit, plastische Assets, geringe Größe, hohe Komplexität (oben links); auch wenn Risiken existieren, lassen sie sich abschätzen, doch es besteht Plastizität von Ressourcen, Fähigkeiten und Prozessen (oben rechts); gute Prognostizierbarkeit der Leistungswirtschaft, spezielle Assets, Größe (unten rechts); hohe Ungewissheit (unten links).

- Wenn die Leistungswirtschaft weder Berechenbarkeit zeigt noch kommunizierbar ist (links oben), dann muss die Finanzierung ohne Fremdkapital und ohne Kapitalmarkt auskommen. Das Eigenkapital muss also von einer oder von einigen wenigen Personen stammen, die dem Unternehmen eng verbunden sind.

- Wenn die Leistungswirtschaft zwar berechenbar ist, nicht aber gut kommunizierbar (rechts oben), dann kann die Finanzierung zwar Fremdkapital einsetzen, allerdings ist sie beim Eigen- und beim Fremdkapital auf privates Kapital angewiesen, also auf einige wenige Eigenkapitalgeber sowie auf Bankkredite.

- Wenn Berechenbarkeit und Kommunizierbarkeit gegeben sind (rechts unten), dann kann die Finanzierung Fremdkapital einsetzen und es besteht Zugang zum Kapitalmarkt. Die Finanzierungsinstrumente sind Aktien und Anleihen.

- Wenn die Leistungswirtschaft nicht berechenbar, aber kommunizierbar ist (links unten), dann eignet sich eine Finanzierung, die ohne Fremdkapital auskommen muss, die indessen durchaus das Eigenkapital über den Kapitalmarkt beziehen könnte.

3   Phasengerechte Finanzierung

Repräsentative Beispiele von Geschäftsmodellen für die vier Ausprägungen von Berechenbarkeit und Kommunizierbarkeit liegen auf der Hand. Wir nennen sie kurz: R&D, Efficient Operations, Marktdurchdringung und Ertrag, Change. Sie füllen die in Abbildung 2 gezeigten Matrixfelder. R&D links oben, Efficient Operations rechts oben, Marktdurchdringung und Ertrag rechts unten, Change links unten.[10]

Die Reihenfolge, in der diese vier Geschäftsmodelle genannt sind, beginnend mit R&D und über Produktion, Absatz bis hin zu Change führend, zeichnet zudem den Lebenszyklus der Unternehmung.[11]

Damit gelangen wir zu einer weiteren Hauptaussage: Die vier Typen von Leistungswirtschaft (Berechenbarkeit und Kommunikation schwach beziehungsweise stark ausgeprägt) und die ihnen entsprechenden Finanzierungen (mit oder ohne Fremdkapital, privates oder auch öffentliches Kapital) decken die Verhältnisse in den vier Phasen der Unternehmung ab. Mit anderen Worten: Ändert sich das Geschäftsmodell, damit eine neue Phase unternehmerischer Aktivitäten erfasst wird, so ändert sich gleichzeitig die erforderliche Finanzierung. Nachstehend gehen wir auf diese Veränderungen der Finanzierung ein, die durch Änderungen des Geschäftsmodells ausgelöst werden (Abbildung 3).

---

[10]   Siehe auch Kennzahlen zur Determination des Phasenzyklus im Beitrag von Knyphausen-Aufseß und Zollenkop (2011).

[11]   Die hier gewählten vier Geschäftsmodelle lehnen sich an eine Phasenbetrachtung an, die Schwenker/Spremann (2008) näher ausgeführt haben. Um die Effektivität von strategischer und finanzieller Führung zu bestimmen, unterscheiden sie vier Phasen oder „Jahreszeiten der Unternehmung". Hier sind die Phasen leicht modifiziert, und wir beginnen mit Forschung und Entwicklung (und nicht mit der Neupositionierung).

Phase	Berechenbar	Öffentliche Transparenz	Finanzierung
1. R&D	Nein	Nein	Private Equity
2. Operational Efficiency	Ja	Nein	Privates Eigen-kapital und Bank
3. Absatz und Ertrag	Ja	Ja	Aktien und Anleihen
4. Change	Nein	Ja	Aktien (ohne Fremdkapital)

Abb. 3: Finanzierung von Geschäftsmodellen in den vier Phasen des Lebenszyklus eines Unternehmens

3.1 Forschung und Entwicklung

Wir beginnen mit einem Geschäftsmodell, bei dem es um Forschung und Entwicklung (FuE) geht. Ziel ist die Entwicklung eines Prototyps. In seiner Schaffung liegt der Nutzen oder Wert aller FuE-Aktivitäten. Der Prototyp kann dann innerhalb einer Unternehmung einer anderen Abteilung übergeben oder er kann einer anderen Unternehmung verkauft werden, die ihn effizient auf eine skalierbare Weise produzieren wird und mit dem Absatz im Kundenmarkt beginnt. Die Opportunität zur Wertschöpfung ergibt sich aus der Ineffizienz, dass es den Prototypen so eben noch nicht gibt, er (im Markt) also nicht verfügbar ist.

Beim Research and Development (R&D) liegt die dominante Vermögensposition in der Kreativität und Expertise der Entwickler. Die Ungewissheit ist hoch. Deshalb ist die Berechenbarkeit gering. Forschung und Entwicklung sind zudem Detailarbeit, die der Öffentlichkeit nur schwer dargestellt werden kann. So ist die Kommunizierbarkeit letztlich gering. Für eine Finanzierung bietet sich allein Private Equity an.

3.2 Operative Effizienz

Ein zweites Geschäftsmodell dient dazu, den Prototypen mit einem geeigneten Prozess herzustellen und ihn in einem ersten Marktsegment abzusetzen. Vorhandene Produktionsanlagen müssen skaliert und Prozesse müssen effizient betrieben werden. Operative Effizienz ist nützlich und wertvoll, weil sie auf geringere Kosten bei verbesserten Qualitäten führt. Kürzere Durchlaufzeiten und schnellere Lieferbereitschaft sind erreichbar. Die Wertschöpfung entsteht in erster Linie für die Organisation selbst, die produziert und absetzt. Die Erträge werden indes (vor allem später) beim Kunden eingefangen.

Beim mengenmäßigen „Hochfahren" der Prozesse werden eventuell noch Verbesserungen erzielt und es gilt, Prozessentscheidungen zu treffen. Bei der Skalierung können mehrere Wege eingeschlagen werden. Einige Schritte können ausgegliedert werden. Dadurch ist die Kommunizierbarkeit gering. Der Publikumsinvestor sieht, dass die produktionstechnischen Spezifikationen noch nicht vorliegen und interpretiert dies als Unklarheit. Im Unterschied zum Geschäftsmodell für R&D ist jetzt aber Berechenbarkeit gegeben. Der Output von Produktionsanlagen kann gemessen werden. Verträge mit jenen Personen, die über den Einsatz der Vermögensposition entscheiden, sind möglich und können einfach überwacht werden. So ist im Geschäftsmodell Operative Effizienz Berechenbarkeit zwar vorhanden, nicht aber Kommunizierbarkeit. Die Finanzierung kann Eigen- und Fremdkapital einsetzen, ist aber auf privates Kapital eingeschränkt.

3.3   Absatz und Ertrag

Im Zentrum des dritten Geschäftsmodells steht das Wachstum, die Durchdringung und Abschöpfung des Produktmarktes sowie die Ertragsorientierung. Die dominante Vermögensposition ist in dieser Situation in der Aufnahmefähigkeit des Produktmarktes und in der Zahlungsbereitschaft von Konsumenten für das Produktsortiment. Berechenbarkeit liegt vor und aufgrund der Kundennähe der abgegebenen Produkte oder Leistungen auch die Kommunizierbarkeit. In diesem Geschäftsmodell ermöglichen die leistungswirtschaftlichen Gegebenheiten eine Finanzierung über Aktien und Anleihen, die am Kapitalmarkt aufgenommen werden.

3.4   Change und Neubeginn

Ein viertes Geschäftsmodell soll Change bewerkstelligen, Restrukturierung und Repositionierung. Es sind diverse Vermögenspositionen vorhanden, doch sie werden inzwischen als „verkrustete Strukturen" betrachtet. Change verlangt einerseits, eine vielversprechende neue Positionsausrichtung zu finden, andererseits müssen alte Strukturen, die sich nicht mehr ändern lassen, aufgegeben werden. Vielleicht fehlt es nicht einmal an

Ideen für einen revolutionären Neubeginn oder an den Fähigkeiten, sie zu ergreifen, doch die dominierenden Verhältnisse verhindern oftmals tiefgreifende Veränderungen. Der Nutzen von Change ist indes für viele erkennbar. Die dominante Vermögensposition, die verändert werden muss – eventuell durch Verkauf oder durch Zerstörung –, sind die das alte System erhaltenden Anlagen, Einrichtungen und Strukturen, darunter auch Führungsstrukturen. Was geschehen soll, ist indes höchst unsicher und unklar. Deshalb ist Berechenbarkeit nicht gegeben.

Andererseits kann die Notwendigkeit der Repositionierung durchaus kommuniziert werden. So kann in dieser Situation das Kapital in Form von Aktien durchaus erhalten bleiben, jedoch ist eine (neuerliche) Aufnahme von Fremdkapital erschwert. Allerdings muss sich das Aktienkapital so organisieren, dass geballte Entscheidungsmacht zustande kommt. Das geschieht durch Mehrheiten oder beträchtliche Aktienpakete, die Raider und Hedgefunds aufbauen können. Öffentliches Eigenkapital ist also möglich. Privates Kapital könnte sogar verhindern, dass ein Neubeginn gewagt wird.

4 Dynamik

Die vier Geschäftsmodelle stehen nicht nur nebeneinander als repräsentative Beispiele. In der Reihenfolge, in der sie besprochen wurden, zeigen sie den typisierten Lebenszyklus der Unternehmung, unterschieden nach vier Phasen. Werden diese Phasen durchlaufen, ändern sich nicht nur (wie vielfach beachtet) die Art der Wertschöpfung und die jeweiligen leistungswirtschaftlichen Merkmale. Mit dem Übergang von einer Phase zur anderen ändert sich auch die Finanzierung.

Unter diesem Blickwinkel nimmt im Zusammenhang mit einem Übergang von Phase 1 (Research and Development) zu Phase 2 (Operative Effizienz) vor allem die Berechenbarkeit zu. Mit der sich entwickelnden Berechenbarkeit wird Fremdfinanzierung möglich. Die Governance wandelt sich von der eines Erfinders zu der eines technisch versierten Unternehmers. Der Wandel verlangt indes die Bereitschaft, Berechenbarkeit zu fördern.

Von Phase 2 (Operative Effizienz) zu Phase 3 (Absatz und Ertrag) entsteht Kommunizierbarkeit. Die Governance wandelt sich von der eines technischen Produktionsleiters zu der eines Managers, der stärker die Absatzmärkte ins Visier nimmt. Der Wandel verlangt von der Unternehmensleitung Bereitschaft und Talent zur Kommunikation, um den Zugang zu den Kapitalmärkten vorzubereiten und zu öffnen. Das in Phase 2 vorhandene private Eigen- und Fremdkapital kann im Verlauf des Phasenübergangs durch öffentliches Kapital vergrößert werden. Ein IPO (Initial Public Offering) mit nachfolgenden Kapitalerhöhungen und später auch die Ausgabe von Anleihen werden möglich.

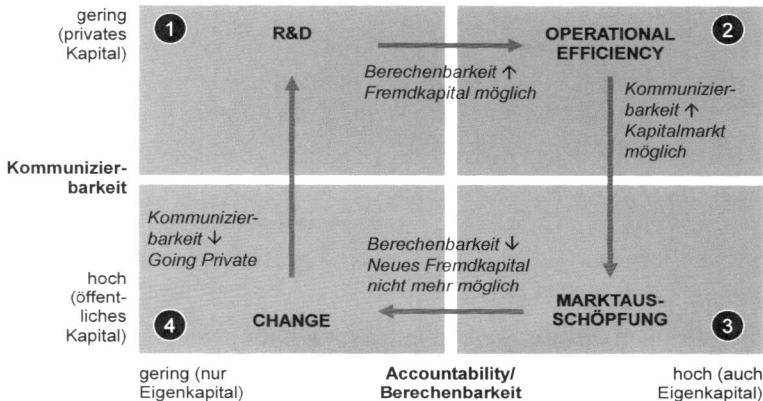

Abb. 4: Beim Übergang von einem Geschäftsmodell zum nächstfolgenden im Lebenszyklus der Unternehmung verändern sich Berechen- beziehungsweise Kommunizierbarkeit

Von Phase 3 (Absatz und Ertrag) zu Phase 4 (Change) verringert sich die Berechenbarkeit wieder. Die Notwendigkeit zu Restrukturierung und Repositionierung kommt auf, doch sie bringt Ungewissheit mit sich – und die Ungewissheit verringert die Berechenbarkeit. Die notwendig werdenden Veränderungen beschränken sich nicht auf die realwirtschaftliche Ebene. Change wird nur durchgesetzt, wenn ihn die Aktionäre auch wünschen, was meistens eine Änderung der Zusammensetzung des Aktienkapitals verlangt. Raider oder Hedgefund-Manager kommen hinein und bündeln Macht. Auch diese Veränderungen sind mit Unsicherheit verbunden.

Ist eine neue Position eingenommen, bietet sie neue Möglichkeiten. Auf Grundlage eines neuen Potenzials könnten wiederum neue Prototypen entwickelt werden. Das ist wiederum die Aufgabe von R&D. Deshalb gibt es in der Veränderung auch einen Weg und Übergang von Phase 4 (Change) zu Phase 1 (R&D). Er ist durch einen Rückgang der Kommunizierbarkeit geprägt. Raider und Hedgefund-Manager haben ihre Arbeit getan, nun müssen wieder die Erfinder kommen und ihr eigenes Private Equity einsetzen.

5 Fazit

Wir haben die Finanzierung in Geschäftsmodellen untersucht. Dazu haben wir zwei Merkmale betont, die in den leistungswirtschaftlichen Aspekten von Geschäftsmodellen in unterschiedlichem Grad ausgeprägt sind: Berechenbarkeit und Kommunizierbarkeit. Berechenbarkeit bedeutet die Vorhersehbarkeit der Ergebnisse unter Kenntnis der Art von Unsicherheiten und der Größe ihrer erwarteten Auswirkungen, verbunden mit der Möglichkeit, über die Ergebnisverteilung glaubhafte Verträge schließen zu können. Kommunizierbarkeit bedeutet die Darstellbarkeit der Inhalte der Geschäftstätigkeit angesichts des Wissens über die Unternehmung, über ihre Größe, ihre Produkte und ihre Technologien.

Die Argumentation lautete sodann, dass Berechenbarkeit die Aufnahme von Fremdkapital ermöglicht, während Kommunizierbarkeit den Zugang zum Kapitalmarkt gestattet.

Für das Weitere wurden für die beiden Merkmalsdimensionen – Berechenbarkeit und Fremdfinanzierung, Kommunizierbarkeit und Kapitalmarktzugang – jeweils eine geringe und eine hohe Ausprägung unterstellt. So sind vier Typen von konsistenter leistungswirtschaftlicher und finanzieller Situation entstanden.

Für diese vier Typen von Geschäftsmodellen wurden sodann Konkretisierungen für die Repräsentation vorgeschlagen. Diese vier Geschäftsmodelle erwiesen sich zugleich als jene Phasen, die eine Unternehmung in ihrem Lebenszyklus durchläuft. Auf diese Weise wurde gezeigt, wie sich die Finanzierung mit den Geschäftsmodellen typischerweise entwickelt und verändert.

Literaturverzeichnis

Amit, R./Zott, C. (2001). Value Creation in E-Business. In: *Strategic Management Journal*, 22(6/7), S. 493-520.

Bieger, T./Reinhold, S. (2011). Das wertbasierte Geschäftsmodell – Ein aktualisierter Strukturierungsansatz. In: Bieger, T./zu Knyphausen-Aufseß, D./Krys, C. (Hrsg.): *Innovative Geschäftsmodelle. Konzeptionelle Grundlagen, Gestaltungsfelder und unternehmerische Praxis* (S. 13-70). Berlin et al.: Springer-Verlag.

Bieger, T./Rüegg-Stürm, J. (2002). Net Economy – Die Bedeutung der Gestaltung von Beziehungskonfigurationen. In: Bieger, T./Bickhoff, N./Caspers, R./zu

Knyphausen-Aufseß, D./Reding, K. (Hrsg.): *Zukünftige Geschäftsmodelle – Konzept und Anwendung in der Netzökonomie* (S. 15-33). Berlin et al.: Springer.

Casadesus-Masanell, R./Ricart, J. E. (2010). From Strategy to Business Models and onto Tactics. In: *Long Range Planning,* 43 (2-3), S. 195-215.

Drucker, P. F. (1985). *Innovation and Entrepreneurship – Practice and Principles.* Amsterdam: Elsevier.

Knight, F.H. (1921). *Risk, Uncertainty and Profit.* Boston: Hart, Schaffner & Marx; Houghton Mifflin Co.

zu Knyphausen-Aufseß, D./Meinhardt, Y. (2002). Revisiting Strategy: Ein Ansatz zur Systematisierung von Geschäftsmodellen. In: Bieger, T./Bickhoff, N./Caspers, R./zu Knyphausen-Aufseß, D./Reding, K. (Hrsg.): *Zukünftige Geschäftsmodelle – Konzept und Anwendung in der Netzökonomie* (S. 63-89). Berlin et al.: Springer-Verlag.

zu Knyphausen-Aufseß, D./Zollenkop, M. (2011). Transformation von Geschäftsmodellen – Treiber, Entwicklungsmuster, Innovationsmanagement. In: Bieger, T./zu Knyphausen-Aufseß, D./Krys, C. (Hrsg.): *Innovative Geschäftsmodelle. Konzeptionelle Grundlagen, Gestaltungsfelder und unternehmerische Praxis* (S. 111-128). Berlin et al.: Springer-Verlag.

Myers, S. C (2001). Capital Structure. In: *Journal of Economic Perspectives,* 15 (2), S. 81-102.

Myers, S. C. (1974). Interactions of Corporate Financing and Investment Decisions – Implications for Capital Budgeting. In: *Journal of Finance,* 29 (March), S. 1-25.

Myers, S. C. (1984). The Capital Structure Puzzle. In: *Journal of Finance,* 39 (3), S. 575-592.

Schwenker, B./Spremann, K. (2008). *Unternehmerisches Denken zwischen Strategie und Finanzen – Die vier Jahreszeiten der Unternehmung.* Berlin et al.: Springer-Verlag.

Welch, I. (2004). Capital Structure and Stock Returns. In: *Journal of Political Economy,* 112 (1), S. 106-131.

Williamson, O. (2002). The Theory of the Firm as Governance Structure: From Choice to Contract. In: *Journal of Economic Perspectives,* 16 (3), S. 171-195.

Transformation von Geschäftsmodellen – Treiber, Entwicklungsmuster, Innovationsmanagement

Dodo zu Knyphausen-Aufseß, Michael Zollenkop

Dieser Beitrag präsentiert das Konstrukt „Geschäftsmodell" als wesentliche Determinante für die Transformation von Unternehmen und Branchen. Dazu werden relevante Treiber herausgearbeitet, Entwicklungsmuster analysiert sowie Handlungsempfehlungen für ein proaktives Management der Innovation von Geschäftsmodellen im Sinne einer nachhaltigen Unternehmensführung formuliert.

1 Geschäftsmodelle als Auslöser von Unternehmens- und Branchentransformation

Deutschland im Herbst 2010. Nach monatelangem Ringen um Sanierung und Verkauf des Warenhauskonzerns Karstadt scheint eine Rettung der verbliebenen rund 120 Filialen in Sicht: Nach Erhalt des Zuschlags und Einigung mit dem Vermieterkonsortium Highstreet hat Investor Nicolas Berggruen angekündigt, den Konzern in seiner Struktur erhalten und fortführen zu wollen. Vorausgegangen war ein jahrelanger schleichender Niedergang des Unternehmens, der sich nicht zuletzt in Umsatzverlusten von rund 50% zwischen dem Jahr 2000 (Umsatz 7,0 Mrd. Euro) und 2010 (prognostizierter Umsatz 3,5 Mrd. Euro) (vgl. Hielscher, 2010, S. 48), verschiedenen Managementwechseln und jahrelangen Restrukturierungsaktivitäten bis hin zur Insolvenz niederschlug.

Doch die Krise bei Karstadt allein auf hausgemachte Ursachen, Managementdefizite oder verfehlte Sortimentspolitik zu reduzieren, scheint zu kurz greifen. Denn auch Konkurrent Kaufhof – obgleich ungemein erfolgreicher als Karstadt – stellt in aller Öffentlichkeit Gedankenspiele über die Zukunft des Unternehmens an: Die Ideen der Jahre 2009 und 2010 reichen vom Verkauf des nicht mehr zum Kerngeschäft des Metro-Konzerns zählenden Unternehmens über eine Übernahme und Verschmelzung attraktiver Karstadt-Standorte bis hin zu einer europäischen Allianz mit dem italienischen Warenhausbetreiber Borletti.[1] Ein Blick zurück in die Vergangenheit zeigt: Eine Konsolidierung der Warenhaus-Branche ist mit den Übernahmen von Hertie durch Karstadt im Jahr 1993 sowie Horten durch Kaufhof (1994) bereits seit Jahren in vollem Gang. Der Überlebenskampf von Karstadt im Jahr 2010 ist somit das vorerst letzte Kapitel im Ringen um den Fortbestand des Geschäftsmodells des integrierten Warenhauskonzerns. Gewinner im Kampf um Marktanteile und die Gunst des Kunden sind seit Langem andere Akteure in den Wertschöpfungsketten von Bekleidung, Sport- und Elektrobedarf: integrierte Textilhersteller mit traditionell eigenem Vertriebsnetz (zum Beispiel H&M, Zara), Bekleidungs- und Sportartikelhersteller, die ihre Wertschöpfung um eigene Shops erweitert haben (zum Beispiel Boss, adidas), spezialisierte Facheinzelhändler und nicht zuletzt Internet-Handel und Outlet-Center. Sie alle verzeichnen seit Jahren zum Teil deutliche Umsatzzuwächse auf Kosten klassischer Warenhauskonzerne.

Das Beispiel zeigt: Auch über Jahrzehnte hinweg erfolgreiche, ja dominierende Geschäftsmodelle sind gegen Niedergang und Ablösung durch innovativere, besser auf Kundenbedürfnisse ausgerichtete Alternativmodelle nicht gefeit. Ihnen bleiben als Optionen häufig nur der Rückzug in einen Nischenmarkt oder ein radikaler Umbau des Geschäftsmodells, um im Wettbewerb weiterhin überleben zu können; ein großer Teil der Unternehmen allerdings scheitert gänzlich, wird von Konkurrenten geschluckt oder verschwindet anderweitig vom Markt. Stellvertretend seien zwei weitere Branchen aufgeführt, die sehr unterschiedlich auf eine derartige Situation reagiert haben: Die deutsche Unterhaltungselektronikindustrie ist heute nur noch ein Schatten ihrer selbst und existiert lediglich in der High-End-Nische (zum Beispiel Loewe) oder als Marke unter ausländischer Lizenz (zum Beispiel Grundig). Anders die deutsche Sportartikelindustrie: Anfang der 1990er Jahre in bedrohliche Schieflage geraten, schafften sowohl adidas als auch Puma den Befreiungsschlag, indem sie ihr Geschäftsmodell grundsätzlich verändert haben: Beide Unternehmen haben sich als Lifestyle-Anbieter neu positioniert, die vertikale Integration aufgegeben und fokussieren sich erfolgreich auf Wertschöpfungsstufen wie Produktentwicklung, Marketing und Vertrieb.

Zahlreiche Unternehmens- und Branchenkrisen sind also auf eine „Veralterung" des zugrunde liegenden Geschäftsmodells, eine mangelnde Anpassung an veränderte Gegebenheiten und eine Ablösung durch neue Geschäftsmodelle zurückzuführen; derartig innovativere Geschäftsmodelle führen häufig dazu, Kundenbedürfnisse besser bedienen, zusätzliche Wett-

---

[1] Zu den Gedankenspielen des Warenhauskonzerns Kaufhof vgl. auch o.V. (2010), S. 69.

bewerbsvorteile erschließen und entsprechendes Wachstumspotenzial realisieren zu können. Bestehende Geschäftsmodelle müssen daher – sollen sie mittel- bis langfristig erfolgreich sein – turnusgemäß auf den Prüfstand gestellt werden, wie dies der Geschäftsmodellansatz von Bieger und Reinhold (2011) mit dem Element „Entwicklungskonzept" fordert. Nur so lassen sich sowohl Bedrohungs- als auch Chancenpotenziale im Idealfall frühzeitig erkennen und entsprechende Handlungsoptionen im Sinne einer behutsamen Weiterentwicklung des Geschäftsmodells generieren – und ein erforderlicher Radikalumbau oder ein Scheitern des bestehenden Geschäftsmodells vermeiden.

2 Treiber des Geschäftsmodellwandels

Die Ausgestaltung des Geschäftsmodells stellt eine wesentliche Voraussetzung für die Generierung eines Kundennutzens und damit einhergehende Wettbewerbsvorteile dar (vgl. zu Knyphausen-Aufseß/Meinhardt, 2002; Zollenkop, 2006, S. 87ff.; Bieger/Reinhold (2011). Art und Umfang dieser Wettbewerbsvorteile hängen entscheidend von den Wirkungsbeziehungen zwischen diesen Bestandteilen ab; maßgeblich ist dabei eine Stimmigkeit im Sinne von Kompatibilität und Komplementarität der Bestandteile (vgl. Zollenkop, 2006, S. 85ff.). Wettbewerbsvorteile auf Basis eines Geschäftsmodells sind jedoch selten von dauerhafter Natur, wie schon in den vorangegangenen Ausführungen exemplarisch deutlich wurde. Diese fehlende Dauerhaftigkeit und die damit zwangsläufig einhergehende Veränderung von Geschäftsmodellen im Zeitverlauf lassen sich auf zwei wesentliche Ursachen zurückführen: die Dynamik der Umwelt und die Kopierbarkeit von Geschäftsmodellen.

Die Dynamik der Umwelt setzt sich aus den Veränderungen in den fünf Dimensionen der Unternehmensumwelt zusammen (vgl. Schreyögg, 1993, Sp. 4237): technologische, politisch-rechtliche, sozio-kulturelle, ökologische und makroökonomische Umwelt. Diese fünf Parameter wiederum beeinflussen unter anderem die Höhe von Markteintrittsbarrieren, das Verhalten von Lieferanten, Wettbewerbern und Abnehmern sowie das Entstehen von Substitutionsprodukten – mithin die Determinanten der Wettbewerbsumwelt eines Unternehmens; alle zusammen beeinflussen unter anderem die Attraktivität eines Geschäftsmodells (vgl. Abbildung

114

1).[2] Dabei kommt den fünf Parametern unterschiedliche Bedeutung hinsichtlich Änderungsgeschwindigkeit, -umfang und -prognostizierbarkeit zu. Besonders weitreichende, teilweise trendbruchartige Auswirkungen auf Geschäftsmodelle weisen heutzutage insbesondere technologische Entwicklungen und Innovationen auf.

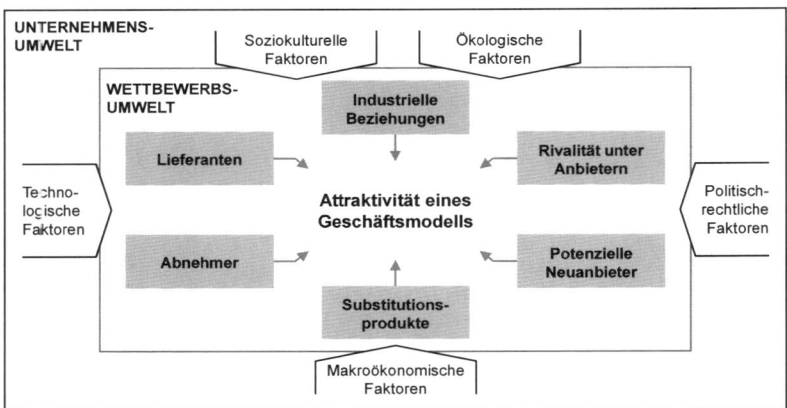

Abb. 1: Einflussfaktoren der Attraktivität eines Geschäftsmodells

Solche technologischen Veränderungen stehen im Mittelpunkt des Entstehens neuer Geschäftsmodelle in den Medien, unter anderem in Verlagen. Während das angestammte Geschäftsmodell von Zeitungsverlagen auf Basis von Digitalisierung und Internettechnologie bereits seit einigen Jahren Erosionserscheinungen unterworfen ist und die betroffen Unternehmen zusätzliches Geschäft in benachbarten Aktivitätsfeldern zu generieren suchen, geraten derzeit auch Buchverlage verstärkt unter Druck: Digitale Publikationen, sogenannte E-Books, verfügen in Kombination mit digitalen Lesegeräten, sogenannten E-Readern, und Multimediageräten wie Apples iPad über das Potenzial, das bestehende Geschäftsmodell inklusive Vertrieb über Buchhandel oder Internetversand grundlegend zu revolutionieren.[3] Gerade wissenschaftlichen Publikationen

---

2   Vgl. Steinmann/Schreyögg (1997), S. 168ff., in Anlehnung an Porters Determinanten des Branchenwettbewerbs („five forces") (Porter (1995), S. 26). Man spricht hier auch von den Parametern der Wettbewerbsumwelt eines Unternehmens.

3   Letztlich stellt Apples iPad durch seinen Universalcharakter einen weiteren Technologiesprung gegenüber reinen E-Readern wie Amazons Kindle oder Geräten von Sony sowie dem Buchhändler Barnes & Noble dar und könnte damit deren noch

kommt dabei eine Vorreiterrolle zu: Marktführer Springer Science + Business Media kommt im Jahr 2010 bereits auf einen Umsatzanteil von 40% mit digitalen Fachpublikationen (vgl. Lambrecht/Jahn, 2010). Verleger gedruckter Nachschlagewerke, Lexika und Stadtpläne dagegen spüren die Konsequenzen der Digitalisierung schon seit geraumer Zeit unmittelbar an ihrem Geschäftsergebnis: Im Zeitalter von Wikipedia, Online-Wörterbüchern und internetbasierten Routenplanern ist der Absatz gedruckter Ausgaben auf einen Bruchteil des traditionell üblichen Niveaus zusammengeschmolzen.[4]

Ein besonderes Phänomen mit dem Potenzial des Aufbrechens bestehender Geschäftsmodelle stellt dabei die Konvergenz von Technologien dar, die im Regelfall eine Konvergenz von Produkten und Branchen nach sich zieht. Dabei handelt es sich um einen Prozess, in dessen Verlauf zunächst Wissensbereiche und Prozesstechnologien über ihren ursprünglichen Anwendungsbereich hinaus Relevanz erlangen und entsprechend genutzt werden; die betroffene Technologie wird zur Basistechnologie. Im weiteren Verlauf kommt es zu einer Vereinigung ehemals unabhängiger Funktionalitäten sowie einer technischen Angleichung von Produkten unterschiedlicher Branchenherkunft, sodass in der Folge auch die Wertschöpfungsketten und letztlich die Branchen selbst eine Angleichung erfahren beziehungsweise konvergieren (vgl. umfassend Zollenkop, 2006, S. 158ff.; Hacklin/Baschera, 2010). Damit werden im Regelfall etablierte Geschäftsmodelle obsolet, und neue Geschäftsmodelle entstehen.

Ein aktuelles Beispiel für technologische Konvergenz und eine möglicherweise bevorstehende Branchen- und Geschäftsmodellkonsolidierung betrifft die IT-Industrie und die TV-Branche (vgl. etwa Fleschner, 2010). Getrieben von Faktoren wie der rapiden Entwicklung der Leistungsfähigkeit der IT-Technologie, immer höheren Übertragungsgeschwindigkeiten und gleichzeitig rapide sinkenden Kosten der Internetnutzung scheinen Konzerne wie Google und Apple jüngst einen Durchbruch bei der Verbindung von Internet und Fernsehen erzielt zu haben: So ist in den USA mit Hilfe von internetfähigen TV-Geräten von Sony bereits „Google TV" zu sehen, Apple hingegen testet mit „Apple TV" bereits den deutschsprachigen Markt; von Online-Videotheken („video on demand") bis hin zu Internet-Surfen mit dem Fernseher befinden sich derzeit verschiedene Applikationen auf dem Sprung zum Massenmarkt. Für das

---

junges Geschäftsmodell rund um digitale Publikationen überholen (vgl. auch Lindner (2010)).

[4] Vgl. Steinkirchner/Brück (2010), S. 63, mit dem Zitat einer Buchhändlerin, der Absatz von Duden sei etwa um 90% eingebrochen.

bislang abgeschottete System Fernsehen, dessen Anteil an der Freizeit-gestaltung des Konsumenten und nicht zuletzt die Verteilung des Milliar-dengeschäfts mit Fernsehwerbung könnten in absehbarer Zeit die Spiel-regeln neu geschrieben werden.

Der zweite wesentliche Faktor für die Veränderung von Geschäfts-modellen stellt ihre grundsätzlich bestehende und in der Praxis vielfach zu beobachtende Kopierbarkeit dar. Sie ist insbesondere überall dort gegeben, wo Markteintrittsbarrieren wie spezifische oder schwierig aufzubauende physische Ressourcen sowie zu erlernende Kompetenzen weniger relevant sind und wo das zum Teil komplexe Geflecht an Wirkungsbeziehungen zwischen den Geschäftsmodellbestandteilen identifiziert und auf andere Unternehmen, Märkte oder Geschäfte übertragen werden kann. Gerade im E-Commerce-Bereich lässt sich dies häufig besonders einfach bewerk-stelligen. Darüber hinaus spielen auch die Orientierung von Unternehmen an Benchmarks beziehungsweise der sogenannten „best practice" sowie Branchenkonsolidierungen durch Fusionen und Firmenübernahmen eine Rolle beim Kopieren und letztlich bei der Konsolidierung von Geschäftsmodellen.

Ein solches Beispiel für das Kopieren erfolgreicher Geschäftsmodelle bietet die Luftfahrtbranche.[5] 1971 nahm die Fluglinie Southwest Airlines mit dem völlig neuen Geschäftsmodell eines sogenannten Low Cost-Carriers in Texas ihren Betrieb auf. Während Liniengesellschaften wie die Lufthansa in der Regel eine Strategie der Qualitätsführerschaft verfolgen und auf überlegenen Service, Komfort und weltweites Streckennetz abzielen, streben Low-Cost-Carrier dagegen eine Kostenführerschaft an, proklamieren die Flugreise als ein für jedermann erschwingliches Grundbedürfnis der Freizeitgestaltung und sehen Fliegen als Konkurrenz zur Reise mit anderen Verkehrsmitteln beziehungsweise gänzlich anderen Freizeitbeschäftigungen. Das dahinter liegenden Geschäftsmodell, das in allen Bestandteilen und Wirkungsbeziehungen fundamental vom klassischen Modell differiert, wurde zunächst von Fluglinien wie Ryanair und Easyjet kopiert und in Europa etabliert; mittlerweile dürfte die Zahl europäischer Billigfluglinien in die Dutzende gehen. Die jüngsten Krisen der Luftfahrtbranche deuten allerdings auf eine Angleichung, mittelfristig vielleicht sogar eine Konvergenz der Geschäftsmodelle zumindest im innereuropäischen Kurzstreckenverkehr:[6] Liniengesellschaften wie British

---

[5] Zu Geschäftsmodellen in der Luftfahrtindustrie vgl. ausführlich Zollenkop (2006), S. 6ff., 88f. und 123ff. sowie Zollenkop (2008). S. 11.

[6] Vgl. etwa Lachman (2009), Friese (2010) und Scherff (2010). So erwägen Lufthansa und Co. das Kopieren von Billigfluglinien unter anderem im Kostenbereich (Verein-

Airways und Lufthansa beginnen mit Low Cost-ähnlichen Geschäftsmodellbestandteilen zu experimentieren, Ryanair wiederum stellt Überlegungen an, sein Modell in Richtung klassischer Fluggesellschaften zu
verändern.

Aufgrund der Dynamik der Umwelt und ihrer grundsätzlichen Kopierbarkeit unterliegen Geschäftsmodelle im Laufe der Zeit also einem Wandel.
Dieser Wandel folgt typischerweise bestimmten Verlaufsmustern, wodurch
er prinzipiell antizipierbar und letztlich auch gestaltbar wird.

3   Entwicklungsmuster und Antizipation des Geschäftsmodellwandels

Geschäftsmodelle verändern sich im Regelfall nicht abrupt – vielmehr ist
in der Praxis zu beobachten, dass nach dem Aufbrechen eines etablierten
Geschäftsmodells aufgrund von Veränderungen in der Unternehmensumwelt ein regelrechter Wettbewerb alternativer Geschäftsmodellkonfigurationen eintritt; dies beruht allein schon auf der Tatsache, dass
innovative Geschäftsmodelle tendenziell eher von Seiteneinsteigern als
von den zuvor etablierten Akteuren begründet werden.

Dabei können konkurrierende Geschäftsmodelle mit voneinander
abgegrenztem Kundennutzen und spezifischen Wettbewerbsvorteilen
durchaus über Jahre oder Jahrzehnte koexistieren, solange die erforderliche
Stimmigkeit eines jeden Geschäftsmodells gegeben ist; die voraus-
gegangenen Ausführungen zur Luftfahrtindustrie belegen dies exemplarisch. Häufiger als eine solche langfristige Koexistenz tritt jedoch der Fall
ein, dass sich allmählich eine Konfiguration durchsetzt und die Alternativen in ein Nischendasein gedrängt werden oder vom Markt verschwin-
den. In Zusammenhang mit Produkten und Technologien werden jene
überlegenen Konfigurationen, die sich als „der Standard" im Wettbewerb
durchsetzen, als „dominantes Design" bezeichnet (vgl. Abernathy/
Utterback, 1978, S. 44; Anderson/Tushman, 1990, S. 606ff.); diese
Terminologie kann analog auf Geschäftsmodelle übertragen werden (vgl.
Zollenkop, 2006, S. 119). Wie schon im Innovationswettbewerb von

---

heitlichung der Flugzeugflotte, höhere Anzahl von Sitzen je Flugzeug, längere Flugbe-
triebsstunden pro Tag etc.) und im Erlösbereich (baukastenartiges Preismodell, Zusatz-
erlöse für Gepäckbeförderung und Catering etc.). Ryanair dagegen sieht die Grenzen
des Wachstums als Low-Cost-Carrier erreicht und erwägt den Anflug bislang gemiede-
ner Großstadtflughäfen und die Ansprache von Geschäftsreisenden als neuer Zielgruppe.

118

Technologien und Produkten setzt sich auch bei Geschäftsmodellen keineswegs immer die leistungsfähigste Alternative durch; vielmehr kommt es bei der Etablierung eines dominanten Designs auf Aspekte wie Timing, Marktmacht und Reputation sowie das Erreichen einer kritischen Masse an (vgl. Zollenkop, 2006, S. 115f).

In einem solchen Wettbewerb alternativer Geschäftsmodelle lassen sich analog zu Produkten, Technologien oder Branchen auch für Geschäftsmodelle Verlaufsmuster von Entstehung, Wachstum, Reife und Niedergang und somit ein Lebenszyklus abbilden (vgl. Zollenkop, 2006, S. 224ff.; Zollenkop, 2008, S. 15ff.). Dabei ist es aufgrund der Komplexität des Konstrukts „Geschäftsmodell" und seiner zahlreichen potenziellen Einflussfaktoren deutlich pragmatischer, zunächst den Lebenszyklus und somit Erkenntnisse über die Zukunftsfähigkeit der einzelnen Elemente eines Geschäftsmodells separat zu generieren und daraus Schlussfolgerungen für das Geschäftsmodell als Ganzes abzuleiten.

Die Indikatoren der Lebenszykluspositionen lassen sich dabei aus den Kriterien der genannten Lebenszyklusmodelle sowie einschlägiger Modelle des Innovationsmanagements[7] je Bestandteil des Geschäftsmodells ableiten. Für die Produkt-/Markt-Kombination kommen rund 75 Einzelkriterien prinzipiell in Frage, aus denen je nach spezifischem, zu betrachtendem Geschäftsmodell eine aussagekräftige Teilmenge auszuwählen ist. Besonders relevant sind generell Kriterien zur Beurteilung von Marktpotenzial und Marktausschöpfungsgrad, Innovationsrate und Standardisierungsgrad von Produkten beziehungsweise Modulen sowie zur Kundenadoptionsneigung und zur Erfüllung von Kundenerwartungen durch den Markt. Im Bereich der Wertkettenkonfiguration spielen vor allem Kriterien der Technologieentwicklung, deren Einfluss auf Kosten und Leistungen des Unternehmens sowie Determinanten der Branchenentwicklung eine Rolle. Für die Ertragsmechanik sind insbesondere Aspekte wie Kaufkriterien, Preiselastizitäten der Nachfrage und Veränderung von Zahlungsbereitschaften der Marktteilnehmer einschlägig.

Je Einzelkriterium sind dazu quantitative oder qualitative Ausprägungen für Entstehungs-, Wachstums-, Reife- und Niedergangsphase des Lebenszyklus in Form indikativer Schwellenwerte zu erstellen; gerade die Branchenentwicklungs- und Innovationsmodelle bieten eine Fülle an Indikatoren, wie sich Wettbewerbsparameter in Abhängigkeit der Lebenszyk-

---

[7] Insbesondere relevant sind hier das Branchenentwicklungsmodell von Abernathy/Utterback (1978), das Modell der „disruptive innovation" nach Christensen (1997) sowie die Konzepte zum revenue stream nach Ealey/Troyano-Bermudéz (1996) und zum profit pool nach Gadiesh/Gilbert (1998).

lusphase prinzipiell verändern (vgl. Zollenkop, 2006, S. 224ff.). Jene Indikatorenausprägungen müssen jedoch auf das zu betrachtende Geschäftsmodell angepasst beziehungsweise quantifiziert werden; Ziel muss dabei immer sein, anhand von Veränderungen einzelner Kriterien im Zeitablauf auf die jeweilige Lebenszyklusposition des betrachteten Geschäftsmodells schließen zu können. Da sich viele der Indikatoren graduell und nicht sprunghaft ändern sowie ein Teil der Parameter eher den Charakter von Frühindikatoren, andere Kriterien den von Spätindikatoren aufweisen, kann insbesondere ein Übergang in die nächste Lebenszyklusphase nur auf Basis einer Fülle von Indikatoren und nicht aufgrund einzelner Kriterien prognostiziert werden.

Hat man im konkreten Fall die Lebenszyklusposition je Geschäftsmodell-bestandteil beziehungsweise deren Veränderung im Zeitablauf bestimmt, so lassen sich deren Auswirkungen auf den Lebenszyklus des gesamten Geschäftsmodells ableiten und letztlich Bedrohungen und Chancen für das bestehende Geschäftsmodell antizipieren. Große Bedeutung kommt dabei den Wirkungsbeziehungen zwischen den Geschäftsmodellbestandteilen zu, da sie den Fit des Geschäftsmodells und damit den Erfolg wesentlich determinieren. Entscheidend ist also, welche Folgen sich für den Lebens-zyklus des Geschäftsmodells ergeben, wenn die Indikatoren der Bestandteile auf unterschiedliche Phasen hinweisen oder einer der Bestandteile in eine neue Lebenszyklusphase übergeht (vgl. Abbildung 2).

Demzufolge ist ein Instrumentarium erforderlich, das es der Unternehmensführung ermöglicht, rechtzeitig Handlungsbedarf bezüglich einer Innovation des Geschäftsmodells zu erkennen und Handlungs-optionen abzuleiten. Dazu bietet sich eine Kombination aus einer Früh-warnung anhand von Veränderungen in den Indikatoren des Geschäfts-modelllebenszyklus sowie von sogenannten schwachen Signalen an (vgl. Ansoff, 1976, S. 131). Während sich die Indikatoren konkret auf die Wettbewerbsumwelt des Unternehmens beziehen, richten sich schwache Signale auf die Unternehmensumwelt.[8] Das Beispiel der Musikindustrie soll im Folgenden die Zusammenhänge veranschaulichen.[9]

---

[8] Vgl. die Ausführungen in Abschnitt 2 des vorliegenden Beitrags.

[9] Vgl. zu diesem Beispiel Zollenkop (2006), S. 3ff. sowie 313ff.; Zollenkop (2008), S. 18f.; Zollenkop (2009) sowie die jeweiligen umfangreichen Quellenangaben dort.

120

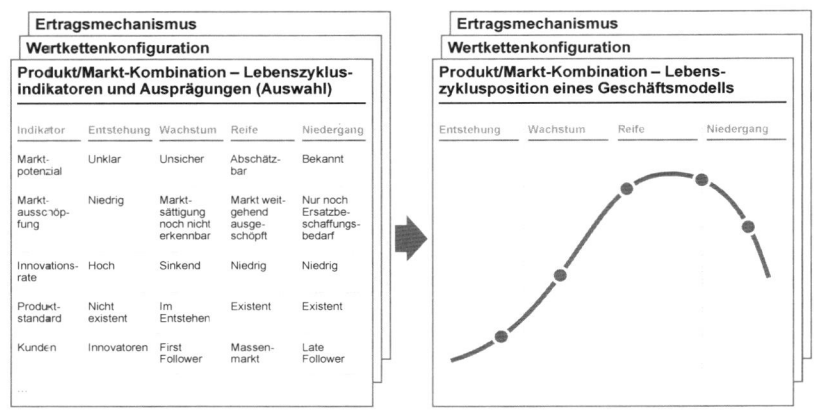

Abb. 2: Lebenszyklus der Geschäftsmodellbestandteile

In der Musikindustrie, das heißt den mit Produktion, Vermarktung und Distribution von Tonträgern befassten Unternehmen, lagen in den vergangenen Jahren zahlreiche geschäftsmodellrelevante Frühwarninformationen vor. Die Branche ist weitgehend vertikal integriert. Ihr Produkt besteht aus Tonträgern, auf denen eine Vorauswahl an Titeln eines Künstlers oder einer Musikrichtung zu einem branchenweit homogenen Preisspektrum zusammengestellt ist. Bislang bilden die vier großen sogenannten Labels ein Oligopol, auf das weltweit circa 80% des Umsatzes entfallen, das jedoch massive Verluste von etwa einem Drittel der Umsätze zwischen 1997 und 2003 hinnehmen musste. Wesentlicher Auslöser dieser Umsatzverluste waren zunächst Musiktauschbörsen wie Napster und Kazaa und später legale Online-Plattformen wie iTunes, bei denen Kunden einzelne Musikstücke im Dateiformat MP3 erwerben können und damit den Kauf von Tonträgern substituieren.

Indikatoren für die Reifephase des tonträgerbasierten und das Entstehen eines innovativen Geschäftsmodells gab es sowohl in der Unternehmensumwelt als auch in der Wettbewerbsumwelt der Branche. Technologisch waren die Digitalisierung, die Entstehung des MP3-Formats sowie die rasche Verbreitung der Internetnutzung mit immer höheren Übertragungsgeschwindigkeiten die entscheidenden Kriterien. Im soziokulturellen Bereich kam es durch die Popularität konkurrierender Freizeitangebote, vor allem Medien wie DVDs, PC-Spielen, Playstation etc., bei Jugendlichen – die die wichtigste Käufergruppe darstellen – zu einer entscheidenden Verhaltensänderung. Diese Faktoren in der globalen Umwelt ermöglichten in der Wettbewerbsumwelt unter anderem eine Steigerung der

Macht von Künstlern (die nun nicht mehr ausschließlich auf das Label für Produktion und Vertrieb von Musiktiteln angewiesen waren) sowie der Macht der Abnehmer, die nun selektiv Titel erwerben konnten anstelle einer durch das Label getroffenen Vorauswahl in Form von CDs.

Auch schwache Signale zu den anstehenden Veränderungen der Musikindustrie waren frühzeitig vorhanden. In technologischer Hinsicht meldeten sich bereits in den frühen 1990er Jahren namhafte Experten zu Wort, die speziell auf die möglichen Bedrohungen der Musikindustrie durch die Digitalisierung hingewiesen hatten, so unter anderem der renommierte Internetexperte Nicholas Negroponte vom MIT und der Erfinder des MP3-Formats, Karl-Heinz Brandenburg. Folgerichtig konstatiert der ehemalige Deutschland-Chef von Universal rückblickend: „Das Beben der Digitalisierung konnte man in der Musikwirtschaft, wenn man nur wollte, schon vor weit mehr als einem Jahrzehnt wahrnehmen." (Renner, 2004, S. 9).

Das Oligopol der Labels, Unternehmen im traditionellen Geschäftsmodell, reagierte jedoch lange Zeit weder auf jene Indikatoren und Frühwarnsignale noch auf das Aufkommen der illegalen Internet-Tauschbörsen mit einer konsistenten Strategie, sondern versuchte, zunächst gegen die Tauschbörsen und später gegen deren Nutzer juristisch vorzugehen. Der Branchen-Outsider Apple dagegen hatte die Signale anders interpretiert und brachte mit iTunes den ersten und bis heute erfolgreichsten Internetvertrieb von Musiktiteln auf den Markt.

Das Beispiel der Musikindustrie veranschaulicht stellvertretend für viele derartige Konstellationen, wie Unternehmen geradezu turnusgemäß ihr angestammtes Geschäftsmodell auf Bedrohungs-, aber ebenso auf Chancenpotenziale hin überprüfen müssen, um nicht „plötzlich" von neuen, innovativeren und erfolgreicheren Geschäftsmodellen überrascht zu werden. Neben den beschriebenen Instrumentarien zur Generierung von Frühwarninformationen setzt dies allerdings eine entsprechende mentale Einstellung der verantwortlichen Akteure voraus; vielfach stellt dies die erheblich höhere Hürde als das Aggregieren und Interpretieren von Frühwarnindikatoren und schwachen Signalen dar.

4 Gestaltungsoptionen im Rahmen der Geschäftsmodellinnovation

Verfügt ein Unternehmen nun über eine Indikation hinsichtlich Lebenszyklusphase beziehungsweise einen möglicherweise bevorstehenden Phasenwechsel seines Geschäftsmodells, so stellt sich eine Reihe von

122

Fragen, die gegebenenfalls mithilfe einer vertieften, gezielten und dauerhaften Überwachung der dahinterstehenden Entwicklung beantwortet werden sollten.[10] Dies dient insbesondere der weiteren Eruierung des zeitlichen und inhaltlichen Gestaltungsspielraums im Vorfeld einer möglichen Geschäftsmodellinnovation.

In Abhängigkeit der konkreten Situation sind unter anderem folgende Themenstellungen relevant:

- Welche sich abzeichnenden Frühwarninformationen oder Trends wirken auf den Geschäftsmodelllebenszyklus?

- Wie schnell entwickeln sich diese Trends?

- An welchen Stellen oder Schnittstellen können diese Trends die Wirkungsbeziehungen innerhalb des Geschäftsmodells verändern? Welche möglichen Konsequenzen hat dies für die Stimmigkeit des Geschäftsmodells insgesamt?

- Welche Akteure haben ein Interesse an der Begründung eines alternativen Geschäftsmodells? In welcher Form profitieren sie von innovativeren Geschäftsmodellen?

- Welche Dimensionen des Kundennutzens erfüllt das bestehende Geschäftsmodell nur unzureichend?

- Wie hoch ist Veränderungsgeschwindigkeit im Geschäftsmodelllebenszyklus?

Die Beantwortung dieser und weiterer Fragestellungen stellt einen wichtigen Faktor bei der Auswahl der Handlungsoptionen dar. Insbesondere die Erkenntnis, dass andere Marktakteure innovative Geschäftsmodelle vorbereiten oder bereits in Teilmärkten damit experimentieren, macht eine Handlungsstrategie dringend erforderlich. Generell bestehen in einer solchen Situation drei generische Handlungsoptionen:[11] bewusster Verbleib im eigenen Geschäftsmodell, „Überholen" des neuen Geschäftsmodells durch erneute Geschäftsmodellinnovation sowie Übernahme des neuen Geschäftsmodells. Für jede Handlungsoption bieten sich wiederum verschiedene konkrete Strategien in Abhängigkeit von Fähigkeit und

---

[10] Man spricht in diesem Fall von einem sogenannten Monitoring, vgl. Krystek/Müller-Stewens (1993), S. 175ff.

[11] Vgl. hierzu und zu den Ausführungen in den folgenden Absätzen Markides (2008, S. 121ff.), der fünf grundsätzliche Handlungsoptionen unterscheidet, die sich auf die genannten drei generischen Optionen aggregieren lassen.

Motivation des Unternehmens zur Reaktion auf das innovative Geschäftsmodell an (vgl. Abbildung 3).

Abb. 3: Handlungsoptionen in Reaktion auf eine Geschäftsmodellinnovation (Quelle: Verändert nach Markides (2008), S. 140))

Ein bewusster Verbleib im bisherigen Geschäftsmodell kann entweder auf Ignorieren des innovativen Geschäftsmodells oder Stärkung des eigenen Geschäftsmodells beruhen. Die Variante des Ignorierens kommt insbesondere dann in Betracht, wenn das neue Geschäftsmodell auch ein neues Wettbewerbsfeld begründet, in dem die strategischen Erfolgsfaktoren („strategic assets") des etablierten Unternehmens wie Fähigkeiten, Kernkompetenzen oder Investitionsgüter nicht zum Tragen kommen. Dass die Einschätzung der Übertragbarkeit strategischer Erfolgsfaktoren und mithin die Strategie des Ignorierens riskant ist und im Zeitverlauf kritisch hinterfragt werden muss, zeigen exemplarisch die Beispiele der Musik- und der Luftfahrtindustrie. Eine langfristig erfolgversprechendere Strategie besteht dagegen vielfach in einer Stärkung des bestehenden Geschäftsmodells, um die Konkurrenzfähigkeit gegenüber dem neuen Geschäftsmodell zu erhöhen. Dazu sollte insbesondere der durch das neue Modell generierte andere oder zusätzliche Kundennutzen analysiert und soweit möglich durch das bestehende Geschäftsmodell zusätzlich mit abgebildet werden.

Die zweite grundsätzliche Strategie eines „Überholens" des neuen Geschäftsmodells durch erneute Geschäftsmodellinnovation erfordert insbesondere die Identifikation und Generierung eines zusätzlichen oder anders gearteten Kundennutzens, den weder das etablierte noch das neue Geschäftsmodell bieten. Markides veranschaulicht diesen Fall anhand der Schweizer Uhrenindustrie (vgl. Markides, 2008, S. 130f. i.V.m. S. 108f.): Bis in die 1970er Jahre hatten zahlreiche Manufakturen auf Basis von

Faktoren wie Genauigkeit des Uhrwerks und generell der Qualität schweizerischen Uhrmacherhandwerks den Weltmarkt dominiert. Neue Akteure wie die japanische Seiko und das US-Unternehmen Timex veränderten jedoch den wesentlichen Kundennutzen durch die neue Quarztechnologie: Diese war den mechanischen Uhren in Preis und zusätzlichen Eigenschaften wie Weckfunktion deutlich überlegen, ohne Abstriche an der Genauigkeit der Zeitanzeige zu machen. Die erneute Geschäftsmodellinnovation durch ein Schweizer Unternehmen schrieb schließlich Geschichte: Die Swatch des Unternehmens SMH trat 1983 ihren Siegeszug um die Welt an, indem sie bei ähnlich niedrigem Preis insbesondere Design und eine Vielfalt an Modellen als wesentliche zusätzliche Kundennutzen anbietet.

Die dritte und letzte Handlungsoption besteht in einer Übernahme des innovativen Geschäftsmodells entweder in Form eines Hybridmodells in Kombination mit dem bestehenden Geschäftsmodell oder im Rahmen einer vollständigen Migration zum neuen Geschäftsmodell. Ein paralleles Betreiben von zwei Geschäftsmodellen im Rahmen eines Hybridmodells birgt dabei ein Reihe von Risiken: die Konkurrenz um Ressourcen und Managementaufmerksamkeit, innere Widerstände des Personals aufgrund konkurrierender Rationalitäten bis hin zu Servicekulturen (vgl. Graf, 2007) und häufig ein Ringen um die Vorherrschaft gegenüber dem jeweils anderen Modell; dauerhaft bietet sich ein solches Vorgehen nur in Fällen an, in denen die beiden Geschäftsmodelle auf unterschiedlichen Wettbewerbsfeldern mit bestenfalls geringer Konkurrenzsituation agieren. Der Chemie- und Hightech-Konzern Dow Corning sah sich in den 1990er Jahren in einer Krise gezwungen, Wachstumsoptionen jenseits bestehender Kunden- und Wettbewerbsfelder zu erschließen; die Lösung bot der Einstieg in das Commodity-Segment mit fundamental unterschiedlichen Anforderungen, Kundengruppen und Geschäftsmodell (vgl. Johnson (2010), S. 53f. i.V.m. S. 58ff.). Vielfach experimentieren Unternehmen jedoch parallel mit alternativen Geschäftsmodellen, bis sie letztlich komplett in das erfolgversprechendste Modell migrieren, dieses dann aber aufgrund überlegener Ressourcen oder Fähigkeiten rasch groß zu machen und zu dominieren versuchen. Diese Variante ist eher bei Startups als bei etablierten Unternehmen anzutreffen; Amazon etwa hatte keineswegs den Internetbuchhandel erfunden, sondern 1995 das zwei Jahre zuvor von einem Wettbewerber begründete Geschäftsmodell kopiert und erfolgreich etabliert (vgl. Markides, 2008, S. 136).

Unabhängig von den in Frage kommenden Handlungsoptionen gilt es jedoch, angesichts der Unsicherheit der weiteren Entwicklung von Lebenszyklusindikatoren, Wettbewerberverhalten und der Tragfähigkeit zukünftiger Geschäftsmodelle in Szenarien zu denken und sich auf unterschiedliche zukünftige Gegebenheiten vorzubereiten (vgl. Schwenker, 2010). Szenarien entsprechen systematisch erstellten, plausiblen Zukunftsbildern komplexer Systeme (vgl. Geschka, 2001, S. 304). Sie schaffen Transparenz bezüglich der Spannbreite zu erwartender Wettbewerbsbedingungen sowie Erfolgsfaktoren unternehmerischer Tätigkeit, sodass sie einen wichtigen Bestandteil von Unternehmensplanung und -entwicklung sowie der Generierung von Geschäftsmodellen darstellen.

Der Prozess der Szenario-Erstellung erstreckt sich auf die drei Phasen Szenariofeld-Analyse, Szenario-Prognostik und Szenario-Bildung, denen eine Szenario-Vorbereitung vorausgeht und an die sich der Szenario-Transfer anschließt (vgl. Fink/Schlake/Siebe (2000), S. 45ff.): Bei der Szenariofeld-Analyse werden die entscheidenden Schlüsselfaktoren für das Gestaltungsfeld ermittelt. Während der Szenario-Prognostik als Kernphase des Szenario-Managements werden für die ermittelten Schlüsselfaktoren entsprechende Zukunftsprojektionen erstellt, zu Rohszenarien zusammengefasst, visualisiert und beschrieben. Idealerweise werden so zwei oder drei Szenarien mit deutlich unterschiedlichen Konstellationen erarbeitet, sodass sich die tatsächliche Entwicklung innerhalb des aufgespannten Raums zwischen den „Extremszenarien" einstellt (vgl. Geschka, 2001, S. 305). Für innovative Geschäftsmodelle wiederum bietet sich an, Szenarien für die einzelnen Elemente eines Geschäftsmodells zu entwickeln und daran anschließend eine Kombination in sich stimmiger Bestandteil-Szenarien zu erstellen, damit sich ein Fit für das zukünftige Geschäftsmodell ergibt.

Derart gerüstet kann ein Unternehmen auch über längere Zeiträume die Entwicklung relevanter Indikatoren verfolgen, die Lebenszyklusposition des eigenen oder alternativer Geschäftsmodelle nachhalten und einen gegebenenfalls gebotenen Umbau des Geschäftsmodells rechtzeitig vorbereiten. Ein Denken in Szenarien bietet dabei neben der Vermeidung von Überraschungen auch den Vorteil, den optimalen Zeitpunkt für die tatsächlichen Geschäftsmodellveränderung im Sinne eines „window of opportunity" eruieren und nutzen zu können.

5   Ausblick

Angesichts des beschleunigten Wandels verschiedenster Faktoren in der Unternehmensumwelt, des Auftretens immer wieder neuer Akteure im Wettbewerb (unter anderem aus sogenannten Emerging Markets) sowie der permanenten Veränderung von Wettbewerbsvorteilen wird es in Zukunft zu immer kürzeren Lebensdauern von Geschäftsmodellen und einem immer stärkeren Konkurrenzkampf zwischen alternativen Geschäftsmodellen kommen. Unternehmen müssen sich daher vermehrt auf eine Ausdifferenzierung von Geschäftsmodellen für bestimmte Nischenmärkte sowie ein Experimentieren mit Geschäftsmodellen insbesondere durch nicht-traditionelle Wettbewerber einstellen. Eine regelmäßige Überprüfung des eigenen Geschäftsmodells sowie ein proaktives Innovationsmanagement des Geschäftsmodells unter Zuhilfenahme von Frühwarnsystemen, Lebenszyklusbetrachtungen und Szenariotechnik sind daher unerlässliche Bestandteile im Methodenbaukasten der Unternehmensführung.

6 Literaturverzeichnis

Abernathy, W. J./Utterback, J. M. (1978). Patterns of Industrial Innovation. In: *Technology Review* June/July 1978, S. 40-47.

Anderson, P./Tushman, M. L. (1990). Technological Discontinuities and Dominant Designs: A Cyclical Model of Technological Change. In: *Administrative Science Quarterly* Vol. 35, 1990, S. 604-633.

Ansoff, H. I. (1976). Managing Surprise and Discontinuity – Strategic Response to Weak Signals. In: *Zeitschrift für betriebswirtschaftliche Forschung* 28 (1976), S. 129-152.

Bieger, T./Reinhold, S. (2011). Das wertbasierte Geschäftsmodell – Ein aktualisierter Strukturierungsansatz. In: Bieger, T./zu Knyphausen-Aufseß, D./Krys, C. (Hrsg.): *Innovative Geschäftsmodelle. Konzeptionelle Grundlagen, Gestaltungsfelder und unternehmerische Praxis* (S. 13-70). Berlin et al.: Springer-Verlag.

Christensen, C. M. (1997). *The Innovator's Dilemma. When New Technologies Cause Great Firms to Fail.* Boston: Harvard Business Press.

Ealey, L. A./Troyano-Bermúdez, L. (1996). Are automobiles the next commodity? In: *The McKinsey Quarterly* 1996, Nr. 4, S. 62-75.

Fink, A./Schlake, O./Siebe, A. (2000). Szenariogestützte Strategieentwicklung. In: *Zeitschrift für Planung* 2000, 11, S. 41-59.

Fleschner, F. (2010). Angriff im Wohnzimmer. In: *Focus* Nr. 42, 18. Oktober 2010, S. 140-142.

Friese, U. (2010). Gerangel über den Wolken. In: *Frankfurter Allgemeine Zeitung* Nr. 116, 21.05.2010, S. 19.

Gadiesh, O./Gilbert, J. L. (1998). Profit Pools: A Fresh Look at Strategy. In: *Harvard Business Review* May/June 1998, S. 139-147.

Geschka, H. (2001). Szenariotechnik als Instrument der Frühaufklärung. In: Gassmann, O./Kobe, C./Voit, E. (Hrsg.): *High-Risk-Projekte. Quantensprünge in der Entwicklung erfolgreich managen* (S. 357-372). Berlin et al.: Springer-Verlag.

Gleisberg, J./Zollenkop, M./Pötzl, S. (2009). Innovation. think:act CONTENT – fresh thinking for decision makers. Hrsg. von Roland Berger Strategy Consultants, Oktober 2009.

Graf, L (2007). *Kompatibilität unterschiedlicher Geschäftsmodelle aus Kundensicht – eine Analyse am Beispiel der Luftverkehrsbranche.* Dissertation Universität St. Gallen. Bamberg: Difo-Druck.

Hacklin, F./Baschera, P. (2010). Schwindende Industriegrenzen erfordern neue Strukturen. In: *io new management* 04/2010, S. 36-39.

Hielscher, H. (2010). Az. 160 IN 107/09. In: *Wirtschaftswoche* Nr. 23, 7. Juni.2010, S. 48.

Johnson, M. W. (2010). *Seizing the White Space: Business Model Innovation for Growth and Renewal.* Boston: Harvard Business Press.

zu Knyphausen-Aufseß, D./Meinhardt, Y. (2002). Revisiting Strategy: Ein Ansatz zur Systematisierung von Geschäftsmodellen. In: Bieger, T./Bickhoff, N./Caspers, R./zu Knyphausen-Aufseß, D./Reding, K. (Hrsg.): *Zukünftige Geschäftsmodelle: Konzept und Anwendung in der Netzökonomie* (S. 63-89). Berlin et al.: Springer-Verlag.

zu Knyphausen-Aufseß, D./Zollenkop, M. (2007). Geschäftsmodelle. In: Köhler, R./Küpper, H.-U./Pfingsten, A. (Hrsg.): *Handwörterbuch der Betriebswirtschaft* (Sp. 583-591). 6., vollständig neu gestaltete Auflage. Stuttgart: Schäffer-Poeschel Verlag.

Krystek, U./Müller-Stewens, G. (1993). *Frühaufklärung für Unternehmen. Identifikation und Handhabung zukünftiger Chancen und Bedrohungen.* Stuttgart: Schäffer-Poeschel Verlag.

Lachman, J. (2009). Große Airlines kopieren Billigflieger. In: *Financial Times Deutschland*, 3. August 2009, S. 7.

Lambrecht, M./Jahn, T. (2010). Die große Auslese. In: *Capital* Nr. 06 2010, S. 154-158.

Lindner, R. (2010): Ende der Goldgräberstimmung bei E-Readern. In: *Frankfurter Allgemeine Zeitung* Nr. 159, 13. Juli 2010, S. 15.

Markides, C. (2008). *Game-changing Strategies: How to Create New Market Space in Established Industries by Breaking the Rules.* San Francisco: Jossey-Bass.

128

Meinhardt, Y. (2002). *Veränderung von Geschäftsmodellen in dynamischen Industrien Fallstudien aus der Biotech-/Pharmaindustrie und bei Business-to-Consumer-Portalen.* Wiesbaden: Deutscher Universitäts-Verlag.

o.V. (2010): Verkauft, nicht gerettet. In: *Wirtschaftswoche* Nr. 36, 6. September 2010, S. 68f.

Pötzl, S./Kohr, T./Zollenkop, M. (2008). Success factors and levers for best practice in innovation management. In: Schwientek, R./Schmidt, A. (Hrsg.): *Operations Excellence. Smart Solutions for Business Success* (S. 61-78). Houndmills/New York: Palgrave Macmillan.

Renner, T. (2004). *Kinder, der Tod ist gar nicht so schlimm! Über die Zukunft der Musik- und Medienindustrie.* Frankfurt/Main: Campus Verlag.

Scherff, D. (2010). Fliegen mit Ryanhansa. In: *Frankfurter Allgemeine Zeitung,* 16. September 2010, S. 44.

Schreyögg, G. (1993). Umfeld der Unternehmung. In: Wittmann, W.†/Kern, W./Köhler, R./Küpper, U./Wysocki, K. v. (Hrsg.): *Handwörterbuch der Betriebswirtschaft.* Teilband 3 R-Z mit Gesamtregister. Enzyklopädie der Betriebswirtschaftslehre (Bd. 1, Sp. 4231-4247). 5., völlig neu gestaltete Auflage. Stuttgart: Schäffer-Poeschel Verlag.

Schwenker, B. (2010). Szenariotechnik. think:act CONTENT – fresh thinking for decision makers. Hrsg. von Roland Berger Strategy Consultants, Mai 2010.

Seidel, H. (2010). Alles oder nichts bei Karstadt. In: *Welt kompakt,* 15. März 2010, S. 19.

Steinkirchner, P./Brück, M. (2010). Drei Schwestern. In: *Wirtschaftswoche* Nr. 11, 15. 03.2010, S. 62f.

Zollenkop, M. (2008). Changing business models and their impact on product development. In: Schwientek, R./Schmidt, A. (Hrsg.): *Operations Excellence. Smart Solutions for Business Success* (S. 9-23). Houndmills/New York: Palgrave Macmillan.

Zollenkop, M. (2006). *Geschäftsmodellinnovation. Initiierung eines systematischen Innovationsmanagements für Geschäftsmodelle auf Basis lebenszyklusorientierter Frühaufklärung.* Wiesbaden: Deutscher Universitäts-Verlag.

Zollenkop, M. (2009). Von der CD zum Musik-Download. Das Ringen der Musikindustrie um Technologiestrategie und Geschäftsmodell. In: Fisch, J. H./Roß, J.-M. (Hrsg.): *Fallstudien zum Innovationsmanagement. Methodengestützte Lösung von Problemen aus der Unternehmenspraxis* (S. 589-603). Wiesbaden: Gabler Verlag.

Teil 2:
Gestaltungsfelder von Geschäftsmodellen

Wertschöpfungskettenkonfiguration: Internationalisierung von Teilen der Wertschöpfungskette (am Beispiel der Wasserwirtschaft)

Michael Harbach, Karl-Ulrich Rudolph, Daniel Gregarek

Mit zunehmender Sättigung der Heimatmärkte erhöht sich der Druck für mittelständische Unternehmen, ihr Geschäftsmodell zu internationalisieren. Die Global-Value-Chain-Theorie betrachtet dabei das Zusammenspiel von und die strategische Rollenverteilung zwischen internationalen Marktteilnehmern. Vor dem Hintergrund einer global steigenden Technologisierung bei noch divergierenden Faktorkosten zeigt dieser Beitrag Entwicklungskonzepte für eine entsprechende Wertschöpfungskettenkonfiguration am Beispiel der Wasserwirtschaft auf.

1   Der Global-Value-Chain-Ansatz

Der Wertschöpfungsketten-Ansatz beschreibt in der wirtschaftswissenschaftlichen Literatur die komplette Bandbreite der Aktivitäten, die nötig sind, um ein Produkt/eine Dienstleistung – beginnend bei der Konzeptionierung – herzustellen und abzusetzen. Die hierzu gehörende Global-Value-Chain-Theorie legt dabei den Schwerpunkt der Betrachtungen auf die Aktivitäten und die strategische Bedeutung der Beziehung zu anderen Firmen und Marktteilnehmern und versucht Empfehlungen zu geben, wie die verschiedenen Ressourcen (Kapital, Arbeit, Inputgüter etc.) am besten einzusetzen sind. Dieser von Gereffi (1994) geprägte Ansatz betrachtet dabei insbesondere das Zusammenspiel und die strategischen Rollen der einzelnen internationalen Akteure.[1] Auf diese Weise wird der Ansatz der immer stärker global fragmentierten, aber betrieblich zusammenhängenden Wertschöpfungskette der Unternehmen gerecht, indem er nämlich nicht

---

[1]   Der (bekanntere) Ansatz von Porter unterscheidet nur zwischen zwei wichtigen wertschöpfenden Aktivitäten einer Organisation (primäre und unterstützende Aktivitäten) und ist auf das Unternehmenslevel beschränkt, das heißt, er vernachlässigt über diese Abgrenzung hinausgehende Aktivitäten (vgl. Faße et al., 2009).

nur die Produktion sondern auch die Beschaffung, den Vertrieb und das Marketing in die Analyse integriert (vgl. Darstellung in Abbildung 1).

Abb. 1: Vereinfachte Darstellung einer Wertkette für ein produzierendes Unternehmen der Wasserwirtschaft (eigene Darstellung)

Vor diesem Hintergrund ergaben sich bislang für Unternehmen drei Implikationen für eine Internationalisierung der Wertschöpfungskette:

1. Ausnutzen von Standortvorteilen (unter anderem niedrigere Steuern und Produktionskosten);

2. besserer Zugang zu Rohstoff-, das heißt Inputmärkten;

3. Zugang zu neuen Absatzmärkten.

Mehr als 15 Jahre nach der Formulierung der Global-Value-Chain-Theorie hat die wirtschaftliche Entwicklung nun in vielen Teilen der Welt weiter zu den Industrieländern aufgeschlossen. Dies führt zu einer Verschiebung des Kräfteverhältnisses in Gereffis Konzept. Unternehmen in Schwellenländern konkurrieren heute besser und vermehrt mit Unternehmen aus Europa, USA oder Japan und geben sich daher nicht mehr mit der Rolle als Zulieferbetrieb zufrieden.

Aus dieser gewachsenen Konkurrenzsituation entsteht für mittelständische Unternehmen der Druck, ihr Geschäftsmodell (stärker) zu internationalisieren. Dieser Beitrag zeigt hierfür Entwicklungskonzepte für eine entsprechende Wertschöpfungskettenkonfiguration im Rahmen des Wertschöpfungskonzeptes am Beispiel der Wasserwirtschaft auf.

2 Die deutsche Wasserwirtschaft

Wenn man (international) vom „Wassermarkt" spricht, so geht es in aller Regel lediglich um die zur Wasserversorgung und Abwasserentsorgung erforderlichen Leistungen, das heißt Bau-, Liefer- und Dienstleistungen (Consulting, Finanzierung, Betrieb).

Zum Volumen des globalen Wassermarkts gibt es unterschiedliche Schätzungen. So schätzt das World Business Council for Sustainable Development, dass der Investitionsbedarf für den Austausch der veralteten Infrastruktur allein in den OECD-Ländern etwa 130 Mrd. Euro pro Jahr beträgt. Da in vielen Entwicklungs- und Schwellenländern ein großer Teil der Wasserinfrastruktur erst neu erstellt werden muss, liegt der gesamte globale Investitionsbedarf deutlich höher. So gab es 2006 in ganz China erst knapp 1.000 Kläranlagen. Inzwischen ist die Zahl zwar gestiegen, aber ein Vergleich mit Deutschland (rund 10.000 Kläranlagen) signalisiert den nach wie vor immensen Rückstand. Insgesamt dürfte der weltweite Investitionsbedarf im globalen Wassermarkt bei 400 bis 500 Mrd. Euro pro Jahr liegen. Die Schwankungsbreite hängt zum einen mit der unzureichenden statistischen Datenbasis zusammen. Zum anderen ist die Schätzung davon abhängig, welche Stufen der Wertschöpfungskette einfließen, welcher Stand der Technologie unterstellt wird oder ob auch Investitionen zur Anpassungen an den Klimawandel berücksichtigt werden (Heymann et al., 2010).

Für Hersteller von Technologien rund um die Wasserwirtschaft besteht in den nächsten Jahrzehnten also enormes Absatzpotenzial – im Inland und noch viel mehr im Ausland. Die Bandbreite der benötigten Technologien ist groß. Die Nachfrage nach effizienten Bewässerungstechnologien, Meerwasserentsalzungs- und Kläranlagen, technischen Ausrüstungen (zum Beispiel Pumpen, Kompressoren, Armaturen), Filteranlagen oder Desinfektionsverfahren (beispielsweise Ozonung oder Einsatz von UV-Licht) sowie effizienten sanitären Einrichtungen dürfte besonders stark zulegen. Deutsche Unternehmen haben in vielen dieser Segmente gute Chancen und zählen technologisch zur Weltspitze. Um umfangreiche Angebote aus einer Hand abgeben zu können, bieten sich Kooperationen über die Wertschöpfungskette der Wasserwirtschaft und natürlich auch über Ländergrenzen hinweg an.

Aber auch Unternehmen aus dem Ausland (vor allem aus den BRIC-Ländern) drängen auf diesen Markt und stärken ihre Position im internationalen Wettbewerb. Zwar konnten deutsche, japanische und US-amerikanische Unternehmen in den Jahren 2003 bis 2006 ihren Weltmarktanteil ausweiten (vgl. Abbildung 2 auf der folgenden Seite). Allerding stieg der Anteil sonstiger Länder im selben Zeitraum um über drei Prozentpunkte und beträgt nun fast ein Viertel des Weltwassermarktes.

Es gilt also, die internationalen Aktivitäten zu verstärken, um Produkte und Dienstleistungen weltweit abzusetzen. Denn bei etwa 60 % der heimischen Unternehmen liegt der geographische Schwerpunkt ihrer Ge-

134

schäftstätigkeit noch in Deutschland; davon setzt wiederum die Hälfte sogar den Fokus auf lokale und regionale Aktivitäten. Von den Unternehmen mit internationalem Schwerpunkt konzentriert sich etwa die Hälfte lediglich auf Europa (Roland Berger Strategy Consultants, 2009). Insbesondere die mittelständische Wasserwirtschaft meidet (noch) die Komplexität und das mit dem Schritt ins Ausland verbundene Risiko.

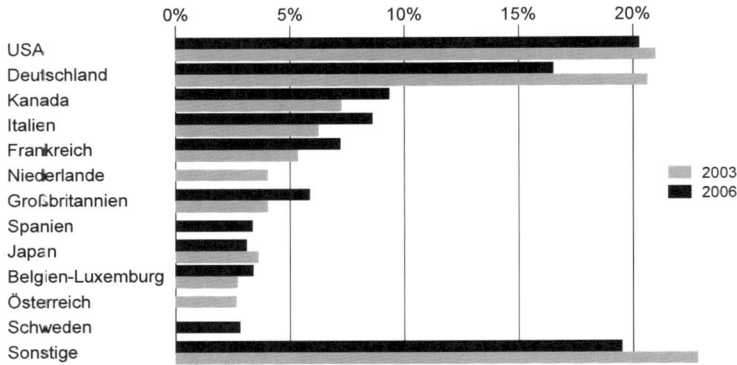

Abb. 2: Wasser- und Abwassertechnik – Prozentualer Anteil der zehn wichtigsten Nationen am Weltexport in den Jahren 2003 bis 2006 (Quelle: Egerer/Wackerbauer, 2006; VDMA, 2008)

3 Treiber für eine Internationalisierung

Die zunehmende Konkurrenz (die bisher zwar noch selten einem Qualitätsvergleich standhält) und der durch die Intensivierung des Wettbewerbs steigende Kostendruck stellen eine Herausforderung dar, auf die es eine Antwort zu finden gilt. Zudem gewinnen mittelfristig drei weitere Faktoren stark an Bedeutung:

1. Zunehmende Sättigung der Heimatmärkte;

2. Minimierung der Frachtkosten, insbesondere für interkontinentale Langstrecken, wird die treibende Kraft hinter der Logistik von morgen sein. Aus diesem Grund hat etwa der globale Konsumgüterhersteller Procter & Gamble rasch eine Anpassung seiner Zulieferkette angekündigt, als der Ölpreis zuletzt auf dreistelliges Niveau stieg, und

sich von überseeischen auf regionale Lieferanten unweit der wichtigsten Märkte des Unternehmens umgestellt, so Jeff Rubin (2010);[2]

3. Öffentliche Körperschaften in aufstrebenden Schwellenländern favorisieren bei der Auftragsvergabe mehr und mehr eine stärkere Einbindung nationaler Unternehmen (Harbach/Rudolph, 2010).

Insbesondere für die technologielastigen und öffentlich geprägten Märkte für Infrastrukturlösungen (Telekommunikation, Transport, Energie und Wasser) entsteht hierdurch ein externer Druck zu einer Internationalisierung der Wertschöpfungskette zur Erhaltung der Wettbewerbsfähigkeit in allen ihren Stufen. Die Fragmentierung der Wertschöpfungskette (oder deren Erweiterung beispielsweise durch eine ausländische Dienstleistungskomponente) wird ein Muss zur Erhaltung der Wettbewerbsfähigkeit.

4 Ansätze für Wertschöpfungsketten-konfigurationen

Diese Fragmentierung der Wertschöpfungskette ist nicht gleichzusetzen mit dem zuvor angesprochenem, sogenannten Outsourcing, durch das ein Fremdbezug von bisher intern erbrachten Leistungen erfolgt, sondern mit einer Weiterentwicklung des Wertschöpfungskonzeptes (Value Creation): Es wird geschaut, welche Teile der Wertschöpfungskette, insbesondere der finalen Fertigung oder nachgelagerte Dienstleistungen, an ausländische Firmen ausgelagert werden können, die diese dann in unternehmerischer Eigenverantwortung übernehmen.

Durch das Ausnutzen von Differenzen in der Kostenstruktur sowie durch den Vertrieb unter einem „local label" sind Wettbewerbsvorteile auf bestehenden Märkten beziehungsweise verbesserte Zugangsmöglichkeiten zu neuen Märkten zu erwarten. Diese Adaption des Global-Value-Chain-Ansatzes erweitert so die Unternehmen zur Verfügung stehenden strategischen Maßnahmen, um alleine oder mit anderen Firmen ausländische Märkte zu erschließen beziehungsweise zu bedienen.

Welche Komponenten dabei an ausländische Tochter- oder Partnerunternehmen übertragen werden können, ist im Vorfeld im Rahmen einer Ana-

---

[2] Dies bestätigen auch die Arbeiten von Zeddies (2007) und Görg (in Fischer, 2010): „Die große Welle des Outsourcings dürfte ohnehin vorbei sein. Die Unternehmen konzentrieren sich jetzt darauf, die Produktion zwischen ihren internationalen Standorten zu optimieren."

lyse des Zielmarktes und des Produktportfolios zu bestimmen (vgl. Abbildung 3). Einfluss auf die Entscheidung haben dabei insbesondere die Faktoren der aktuellen Marktpositionierung und der Vergabesituation (besonders weiche Kriterien wie Präferenzen der Auftraggeber), die Kompetenzen des ausländischen Partnerunternehmens sowie die Qualitätssicherung und der Schutz geistigen Eigentums. Gerade die letzten beiden Faktoren enthalten einen Ansatz für Moral Hazard, der durch entsprechende Governance-Maßnahmen zu kontrollieren ist, um so die Transaktionskosten zu minimieren.

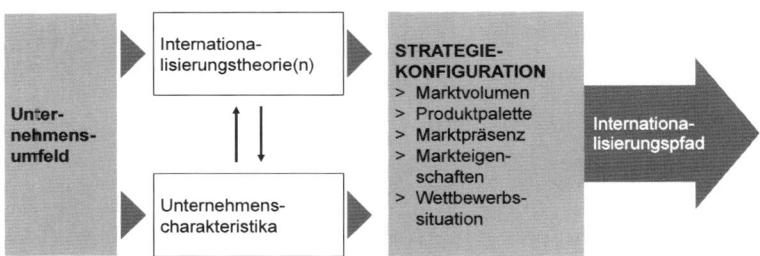

Abb. 3: Methodischer Ansatz zur Bestimmung des Internationalisierungspfades (in Anlehnung an Chetty/Campbell-Hunt, 2003)

4.1   Technologieintensive Wertschöpfungsketten

Wie eingangs erwähnt, drängen immer stärker Unternehmen aus aufstrebenden Ländern auf den internationalen Wassermarkt. Diese Dimension der Globalisierung, der intensive Wettbewerb zwischen der Herstellung (zumindest vordergründig) vergleichbarer, technologieintensiver Güter,[3] kann mit der klassischen Außenhandelstheorie[4] nicht vollständig erklärt werden. Dieser intra-industrielle Wettbewerb lässt sich vielmehr durch unvollkommene Konkurrenz im Sinne von Chamberlin beschreiben, bei der es vor allem um die Fähigkeit geht, zu differenzieren und dynamische/strategische Vorteile zu erzielen. Um eine solche Differenzierungsstrategie zu verfolgen, müssen sich Unternehmen stärker international positionieren.

---

[3]   Pumpen, Armaturen, Komponenten zur Wasseraufbereitung etc.

[4]   Faktorausstattung und komparative Vorteile bestimmen die internationale Arbeitsteilung.

Im Rahmen des Entwicklungskonzepts können dabei prinzipiell drei Grundvarianten von Konfigurationsstrategien unterschieden werden. Bei der Umsetzung einer Zentralisierungsstrategie – die streng genommen nur beim indirekten Export mit Handelsmittlern im Inland denkbar ist – verbleiben alle Wertschöpfungsaktivitäten im Heimatland des Unternehmens. Eine Mischstrategie ist dadurch gekennzeichnet, dass manche Wertschöpfungsaktivitäten eher zentral, andere wiederum eher dezentral durchgeführt werden. Eine reine Dezentralisierungsstrategie bedeutet schließlich, dass ein Unternehmen in jedem Land sämtliche Aktivitäten der Wertschöpfungskette durchführt; in diesem Fall kann in jedem Gastland ein Miniatur-Replikat des Heimatlandes existieren.[5]

Die Wahl der Konfigurationsstrategie und damit die geographische Verteilung der Wertschöpfungsaktivitäten sind darüber hinaus durch eine Reihe interner Einflussfaktoren bedingt. Insbesondere die Markteintritts- und Marktbearbeitungsstrategien, die Unternehmen zur Internationalisierung ihrer Geschäfte wählen, haben Konsequenzen für die Ansiedlung bestimmter Wertschöpfungsaktivitäten vor Ort. Während beispielsweise bei einer Exportstrategie (fast) alle Wertschöpfungsaktivitäten im Inland verbleiben, impliziert die Gründung oder Akquisition einer ausländischen Tochtergesellschaft grenzüberschreitende Wertschöpfungsaktivitäten, etwa im Bereich des Vertriebs, der Produktion oder der Forschung und Entwicklung.

Gesamtwirtschaftliche Faktoren spielen ebenfalls eine Rolle bei Standortentscheidungen, unter anderem weil die Wechselkurse den Verkaufspreis oder die Profitabilität exportierter Fahrzeuge beeinflussen und der gestiegene Ölpreis die Transportkosten erhöht. Zu nennen wären hier:

- Ausnutzung von Kostenvorteilen bei Produktionsfaktoren,
- Umgehung rechtlicher Restriktionen im Heimatland,
- Ausnutzung von Steuervorteilen,
- Erfüllung staatlicher Auflagen (unter anderem Local-Content-Vorschriften),
- Größere gesellschaftliche Akzeptanz des Unternehmens in Gastländern,
- Überwindung von logistischen Barrieren,

---

[5] Mit Ausnahme der internationalen Unternehmenssteuerung, denn auch bei maximal dezentralisierten Unternehmen existiert noch eine übergeordnete Zentrale, in der die Unternehmensführung agiert.

- Ausnutzung der kulturellen Nähe.

Gerade die mittelständische Wasserwirtschaft hat noch großen Nachholbedarf, was die Internationalisierung anbelangt. Wegen ihres starken Heimatbezugs verschenkt sie enorme Wachstumschancen. Damit sie nicht an Wachstumsdynamik und Wettbewerbsfähigkeit verliert, muss sie (noch) stärker globalisieren (das lässt sich allerdings auch auf den gesamten deutschen Mittelstand übertragen).

Ein erster Schritt zur stärkeren Internationalisierung ist das Verfolgen der obengenannten Mischstrategie. Wertschöpfungsaktivitäten für Einzelkomponenten können anfangs noch zentral gesteuert werden. Für technologieintensive Kompaktlösungen oder für modulare Produkte bietet sich hingegen eine (zunehmend) dezentrale Konfiguration der Wertschöpfungskette an.

Besonders Lizenzierungsvereinbarungen mit einem Partnerunternehmen im Exportland sind hierzu geeignet. Dabei stellt das exportierende Unternehmen alle relevanten Bestandteile eines Produkts selbst her (zum Schutz des geistigen Eigentums). Der ausländische Partner liefert weniger relevante Teile zu und übernimmt die Endfertigung und den Vertrieb.

Dieses Vorgehen kann dabei auch als Zwischenschritt angesehen werden, um später physische Produkte um Dienstleistungen zu erweitern, also neue Leistungskonzpte wie hybride Produkte zu entwickeln (Dienstleistungen, die mit einer Ware zu einer Produktlösung gebündelt sind). Diese Erweiterung physischer Güter um Dienstleistungen kommt der immer stärkeren Nachfrage von Kunden nach Systemlösungen entgegen.

4.2   Wissensintensive Wertschöpfungsketten

Die Dynamisierung des weltweiten Wettbewerbs erfordert auch neue Geschäftsmodelle, die nicht mehr auf das Erwirtschaften einmaliger Erlösquellen abzielen, sondern produktbegleitende Dienstleistungen integrieren.

Franchising (genauer: business format franchising) ist ein Vertriebssystem, durch das Waren und/oder Dienstleistungen vermarktet werden. Im Vordergrund steht jedoch nicht die Förderung des eigenen Absatzes, sondern der Aufbau des lokalen Partners beziehungsweise eines selbständigen Unternehmers.

Franchising gründet sich dabei auf eine enge und fortlaufende Zusammenarbeit rechtlich und finanziell selbständiger und unabhängiger Unternehmen, den Franchise-Geber und seine Franchise-Nehmer. Der Franchise-

Geber gewährt seinen Franchise-Nehmern das Recht und legt ihnen gleichzeitig die Verpflichtung auf, ein Geschäft entsprechend seinem Konzept zu betreiben. Dieses Recht berechtigt und verpflichtet den Franchise-Nehmer, gegen Entgelt bei laufender technischer und betriebswirtschaftlicher Unterstützung durch den Franchise-Geber, dessen Know-how, wirtschaftliche und technische Methoden sowie sein Geschäftssystem zu nutzen (Liesegang, 2003).

Franchising ist daher geeignet, wissensintensive Wertschöpfungsketten von exportorientierten kleinen und mittleren Unternehmen zu optimieren, in dem nachrangige, personalintensive Prozesse sowie Teile ihrer Wertschöpfungskette internationalisiert werden, um Kapazitäten für andere Prozesse freizusetzen. Durch die Kombination von unternehmensinternen und -externen Ressourcen und Fähigkeiten in einem Wertschöpfungsnetzwerk wird neuer Wert geschaffen.

Besonders hybride Produkte (Dienstleistungen, die mit einer Ware zu einer Produktlösung gebündelt sind) eignen sich für diese Kooperationsform mit Service-Partnern im Exportland.[6] Denn um die Lebenszykluskosten bei Investitionen in Wassertechnologien zu minimieren, sind neben der Qualität der einzusetzenden Technologie auch die Betriebs- und Wartungsleistungen (und damit auch die späteren Ersatzinvestitionen) von Bedeutung. Gerade Letztere können durch sachgerechtes und intelligentes Management gesteuert und reduziert werden. Zusätzliche Einsparung lassen sich durch die niedrigeren Faktorkosten im Exportland erzielen.

Eine solche Kooperation unterscheidet sich darin signifikant von reinen Wartungs- oder Serviceverträgen, dass es eine direkte Kundenbeziehung und eine umsatzabhängige Bezahlung (Royalty Fee) gibt, die im Unterschied zu einer Einbindung über einen pauschal vergüteten Unterauftrag einen finanziellen Anreiz für eine höhere Leistung(sbereitschaft) darstellt.

Ein möglicher Anwendungsfall sei anhand eines mittelständischen Produzenten von Komponenten für die Wasser- und Abwasseraufbereitung am Beispiel einer Anlage zur Abwasseraufbereitung in Hotels dargestellt. In Ländern mit instabiler oder einer sich noch im Aufbau befindenden Wasser-/Abwasserinfrastruktur realisieren vor allem Hotels und Einkaufszentren häufig eigene Lösungen, um ihre Ver- und Entsorgung sicherzustellen. Diese Unternehmen zeichnen sich dabei durch eine hohe Zahlungsbereit-

---

[6] Eine Kooperation mit solchen lokalen Unternehmen besteht in der Regel bereits. Sie werden vom Exporteur dafür benötigt, kleinere Dienstleistungen vor Ort auszuführen. Im Rahmen einer Franchise-Vereinbarung würde der Service-Partner nun verstärkt und eigenverantwortlicher in die Projekte eingebunden.

schaft für eine qualitativ und quantitativ gute Wasserver- und Abwasserentsorgung aus, die aus ihren Opportunitätskosten einer im Vergleich zu einer zwar billigeren, aber unsicheren Lösung resultiert.

Solche Anlagenlösungen werden üblicherweise als hybride Produkte realisiert, das heißt Bau/Installation der Anlage mit anschließendem Betrieb für einen vertraglich vereinbarten Zeitraum, danach Übergang der Anlage auf den Auftraggeber gegen Zahlung des Restwertes. Die Refinanzierung der Investition erfolgt über eine volumenabhängige Servicegebühr, die der Kunde zu zahlen hat.

Aufgrund der meist großen räumlichen Distanz zwischen dem Firmensitz des Produzenten und dem späteren Standort der Anlage eignen sich diese Produkte für Franchising besonders. Dabei kauft der lokale Service-Partner als Franchise-Nehmer die Anlage vom Produzenten, installiert diese beim Kunden und übernimmt anschließend auch den Betrieb. Das für das Projekt benötigte Know-how erhält der lokale Unternehmer über anfängliche Schulungen und spätere Betreuung durch den Produzenten, der so die Rolle des Franchise-Gebers übernimmt.

Dem verringerten Personalbedarf des Franchise-Gebers stehen allerdings gestiegene Anforderungen an das Backoffice- und Risikomanagement gegenüber, da der Unternehmer sein Know-how in Franchise-Partnerschaften in viel größerem Umfang an den Partner weitergibt:

- Das Know-how ist der wichtigste Vermögenswert des Franchise-Gebers. Sein geistiges Eigentum ist deshalb davor zu schützen, dass es der Franchise-Nehmer selbst außerhalb der Franchise-Vereinbarung anwendet.

- Die Ausgaben des Franchise-Gebers sind – über den gesamten Projektverlauf betrachtet – anfänglich höher als die Einnahmen (Abschlussgebühr plus Royalty Fee) und nehmen erst mit der Zeit ab. Erst mittelfristig erreicht der Franchise-Geber über die Royalty-Zahlungen des Franchise-Nehmers den finanziellen Breakeven.

- Das Geschäftsmodell des Franchise-Gebers basiert auf seiner Marktmacht. Schlechte Leistungen eines einzelnen Franchise-Nehmers wirken sich auf die Marke und somit auf alle Franchise-Nehmer aus.

- Es ist daher empfehlenswert, dass der Franchise-Nehmer neben der Zahlung der Abschlussgebühr – welche üblicherweise dazu dient, (a) die Projektanlaufkosten des Franchise-Gebers (teilweise) zu decken, aber auch (b) den Franchise-Nehmer langfristig an das Franchise-System zu binden – in spezifische Vermögenswerte investiert, die außerhalb des Systems wertlos beziehungsweise weniger wert sind (die Investitionen erwirtschaften eine Quasi-Rente).

5 Fazit

Mit zunehmender Sättigung der Heimatmärkte erhöht sich der Druck auf mittelständische Unternehmen, ihr Geschäftsmodell durch eine dynamische Weiterentwicklung des bestehenden Wertschöpfungskonzeptes zu internationalisieren. Die Global-Value-Chain-Theorie legt den Schwerpunkt der Betrachtungen auf die Aktivitäten und die strategische Bedeutung der Beziehung eines Unternehmens zu anderen Firmen und Marktteilnehmern und versucht Empfehlungen zu geben, wie die verschiedenen Ressourcen am besten einzusetzen sind – indem nämlich nicht nur die Produktion, sondern auch die Beschaffung, der Vertrieb und das Marketing in die Analyse integriert wird.

Vor dem Hintergrund einer global steigenden Technologisierung bei noch divergierenden Faktorkosten hat dieser Beitrag Entwicklungskozepte (Lizenzierung von Kompaktlösungen, Franchise-Partnerschaften für hybride Produkte) für eine entsprechende Wertschöpfungskettenkonfiguration im Rahmen des Wertschöpfungskonzeptes am Beispiel der Wasserwirtschaft aufgezeigt.

Welche Komponenten dabei an ausländische Partnerunternehmen übertragen werden können, ist jeweils im Vorfeld im Rahmen einer Analyse des Zielmarktes und des Produktportfolios zu bestimmen. Einfluss auf die Entscheidung haben dabei insbesondere die Faktoren der aktuellen Marktpositionierung und der Vergabesituation, die Kompetenzen des ausländischen Unternehmens sowie die Qualitätssicherung und der Schutz geistigen Eigentums. Gerade die letzten beiden Faktoren enthalten allerdings einen Ansatz für Moral Hazard, was durch Governance-Maßnahmen entsprechend zu kontrollieren ist.

6 Literaturverzeichnis

Chetty, S./Campbell-Hunt, C. (2003). Paths to Internationalisation Among Small- to Medium-Sized Firms: A Global Versus Regional Approach. In: *European Journal of Marketing*, Volume 37, Issue 5/6, S. 796-820.

Egerer, M./Wackerbauer, J. (2006). *Strukturveränderungen in der deutschen Wasserwirtschaft und Wasserindustrie 1995-2005*. ifo Institut für Wirtschaftsforschung, München.

Faße, A./Grote, U./Winter, E. (2009). *Value Chain Analysis Methodologies in the Context of Environment and Trade Research*. Gottfried Leibniz University of Hannover, Institute for Environmental Economics and World Trade, Discussion Paper No. 429, September 2009.

Fischer, Malte (2010). Der Froschmann. In: *Wirtschaftswoche*, Nr. 17, 26. April 2010, S. 36.

Gereffi, G. (1994). The Organization of Buyer-Driven Global Commodity Chains: How U.S. Retailers Shape Overseas Production Networks. In: Gereffi, G./Korzeniewicz, M. (Hrsg.): *Commodity Chains and Global Capitalism* (S. 95-122). Westport: Praeger.

Harbach, M./Rudolph, K.-U. (2010). *International Water Management Survey 2009/2010*. Institut für Umwelttechnik und Management, Witten.

Heymann, E./Lizio, D./Siehlow, M. (2010). *Weltwassermärkte – Hoher Investitionsbedarf trifft auf institutionelle Risiken*. Deutsche Bank Research Nr. 476.

Liesegang, Helmuth (2003). *Der Franchise-Vertrag* (6. Aufl.). Heidelberg: Verlag Recht und Wirtschaft.

Roland Berger Strategy Consultants (2009). *GreenTech made in Germany 2.0, Umwelttechnologie-Atlas für Deutschland*, herausgegeben vom Bundesministerium für Umwelt, Naturschutz und Reaktorsicherheit. München: Vahlen.

Rubin, Jeff (2010). Schöne kleine Welt. In: *Wirtschaftswoche*, Nr. 9, 1.3.2010, S. 38.

VDMA (2008). *Wasser- und Abwassertechnik* (8. Auflage). VDMA – Verfahrenstechnische Maschinen und Apparate, Frankfurt.

Zeddies, Götz (2010). *Determinants of International Fragmentation of Production in the European Union*. IWH-Diskussionspapiere, No. 15, Dezember 2007.

Von der Kommunikation zur Kundenintegration: Neue Ansätze der Gestaltung der Beziehung zwischen Unternehmen und Kunde am Beispiel der Produktentwicklung

Julia Daecke, Dodo zu Knyphausen-Aufseß

Geschäftsmodelle sind zu allererst darauf ausgerichtet, ein Leistungskonzept (Value Proposition) zu definieren. Dabei geht es wesentlich darum, Kundenbedürfnisse zu erfassen und Kundenbeziehungen zu gestalten. Kunden sind aber für Unternehmen weit mehr als Konsumenten. Sie können als Quelle für Innovationen einen wesentlichen Erfolgsfaktor in der Produktentwicklung darstellen. Das Stichwort „Prosument" bringt dieses Konzept, das in der Wissenschaft häufig als „Open Innovation" bezeichnet wird, auf den Punkt. Moderne Informations- und Kommunikationstechnologien, wie zum Beispiel das Internet, können dazu beitragen, diesen gemeinsamen Prozess der Wertschöpfung effektiver und effizienter zu gestalten. Einen möglichen, völlig neuen Ansatz stellt dabei die Nutzung von internetbasierten 3D-Welten dar. Wir zeigen in unserem Beitrag auf, welches Potenzial solche Welten für die Gestaltung der Beziehung zwischen Unternehmen und Kunde bieten können, und geben Hinweise zum Ablauf solcher Projekte.

1   Einleitung

Innovationen sind für den Erfolg von Unternehmen unerlässlich, denn sie ermöglichen es ihnen, sich von Wettbewerbern abzusetzen, Kostenvorteile zu realisieren und ihren Marktanteil auszuweiten (Chaney/Devinney, 1992; Urban/Hauser, 1993; Debruyne et al., 2002). Aber Innovationen bergen auch Risiken. So liegt in einigen Industriezweigen die Misserfolgsquote – und damit auch die Quote fehlgeleiteter Investitionen – bei über 60% (Crawford, 1987; Urban/Hauser, 1993). Kaum verwunderlich also, dass Unternehmen ständig nach neuen Möglichkeiten suchen, ihre Innovationsaktivitäten zu optimieren.

In Anbetracht dessen beschäftigt sich die Wissenschaft schon seit über 30 Jahren mit den kritischen Erfolgsfaktoren in der Neuproduktentwicklung (NPE). Studien belegen, dass die Nähe zum Kunden – das heißt dessen Einbindung in den Entwicklungsprozess – ein grundlegender und zuverlässiger Erfolgsfaktor ist (Jaworski/Kohli, 1993; Slater/Narver, 1994; Gatignon/Xuereb, 1997; Herstatt/Sander, 2004). Natürlich ist die Kundenintegration kein Allheilmittel und kann zudem in Nischenprodukte oder Produktweiterentwicklungen münden (Cooper/Kleinschmidt, 1990; Baker/Sinkula, 2005). Konzepte wie die „Open Innovation" von Chesbrough (2003) oder die „User Innovation" von von Hippel (2005) zeigen jedoch klar, welches Potenzial unternehmensextern entwickelte Ideen haben. Die konventionelle Sichtweise, nach der Unternehmen ihre Innovationen in einem geschlossenen System entwickeln, wurde inzwischen von der Vorstellung eines offenen Netzwerks mit unterschiedlichen Akteuren abgelöst (Rosenberg, 1982; Freeman/Soete, 1997). Die neue Rolle des Kunden beschreibt treffend der Begriff des „Prosumenten", zusammengesetzt aus den beiden Begriffen Produzent und Konsument.

Mit den genannten Konzepten experimentieren inzwischen viele Unternehmen. Nur wenigen ist es jedoch bisher gelungen, das damit verbundene Potenzial umfassend zu nutzen. Moderne Informations- und Kommunikationstechnik (IKT) – insbesondere das Web 2.0 – bieten effektive Möglichkeiten der Interaktion mit dem Kunden und dessen Integration in den NPE-Prozess. Solche webbasierten Methoden nutzen etwa Unternehmen wie Swarovski mit seinem Test- und Design-Wettbewerb im Internet (Füller/Matzler, 2007), Microsoft mit seiner virtuellen Kundenumgebung für Produkt-Support-Leistungen oder Adidas-Salomon mit seinen Produkt-Design- und -Entwicklungsaktivitäten (Nambisan/Baron, 2007).

Zu den jüngeren Entwicklungen gehören virtuelle 3D-Welten wie Second Life. 2003 von Linden Lab zur Marktreife gebracht, stieß es 2007 auf ein großes Medienecho. Auf dem Höhepunkt des Hype verdoppelte sich die Zahl der Second Life-Nutzerkonten innerhalb weniger Wochen und überschritt im Juni 2008 die Marke von 14 Millionen (Linden Research, 2008). Das ließ führende Unternehmen rund um den Globus aufhorchen und mit Konzepten und Projekten zur Kundenbeteiligung experimentieren. Starwood Hotels etwa baute einen Prototyp seines neuen Hotelprojekts Aloft für die virtuelle Welt und lud Besucher auf seiner Webseite zu Anregungen und Feedback ein (Ondrejka, 2007). Autobauer wie Mercedes-Benz stellten ihre neuen Modelle im Web vor und schickten Nutzer auf einen virtuellen Testparcours.

Inzwischen hat sich der Medienrummel gelegt, und die meisten Unternehmen haben ihre Aktivitäten in Second Life eingestellt. Die virtuellen 3D-Welten aber verzeichnen auch weiter hohe Zuwachsraten. Einige Unternehmen halten sie nach wie vor für das Medium der Zukunft. IBM beispielsweise hat zur Untersuchung des mit 3D-Welten verbundenen Potenzials eine eigene Geschäftssparte aufgebaut, die insbesondere die Möglichkeiten des virtuellen Informationsaustausches innerhalb von Organisationen untersucht.

In Anlehnung an Prahalads Grundsatz der „Next Practice, not Best Practice" (siehe beispielsweise Prahalad/Ramaswamy, 2004) muss jedoch die Frage gestellt werden, ob virtuelle 3D-Welten überhaupt neue Wege der Kundenintegration in den Produktentwicklungsprozess eröffnen. Im vorliegenden Kapitel beschäftigen wir uns deshalb vor allem mit folgenden Fragen:

- Wie können Unternehmen virtuelle Welten zur Kundenintegration bei der Neuproduktentwicklung nutzen?

- Wie sind auf virtuellen Welten aufbauende Kundenintegrationsprojekte konzipiert, und was sind die zentralen Erfolgsfaktoren im Hinblick auf die Interaktion mit dem Kunden?

Im Mittelpunkt unserer Betrachtungen steht die Automobilindustrie. So befragten wir mehr als 15 leitende Manager und Experten führender Hersteller der Autobranche, darunter Audi AG, BMW Group und Daimler AG.

Im Folgenden geben wir zunächst einen kurzen Überblick über virtuelle Welten und ihre Merkmale, um das Verständnis des Kontextes zu erleichtern. Eine Zusammenfassung der aus den beiden oben stehenden Fragen resultierenden zentralen Erkenntnisse schließt sich hieran an. Abschließend erörtern wir die Ergebnisse und fassen ihre Implikationen zusammen.

2   Virtuelle Welten

Virtuelle Welten sind computersimulierte 3D-Online-Umgebungen, in denen Nutzer kommunizieren und miteinander sowie mit virtuellen Objekten interagieren können (Castronova, 2007). Anders als Massively Multiplayer Online Role-playing Games (MMORPGs), wie zum Beispiel World of Warcraft, oder Massively Multiplayer Online Social Games

146

(MMOSGs), bei denen die soziale Interaktion zwischen den Nutzern im Vordergrund steht, gibt es in virtuellen Welten keine vordefinierten Objekte oder Schauplätze, wie etwa an Comics erinnernde Fantasiewelten. In virtuellen Welten können Nutzer tun, was sie wollen, und jeden gewünschten nutzergenerierten Inhalt erschaffen (siehe Abbildung 1).

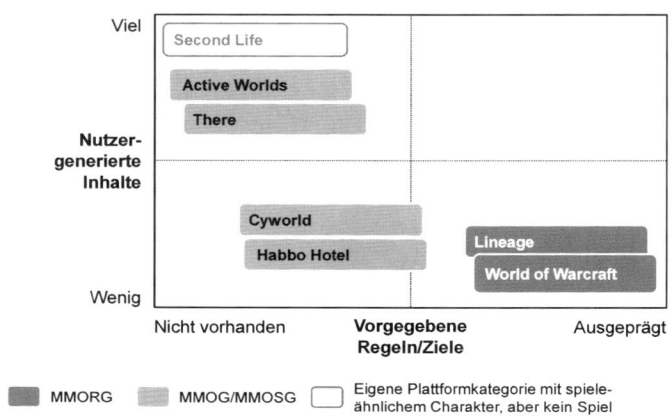

Abb. 1: Klassifizierung virtueller Welten

Das gilt natürlich nicht nur für private Nutzer, sondern auch für Unternehmen, die in diesem Kontext mit verschiedenen Konzepten experimentieren können. Virtuelle Welten, wie hier definiert, zeichnen sich in der Regel durch folgende sechs Merkmale aus:

1. In der virtuellen Welt agiert ein Avatar stellvertretend für den Nutzer.

2. Bei der Schaffung von Inhalten hat der Nutzer maximalen Gestaltungsfreiraum.

3. Der Plattformanbieter legt weder Regeln noch Ziele fest.

4. Die Kommunikation erfolgt in Echtzeit.

5. Die Nutzer sind gemeinsam präsent.

6. Die geschaffenen Inhalte haben kein definiertes Ende (so ist beispielsweise ein von einem Avatar gebautes Haus für andere sichtbar, auch wenn der Avatar aktuell nicht in der virtuellen Welt präsent ist).

Second Life ist ein gutes Beispiel für eine virtuelle Welt. Neben den oben genannten Merkmalen hat Second Life marktorientierte Strukturen und eine eigene Währung. Nutzer verfügen über Urheber- und Verwertungsrechte für die von ihnen geschaffenen virtuellen Objekte und Produkte, die sie an andere gegen Linden-Dollar verkaufen können. Laut Linden Lab summierte sich das Bruttoinlandsprodukt (BIP) von Second Life 2009 auf rund 500 Mio. US-Dollar (Linden Lab, 2010). In der virtuellen Welt gibt es eine Vielzahl verschiedener Unternehmensaktivitäten, angefangen von transaktions- bis hin zu unternehmensfinanzierten Tätigkeiten. Abbildung 2 enthält Beispiele solcher Tätigkeiten.

UNTERNEHMENS-AKTIVITÄTEN	BEZUGSMARKT	
	B2C	B2B
1 Transaktions-finanziert (finanzwirtschaftliche Perspektive)	1.1 Virtuelles Einkaufen	1.5 Software-Entwickler/ Medienagenturen
	1.2 Mass Customization	1.6 Immobilienhandel
	1.3 Virtuelle Dienstleistungen, z.B. DJ	
	1.4 Virtuelles Lernen/Meetings	
2 Unternehmens-finanziert (Marketing-/FuE-Perspektive)	1.7 News/Broadcasting	
	2.1 Branded Entertainment	
	2.2 3-D-Communities	
	2.3 Virtueller Hebel	
	2.4 Marktforschung/Prototyping	
	2.5 Virtuelles Recruiting	

Abb. 2: Beispiele für Unternehmenstätigkeiten in Second Life

Im Jahr 2007, als die virtuelle Welt im Zentrum der Medienaufmerksamkeit stand, wurden diverse Unternehmen in Second Life aktiv. Vor allem Autobauer wie BMW, Mazda, Mercedes-Benz, Nissan, Pontiac, Renault, Toyota und andere traten über Second Life in direkten Kontakt mit den Nutzern. Toyota beispielsweise ermöglichte es Nutzern, ihr eigenes Scion-Modell zu konfigurieren und damit in der virtuellen Welt eine Probefahrt zu unternehmen. Die über dieses Medium eingehenden Vorschläge und Anregungen der Nutzer sollten der Optimierung der Produkte in der realen Welt dienen. Abbildung 3-3 zeigt einen Screenshot von Mazda- und Toyota-Autos und vermittelt eine Vorstellung vom „Look-und-Feel" dieser virtuellen Fahrzeuge.

Abb. 3: Produktabbildungen von Mazda und Toyota in Second Life[1]

Castronova (2007) schätzt die Zahl der aktiven Nutzer in virtuellen Welten und Online-Spielen auf 20 bis 30 Millionen. Die große Beliebtheit von Online-Spielen vor allem bei jungen Menschen lässt vermuten, dass dieser Sektor weiter wachsen wird. Alles in allem aber nutzen weniger als 2% der Weltbevölkerung virtuelle Welten, was ihren Nischencharakter unterstreicht.

3 Nutzung virtueller Welten in der Automobilindustrie

3.1 Wie können Unternehmen virtuelle Welten zur Kundenintegration bei der Neuproduktentwicklung nutzen?

Um diese Frage beantworten zu können, müssen wir zunächst den Prozess der Neuproduktentwicklung (NPE) verstehen. In Abbildung 4 ist der NPE-Prozess eines an der Befragung teilnehmenden Autoherstellers schematisch dargestellt. Der Prozess umfasst mehrere Jahre. Rund 80 Monate vor dem Produktionsstart (SOP) werden aus anfänglichen Ideen Vorentwicklungsprojekte. Zwei Jahre vor dem SOP erfolgt der so genannte Design Freeze, das heißt, die Designphase ist beendet, weitere Änderungen sind nicht mehr möglich.

---

[1]   Quelle: http://www.flickr.com/photos/mpole/392574935/ und
      http://flickr.com/photos/ialja/413433837/.

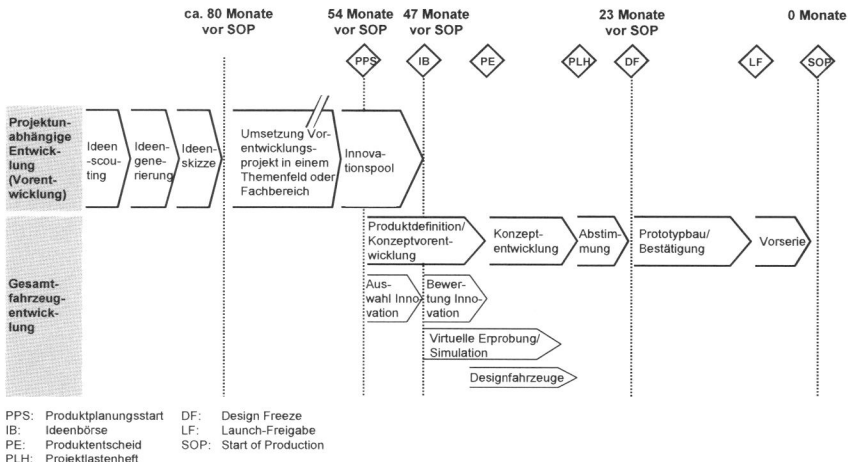

PPS: Produktplanungsstart DF: Design Freeze
IB: Ideenbörse LF: Launch-Freigabe
PE: Produktentscheid SOP: Start of Production
PLH: Projektlastenheft

Abb. 4: Beispielhafter Neuproduktentwicklungsprozess eines Herstellers (eigene Darstellung)

Unsere Befragungen haben ergeben, dass OEMs bereits erste Erfahrungen mit Methoden der virtuellen Kundenintegration gesammelt haben, etwa mit Online-Communities oder virtuellen Car Clinics, also Produkttests für die Automobilindustrie. Derzeit aber beschränkt sich die virtuelle Kundenintegration bei den Herstellern noch auf die Endphase des Entwicklungsprozesses, in der das Produkt fast seinen Endzustand erreicht hat und ein Großteil der Entwicklungskosten bereits angefallen ist. Viele der Befragten bezeichneten das als unbefriedigend. Aus ihrer Sicht sollte der aktuell technologiezentrierte Entwicklungsprozess stärker von kundenrelevanten Suchfeldern beeinflusst und Kunden bereits in einer früheren Phase des Prozesses eingebunden werden. Hierzu aber braucht es andere und bessere als die derzeit verfügbaren Methoden. Virtuelle Welten wären eine Möglichkeit, Kunden effektiver in die Neuproduktentwicklung in der Autobranche zu integrieren.

Bereiche der Neuproduktentwicklung, in denen virtuelle Welten eingesetzt werden können

Über virtuelle Welten ist eine unmittelbare, vielseitige und bedingte Kommunikation möglich (Reichwald/Piller, 2006). Mit „unmittelbarer Kommunikation" meinen wir die Möglichkeit von gegenseitigem Zugang und Interaktion. Unternehmen können so in den direkten Dialog mit den

Nutzern treten, der mehr mit realen Diskussionen gemein hat als jedes andere webbasierte Verfahren. „Vielseitige Kommunikation" bedeutet für uns, dass Unternehmen eine größere „Reichweite" haben und Netzwerke intensiver nutzen können als im Einzeldialog mit Kunden. Über die Interaktion mit ganzen Kundennetzwerken erhalten sie Einblick in die sozialen Netzwerke ihrer Kunden (Sawhney/Prandelli, 2000). Unter „bedingter Kommunikation" verstehen wir, dass die Kunden direkt auf Kommentare oder Fragen des Unternehmens reagieren und damit auf Vorangegangenes aufbauen können. Diese Art der direkten, interaktiven Kommunikation erhöht den Wert der von den Kunden erhaltenen Informationen. Und was noch wichtiger ist: Die Interaktion unter den Kunden kann deren Beiträge ergänzen beziehungsweise optimieren. Dass die Kunden in Echtzeit kommunizieren, macht ihren Input überdies dynamischer, interaktiver und informativer (Dahan/Hauser, 2002).

Durch nonverbale Stimuli wie Körpersprache ermöglichen virtuelle Welten zudem den Austausch von explizitem und implizitem Wissen. Implizites Wissen ist dabei das Ergebnis von Erfahrungen beziehungsweise Kenntnissen, die die Kunden aus der Anwendung beziehungsweise Nutzung der Produkte erworben haben. Dieses Wissen können Kunden vielleicht nicht in Worte fassen, wohl aber zeigen, was sie meinen (Polanyi, 1966). Auch ist es leichter, auf das Verhalten von Teilnehmern in einem virtuellen 3D-Workshop zu reagieren, da dort beispielsweise sofort für alle sichtbar ist, wenn jemand den Raum verlässt.

Wir können annehmen, dass die im Rahmen virtueller Welten mögliche höhere „Telepräsenz" eindringlichere und realistischere Erfahrungen ermöglicht. Telepräsenz bezeichnet das Gefühl, in einer virtuellen Umgebung in Raum und Zeit präsent zu sein (Klein, 2003; Steuer, 1992). Es wird häufig beschrieben als „Gefühl, tatsächlich da zu sein" oder als „Realitätssinn". Je mehr sensorische Stimuli in einer Online-Umgebung vorhanden sind, umso intensiver die empfundene Telepräsenz (Klein, 2003). Diese wiederum ist für Unternehmen von großem Nutzen, denn so können sie Nutzern eine direkte Erfahrung mit ihrem Produkt vermitteln (Hopkins et al., 2004). Direkte Erfahrungen mit einem Problem oder einem Produkt liefern wesentlich vielschichtigere Informationen als indirekte Erfahrungen etwa aus der Betrachtung eines Produktvideos. Das hat nicht nur mit dem unterschiedlichen Informationsgehalt zu tun, sondern auch mit dem aus direkten Erfahrungen resultierenden möglichen Perspektivenwechsel (Fazio et al., 1978). Laut Fazio et al. sind direkte Erfahrungen eine wesentlich verlässlichere Basis der Beurteilung durch die Nutzer. Für Automobilhersteller, die ihre Kunden in die Neuproduktentwicklung integrieren wollen, ist das von elementarer Bedeutung. Die interaktiven, spielerischen

Komponenten erhöhen zudem den empfundenen Unterhaltungswert und damit die Wahrscheinlichkeit, dass sich Nutzer in Aktivitäten zur Kundenintegration einbinden lassen.

Allerdings muss hierbei betont werden, dass die Möglichkeiten der Darstellung physischer Merkmale in virtuellen Welten, die der Nutzer in der Regel über eine einfache PC-Schnittstelle betritt, sehr begrenzt sind. Realistisch lassen sich Eigenschaften wie Brillanz, Farbe, Schattierung, Reflexion und Ton wiedergeben. Anders aber sieht es mit dynamischen Eigenschaften, dem Fahrgefühl oder ergonomischen Merkmalen aus. Sinneswahrnehmungen sind in der virtuellen Welt begrenzt auf Dinge, die man sehen oder hören kann. Virtuelle Welten sind daher vor allem für Design-Elemente, Dienste (zum Beispiel Telematik) und grundlegende Funktionen geeignet. Sie sind ein Nischen- und kein Massenmedium. Zur Evaluation neuer Fahrzeugkonzepte oder Prototypen sind sie ungeeignet, da über sie kein repräsentatives Publikum erreicht wird.

Im Hinblick auf die Verlässlichkeit des Kunden-Inputs in virtuellen Welten können die Nutzer grob in zwei Kategorien unterteilt werden: in solche, deren Avatare ihre tatsächlichen Persönlichkeiten widerspiegeln, und in solche, deren Avatare andere Eigenschaften und Verhaltensweisen besitzen als die Nutzer im realen Leben. Laut ersten Studien wählt die Mehrheit der Nutzer Avatare aus, die ihrer tatsächlichen Persönlichkeit und ihrem Verhalten ähnlich sind. Nur etwa ein Viertel sucht sich Avatare aus, deren Persönlichkeiten und Verhaltensweisen nicht mit den eigenen übereinstimmen (siehe zum Beispiel Jung/Kirchgeorg, 2007). Natürlich ist es schwieriger, die wirkliche Identität der Kunden in einer virtuellen Umgebung zu überprüfen als in der realen Welt, aber nicht so schwierig wie im „normalen" Internet. Denn jemand, der vorgibt, ein anderer zu sein, oder absichtlich in einem solchen Medium lügt, wird mit größerer Wahrscheinlichkeit einen Avatar wählen, der nicht mit seiner tatsächlichen Persönlichkeit übereinstimmt (Galanxhi/Fui-Hoon Nah, 2007). Gelegentlich lassen sich Personen, auf die das zutrifft, ermitteln, indem man Avatare und ihre reale Identität im Vorfeld überprüft, und darauf basierend mögliche Teilnehmer für Innovationsprojekte auswählt.

Damit sind virtuelle Welten für Automobilhersteller vor allem in den ersten Phasen einer Neuproduktentwicklung sowie in der Vorserie, also kurz vor der Produkteinführung, von großem Wert. Angesichts der aktuellen Grenzen des Mediums ist der Einsatz virtueller Welten in den Zwischenphasen der Neuproduktentwicklung wenig sinnvoll. Auch waren sich die von uns befragten Experten darin einig, dass die Einbindung von Kunden in der Design- und Entwicklungsphase eines Fahrzeugs in der Regel wenig hilfreich ist – ungeachtet zahlreicher anderslautender Behauptungen in der Literatur (siehe beispielsweise Dahan/Hauser, 2002; Thomke/von Hippel, 2002). Kunden fehlt es, so die Befragten, in der Regel an der Gesamtintegrationskompetenz, um ein Fahrzeug in diesen Phasen beurteilen zu können. Andererseits sind Teilnehmer in virtuellen Welten in der Regel progressive, aktive und kreative Menschen mit großem technischem Wissen. Unter ihnen sind deshalb nicht selten viele hoch erwünschte „Peer User" zu finden, die in den Anfangsphasen einer Neuproduktentwicklung für Automobilhersteller von großem Nutzen sind.

Spezielle Vorteile virtueller Welten in den Anfangsphasen einer Neuproduktentwicklung

Virtuelle Welten eröffnen den Zugang zu einem globalen Netz progressiver, aktiver und kreativer Nutzer mit großem technischen Wissen (Sawhney et al., 2005). Unternehmen, die über solche Netze Nutzer aus der ganzen Welt erreichen, können den Bedarf ihrer Kunden in unterschiedlichen Märkten ermitteln und anhand dieser Informationen ihre Modellvarianten verfeinern. Die heutigen Nutzer virtueller Welten gelten als Pioniere und sind deshalb möglicherweise genau die Art von Menschen, die sich Autobauer für die Anfangsphasen ihrer Neuproduktentwicklung wünschen. Implizites Wissen – von zentraler Bedeutung in dieser Phase – wird über Verhalten und Körpersprache der Avatare und die Möglichkeiten der Darstellung kommuniziert. Verglichen mit Echtzeit-Workshops können Unternehmen über virtuelle Welten mit ihren Kunden in einer für sie natürlichen, familiären Umgebung kommunizieren, was sich positiv auf die Resultate auswirken kann.

Spezielle Methoden wie der Einsatz von Fokusgruppen, die bislang nur in der realen Welt, also offline, möglich waren, sind somit auch online in virtuellen Welten einsetzbar. In herkömmlichen Chat-Foren mit ihrer textbasierten, asynchronen Kommunikation und der fehlenden Interaktion war der Einsatz solcher Methoden kaum möglich. Zudem lassen sich Ideen in virtuellen Welten schnell visualisieren und zur Diskussion stellen. Dieser Ansatz ist verglichen mit Offline-Fokusgruppen weitaus ökonomischer und lässt sich zudem schneller umsetzen und evaluieren.

Virtuelle Welten können in dieser Phase darüber hinaus ein vielversprechendes Medium und zugleich Tool bieten, um die aus Sicht der Automobilhersteller momentan vorherrschende Lücke, Szenariobetrachtungen durchführen zu können, zu schließen. Virtuelle Welten erlauben, vielfältige Situationen und Umfeldbedingungen zu simulieren, zu beobachten und zu verfolgen. Durch die Telepräsenz sind ein „Erleben" der Zukunftsszenarien bei den Konsumenten und dadurch die Ermittlung der Auswirkungen auf die Bedürfnisse möglich. Die Nutzer können dabei in ihrer natürlichen und vertrauten Umgebung agieren, was sich positiv auf die Ergebnisse auswirken kann.

Ebenso können in einer frühen Konzeptphase die virtuellen Welten die von den Experten beschriebene Lücke schließen, Designelemente oder Funktionsprinzipien in einem frühen Stadium zu testen, und zwar deutlich bevor die ersten realen Prototypen existieren. Sie sind damit, von der methodischen Seite betrachtet, der Vorlage von unbewegten Bildern und Produktbeschreibungen, die häufig zur Anwendung kommen, überlegen. Denkbar ist in einer frühen Phase auch der Aufbau einer eigenen Community, die Einblicke in die Wünsche und Denkweisen der potenziellen Kunden ermöglicht. Durch die erhöhte soziale Präsenz kann, verglichen mit den bisherigen internetbasierten Communities, eine engere Bindung an die Plattform erreicht werden.

Spezielle Vorteile virtueller Welten in der Vorserie

Virtuelle Welten sind für Autohersteller in der Vorserie unter Umständen eine wertvolle zusätzliche Plattform zur Vermarktung von Innovationen. In dieser Phase ist für Unternehmen der aktive Austausch mit Meinungsführern und innovativen Kunden von enormer Bedeutung. Er ermöglicht es ihnen, ihre Produkte vor der Markteinführung richtig zu positionieren und das anschließende Kaufverhalten zu beeinflussen. Untersuchungen haben ergeben, dass Menschen, die an virtuellen Welten teilnehmen, auch andere soziale Netzwerke wie YouTube, Flickr und MySpace nutzen (Fetscherin/Lattemann, 2007). Virtuelle Welten sind eine gute Möglichkeit für Unternehmen, Meinungsführer und hochaktive Nutzer zu ermitteln, die sie dann als Multiplikatoren in anderen globalen webbasierten Netzwerken einsetzen können.

Über virtuelle Welten können Unternehmen zudem Kunden erreichen, die über herkömmliche Kanäle aufgrund der zunehmenden Fragmentierung der Zielgruppen immer schwerer zu erreichen sind. Gezielte Interaktion kann zu mehr Loyalität dieser Kunden gegenüber dem Unternehmen beitragen, vor allem dann, wenn Produkte realitätsnah und interaktiv erfahren werden können.

Abbildung 5 auf der folgenden Seite fasst die Ergebnisse zu den Anwendungspotenzialen virtueller Welten in den verschiedenen Phasen des Neuentwicklungsprozesses zusammen.

PHASE	MÖGLICHE VORTEILE VIRTUELLER WELTEN
Ideenfindung	+ Plattform bietet Zugriff auf einen weltweiten Pool fortschrittlicher Kunden und Innovatoren, die in dieser Phase besonders wichtig sind + Aufbau einer Community, die Einblicke in ihre Wünsche und Denkweisen ermöglicht; engere Bindung im Vergleich zu normalen, internetbasierten Communities + Interaktions- und Kommunikationsstrukturen ermöglichen das Durchführen virtueller Fokusgruppen: kosteneffizienter als offline, Übermittlung von "sticky informations" und tazitem Wissen + Situationen und Umfeldbedingungen können beliebig simuliert und durch die Telepräsenz erlebt werden: Möglichkeit der Ermittlung der Auswirkung auf die Bedürfnisse der Kunden
Konzept-entwicklung	+ Plattform bietet Zugang zu einem weltweiten Pool fortschrittlicher Kunden und Innovatoren, die in dieser Phase besonders wichtig sind + Bilder und Renderings können durch interaktive Prototypen ersetzt und erlebbar gemacht werden; Funktionsprinzipien können in einem frühen Stadium virtuell getestet werden + Geringerer finanzieller Aufwand durch virtuelle Fokusgruppe; dadurch Möglichkeit der Durchführung mehrerer Akzeptanztests
Produktplanung und Design	+ Analog Konzeptvorentwicklung Innovationsprojekte, jedoch beziehen sich die Konzepte auf ein bestimmtes Fahrzeug und sind in ein Gesamtfahrzeugprojekt eingebettet
Konstruktion/ Entwicklung	+ Ersatz von Außenhautmodellen aus Ton oder Kunststoff durch kostengünstigere virtuelle, interaktive Simulation mit hohem Informationsgehalt und Realitätsgrad prinzipiell möglich – Durch die ab dieser Phase erforderliche Repräsentativität der eingebundenen Kunden ist der praktische Einsatz virtueller Welten jedoch beschränkt – Ersatz von zum Beispiel Interieurkliniken unter anderem wegen fehlender Haptik, Ergonomie und Geruchswahrnehmung nicht möglich
Prototypbau	– Falls die Zielgruppe nicht in virtuellen Welten vertreten ist, finden diese aufgrund der hier geforderten Repräsentativität der Kunden keinen Einsatz – Die hier verwendeten funktionsfähigen realen Prototypen können heute noch nicht ganzheitlich über eine virtuelle Simulation bewertet werden (fehlende Haptik, physische Restriktionen etc.) – Einsatz nur aus Marketingaspekten denkbar: zur Beeinflussung der Kaufabsichten virtueller Weltenbewohner; jedoch aufgrund geringer Nutzerzahl fraglich, ob Aufwand gerechtfertigt ist
Vorserie	+ Wertvolle Plattform zur Identifikation und Einbindung von Meinungsführern und Innovatoren in verschiedenen Märkten zur Beschleunigung des Diffusionsprozesses; diese Nutzer sind auch in anderen sozialen Netzwerken mit hohen Nutzerzahlen aktiv und können daher weltweit viele potenzielle Kunden erreichen

Abb. 5: Einsatzpotenziale virtueller Welten zur Kundenintegration

3.2 Wie sind auf virtuellen Welten aufbauende Kundenintegrationsprojekte konzipiert, und was sind die zentralen Erfolgsfaktoren im Hinblick auf die Interaktion mit dem Kunden?

Aufbauend auf den Ergebnissen aus den Interviews sollen im Folgenden die gewonnenen Erkenntnisse auf die vier Phasen eines virtuellen Kundenintegrationsprojekts angewandt werden: Initialisierung, Vorbereitung, Realisierung und Beendigung. Darüber hinaus vergleichen wir die Erkenntnisse aus den Interviews mit den Ergebnissen aus der Literatur zu strategischen Allianzen, um weitergehende Einblicke zu erhalten. Begründet ist dieses Vorgehen darin, dass alle Interviewpartner die Kundenintegration als eine Art Kooperation beziehungsweise Allianz zwischen Unternehmen und Kunde bezeichneten.

Initialisierung

In der Literatur zu strategischen Allianzen wird als erster Schritt die Analyse der Ausgangssituation und das Formulieren strategischer Geschäftsziele genannt (siehe zum Beispiel Das/Teng, 1997; Parise/Sasson, 2002). Diese Ziele bilden die Grundlage zur Initialisierung gemeinsamer Projekte. In der ersten Projektphase sollte das Unternehmen prüfen, ob die Kooperation (und nicht andere Transaktionsformen) der geeignete Ansatz zum Erreichen der strategischen Ziele ist. Zudem muss das Unternehmen entscheiden, wo – das heißt in welcher Phase des Wertschöpfungsprozesses – eine Kooperation sinnvoll wäre. Hieran sollte sich eine Kosten-Nutzen-Analyse anschließen. Dabei ist es wichtig, die speziellen Kooperationsziele aus der Perspektive des Unternehmens klar zu definieren.

In dieser Phase der Kooperation gibt es zahlreiche Ähnlichkeiten mit Kundenintegrationsprojekten. So muss das Unternehmen als erstes entscheiden, ob es den Innovationsprozess für den Kunden öffnen will und ob das mit der Unternehmens- und Technologiestrategie vereinbar ist. Zudem muss sich das Unternehmen darüber im Klaren sein, was es sich von einer Kundenintegration erhofft und in welcher Phase des Neuentwicklungsprozesses die Integration erfolgen soll. Kunden bereits zu Beginn des Innovationsprozesses einzubinden, kann dem Unternehmen unter Umständen ein besseres Verständnis der Kundenanforderungen vermitteln. Andererseits kann die Kundenintegration am Ende des Prozesses dabei helfen, das Produkt richtig zu positionieren und den Diffusionsprozess zu beschleunigen. Die Ziele einer Allianz oder Kooperation zu definieren, hat grundlegende Auswirkungen auf die nachfolgende Auswahl der Kunden, deren Rolle im Neuentwicklungsprozess, auf die Form und Art der Kundenintegration und die Evaluation der Ergebnisse. Das Unternehmen muss das Projekt genau definieren und einen detaillierten Anforderungskatalog erstellen. Alle relevanten Fachabteilungen (Marketing, technische Entwicklung, Produktmanagement, Kommunikation etc.) einzubinden, ist den Befragten zufolge ein wesentlicher Erfolgsfaktor in dieser Phase.

Vorbereitung

In der Literatur zu strategischen Allianzen stehen in dieser Phase die Partnerselektion und die Gestaltung der Kooperation im Vordergrund. Basierend auf den Kooperationszielen und den daraus resultierenden Anforderungen muss das Unternehmen mögliche Partner ermitteln und diese anhand vordefinierter Kriterien evaluieren (Yoshino/Rangan, 1990). Infrage kommende Partner müssen über das gewünschte Profil für die Rolle verfügen, die sie im Rahmen der Zusammenarbeit übernehmen sollen. Die passenden Partner zu finden, ist für den Erfolg des Projekts von zentraler Bedeutung, denn die Partner müssen nicht nur strategisch, sondern auch kulturell zueinander passen. Letzteres wird allgemein als besonders wichtig erachtet, da Übereinstimmung auf kultureller Ebene die Unsicherheit über das Verhalten der Partner reduziert und das gegenseitige Vertrauen fördert (Merchant, 2000). Vertrauen ist für die Kooperation von immenser Bedeutung: „Vertrauen ist möglicherweise der wichtigste Einzelfaktor überhaupt" (Houghton, 1994, S. 31). Das gilt auch für die Kooperation mit Kunden.

Den Befragten zufolge stellt dieser Schritt die Automobilhersteller vor eine große Herausforderung, denn die richtigen Testpersonen zu ermitteln wird immer schwieriger: Die Zielgruppen sind zunehmend fragmentiert, und es kann nicht immer auf die gleichen Personen zurückgegriffen werden. Gelingt es Unternehmen, geeignete Personen zu finden, führen sie in der Regel mit diesen ein Erstgespräch, um ihre Identität zu bestätigen. Zugang und Interaktion in virtuellen Welten kann in diesem Fall über gezielte Einladungen und das erforderliche Einloggen in speziellen virtuellen Umgebungen erfolgen.

Nach der Auswahl der Partner oder Kunden muss das Unternehmen die Allianz in einer Art „Konfigurationsphase" aktiv gestalten. In dieser Phase sollten die übergeordneten Kooperationsziele diskutiert, harmonisiert und vereinbart werden. Vertragliche Vereinbarungen, die Themen wie geistige Eigentumsrechte und Vertraulichkeit regeln, müssen getroffen werden. Auch Kriterien für eine vorzeitige Beendigung des Projekts – das heißt Ausstiegsstrategien – sollten definiert werden.

Wichtig ist in dieser Phase, eine Kooperationskultur zu entwickeln und die Beteiligung von Schlüsselpersonen sicherzustellen, die für die Adaption der Kooperationsziele und später auch für die Diffusion des erworbenen Wissens in andere relevante Abteilungen in der Organisation verantwortlich sind. Darüber hinaus werden in dieser Phase die Kooperationsform, der Projektleiter und weitere wichtige Gestaltungsparameter wie Dauer, Intensität, Anzahl der involvierten Partner etc. festgelegt. Im Rahmen der Kundenintegration ist folglich spätestens in dieser Phase auch die Entscheidung zu treffen, welche Plattform und Methode für die Kundenintegration genutzt werden sollen. Im Fall virtueller Welten ist ein Parallelprozess anzustoßen, der sich mit der Definition, Aufbereitung, Prüfung, Freigabe und Bereitstellung von 3-D-Daten befasst.

Realisierung

In dieser Phase vollzieht sich die eigentliche Wertschöpfung der Kundenintegration. Gemäß der Kooperationsliteratur arbeiten die Kooperationspartner in dieser Phase zusammen und implementieren die Vereinbarungen. Die Allianzmanager haben die Aufgabe, informelle Netzwerke aufzubauen, die Zugang zu persönlichen Informationen bieten und Vertrauen schaffen. Dies dient als informeller Steuerungsmechanismus der Kooperation. Die Unternehmen müssen darauf achten, dass das Anreiz-Beitrags-Verhältnis ausgeglichen ist und die Erwartungen der Kunden erfüllt werden.

In dieser Phase können auch erstmals konkrete Ergebnisse evaluiert werden. Wichtig ist in dieser Phase vor allem auch die Integration der Ergebnisse in den Entwicklungsprozess beziehungsweise die Diffusion der Erkenntnisse in den relevanten Unternehmensbereichen. An dieser Stelle sind Schlüsselpersonen beziehungsweise Promotoren gefordert.

Beendigung

Die Beendigung einer Kooperation kann sowohl als Ergebnis einer positiven Zielerfüllung als auch aufgrund eines Allianzversagens erfolgen. Unabhängig von den Gründen der Beendigung ist es für diese Phase essenziell, auf opportunistisches Verhalten zu verzichten und die Phase für den Kooperationspartner akzeptabel zu gestalten. Wie sich das Unternehmen in dieser Phase verhält, ist unter Umständen ausschlaggebend für die weitere Kooperationsbereitschaft seiner Partner. Sein Verhalten hat damit auch erhebliche Auswirkungen auf das Ansehen des Unternehmens im Markt (Barney/Hansen, 1994). Entscheidend ist der Erhalt der Kooperationsbereitschaft und -kultur. In dieser Phase kann das Unternehmen auf das bereits geschaffene Vertrauen aufbauen. Eine systematische Analyse der Allianz nach deren Beendigung, flankiert von einer Diskussion über die Erfahrung des Unternehmens, und daraus resultierend eine Steigerung der „Allianzkompetenz" sind an dieser Stelle kritische Erfolgsfaktoren (Parise/Sasson, 2002). Bei Kundenintegrationsprojekten wird die „Allianzkompetenz" eines Unternehmens auch als „Interaktionskompetenz" bezeichnet. Laut Parise und Sasson (2002) steigt mit systematischer Institutionalisierung der im Verlauf einer Allianz gewonnenen Erkenntnisse die Wahrscheinlichkeit für den Erfolg künftiger Allianzen.

Die zentralen, in der Literatur zu Kooperationsmanagement angesprochenen Themen sind auch für Kooperationsprojekte unter Automobilherstellern und ihren Kunden relevant. Die von uns Befragten gaben an, dass häufig die gleichen Kunden bei verschiedenen Innovationsprojekten konsultiert werden; manchmal werden sogar eigene Communities aufgebaut. Deshalb ist es für das Unternehmen wichtig, eine über einzelne Projekte hinausgehende Kultur des Vertrauens zu schaffen und sich ein hohes Ansehen unter seinen Kunden zu erwerben. Ein guter Ruf trägt zudem dazu bei, Kunden an das Unternehmen zu binden und erleichtert das Viralmarketing. Die Befragten nannten in diesem Zusammenhang etwa Beispiele von Unternehmen, die ihren Kunden in angemessener Form danken und ihnen nach Beendigung des Projekts Feedback geben.

Abbildung 6 fasst die zentralen Schritte und erfolgsfördernden Faktoren bei der Kundenintegration zusammen.

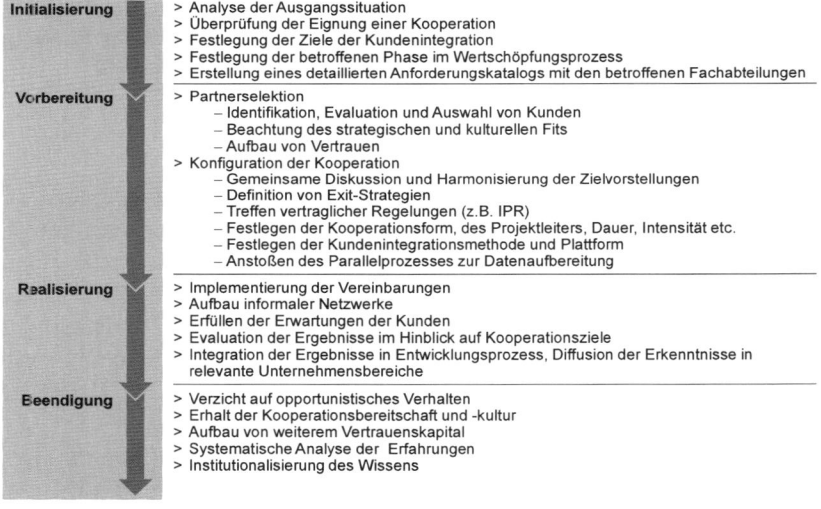

Abb. 6: Wichtige Schritte und erfolgsförderlich Faktoren der Ablaufstruktur

4 Diskussion

Unsere Befragungen haben ergeben, dass der Einsatz virtueller Welten für OEMs vor allem in den frühen Phasen der Neuproduktentwicklung und am

Ende der Vorserie von großem Nutzen ist. Virtuelle Welten können eine effektive und effiziente Plattform für Automobilhersteller sein, um anstehende Herausforderungen zu meistern und Kunden lösungsorientiert in einen aktiven Dialog einzubinden. Kundenintegrationsprojekte durchlaufen grundsätzlich die gleichen Phasen wie Kooperationsprojekte zwischen verschiedenen Unternehmen. Sie lassen sich entsprechend auch auf dieser Basis evaluieren.

Das tatsächliche Potenzial virtueller Welten hängt jedoch davon ab, wie sich diese Plattform mit Blick auf die Verbreitung ihrer Erkenntnisse und ihrer Stellung im Markt weiterentwickelt und in welchem Maße sie Autoherstellern Zugang zu geeigneten Nutzern/Kunden eröffnen kann. Noch ist für Automobilhersteller unklar, wie relevant die von Avataren geäußerten Meinungen tatsächlich für die reale Welt sind. Mit Blick auf die Kundenintegration bei der Neuproduktentwicklung fehlt es noch an Erfahrungen mit diesem Medium.

Aus technischer Sicht erfüllen virtuelle Welten heute noch nicht die Anforderungen der Forschungs- und Entwicklungsabteilungen von OEMs. Aber die Entwicklung dieses Mediums wird weitergehen, und Unternehmen sollten virtuelle Welten als „Next Practice" bei der virtuellen Kundenintegration betrachten. Die aktuell geforderte Standardisierung von Technologie und Schnittstellen wird dazu beitragen, die Entwicklung isolierter oder lokaler Lösungen zu verhindern. Ein Schritt in diese Richtung hat LindenLab mit der Open-Source-Stellung der Second-Life-Technologie gemacht. Als Alternative zum oben beschriebenen Einsatz virtueller Welten können Unternehmen auch spezielle Testpersonen und Kunden offline rekrutieren. Eine weitere Alternative kann der Aufbau einer eigenen virtuellen Autoherstellerwelt darstellen, in die kontrolliert Teilnehmer eingeladen werden. Diese Teilnehmer können mit hochwertigeren Schnittstellen, wie zum Beispiel Datenhandschuhen und Head-Mounted Displays, ausgestattet werden, um ein immersiveres Erlebnis der Welten zu gewährleisten.

Unsere Ausführungen beziehen sich auf die Automobilindustrie. In anderen Industrien können die Innovationsprozesse unterschiedlich ablaufen; unsere Erkenntnisse zu dem Nutzen virtueller Kundenintegration in einzelnen Phasen dieser Innovationsprozesse und lassen sich deshalb nicht unbedingt verallgemeinern. Auch können sich mit neuen technischen Möglichkeiten natürlich auch die Möglichkeiten zur Nutzung virtueller Kundenintegration verschieben. Unternehmen sind daher gut beraten, die spezifischen Bedingungen ihrer Innovationsprozesse und ihrer Branche zu beachten und technische Entwicklungen im Auge zu behalten. Vermutlich werden sich manche Experimente nicht als erfolgreich erweisen; auf sie zu verzichten, würde aber bedeuten, sich nicht hinreichend auf zukünftige Chancen einzustellen und bei der Gestaltung des Leistungskonzeptes – als einem wesentlichen Element eines Geschäftsmodells – gegenüber der Konkurrenz möglicherweise ins Hintertreffen zu geraten. Dass sich dies Unternehmen, die in kompetitiven Märkten tätig sind, nicht erlauben können, dürfte auf der Hand liegen.

5   Literaturverzeichnis

Baker, W. E./Sinkula, J. M. (2005). Market Orientation and the New Product Paradox. In: *Journal of Product Innovation Management*, 22 (6), S. 483-502.

Barney, J. B./Hansen, M. H. (1994). Trustworthiness as a Source of Competitive Advantage. In: *Strategic Management Journal*, 15 (Winter Special Issue), S. 175-216.

Castronova, E. (2007). *Exodus to the virtual world: How online fun is changing reality*. New York: Palgrave Macmillan.

Chesbrough, H. W. (2003). The Era of Open Innovation. In: *MIT Sloan Management Review*, 44 (3), S. 35-41.

Cooper, R. G./Kleinschmidt, E. J. (1990): *New Products: The Key Factor in Success*. Chicago: American Marketing Association.

Crawford, C. M. (1987): New Product Failure Rates: A Reprise. In: *Research Management*, 30, S. 20-24.

Dahan, E./Hauser, J. R. (2002). The Virtual Customer. In: *Journal of Product Innovation Management*, 19 (5), S. 332-353.

Das, T. K./Teng, B.-S. (1997). Sustaining Strategic Alliances: Options and Guidelines. In: *Journal of General Management*, 22 (4), S. 49-64.

Fazio, R./Zanna, M./Cooper, J. (1978). Direct Experience and Attitude-Behavior Consistency: An Information Processing Analysis. In: *Personality and Social Psychology Bulletin*, 4, S. 48-51.

Fetscherin, M./Lattemann, C. (2007). *User Acceptance of Virtual Worlds - An Explorative Study about Second Life*. Rollins College/Potsdam University.

Freeman, C./Soete, L. (1997). *The Economics of Industrial Innovation*. London: Pinter.

Füller, J./Matzler, K.: Virtual Product Experience and Customer Participation – A Chance for Customer-centred, Really New Products. In: *Technovation*, 27 (6/7), S. 378-387.

Galanxhi, H./Fui-Hoon Nah, F. (2007). Deception in Cyberspace: A Comparison of Text-only vs. Avatar-supported Medium. In: *International Journal of Human-Computer Studies*, 65, S. 770-783.

Gatignon, H./Xuereb, J.-M. (1997). Strategic Orientation of the Firm and New Product Performance. In: *Journal of Marketing Research (JMR)*, 34 (1), S. 77-90.

Herstatt, C./Sander, J. G. (2004). Online-Kundeneinbindung in den frühen Innovationsphasen. In: Herstatt, C./Sander, J. G. (Hrsg.): *Produktentwicklung mit virtuellen Communities* (S. 99-120). Wiesbaden: Gabler Verlag,.

Hopkins, C. D./Raymond, M. A./Mitra, A. (2004). Consumer Responses to Perceived Telepresence in the Online Advertising Environment: The Moderating Role of Involvement. In: *Marketing Theory*, 4, S. 137–162.

Houghton, J.: Corning's Alliances (1994). 70 Years of Joint Ventures. In: *Making international strategic alliances work*. A Conference Report edited by M. Hart and S. J. Garone. New York: Report No. 1086-94-CH, 29-33.

Jaworski, B. J./Kohli, A. K. (1993). Market Orientation: Antecedents and Consequences. In: *Journal of Marketing*, 57 (3), S. 53-70.

Klein, L. R. (2003). Creating Virtual Product Experiences: The Role of Telepresence. In: *Journal of Interactive Marketing*, 17 (1), S. 41-55.

Linden Lab (2010). „*2009 End of Year Second Life Economy Wrap up*". Retrieved from https://blogs.secondlife.com/ community/features/blog/2010/01/19/2009-end-of-year-second-life-economy-wrap-up-including-q4-economy-in-detail; 31. Januar 2010.

Linden Research (2008). „*Economic Statistics*". Retrieved from http://secondlife. com/whatis/economy_stats.php; 24. August 2008.

Merchant, H. (2000). Configurations of International Joint Ventures. In: *Management International Review*, 40, S. 107-140 (2000).

Nambisan, S./Baron, R. A. (2007). Interactions in Virtual Customer Environments: Implications for Product Support and Customer Relationship Management. In: *Journal of Interactive Marketing*, 21 (2), S. 42-62.

Parise, S./Sasson, L. (2002). Leveraging, Knowledge Management across Strategic Alliances. In: *Ivey Business Journal*, 2, S. 41-47.

Polanyi, M. (1966): *The Tacit Dimension*. New York: Doubleday.

Prahalad, C. K./Ramaswamy, V. (2004). Co-Creation Experiences: The Next Practice in Value Creation. In: *Journal of Interactive Marketing*, 18 (3), S. 5-14.

Reichwald, R./Piller, F. (2006). *Interaktive Wertschöpfung*. Wiesbaden: Gabler Verlag.

Rosenberg, N. (1982): *Inside the Black Box: Technology and Economics.* Cambridge: Cambridge University Press.

Sawhney, M./Prandelli, E. (2000): Communities of Creation: Managing Distributed Innovation in Turbulent Markets. In: *California Management Review*, 42 (4), S. 24-54.

Sawhney, M./Verona, G./Prandelli, E. (2005). Collaborating to Create: The Internet as a Platform for Customer Engagement in Product Innovation. In: *Journal of Interactive Marketing*, 19 (4), S. 4-17.

Slater, S. F./Narver, J. C. (1994). Does Competitive Environment Moderate the Market Orientation-Performance Relationship? In: *Journal of Marketing*, 58 (1), S. 46-55.

Steuer, J. (1992): Defining Virtual Reality: Dimensions Determining Telepresence. In: *Journal of Communication*, 42 (4), S. 73-93.

Thomke, S./von Hippel, E. (2002). Customers as Innovators: A New Way to Create Value. In: *Harvard Business Review*, 80 (4), S. 74-81.

Urban, G. I./Hauser, J. R. (1993). *Design and Marketing of New Products.* Englewood Cliffs: Prentice Hall.

von Hippel, E. (2005). *Democratizing Innovation.* Cambridge: MIT Press.

Yoshino, M./Rangan, U. (1990). *Strategic Alliances: An Entrepreneurial Approach to Globalization.* Boston: Harvard Business School Press.

Das Erlösmodell als Teilkomponente des Geschäftsmodells

**Dodo zu Knyphausen-Aufseß, Eiko van Hettinga,
Hendrik Harren, Tim Franke**

*Eine für den Erfolg des Geschäftsmodells entscheidende Komponente ist
das Erlösmodell, dessen primäre Funktion die Wertsicherung (Value
Capture) ist. Dabei fehlt in der Literatur eine hinreichende Identifikation
der Entscheidungsbereiche des Erlösmodells. Im Fokus der Betrachtungen
stehen häufig Modelle, bei denen Unternehmen kostenlose oder stark subventionierte Produkte mit Preisen unterhalb der Herstellungskosten anbieten. Unser Beitrag stellt zunächst eine Synthese bestehender Erlösmodellansätze vor. Im Anschluss präsentieren wir in einem Entscheidungsmodell Einflussfaktoren, die bei der Anwendung von Erlösmodellen mit
subventionierten Produkten berücksichtigt werden müssen.*

1 Einleitung

Das Geschäftsmodell wird häufig als eine Kombination verschiedener
Komponenten beschrieben, die erst in ihrem Zusammenspiel zu einem
Wettbewerbsvorteil für Unternehmen führen. Eine in der Literatur häufig
benannte Komponente, die als zentraler Bestandteil eines Geschäftsmodells verstanden wird, ist das Erlös- oder Ertragsmodell. Die Konzeption
eines tragfähigen Erlösmodells ist eine wichtige strategische Entscheidung,
die besonders bei Startup-Unternehmen in der New Economy häufig vernachlässigt wurde (vgl. Birkhofer, 2002, S. 430).

Wenn der Erfolg eines Geschäftsmodells von der Konfiguration seiner
Komponenten abhängt, dann müssen Unternehmen bei der Entscheidung
über die Konzeption von Geschäftsmodellen die Wechselwirkung zwischen den einzelnen Teilkomponenten beachten. Indem wir aufzeigen, von
welchen Faktoren die Wahl und das Design eines Erlösmodells abhängen,
leisten wir einen Beitrag dazu, diese Entscheidungen zu systematisieren.

Im zweiten Abschnitt unseres Beitrags synthetisieren wir bestehende Ansätze zu Erlösmodellen und schaffen damit ein Verständnis für den Ent-
scheidungsrahmen. Das breite Spektrum der Entscheidungen innerhalb des

Erlösmodellmanagements macht es notwendig, bei der Betrachtung von Einflussfaktoren einen geeigneten Fokus zu wählen. Im dritten Abschnitt stellen wir diesen Fokus in Form von Erlösmodellen mit Quersubventionen vor. Im vierten Abschnitt präsentieren wir Einflussfaktoren zur Anwendung von Erlösmodellen in einem Entscheidungsmodell. Der fünfte Abschnitt enthält Zusammenfassung und Ausblick.

2 Synthese bestehender Erlösmodellansätze und Definitionen

Wie für „Geschäftsmodell" als Oberbegriff (vgl. Bieger/Reinhold, 2011), so existiert auch für dessen Teilkomponente „Erlösmodell" eine Vielzahl unterschiedlicher Definitionen. Dieser Umstand resultiert allein schon daraus, dass der Begriff des Erlösmodells häufig im Zusammenhang mit dem integrierten Geschäftsmodellansatz definiert wird (vgl. Osterwalder, 2004, S. 95-100; Amit/Zott, 2001, S. 515). In diesem Abschnitt werden bestehende Erlösmodellansätze verglichen und synthetisiert.

Die Ansätze zur Definition und Beschreibung von Erlösmodellen unterscheiden sich in Umfang und Detaillierungsgrad. Einige Autoren beschränken sich auf die Einbettung des Erlösmodells in den Geschäftsmodellansatz und eine Beschreibung des relevanten Entscheidungsbereichs (vgl. Johnson/Christensen/Kagerman, 2008, S. 54; Bieger/Rüegg-Stürm/von Rohr, 2002, S. 54). Gleichzeitig existieren umfangreiche Erlösmodellsystematiken, die Baukastensysteme zur Zusammenstellung von Erlösmodellen liefern (vgl. Zerdick/Picot/Schrape, 1999, S. 24-29). Wieder andere Autoren verwenden generische Erlösmodelle zur Kategorisierung der in der Praxis vorzufindenden Ansätze (vgl. Afuah, 2004, S. 67-70). Dabei beschränken sich die Ansätze auf die Beschreibung von Modellen und Systematiken. Eine Untersuchung von Einflussfaktoren oder Mechanismen, die zu der Wahl eines Erlösmodells führen, findet nicht statt.[1]

Ähnlich wie die Beiträge zum Geschäftsmodellansatz sind Arbeiten zu Erlösmodellen häufig durch die Entwicklungen im E-Business motiviert. So lassen sich einige der vorgestellten Ansätze und Kategorisierungen nur in ihrem Branchenkontext verwenden. Ausnahmen, die branchenübergreifende Ansätze definieren, finden sich beispielsweise bei Slywotzky, Morri-

---

[1] Eine Ausnahme besteht bei Birkhofer (2002, S. 431), der Voraussetzungen und Erfolgsfaktoren für Erlösmodelle im Branchenkontext des E-Commerce nennt.

son und Andelman (1998), zu Knyphausen-Aufseß und Meinhardt (2002) sowie Afuah (2004).

Die uneinheitliche Verwendung von Begriffen erschwert den Vergleich der verschiedenen Ansätze. So bestehen bereits für den Begriff „Erlösmodell" eine Vielzahl von Synonymen in der Literatur (zum Beispiel Ertragsmodell, Erlösmechanik und englische Synonyme). Auch eine eindeutige Abgrenzung zu den Unterbegriffen Erlösquelle, Erlösstrom und Erlösform sowie deren Definition wird in der Regel unterlassen (vgl. Nenonen/Storbacka, 2010, S. 45).

An dieser Stelle wollen wir zunächst die verschiedenen Entscheidungsbereiche innerhalb des Erlösmodells vorstellen. Ein Vergleich der Erlösmodellansätze zeigt, welche Teilkomponenten in der Literatur diskutiert werden (Tabelle 1). Im Anschluss synthetisieren wir die Begriffsdefinitionen und leiten daraus eine Definition für das Erlösmodell ab.

ERLÖSMODELLKOMPONENTE/ ENTSCHEIDUNGSBEREICH	ERWÄHNUNG IN ERLÖSMODELLLITERATUR
Erlösformen (Abonnement, Grundgebühr), **Transaktionsabhängiger und transaktionsunabhängiger Tarif**	Afuah (2004), Amit/Zott (2001), Chesbrough/Rosenbloom (2002), Dubosson-Torby et al. (2002), Wirtz (2001), Zerdick et al. (1999), Zott/Amit (2010)
Festlegung und Gewichtung der Erlösquellen und Erlösströme	Afuah (2004), Afuah/Tucci (2001), Alt/Zimmermann (2001), Birkhofer (2002), Dubosson-Torby et al. (2002), Jansen et al. (2007), Knyphausen-Aufseß/Meinhardt (2002), Magretta (2002), Osterwalder (2004), Rajala et al. (2007), Slywotzky et al. (1998), Skiera/Lambrecht (2000), Teece (2010), Timmers (1998), Weill/Vitale (2001), Wirtz (2001), Zerdick et al. (1999)
Preissetzung, Preisfestlegung	Afuah (2004), Bonnemeier et al. (2010), Bouwman et al. (2008), Chesbrough/Rosenbloom (2002), Dubosson-Torby et al. (2002), Morris et al. (2005), Osterwalder (2004), Rajala et al. (2007), Zott/Amit (2010)
Erlösverteilung	Chesbrough/Rosenbloom (2002), Dubosson-Torby et al. (2002), Rajala et al. (2007)
Finanzierung am Kapitalmarkt	Birkhofer (2002)

Tab.1: Entscheidungsbereiche des Erlösmodells

Entscheidungen über Erlösformen oder Erlöstypen werden von verschiedenen Autoren als Bestandteil des Erlösmodells genannt (vgl. Amit/Zott, 2001, S. 515; Zerdick/Picot/Schrape, 1999, S. 24-29). Häufig wird dabei in transaktionsabhängige und transaktionsunabhängige Erlösformen unterschieden. Transaktionsabhängige Erlöse ergeben sich in Abhängigkeit des Umfangs der erbrachten Leistung, zum Beispiel Telefongebühren für eine bestimmte Nutzungsdauer. Bei transaktionsunabhängigen Erlösen wird unabhängig vom Leistungsumfang eine Pauschalgebühr verlangt, die häufig in konstanten Zeitintervallen erhoben wird (zum Beispiel monatliche Grundgebühr oder Flat rate). Unternehmen verwenden häufig Varianten und Kombinationen dieser Erlösformen (vgl. Wirtz, 2001, S. 85-86; zu Knyphausen-Aufseß/Meinhardt, 2002, S. 76-78).

Die Bestimmung und Gewichtung von Erlösquellen oder Erlösströmen ist ein weiteres wichtiges Entscheidungselement des Geschäfts- und Erlösmodells (vgl. Timmers, 1998, S. 2; Alt/Zimmermann, 2001, S. 5). Osterwalder (2004, S. 95-100) stellt fünf verschiedene Erlösströme vor: (1) Verkauf von Produkten und Dienstleistungen; (2) Verleihen, also die Vergabe eines Objekts für einen bestimmten Zeitraum; (3) Lizensierung, somit die offizielle Erlaubnis, ein Objekt zu verwenden oder einer bestimmten Tätigkeit nachzugehen; (4) Transaktionsgebühren oder Kommission als Kompensation für die Anbahnung eines Geschäfts; (5) Werbeeinnahmen.

Unternehmen finanzieren sich nur selten mit Hilfe einer einzigen Erlösquelle. Zwischen den Erlösquellen bestehen häufig Interdependenzen, die bei der Entscheidung über deren Gewichtung zur Finanzierung des Geschäftsmodells berücksichtigt werden müssen (vgl. zu Knyphausen-Aufseß/Meinhardt, 2002, S. 76-78). Skiera und Lambrecht (2000, S. 871-880) untersuchen in diesem Zusammenhang Erlösquellen im Internet. Demnach müssen Unternehmen zunächst ihre Erlösquellen festlegen, bevor sie Entscheidungen über die Preissetzung fällen können. Dabei identifizieren die beiden Autoren Produkte, Kontakte und Information als Erlösquellen von Unternehmen im Internet. So stellt ein Unternehmen, das im Internet Produkte oder Dienste anbietet, gleichzeitig den Kontakt zu Kunden her, der wiederum zur Generierung von Werbeerlösen genutzt werden kann. Durch die Interdependenzen, die zwischen den Leistungsangeboten bestehen, müssen Unternehmen entscheiden, für welches Angebot sie einen Preis verlangen und somit welche Erlösquellen genutzt werden sollen. So könnte die Online-Gemeinde Facebook beispielsweise einen Preis für die Mitgliedschaft verlangen, sich durch Werbung (Verkauf von Kontakten) oder durch Datamining (Verkauf von Informationen) finanzieren. Als weiteres Beispiel können die Internetangebote von Zeitungsverlagen angeführt werden. Kostenlose Berichte können deshalb angeboten werden, weil Erlöse aus Werbung und kostenpflichtigen Inhalten generiert werden. Werden die Preise für die Mitgliedschaft oder Inhalte gezielt verringert, um den Umsatz aus Werbung zu erhöhen, kann von einer Quersubventionierung zwischen den Erlösquellen gesprochen werden.

Auch Bieger, Rüegg-Stürm und von Rohr (2002, S. 54) machen darauf aufmerksam, dass immer mehr Leistungen nicht von den Kunden selbst, sondern von Dritten bezahlt werden (sogenannte Umwegrentabilisierung). Ein ähnliches Vorgehen ist bei Mobilfunkverträgen zu beobachten, bei denen der Kunde eine Leistung zunächst kostenlos oder subventioniert erhält (zum Beispiel Mobiltelefon), wenn er sich zur Nachfrage einer anderen Leistung verpflichtet (zum Beispiel Nutzung des Telefondienstes) (vgl. zu Knyphausen-Aufseß/Meinhardt, 2002, S. 82).

Die vorgestellten Begriffe „Erlösform" und „Erlösquelle" werden in der Literatur häufig synonym verwendet. So bezeichnen Weill und Vitale (2001, S. 49-50) Werbeeinahmen und transaktionsabhängige Gebühren als Erlösquellen, während diese durch Amit und Zott (2001) mit dem Begriff „Erlösform" belegt werden. Um einen Vergleich zwischen den Ansätzen zu ermöglichen und die beschriebenen Komponenten voneinander abzugrenzen, sollen an dieser Stelle die Begriffe „Erlösquelle" und „Erlösform" definiert werden:

- *Erlösquellen* sind alle Leistungsangebote einer Unternehmung, für die ein potenzieller Markt besteht und somit ein Erlös erzielt werden kann. Im Bereich des Internets können dies, wie an dem Beispiel von Facebook gesehen, zum Beispiel Produkte, Informationen oder Kontakte sein. Unternehmen verfügen in der Regel über mehrere potenzielle Erlösquellen, zwischen denen Interdependenzen bestehen können. Die Darstellung der Erlösquellen erklärt, was den Erlös generiert.

- *Erlösformen* sind Bezeichnungen für Umsätze, die mit Hilfe der verschiedenen Erlösquellen realisiert werden können. Häufig wird dabei unterschieden, auf welcher Grundlage diese erhoben werden, zum Beispiel eine Abrechnung in Abhängigkeit des Umfangs oder der Dauer der Leistungsbeziehung. Eine weitere Möglichkeit ist die transaktionsunabhängige Abrechnung nach regelmäßigen konstanten Zeitintervallen oder einfach pauschal für den gesamten Zeitraum des Leistungsbezugs. Die Darstellung der Erlösformen erklärt, wie aus den Erlösquellen der Erlös generiert wird.

Neben der Bestimmung von Erlösquellen und -formen ist die Preissetzung das zweite Teilelement des Erlösmodells (vgl. Morris/Schindehutte/Allen, 2005, S. 730; Bouwman/Meng/van der Duin/Limonard, 2008, S. 29). Nach Osterwalder (2004, S. 95-100) existieren drei Gruppen von Preismechanismen: (1) Feste Preissetzung ohne Differenzierung nach Marktbedingungen oder Marktsegmenten; (2) Preisdifferenzierung, somit unterschiedliche Preise in Abhängigkeit von Marktsegmenten; (3) Preissetzung am Markt, bei der die aktuellen Bedingungen des Marktes als Indikator verwendet werden (zum Beispiel Auktionen oder Revenue-Management). Durch das

verstärkte Angebot von Lösungen anstatt einzelner Produkte und Dienstleistungen, steigt die Bedeutung von Preismodellen, die wert-, transakti-
ons- oder erfolgsabhängig sind (vgl. Bonnemeier/Burianek/Reichwald,
2010, S. 230).

Zusätzlich zu den bereits vorgestellten Entscheidungsbereichen machen
Chesbrough und Rosenbloom (2002, S. 534) deutlich, dass Unternehmen
zur Festlegung der Erlösarchitektur auch die Verteilung des geschaffenen
Wertes zwischen den Kunden, Zulieferern und dem eigenen Unternehmen
bestimmen müssen.

Birkhofer (2002, S. 430) definiert (mit Blick auf E-Commerce) das Ertragsmodell als die Festlegung der Erlös- und Einnahmequellen, aus denen
sich ein „Unternehmensangebot … partiell oder gesamtheitlich refinanzie-
ren soll", und versteht somit auch die Finanzierung am internen und externen Kapitalmarkt als Teil des relevanten Entscheidungsrahmens. Seine
Definition schließt somit auch Geldmittelzuflüsse ein, die nicht aus der
originären Geschäftätigkeit des Unternehmens heraus generiert werden
und keine Erlöse darstellen. Diese sehen wir jedoch in erster Linie als Gegenstand des Erlösmodells und klammern somit die Finanzierung des Geschäftsmodells als im vorliegenden Zusammenhang zu betrachtenden Ent-
scheidungsbereich aus.[2]

Die vorgestellten Entscheidungsbereiche des Erlösmodells zeigen, dass die
Erlösmodellentscheidung fast das gesamte Spektrum der Preispolitik ab-
deckt. Entscheidungen über Erlösformen lassen sich dabei den Themenbe-
reichen „nicht-lineare Preisbildung" und „mengenbezogene Preisdifferenzierung" zuordnen (vgl. Simon, Fassnacht, 2008, S. 267-274; Skiera,
1999). Entscheidungen über Erlösquellen, deren Gewichtungen und Kombinationen behandeln letztendlich die Preiskoordination bei Mehrprodukt-
unternehmen. Dabei kann die Entscheidung gegen die Nutzung einer Erlösquelle als ein Extremfall angesehen werden, bei dem ein Preis von null
gesetzt wird. Die Verteilung von Erlösen ergibt sich ebenfalls aus Preis-
verhandlungen zwischen dem Unternehmen einerseits und seinen Kunden
und Zulieferern andererseits. Die Synthese der verschiedenen Beiträge
führt somit zu folgender Definition des Erlösmodells:

---

[2] Spremann und Frick (2011) behandeln den Aspekt der Finanzierung von Geschäftsmodellen.

Das Erlösmodell gibt Auskunft darüber, welche Preise für die einzelnen Leistungsangebote des Unternehmens erhoben werden und welche Mechanismen zu der Preissetzung führen.[3].

3   Erlösmodelle mit Quersubventionen

Der vorherige Abschnitt zeigt das breite Spektrum preispolitischer Entscheidungen innerhalb des Erlösmodellmanagements. Besondere Relevanz hat dabei die Entscheidung über die Gewichtung von Erlösquellen. Die isolierte Verwendung einer Erlösquelle ist selten, in der Regel werden verschiedene Erlösquellen kombiniert, was eine Preiskoordinierung zwischen den Leistungsangeboten des Unternehmens erforderlich macht (vgl. Wirtz, 2001, S. 86; Zerdick/Picot/Schrape, 1999, S. 28). Häufig wird dabei gezielt auf Erlöse bei einem Leistungsangebot verzichtet, um den Absatz eines anderen Produkts zu fördern – es kommt zu einer Quersubventionierung zwischen den Leistungsangeboten. Damit verbunden ist ein Trend zu mehr Nebengeschäft und Umwegrentablisierung zu bemerken. Subventionierte Produkte und Dienste werden nicht selten kostenlos („freemium"-Geschäftsmodell) angeboten, um eine möglichst hohe Anzahl von Nutzern zu generieren (vgl. Bieger/Rüegg-Stürm/von Rohr, 2002, S. 54; Anderson, 2008, S. 4-5).

Die unterschiedlichen Formen dieser Erlösmodelle mit Quersubventionierung haben wir in einer eigenen Erlösmodellsystematik erfasst (siehe Tabelle 2). Wir unterscheiden dabei in direkte und indirekte Erlösmodelle (vgl. Wirtz, 2001, S. 85-86; Zerdick/Picot/Schrape, 1999, S. 24-29). Bei direkten Modellen subventioniert sich der Kunde selbst, indem er unterschiedliche Leistungsangebote des Unternehmens nachfragt. Im Gegensatz dazu finanziert bei einem indirekten Modell ein Dritter (meist ein Unternehmen) das subventionierte Angebot an den Kunden.

Grundsätzlich ist es möglich, die verschiedenen Erlösmodelle innerhalb eines Geschäftsmodells parallel anzuwenden. Trotzdem ist es sinnvoll, die Modelle voneinander abzugrenzen, da die Effekte und Mechanismen, die zur Quersubventionierung führen, unterschiedlich sein können und Unternehmen dies bei der Gestaltung anderer Geschäftsmodellkomponenten

---

[3]   Die Definition umfasst somit ausschließlich die Abschöpfung von Kundenwerten durch Preissetzung und Preismechanismen, während die Definition des Ertragsmodells durch Bieger und Reinhold (2011) zusätzlich die Abschöpfung von Unternehmenswerten (zum Beispiel durch den Verkauf von Unternehmensanteilen) berücksichtigt.

beachten müssen. Die Mechanismen, die zu dieser Quersubventionierung führen, und Varianten, die in der Praxis zu beobachten sind, werden im Folgenden vorgestellt.

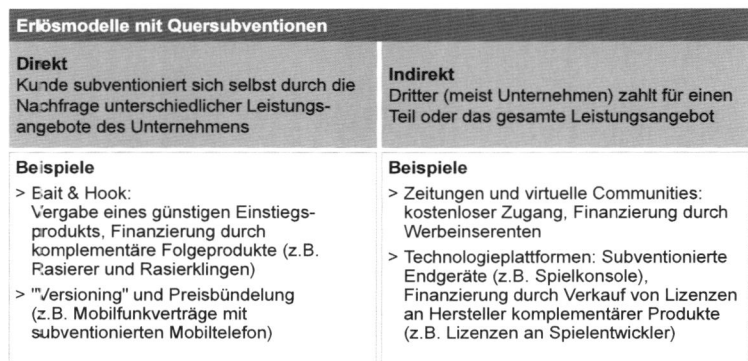

Erlösmodelle mit Quersubventionen	
Direkt Kunde subventioniert sich selbst durch die Nachfrage unterschiedlicher Leistungsangebote des Unternehmens	**Indirekt** Dritter (meist Unternehmen) zahlt für einen Teil oder das gesamte Leistungsangebot
Beispiele > Bait & Hook: Vergabe eines günstigen Einstiegsprodukts, Finanzierung durch komplementäre Folgeprodukte (z.B. Rasierer und Rasierklingen) > "Versioning" und Preisbündelung (z.B. Mobilfunkverträge mit subventionierten Mobiltelefon)	**Beispiele** > Zeitungen und virtuelle Communities: kostenloser Zugang, Finanzierung durch Werbeinserenten > Technologieplattformen: Subventionierte Endgeräte (z.B. Spielkonsole), Finanzierung durch Verkauf von Lizenzen an Hersteller komplementärer Produkte (z.B. Lizenzen an Spielentwickler)

Tab. 2: Erlösmodellsystematik

3.1. Direkte Erlösmodelle mit Quersubventionen

Direkte Erlösmodelle mit Quersubventionen werden unter verschiedenen Begriffen in der Geschäftsmodellliteratur diskutiert. Die gängigsten Bezeichnungen sind „bait & hook", „razor & blades" und „loss leader" (vgl. Osterwalder, 2009, S. 104; Bieger/Reinhold, 2011). Gemeinsam haben diese Modelle, dass hier bewusst ein Preisnachlass auf ein „führendes Produkt" gewährt wird, um den Kunden für das Folgegeschäft an das Unternehmen zu binden. Erfolgsentscheidend ist dabei, dass das „führende Produkt" eine hohe Preiselastizität aufweist und von den Kunden als wichtig und prägnant wahrgenommen wird. Nur so kann sichergestellt werden, dass die Vergünstigung zu einer deutlichen Erhöhung der Nachfrage führt. Dabei kommt es nicht selten zu Unterkostenverkäufen des subventionierten Produkts.

Beispiele für ein solches Vorgehen finden sich nicht nur im Bereich der Konsumgüter (zum Beispiel „razor & blades"); auch bei Investitionsgütern, wie beispielsweise Flugzeugen, wird ein Großteil der Erlöse mit dem Service und der Wartung der installierten Basis verdient (hier speziell das Geschäft mit Turbinenschaufeln). Slywotzky/Morrison/Andelman (1998, S. 57-70) greifen dieses Phänomen in Form ihrer Gewinnmodelle „installed base" und „after-sales service" auf.

Ein weiterer typischer Anwendungsbereich ist das Systemgeschäft. Getrieben durch die rasante Entwicklung und Verbreitung von Informationstechnologien nimmt der Verkauf von Systemen an Bedeutung zu. Charakterisierend für die Vermarktungssituation im Systemgeschäft ist die Beschaffungsschrittfolge. Nicht alle Komponenten werden gleichzeitig gekauft, sondern das System wird sukzessiv zu unterschiedlichen Zeitpunkten erweitert. Somit teilt sich das Geschäft in eine Einstiegsinvestition und in der Regel mehrere Folgeinvestitionen. Nach dem Initialkauf kann der Käufer nicht mehr frei zwischen den Systemanbietern wählen. Diese Restriktionen in Bezug auf die Auswahlalternativen im Folgegeschäft werden als Systembindung oder Lock-in-Effekt bezeichnet (vgl. Backhaus/Voeth, 2007, S. 406-407). Die Lock-in-Situation resultiert aus Wechselkosten (switching costs; vgl. Porter, 1980, S. 227 f.), die dem Kunden bei einem Wechsel zu einem anderen Anbieter entstehen (Tabelle 3).

Art des Lock-in	Wechselkosten
Vertragliche Bindung	Vertragsstrafen
Kauf von Investitionsgütern	Ersatz von Investitionsgütern, die bei einem Wechsel nicht weiterverwendet werden können
Produkt- und anbieterspezifisches Training	Trainingskosten und kurzfristiger Produktivitätsverlust
Informationen und Datenbanken	Konvertierung von Daten auf das neue Format
Spezialisierter Zulieferer	Entwicklung neuer Zulieferer
Such- und Informationskosten	Suchkosten des Anbieters und Nachfragers
Loyalitätsprogramme	Verlust von Vorteilen aus dem Loyalitätsprogramm

Tab. 3: Arten des Lock-in (in Anlehnung an Shapiro/Varian, 2000)

Durch die Lock-in-Effekte steigt die Bedeutung einer installierten Basis von Einstiegsprodukten. Unternehmen bieten Kunden häufig Anreize in Form von subventionierten Produkten, damit sie sich in eine Lock-in-Situation begeben. Die Vergabe subventionierter Produkte kann als Investition in eine installierte Basis und zukünftige Marktanteile verstanden werden (vgl. Shapiro/Varian, 2000, S. 112, 142-143). Um dem Preisdruck auf dem Markt für Einstiegsprodukte standzuhalten, müssen Unternehmen somit Potenzial für zukünftige Cashflows generieren (siehe Abbildung 1). Dies gelingt nur durch ein Leistungsangebot mit vielen Komplementärprodukten, das es unter Umständen notwendig macht, weitere Stufen der Wert-

172

schöpfungskette abzudecken (zum Beispiel bei einem Service- und Wartungsangebot).

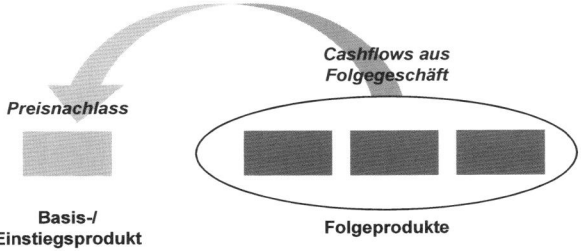

Abb. 1: Direktes Erlösmodell mit Quersubventionen (in Anlehnung an Slywotzky/Morrison/Andelman, 1998)

Exkurs „Netzeffekte"

Unter der Wirkung von Netzeffekten steigt der Nutzen eines Netzwerks oder Produkts mit der Anzahl der Nutzer. Es lassen sich dabei im Wesentlichen *direkte* und *indirekte* Netzeffekte unterscheiden.

Bei *direkten* Netzeffekten steigt der Nutzen unmittelbar durch die Möglichkeit der Interaktion zwischen den Teilnehmern des Netzwerks. Bei *indirekten* Netzeffekten steigt der Nutzen mit der Verfügbarkeit von komplementären Produkten, deren Angebot in der Regel ebenfalls mit der Anzahl der Nutzer zunimmt (vgl. Katz/Shapiro, 1985).

Bei zweiseitigen Märkten bedeutet das Wirken indirekter Netzeffekte, dass die Anzahl der Nutzer auf der einen Marktseite den Nutzen des Konsums auf der anderen Marktseite erhöhen. Dieser Effekt kann einseitig oder wechselseitig vorliegen.

Weitere Varianten direkter Erlösmodelle sind das Vorgehen beim „versioning" und bei bestimmten Formen der Preisbündelung (vgl. Shapiro/Varian, 2000, S. 53-54). Beim „versioning" von Software wird in der Regel das Basisprogramm kostenlos vergeben, mit dem Motiv, bei dem Kunden Wechselbarrieren aufzubauen, um später durch den Verkauf von Programm-Updates Erlöse zu generieren (vgl. Diller, 2008, S. 281). Bei Preisbündeln in Form von Koppelgeschäften („tie-in-sales") verpflichtet sich der Kunde durch Vertragsschluss zur Abnahme weiterer Produkte des Anbieters. Ein typisches Beispiel ist der Mobilfunkmarkt, bei dem Telefone gebündelt mit Providerverträgen verkauft werden (vgl. Simon/Dolan, 1997, S. 250).

3.2 Indirekte Erlösmodelle mit Quersubventionen

Indirekte Erlösmodelle, bei denen das vergünstigte Produkt durch Dritte finanziert wird, gewinnen an Bedeutung. Um wettbewerbsfähige Preise setzen zu können, sind Unternehmen darauf angewiesen, Marktkonstellationen zu erkennen, in denen eine solche Quersubventionierung möglich ist. Nicht selten besteht auf diesen Märkten eine Tendenz zum natürlichen Monopol („winner takes it all"-Situation), die bei der Entscheidung für ein Erlösmodell berücksichtigt werden muss (vgl. Eisenmann/Parker/van Alstyne, 2006, S. 99-100; Bieger/Rüegg-Stürm, 2002).

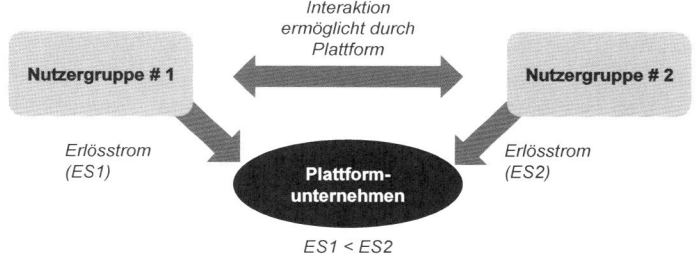

Abb. 2: Indirektes Erlösmodell in zweiseitigen Märkten[4]

Einen Erklärungsansatz für die Mechanismen und Motive zur Anwendung von indirekten Erlösmodellen liefert die Theorie zweiseitiger Märkte.[5] Sie beschreibt eine Marktsituation, bei der ein Unternehmen als Plattform agiert, die die Interaktion zwischen zwei verschiedenen Nutzergruppen ermöglicht (Abbildung 2). Jeder Nutzergruppe wird ein eigener Markt zugeordnet, woraus sich die Bezeichnung „zweiseitige Märkte" ergibt. Die Nutzergruppen profitieren häufig in unterschiedlicher Stärke von der Anzahl der Nutzer auf der anderen Marktseite. Man spricht dabei von der Wirkung wechselseitiger, indirekter Netzeffekte (siehe Exkurs „Netzeffekte"). Ein typisches Beispiel dafür sind Spielkonsolen. Hier profitieren die Spieler von einer großen Anzahl von Entwicklern, die Auswahl und Qualität der Spiele erhöhen. Auf der anderen Seite erhöht sich die Nach-

---

[4] Das Plattformunternehmen generiert auf der subventionierten Markseite in der Regel einen geringeren Anteil seiner Gesamterlöse, so dass ES1<ES2 gilt. Bei einem Unterkostenverkauf der Spielkonsolen kann in dem Beispiel ES1 sogar negativ sein.

[5] Die Erkenntnisse der Theorie zweiseitiger Märkte lassen sich auch auf mehrseitige Märkte übertragen (vgl. Rochet/Tirole, 2006).

frage für die Produkte von Spielentwicklern mit der Anzahl der Nutzer der Konsole. Der Hersteller der Spielkonsole liefert die Plattform und ermöglicht die Interaktion der Nutzer. Andere Beispiele finden sich auf den Märkten für Kreditkarten, Betriebssysteme und werbefinanzierte Medien (vgl. Rochet/Tirole, 2006, S. 645-655; Evans, 2003, S. 7-27).

Konstituierend für zweiseitige Märkte ist, dass die Preisstruktur des Plattformunternehmens entscheidend für die Menge der Transaktionen und somit für dessen Erfolg ist. Plattformunternehmen müssen dabei anfangs häufig ein typisches „Chicken-and-Egg"-Problem lösen, indem sie Nutzer auf der einen Seite anlocken müssen (zum Beispiel Besitzer einer Spielkonsole), ohne bereits eine Menge von potenziellen Nutzern (zum Beispiel Spielentwickler) auf der anderen Seite demonstrieren zu können. Die Lösung dieses Problems liegt häufig in der Subventionierung der Marktseiten, die den höheren Ausstrahlungseffekt (hohe indirekte Netzeffekte) auf den Nutzen der anderen Seite ausübt (vgl. Evans, 2003, S. 9). Dabei agieren nicht alle Plattformunternehmen auf zweiseitigen Märkten; entscheidend für die Zweiseitigkeit ist, dass das Umlegen von Kosten von der einen auf die andere Seite verhindert werden kann. Unternehmen, die Kreditkarten herausgeben, verhindern zum Beispiel durch die „non dicrimination rule", dass Händler einen höheren Preis von Kunden verlangen, die mit ihrer Kreditkarte zahlen und somit an den Gebühren für die Kartennutzung beteiligt werden (vgl. Rochet/Tirole, 2003, S. 1017-1019).

Welche Seite subventioniert werden sollte, hängt nicht nur von den indirekten Netzeffekten ab. Ein weiterer wichtiger Einflussfaktor ist, ob die anderen Nutzer der Plattform exklusiv von den ausgelösten indirekten Netzeffekten profitieren können. Ein prominentes Beispiel dafür ist Netscape, das seine Browser mit dem Ziel kostenlos abgegeben hat, Webserver an Firmen zu verkaufen, die Webseiten betreiben. Die Firmen konnten jedoch ebenso die Webserver anderer Anbieter kaufen, somit hat Netscape mit dem Browser ein reines Verlustgeschäft gemacht. Das Beispiel zeigt auch, dass niedrige variable Kosten des subventionierten Produkts das Investitionsrisiko verringern (Eisenmann/Parker/van Alstyne, 2006, S. 95-101).

Eine bestehende Tendenz zum natürlichen Monopol kann ebenfalls die Entscheidung der Subventionierung beeinflussen. Eine solche Tendenz liegt dann vor, wenn es für Nutzer am besten ist, nur eine Plattform zu verwenden (kein „multi-homing" möglich). Besteht nur auf einer Marktseite die Möglichkeit zum „multi-homing", dann erhöht sich die Subventionierung auf der anderen Seite, um die Nutzer dieser Seite exklusiv zu binden. Die Möglichkeit zum „multi-homing" wird durch dessen Kosten (zum Beispiel den Kauf mehrerer Spielkonsolen), hohe direkte Netzeffekte und fehlendes Interesse der Nutzer für Besonderheiten der Plattform (Möglichkeit der Differenzierung) begünstigt (vgl. Eisenmann/Parker/van Alstyne, 2006, S. 95-101).

4 Entscheidungsmodell zur Anwendung von Erlösmodellen

Bei der Wahl und dem Design eines Erlösmodells mit Quersubventionen müssen Manager verschiedene Einflussfaktoren berücksichtigen. Die Faktoren lassen sich aus Erkenntnissen der Netzökonomie, Informationsgüterökonomie und der Preistheorie ableiten. Abbildung 3 zeigt die Integration der Einflussfaktoren in einem Entscheidungsmodell zur Anwendung von Erlösmodellen. Zwischen den Einflussfaktoren Leistungsangebot, Preissensitivität, Lock-in- und Netzeffekte bestehen Abhängigkeiten. Die gegenseitige Beeinflussung wird unter den jeweiligen Faktoren diskutiert.

Abb. 3: Entscheidungsmodell zur Anwendung von Erlösmodellen

Die Vorteilhaftigkeit eines Erlösmodells ist nicht statisch und wird durch Veränderungen in der Unternehmensumwelt beeinflusst. Lock-in-Effekte können durch eine erhöhte Standardisierung wegfallen, Netzeffekte verändern ihre Ausprägungen in Abhängigkeit von der Anzahl der Nutzer, die Einflussfaktoren sind ständigen Veränderungsprozessen ausgesetzt. Be-

176

sonders am Anfang eines Produktlebenszyklus kann die Anwendung eines Erlösmodells mit Quersubventionen indiziert sein. Hier bestehen noch hohe Unsicherheiten über den Nutzungswert des Produkts (oder des gesamten Systems) und die Konsumenten befinden sich noch nicht in einer Lock-in-Situation. Durch die richtige Erlösmodellwahl können Unternehmen somit einen First Mover Advantage erzielen (vgl. Hax/Wilde, 1999, S. 18-19).

Die einzelnen Faktoren des Entscheidungsmodells werden im Folgenden vorgestellt:

Leistungsangebot

Manager müssen im Rahmen der Festlegung des Leistungskonzepts ihres Geschäftsmodells die Notwendigkeit von Quersubventionen in dem Markt für Einstiegsprodukte (bei direkten Modellen) und auf der subventionierten Marktseite (bei indirekten Modellen) berücksichtigen. Bestehen hohe Lock-in-Effekte, ist ein Preiskampf in dem Markt für Einstiegsprodukte wahrscheinlich. Unternehmen müssen in der Lage sein, durch eine hohe Anzahl komplementärer Produkte mit entsprechenden Gewinnmargen und den daraus zu erwartenden Cashflows Preisnachlässe auf ihre Einstiegsprodukte zu gewähren. Besonders bei einem direkten Erlösmodell stellt dieser Umstand hohe Anforderungen an die Ressourcenausstattung des Unternehmens, da hier die Komplementärprodukte in der Regel produktionsseitig weniger stark verbunden sind. Dabei kann es notwendig sein, weitere Stufen der Wertschöpfungskette abzudecken (zum Beispiel Service und Wartung), was Veränderungen im Wertschöpfungskonzept des Unternehmens bedingt (vgl. Shapiro/Varian, 2000, S. 112, 142-143).

Das Kernangebot bei einem indirekten Erlösmodell besteht aus dessen Plattformfunktion. Komplementärprodukte sind hier häufig Leistungen, die den Zugang der einen oder anderen Marktseite ermöglichen. Die Anforderungen an die Ressourcenausstattung sind dementsprechend geringer.

Bei dem Design des Leistungsangebots sollte dessen Wirkung auf die Lock-in-Effekte berücksichtigt werden. Produkte, die spezifische Investitionen (zum Beispiel Training von Personal) erfordern, erhöhen die Bindung an das Unternehmen. Ebenfalls positiv auf die Lock-in-Effekte wirkt sich ein geringer Offenheitsgrad des Produktsystems gegenüber anbieterfremden Komponenten aus (vgl. Shapiro/Varian, 2000, S. 142; Backhaus/Voeth, 2007, S. 431-455).

Unternehmen müssen abwägen, ob ihre Wettbewerbsstrategie primär auf die Gestaltung ihres Erlösmodells oder aber auf die Differenzierung ihres Leistungsangebots baut. Quersubventionen sind bei Leistungsangeboten, die sich vom Wettbewerb abheben, häufig nicht notwendig. Ein Verleger von Zeitschriften kann zum Beispiel durch qualitativ hochwertige Inhalte einen Großteil seiner Erlöse durch den Verkauf der Zeitschriften erzielen oder aber wenig differenzierte Inhalte anbieten, seine Zeitschriften kostenlos abgeben und indirekt durch Werbeerlöse finanzieren.

Lock-in-Effekte

Lock-in-Effekte bestehen auf verschiedenen Märkten und gewinnen durch die Verbreitung von Informationstechnologien an Bedeutung. Durch Lock-in-Effekte kann der Kunde in dem Markt für das Folgegeschäft nicht mehr frei zwischen den Anbietern wählen. Der Anbieter hat somit die Möglichkeit zur Anwendung eines direkten Erlösmodells, bei dem die Einstiegsprodukte durch Erlöse aus dem Folgegeschäft subventioniert werden. Dabei ist auch zu beachten, dass sich die Kunden häufig des bevorstehenden Lock-ins bewusst sind und somit auf dem Markt für Einstiegsprodukte eine hohe Preissensitivität besteht.

Bei indirekten Erlösmodellen muss ebenfalls eine Form des Lock-in vorliegen. Bietet das Plattformunternehmen Vergünstigungen und kann es die geschaffenen Externalitäten nicht exklusiv für seine Kunden auf der anderen Marktseite nutzbar machen, droht ein Verlustgeschäft (vgl. Eisenmann/Parker/van Alstyne, 2006, S. 95-99).

Netzeffekte (direkte und indirekte) erhöhen die Lock-in-Situation des Kunden. Bei vielen Produkten ist das Wertangebot oder der Nutzen abhängig von der Anzahl anderer Produktnutzer. Ein typisches Beispiel für ein solches Produkt ist das Telefon. Hier ist der Nutzen für die Konsumenten gleich null, sollte es keine weiteren Personen geben, die ebenfalls über ein Telefon verfügen. Andere Beispiele sind Internetforen und virtuelle Communities. Der Nutzen des Netzwerks lässt sich bei einem Anbieterwechsel häufig nicht übertragen, somit befindet sich der Kunde in einer Lock-in-Situation (vgl. Weiber, 1997, S. 308).

Auch bei einem indirekten Erlösmodell können Netzeffekte ein „multi homing" auf der entsprechenden Marktseite verhindern. Plattformunternehmen werden somit versuchen, Anreize zu setzen, um Konsumenten von der Nutzung ihres Netzwerks zu überzeugen (vgl. Eisenmann/Parker/van Alstyne, 2006, S. 99-100).

Netzeffekte

Netzeffekte erhöhen die Lock-in-Effekte und sind somit ein wichtiger Faktor, der bei der Wahl eines Erlösmodells mit Quersubventionen berücksichtigt werden muss. Zusätzlich erhöhen Netzeffekte die Unsicherheit über den zukünftigen Nutzen eines Produkts und somit die Preissensitivität auf diesen Märkten; dies ist ein weiterer Faktor, der bei der Anwendung von Erlösmodellen berücksichtigt werden muss.

Bestehen auf einem Markt hohe, wechselseitige, indirekte Netzeffekte – profitieren beispielsweise die Spielkonsolenbesitzer von einer hohen Anzahl von Spielentwicklern und Spielentwickler von einer hohen Anzahl von Spielkonsolenbesitzern –, so kann nur ein drittes Unternehmen (die Plattform) die Koordination der Marktseiten übernehmen. Dabei wird typischerweise eine Seite durch die andere subventioniert. Diese Form der Netzeffekte begünstigt somit die Wahl eines indirekten Erlösmodells (vgl. Parker/van Alstyne, 2005, S. 1495-1496).

Kunden können sich dabei in der Höhe ihrer Ausstrahlungseffekte unterscheiden. Hat der Kunde ein hohes Potenzial für den Kauf von Folgeprodukten oder die Produkte der anderen Marktseite, so erhöht sich der Spielraum für Preisnachlässe. Der Kundenwert wird somit zu einem wichtigen Kalkül bei der Bestimmung von indirekten Netzeffekten (vgl. Eisenmann/Parker/van Alstyne, 2006, S. 95-100).

Preissensitivität und -elastizität

Der zu subventionierende Markt sollte eine hohe Preiselastizität aufweisen. Nur bei einer hohen Preiselastizität führt ein Preisnachlass zu der gewünschten Erhöhung des Absatzes und somit bei direkten und indirekten Modellen zu einer Erhöhung der Nachfrage für das Folgegeschäft oder für Produkte auf der anderen Marktseite (vgl. Diller 2008, S. 286; Monroe 2002, S. 412-413). Die Preissensitivität wird durch die folgenden Faktoren erhöht: (1) gute Beurteilbarkeit der Produktattribute; (2) Unsicherheit über den Nutzungswert, häufig am Anfang des Produktlebenszyklus und bei hohen positiven Netzeffekten; (3) Kundenwunsch eines Risikotransfers in Märkten mit hohem Fixkostenrisiko; (4) die finanzielle Lage des Kunden (zum Beispiel Budgetrestriktionen für Investitionen, hohe Kapitalkosten); (5) hoher zu erwartender Lock-in und somit Bindung an den Anbieter für das Folgegeschäft; (6) eine hohe Wettbewerbsintensität und geringe Differenzierungsmöglichkeiten.

Kostenstruktur

Die Quersubventionierung ist ein Instrument zur Umsatzsteigerung. Bestehen zwischen den Produkten Kostenverbünde in Form von „economies of scope", führt die Umsatzsteigerung zu höheren Gewinnen. Eine Kostenstruktur mit niedrigen variablen Kosten reduziert das Investitionsrisiko bei der Vergabe günstiger Einstiegsprodukte (besonders beim Unterkostenverkauf). Bei Informationsgütern sind die marginalen Kosten in der Regel gering, sodass eine kostenlose Vergabe indiziert sein kann (vgl. Eisenmann/Parker/van Alstyne, 2006, S. 95-100; Monroe, 2002, S. 411-412).

Kundenwahrnehmung

Leistungsangebote, die entscheidend auf die Preisbeurteilung des gesamten Angebots wirken oder durch die Kunden besonders präferiert werden, eignen sich besonders für Quersubventionen. Wenn der Preis als Qualitätsindikator herangezogen wird, kann die Gewährung von Preisnachlässen jedoch kontraindiziert sein (vgl. Monroe, 2002, S. 398-399).

Rechtliche Rahmenbedingungen

Alle betrachteten Phänomene wie Preisbündelung, Lock-in- und Netzeffekte sowie zweiseitige Märkte haben eine hohe Relevanz für das Wettbewerbsrecht oder waren bereits Gegenstand von Auseinandersetzungen in diesem Bereich (vgl. Evans, 2002 S. 47-66; Farrel/Klemperer, 2007, S. 1976-1977; Simon/Dolan, 1997, S. 250). Dies überrascht nicht, da bereits gezeigt wurde, dass auf diesen Märkten häufig eine Tendenz zum natürlichen Monopol besteht. So können Preise unterhalb der Grenzkosten auf zweiseitigen Märkten als Kampfpreise („predatory pricing") fehlinterpretiert werden, obwohl sie in diesem Fall die Gesamtwohlfahrt erhöhen. Für den Einfluss rechtlicher Rahmenbedingungen lassen sich keine Faustregeln ableiten; somit wird empfohlen, vor der Einführung eines Erlösmodells mit Quersubventionen eine Rechtsberatung einzuholen.

Finanzielle Lage des Unternehmens

Die Entscheidung zur Quersubventionierung kann als eine Investitionsentscheidung modelliert werden. Hohe Kapitalkosten und niedrige liquide Mittel verringern den Spielraum für die Subventionierung von Einstiegsprodukten. Dabei kann entscheidend sein, welche Zeitspanne zwischen dem Verkauf des vergünstigten Einstiegsprodukts und den zu erwartenden

Erlösen aus dem Folgegeschäft liegt (vgl. Chevalier/Scharfstein, 1996, S. 703-705).

Besondere Einflussfaktoren auf zweiseitigen Märkten

Bei den bisher vorgestellten Einflussfaktoren konnten wir zeigen, dass diese sowohl auf direkte als auch auf indirekte Erlösmodelle wirken, wenn auch mit unterschiedlichen Ausprägungen. Hier soll noch einmal die Bedeutung der indirekten, wechselseitigen Netzeffekte betont werden, die entscheidend für die Wahl eines indirekten Erlösmodells sind.

Die Quersubventionierung bei zweiseitigen Märkten (und somit bei indirekten Erlösmodellen) kann jedoch, wie erwähnt, nur funktionieren, wenn es für die zahlende Seite unmöglich ist, die Kosten auf die andere Seite umzulegen (vgl. Rochet/Tirole, 2003, S. 1017-1019). Eine mögliche Maßnahme zur Verhinderung der Kostenumlegung wäre beispielsweise das Setzen von Preisobergrenzen bei der Interaktion der Nutzergruppen auf der Plattform; zum Beispiel setzt iTunes Preisgrenzen für das Herunterladen von Songs.

5 Zusammenfassung und Ausblick

Das Erlösmodell ist eine zentrale Komponente des Geschäftsmodells, dessen primäre Funktion die Wertsicherung ist. Die Synthese verschiedener Erlösmodellansätze zeigt, dass innerhalb des Erlösmodells Entscheidungen über Preise und die Mechanismen zur Preisfestlegung gefällt werden müssen. Im Vordergrund der Betrachtung stehen dabei häufig die Gewichtung und Kombination unterschiedlicher Erlösquellen und die Festlegung von Erlösformen.

Direkte und indirekte Erlösmodelle mit Quersubventionen haben dabei eine besondere strategische Bedeutung. Unternehmen müssen in der Lage sein, Marktsituationen zu erkennen, in denen Subventionen zwischen den Produkten möglich sind, um wettbewerbsfähige Preise setzen zu können. Durch die Wirkung von Lock-in- und Netzeffekten besteht in diesen Märkten nicht selten eine Tendenz zum natürlichen Monopol („winner takes it all"-Situation). Die richtige Wahl des Erlösmodells kann entscheidend sein, um eine kritische Masse von Nutzern zu erreichen und eine installierte Basis für das Folgegeschäft zu generieren. Dabei müssen andere Komponenten des Geschäftsmodells auf das Erlösmodell abgestimmt werden. So sollte das Leistungsangebot mehrere komplementäre Produkte enthalten, die den Lock-in des Kunden erhöhen und die Abschöpfung von Kundenwerten ermöglichen. Nicht selten erfordert das Angebot von Produkten und Diensten für das Folgegeschäft eine Erweiterung der Aktivitäten innerhalb der Wertschöpfungskette und somit eine Anpassung des Wertschöpfungskonzepts.

Unsere Analysen zeigen, dass die Vorteilhaftigkeit von Erlösmodellen nicht statisch ist und durch Veränderungen in der Unternehmensumwelt beeinflusst wird. Wie sich diese Dynamiken verhalten und ob beispielsweise Zusammenhänge mit der jeweiligen Phase des Produktlebenszyklus bestehen, sind interessante Fragestellungen für zukünftige Forschungsarbeiten. Eine Forschungslücke besteht ebenfalls bei der Bestimmung weiterer Schnittstellen zu anderen Komponenten des Geschäftsmodells wie zum Beispiel dem Leistungs- und Wertschöpfungskonzept, die die Bedeutung des integrativen Ansatzes als Analyseeinheit zur Erklärung des Unternehmenserfolgs untermauern würden.

6 Literaturverzeichnis

Afuah, A. (2004). *Business models. A strategic management approach.* Boston: McGraw-Hill/Irwin.

Afuah, A./Tucci, C. L. (2001). *Internet business models and strategies. Text and cases.* Boston: Irwin/McGraw-Hill.

Amit, R./Zott, C. (2001). Value creation in e-business. In: *Strategic Management Journal*, 22(6/7), S. 493-520.

Alt, R./Zimmermann, H.-D. (2001). Preface: Introduction to Special Section – Business Models. In: *Electronic Markets*, 11(1), S. 3-9.

Backhaus, K./Voeth, M. (2007). *Industriegütermarketing* (8., vollst. neu bearb. Aufl.). München: Vahlen.

Bieger, T./Reinhold, S. (2011). Das wertbasierte Geschäftsmodell – Ein aktualisierter Strukturierungsansatz. In: Bieger, T./zu Knyphausen-Aufseß, D./Krys, C. (Hrsg.): *Innovative Geschäftsmodelle. Konzeptionelle Grundlagen, Gestaltungsfelder und unternehmerische Praxis* (S. 13-70). Berlin et al.: Springer-Verlag.

Bieger, T./Rüegg-Stürm, J. (2002). Net Economy – Die Bedeutung der Gestaltung von Beziehungskonfigurationen. In: Bieger, T./Bickhoff, N./Caspers, R./zu Knyphausen-Aufseß, D./Reding, K. (Hrsg.): *Zukünftige Geschäftsmodelle – Konzepte und Anwendungen in der Netzökonomie* (S. 15-31). Berlin et al.: Springer-Verlag.

182

Bieger, T./Rüegg-Stürm, J./Rohr, T. v. (2002). Strukturen und Ansätze einer Gestaltung von Beziehungskonfigurationen – Das Konzept Geschäftsmodell. In: In: Bieger, T./Bickhoff, N./Caspers, R./zu Knyphausen-Aufseß, D./Reding, K. (Hrsg.): *Zukünftige Geschäftsmodelle – Konzepte und Anwendungen in der Netzökonomie* (S. 35-59). Berlin et al.: Springer-Verlag.

Birkhofer, B. (2002). Ertragsmodelle-Einnahme-und Erlösquellen im innovativen Absatzkanal des Electronic Commerce. In: Schögel, M./Tomczak, T./Belz, C. (Hrsg.): *Roadm@p to E-Business - Wie Unternehmen das Internet erfolgreich nutzen* (S. 430-452). St. Gallen: Thexis.

Bonnemeier, S./Burianek, F./Reichwald, R. (2010). Revenue models for integrated customer solutions: Concept and organizational implementation. In: *Journal of Revenue & Pricing Management*, 9(3), S. 228-238.

Bouwman, H./Meng Z./van der Duin, P./Limonard, S. (2008). A business model for IPTV service: a dynamic framework. In: *Info*, 10(3), S. 22-38.

Dubosson-Torbay, M./Osterwalder, A./Pigneur, Y. (2002). E-business model design, classification, and measurements. In: *Thunderbird International Business Review*, 44(1), S. 5-23.

Chesbrough, H./Rosenbloom, R. S. (2002). The role of the business model in capturing value from innovation: evidence from Xerox Corporation's technology spin-off companies. In: *Industrial & Corporate Change*, 11(3), S. 529-555.

Chevalier, J. A./Scharfstein, D. S. (1996). Capital-market imperfections and countercyclical markups: Theory and evidence. In: *The American Economic Review*, 86(4), S. 703-725.

Diller, H. (2008). *Preispolitik* (4., vollst. neu bearb. und erw. Aufl.). Stuttgart: Kohlhammer.

Eisenmann, T./Parker, G./van Alstyne, M. W. (2006). Strategies for two-sided markets. In: *Harvard Business Review*, 84(10), S. 92-101.

Evans, D. S. (2003). *The antitrust economics of two-sided markets.* doi:10.2139/ssrn.332022.

Farrell, J./Klemperer, P. (2007). *Coordination and lock-in: Competition with switching costs and network effects. Handbook of Industrial Organization*, 3, S. 1967-2072.

Hax, A. C./Wilde II, D. L. (1999). The delta model: Adaptive management for a changing world. In: *Sloan Management Review*, 40(2), S. 11-28.

Jansen, W./Steenbakkers, W./Jägers, H. (2007). *New business models for the knowledge economy.* Aldershot: Gower.

Johnson, M. W./Christensen, C. M./Kagermann, H. (2008). Reinventing Your Business Model. In: *Harvard Business Review*, 86(12), S. 50-59.

Katz, M. L./Shapiro, C. (1985). Network externalities, competition, and compatibility. In: *American Economic Review*, 75(3), S. 424-440.

zu Knyphausen-Aufseß, D./Meinhardt, Y. (2002). Revisiting Strategy: Ein Ansatz zur Systematisierung von Geschäftsmodellen. In Bieger, T./Bickhoff, N./Caspers, R./zu Knyphausen-Aufseß, D./Reding, K. (Hrsg.): *Zukünftige Geschäftsmodelle – Konzepte und Anwendungen in der Netzökonomie* (S. 63-85). Berlin et al.: Springer-Verlag.

Magretta, J. (2002). Why Business Models Matter. In: *Harvard Business Review*, 80(5), S. 86-92.

Monroe, K. B. (2002). *Pricing: Making profitable decisions*. Columbus: McGraw-Hill College.

Morris, M./Schindehutte, M./Allen, J. (2005). The entrepreneur's business model: toward a unified perspective. In: *Journal of Business Research*, 58(6), S. 726-735.

Nenonen, S./Storbacka, K. (2010). Business model design: conceptualizing networked value co-creation. In: *International Journal*, 2, S. 43-59.

Osterwalder, A./Pigneur, Y. (2009). *Business model generation: A handbook for visionaries, game changers, and challengers.* Amsterdam: Modderman Drukwerk.

Osterwalder, A. (2004). *The Business Model Ontology – a Proposition in a Design Science Approach*. Dissertation, Université de Lausanne.

Porter, M. (1980). *Competitive strategy: techniques for analyzing industries and competitors.* New York: The Free Press.

Rajala, K./Rossi, M./Tuunainen, V. K./Vihinen, J. (2007). Revenue logics of mobile entertainment software. In: *Journal of Theoretical and Applied Electronic Commerce Research*, 2(2), S. 34-47.

Rochet, J. C./Tirole, J. (2003). Platform competition in two-sided markets. In: *Journal of the European Economic Association*, 1(4), S. 990-1029.

Rochet, J. C./Tirole, J. (2006). Two-sided markets: A progress report. In: *Rand Journal of economics*, 37(3), S. 645-667.

Shapiro, C./Varian, H. R. (2000). *Information rules*. Boston: Havard Business Press.

Simon, H./Fassnacht, M. (2008). *Preismanagement*. Wiesbaden: Gabler Verlag.

Simon, H./Dolan, R. J. (1997). *Profit durch Power Pricing. Strategien aktiver Preispolitik*. Frankfurt: Campus-Verlag

Skiera, B./Lambrecht, A. (2000). Erlösmodelle im Internet. In: Albers, S./Hermann, A. (Hrsg.): *Handbuch Produktmanagement* (S. 869-886). Wiesbaden: Gabler.

184

Skiera, B. (1999). *Mengenbezogene Preisdifferenzierung bei Dienstleistungen.* Wiesbaden: Dt. Univ.-Verlag.

Slywotzky, A. J./Morrison, D. J./Andelman, B. (1998). *The profit zone.* Hoboken: Wiley.

Spremann, K./Frick, R. (2011). Finanzarchitekturen von Geschäftsmodellen. In: Bieger, T./zu Knyphausen-Aufseß, D./Krys, C. (Hrsg.): *Innovative Geschäftsmodelle. Konzeptionelle Grundlagen, Gestaltungsfelder und unternehmerische Praxis* (S. 93-110). Berlin et al.: Springer-Verlag.

Teece, David J. (2010). Business Models, Business Strategy and Innovation. Business Models. In: *Long Range Planning*, 43 (2-3), S. 172-194.

Timmers, P. (1998). Business models for electronic markets. In: *Electronic Markets*, 8(2), S. 1-12.

Weiber, R. (1997). Das Management von Geschäftsbeziehungen im Systemgeschäft. In: Kleinaltenkamp, M.: *Geschäftsbeziehungsmanagement* (S. 277-349). Berlin: Springer-Verlag.

Weill, P./Vitale, M. R. (2001). *Place to space. Migrating to ebusiness models.* Boston: Harvard Business Press.

Wirtz, Bernd W. (2001). *Electronic Business* (2., vollst. überarb. und erw. Aufl.). Wiesbaden: Gabler.

Zerdick, A./Picot A./Schrape, K. (1999). *Die Internet-Ökonomie: Strategien für die digitale Wirtschaft.* Berlin: Springer-Verlag.

Zott, C./Amit, R. (2010). Business Model Design: An Activity System Perspective. Business Models. In: *Long Range Planning*, 43(2-3), S. 216-226.

Wachstumsstrategien – Verstärkungsmotoren und Nutznießer innovativer Geschäftsmodelle

Christian Krys

Profitables Wachstum ist das wichtigste Zeichen für eine erfolgreiche Unternehmung und auf das Engste verknüpft mit einem erfolgreichen Geschäftsmodell. Wesentliche Wachstumstreiber sind Größenvorteile, die weiter voranschreitende Globalsierung, der Wettbewerb um die besten Talente, der zunehmende Margendruck, die Forderung der Kapitalgeber nach Wertsteigerung, die Sicherung der Unabhängigkeit des Unternehmens und die Nutzung von Netzeffekten. Vier Strategien sind besonders zum Erreichen von profitablem Wachstum hervorzuheben: die dezentrale Vertrauensorganisation, Innovationen, die Marktdurchdringung und die verschiedenen Möglichkeiten der Internationalisierung.

1 Profitables Wachstum als unternehmerisches Hauptziel

Profitables Wachstum ist das deutlichste Zeichen für den Geschäftserfolg eines Unternehmens. Es ist elementare Voraussetzung für die Steigerung des Unternehmenswerts. Und es ist mit einem erfolgreichen Geschäftsmodell auf's Engste verbunden. Das wird sofort deutlich, wenn man die sechs Dimensionen des im Beitrag von Bieger und Reinhold (2011) ausführlich erläuterten wertbasierten Geschäftsmodellansatzes unter Wachstumsgesichtspunkten betrachtet:

- *Leistungskonzept:* Nur solche Unternehmen sind in der Lage, profitabel zu wachsen, die wettbewerbsfähige Leistungen anbieten und dabei die richtigen Kunden(gruppen) adressieren. Oder umgekehrt: Profitables Wachstum erfordert das Erkennen der Kundenbedürfnisse und ihre optimale Befriedigung.

- *Wertschöpfungskonzept:* Die Kombination effizienter Prozesse und leistungsfähiger Ressourcen ist nicht nur für die Kostenseite eines Unternehmens relevant. Das Wertschöpfungskonzept bestimmt auch die Qualität der unternehmerischen Leistungen und damit die zu erzielenden Preise und die Nachhaltigkeit des Markterfolgs. Über zwei Hebel entscheidet das Wertschöpfungskonzept also über profitables Wachstum.

- *Kanäle:* Eine effektive und effiziente Durchführung von Kommunikation und Distribution – hierzu gehört insbesondere die Wahl der richtigen Kommunikations- und Distributionskanäle – kann ein wahrer „Booster" profitablen Wachstums sein. Denn es reicht nicht, nur gute Produkte kostengünstig herzustellen. Potenzielle Kunden müssen auch von der Existenz dieser Produkte wissen – und sie müssen die Gelegenheit haben, solche Produkte auf einem komfortablen Weg schnell zu erstehen. Die Erweiterung eines Absatzmarktes erfolgt am leichtesten über Kommunikation und Distribution und nicht über neue Produkte.

- *Ertragsmodell:* Unternehmen, die kontinuierlich wachsen möchten, sind daran interessiert, ihre Ertragsströme zu steigern und zu verstetigen. Das ist der Grund, weshalb Unternehmen wie Telekommunikationsanbieter oder Energieversorger daran interessiert sind, langfristige Verträge mit ihren Kunden abzuschließen. Das Ertragsmodell bestimmt somit entscheidend die Wachstumsmöglichkeiten von Unternehmen.

- *Wertverteilung:* Ohne intelligente Verteilung materieller und immaterieller Werte kein Wachstum. Ein Beispiel verdeutlicht das: Unternehmen im Automobilsektor wachsen mit ihren Lieferanten. Denn auf der einen Seite zwingt sie der scharfe Wettbewerb, gegenüber ihren Lieferanten beste Konditionen auszuhandeln, also bei der materiellen Wertverteilung äußerst scharf zu kalkulieren. Auf der anderen Seite übertragen sie immaterielle Werte wie Know-how und Reputation an ihre Lieferanten, von denen diese profitieren.

- *Entwicklungskonzept:* Die Weiterentwicklung des Geschäftsmodells ist der stärkste Wachstumstreiber innerhalb des wertbasierten Geschäftsmodells. Ein Unternehmen wie Apple hat eindrucksvoll bewiesen, wie man mit der Weiterentwicklung des Geschäftsmodells von einem Anbieter leistungsorientierter Computerprodukte zu einem integrierten Anbieter leistungs- und designorientierter Computer-, Telekommunikations- und Unterhaltungsprodukte sowie damit verknüpfter Internet-Dienstleitungen Umsatz und Profit vervielfachen kann.

Die sechs Dimensionen des wertbasierten Geschäftsmodells sind aber nicht nur Wachstumstreiber. Um optimal zu funktionieren, benötigen sie umgekehrt auch Wachstum. Die Einrichtung neuer Distributionskanäle oder groß angelegte Werbekampagnen erfordern Geld – viel Geld sogar, das letztlich nur aus den Gewinnen eines wachsenden Unternehmens kommen kann. Gleiches gilt für die Weiterentwicklung des Geschäftsmodells: Auch hier sind in der Regel große Investitionen notwendig. Ebenso beim Wertschöpfungs- und Leistungskonzept: Ressourcen müssen gekauft werden, die Produktentwicklung muss so ausgestattet sein, dass sie auch in der Lage ist, Innovationen hervorzubringen. Profitables Wachstum wirkt sich auch positiv auf das Ertragsmodell aus: Ein Unternehmen, das wächst und Gewinne macht, steht weniger unter Druck, ausschließlich auf Ertragsmodelle zu bauen, die kurzfristig Cash-wirksam sind. Stattdessen kann es bei seinen Ertragsmodellen kreativer sein und stärker auf langfristige Kundenbeziehungen bauen. Schließlich können wachsende Unternehmen sowohl materielle Werte als auch immaterielle Werte wie Reputation leichter verteilen – ganz einfach, weil sie in der Regel von beidem mehr besitzen als schrumpfende oder stagnierende Unternehmen.

Profitables Wachstum und wertbasierte Geschäftsmodelle sind also gewissermaßen „zwei Seiten einer Medaille". Bei erfolgreichen Unternehmen gehört beides zur „DNA". Profitables Wachstum ist dabei nicht nur ein Indikator für den bisherigen und augenblicklichen Erfolg, es ist ebenfalls die Grundlage für den Erfolg eines Unternehmens in der Zukunft. An diese Erkenntnis anknüpfend untersuchen wir im nächsten Abschnitt, was die wichtigsten Motivatoren oder Treiber unternehmerischen Wachstums sind.

Die wichtigsten Wachstumstreiber

Sieben Aspekte sind dafür verantwortlich, dass Unternehmen dem Wachstumsanspruch gerecht werden müssen, wollen sie nachhaltig wettbewerbsfähig bleiben:

1. *Erfahrungs- und Größenvorteile:* Schnelles Wachstum ist Voraussetzung für die Nutzung von Erfahrungskurveneffekten. Die vorteilhaften Potenziale von Skaleneffekten (insbesondere Fixkostendegression und die Einsetzbarkeit automatisierter und größerer Produktionsmittel), können ebenfalls nur bei einer hinreichenden Größe gehoben werden. Unterstützt wird dies vor allem durch die in den letzten drei Jahrzehnten erzielten Fortschritte der Informations- und Kommunikationstechnologie – sinkende Transaktionskosten und neue Steuerungsmöglichkeiten (zum Beispiel die dezentrale Vertrauensorganisation, auf die noch eingegangen wird) bieten Unternehmen immer bessere Möglichkeiten, in Dimensionen zu wachsen, die sie bisher

nicht erreichen konnten. Dadurch entsteht jedoch auch in einem gewissen Maß ein Zwang zum Wachstum.

2. *Globalisierung:* Geschäfte im globalen Maßstab können nur von internationalen Unternehmen durchgeführt werden. Es ist wichtig hier mitzuhalten, denn grenzüberschreitende Transaktionen, also Handel und Investitionen in ausländischen Märkten (Foreign Direct Investments = FDIs), wachsen deutlich schneller als die Gesamtwirtschaft in den einzelnen Staaten. Nach der jüngsten Wirtschaftskrise haben sowohl Importe und Exporte als auch FDIs wieder stark zugelegt – exportorientierte Nationen wie Deutschland oder die Niederlande haben davon bei ihren Wachstumsraten deutlich profitiert. Die größten Wachstumsmärkte liegen natürlich – wie schon vor der Krise – auch außerhalb der traditionellen Industrieländer, vor allem in den BRIC-Staaten Brasilien, Russland, Indien und China, in asiatischen Ländern innerhalb der ASEAN-Gruppe (wie Indonesien oder Vietnam) und in weiteren Schwellenländern Asiens, Afrikas und Lateinamerikas. Die wichtige Rolle, die China mittlerweile für die globalisierte Wirtschaft inne hat, konnte die Volksrepublik gerade in der jüngsten Krise besonders eindrucksvoll ausspielen. Mit massiven staatlichen Eingriffen hielt China seine Wachstumsrate selbst im Krisenjahr 2009 bei beeindruckenden 9,1% (IMF World Economic Outlook, October 2010) und entwickelte sich damit zu einem Stabilitätsanker der globalen Wirtschaft.

Auch wenn das Internet es heutzutage auch kleineren Unternehmen ermöglicht, international tätig zu sein, erwächst doch für viele Unternehmen aus der zunehmenden Globalsierung der Zwang zum Größenwachstum. Erkennbar ist das an den großen Fusionen, die in den letzten zehn Jahren stattgefunden haben. Unternehmen, die hier bisher nicht mitgemacht haben und noch vor zehn Jahren im internationalen Vergleich zu den Top Playern gehörten, stehen heute unter starkem Druck und laufen Gefahr, übernommen oder aus dem internationalen Geschäft verdrängt zu werden.

3. *Beste Perspektiven für Talente:* Exzellenten Mitarbeitern müssen exzellente Perspektiven geboten werden, wenn Unternehmen sie gewinnen und zumindest mittelfristig binden wollen. Besonders motiviert werden Talente durch Abwechslung, durch internationale Projekte, gute Karrieremöglichkeiten, eine Top-Reputation des Arbeitgebers und natürlich eine der Leistung entsprechende, hervorragende Bezahlung. Nur wachsende Unternehmen können diese Motivationen dauerhaft bieten. Umfragen zeigen deshalb immer wieder, dass wachstumsstarke Unternehmen die attraktiveren Arbeitgeber sind.

4. *Zunehmender Margendruck:* Viele Märkte in den Industrienationen sind gesättigt, die Ausstattung der Verbraucher mit Konsumgütern und von Industrie und Dienstleistern mit Investitionsgütern ist bereits auf einem hohen Niveau. Innovationen erlauben zwar nach wie vor temporär höhere Margen, die Dauer der Abschöpfung solcher Renditen wird aber durch das beschleunigte Nachahmen immer kürzer. Hinzu kommt in den Industrieländern ein zunehmender Wettbewerbsdruck aufgrund der Konsolidierung von Märkten. Beispielhaft zeigt sich das im von wenigen großen Ketten beherrschten Lebensmitteleinzelhandel in Deutschland; hier findet man die volkswirtschaftliche Lehrmeinung, dass der Wettbewerb in einem funktionierenden Oligopol am intensivsten ist, mustergültig bestätigt. Aber nicht nur in Industrienationen, sondern auch in Schwellenländern stehen Margen unter Druck. Die Ursachen dort sind eine Vielzahl von – häufig ausländischen – Wettbewerbern, die mit niedrigen Preisen bis hin zum Dumping erst einmal in dem jeweiligen Markt Fuß fassen wollen, eine im Vergleich zu den Industrieländern geringere Kaufkraft der einzelnen Konsumenten und teils abgespeckte Produktversionen. Konstante Umsätze drohen somit auf allen Märkten zu geringeren Gewinnen zu führen. Will ein Unternehmen seine Gewinne steigern, so funktioniert das bei sinkenden oder gleichbleibenden Margen nur über das Wachstum seiner Umsätze.

5. *Forderung nach Wertsteigerung:* Schließlich existiert der Anspruch der Kapitalgeber eines Unternehmens nach Wertsteigerung. Sie wird erreicht, wenn ein Unternehmen seinen Free Cashflow ausbauen kann. Das kann über eine gewisse Zeit durch ständige Optimierung gelingen, doch nimmt das Kostensenkungspotenzial im Bestand mit jeder erfolgreichen Maßnahme ab. Die Steigerung des Free Cashflows muss also auch durch Umsatzwachstum unterstützt werden.

6. *Sicherung der Unabhängigkeit:* Börsennotierte Unternehmen sind vor feindlichen Übernahmen besser geschützt, wenn ihr Aktienkurs hoch ist. Der Aktienkurs eines Unternehmens hängt, abgesehen von externen Faktoren, wie dem allgemeinen wirtschaftlichen Umfeld und der Lage der Branche, in der das Unternehmen tätig ist, wesentlich von seinem Wachstum ab. Unternehmen, die Wachstumsstärke in ihren Umsatz- und Gewinnzahlen demonstrieren, ziehen Investoren an – was wiederum ihren Aktienkurs steigen lässt. Solche Unternehmen sind viel seltener das Ziel feindlicher Übernahmen als Unternehmen, deren Aktienkurs gering ist.

7. *Nutzung von Netzeffekten:* Teilnehmer eines Netzwerks ziehen in der Regel einen umso größeren Nutzen aus dem Netzwerk, je größer die Teilnehmerzahl innerhalb des Netzwerks ist; es tritt also eine positive Externalität auf (vgl. Shapiro/Varian, 1998). So ist es bei Aktivitäten in „Social Networks" wie Xing oder Facebook für die Teilnehmer vorteilhaft, wenn viele der Geschäftskollegen und Freunde ebenfalls Teil des Netzes sind (vgl. Dörner, 2010). Ein anderes Beispiel: Beim Austausch von elektronischen Dokumenten oder der gemeinsamen Arbeit daran ist es in der Regel erforderlich, dass alle Beteiligten die gleiche Software benutzen – ein wesentlicher Grund für den Erfolg von Microsofts Windows- und Office-Programmen. Der Nutzen der Teilnehmer wächst in Netzen in der Regel überproportional mit dem Anstieg der Teilnehmerzahl. Hat die Teilnehmerzahl eine kritische Masse erreicht, erfolgt der weitere Anstieg der Teilnehmerzahl daher häufig exponentiell, zum Teil bis zur Ausbildung eines natürlichen Quasi-Monopols (wie bei Microsoft Windows). Die Unvereinbarkeit mit anderen Systemen sorgt für einen Lock-in-Effekt. Auch wenn es leistungsfähigere oder nutzerfreundlichere Angebote gibt, lohnt sich der Umstieg für einen Teilnehmer nicht, weil er dann von der Inter-aktion mit anderen Teilnehmern ausgeschlossen ist oder weil – bei einem Umstieg auf eine andere Hardware – das Angebot an Anwen-dungen oder Software im Vergleich zum Branchenstandard zu limi-tiert ist. Aus Unternehmenssicht lohnt sich das Ziel, Branchenstan-dard zu werden, also sehr. Das bedeutet, über die kritische Masse hinaus zu wachsen und Marktführer gemessen an Marktanteilen zu werden.

Es gibt also (mindestens) sieben starke Argumente, warum Wachstum für Unternehmen wichtig ist und sie daher eine Wachstumsstrategie konse-quent verfolgen sollten Wie Wachstumsstrategien ausgestaltet werden können, behandelt der folgende Abschnitt.

2 Wachstumsstrategien

Nur dynamische, innovative Geschäftsmodelle können den Wachstumsan-forderungen gerecht werden. Besonders starkes Wachstum versprechen dabei revolutionäre Veränderungen der Elemente des Geschäftsmodells oder der kompletten Geschäftsmodellarchitektur (vgl. Bieger/Reinhold, 2011). Dabei kann beim Start des Unternehmens durchaus für eine be-stimmte Zeit ein nicht-profitables Wachstum in Kauf genommen werden, wenn die Innovation überzeugend und die Finanzierung gesichert ist. Ein

Extrembeispiel in dieser Hinsicht ist Amazon. Der Pionier des Internet-Buchhandels, der sich mittlerweile zu einem Internet-Versandhandelskonzern mit einer breiten Produktpalette entwickelt hat, musste ab dem Gründungsjahr 1994 bis zum Jahr 2001 Verluste hinnehmen. Heute ist der Erfolg des Unternehmens jedoch unumstritten – und auch, dass es Mehrwert geschaffen hat.

Doch wie kann qualitativ hochwertiges Wachstum konkret geschaffen werden? Zur Antwort auf diese Frage wollen wir im Weiteren vier besonders erfolgversprechende Wachstumsstrategien detailliert behandeln, von denen ebenso erfolgversprechende Geschäftsmodelle abgeleitet werden können.

2.1   Dezentrale Vertrauensorganisation

Starkes Wachstum hängt zunächst davon ab, ob eine Unternehmung so organisiert ist, dass sie sowohl die Fähigkeit als auch den Willen zum Wachsen hat. Die dezentrale Vertrauensorganisation bietet beides. Nur eine Einschränkung gibt es, die bei den folgenden Ausführungen im Hinterkopf zu behalten ist: Mögliche Synergien durch zentrale Einheiten dürfen ebenfalls nicht vernachlässigt werden.

Dezentralität bietet Unternehmen gerade in der globalisierten Welt die Möglichkeit, schnell und flexibel auf Veränderungen der Umwelt zu reagieren. Durch eine dezentrale Organisation des Geschäfts beziehungsweise des Unternehmens wird eine *größere Marktnähe* erzeugt. Entscheidungen können dort getroffen werden, wo das Informationsniveau für den betreffenden Markt am größten ist. Die kurzen Entscheidungswege einer dezentralen Organisation steigern zudem *Schnelligkeit und Flexibilität*. Entscheidungsprozesse können weniger komplex und effizienter gestaltet werden als in zentralisierten Organisationen. Die größeren Freiheiten steigern zudem die *Motivation* von Führungskräften und Mitarbeitern, die Ganzheitlichkeit der damit einhergehenden Aufgabenstellungen fördert die *Identifikation* mit dem Unternehmen – damit lassen sich Mitarbeiter auch besser für anspruchsvolle Ziele mobilisieren.

Zusammengenommen bedeutet dies eine *Entlastung der Unternehmensspitze*, die sich weniger um operative Geschäftsdetails kümmern muss und mehr Zeit für Zukunftsfragen gewinnt – also für strategische Entscheidungen und grundlegende Anpassungen des Geschäftsmodells an mögliche Veränderungen. Gerade vor dem Hintergrund der Erfahrungen aus der globalen Krise und der zunehmenden Komplexität stellt es einen wesentlichen Vorteil dar, antizipativ zu handeln, das heißt, die verschiedenen Zukunftsmöglichkeiten in Szenarien abzubilden und sich mit seinen Strategien und Geschäftsmodellen dafür „wetterfest" zu machen.

Eine dezentrale Organisation ermöglicht einem Unternehmen zudem eine *höhere interne Transparenz*. Klare Zuständigkeiten bedeuten nämlich auch klare Verantwortung. Komplexe Matrixstrukturen begünstigen das Phänomen, dass sich bei Fehlentscheidungen jeder hinter jedem versteckt. Eine dezentrale Organisation hingegen verlangt von jedem Mitarbeiter eigene Verantwortung – mit der ebenso klaren Zuordnung von Erfolg und Misserfolg.

Durch eine dezentrale Struktur werden Unternehmen letztlich auch *flexibler bei Integrationen*. Neue Module sind bei einer Akquisition oder Fusion leichter in die bestehenden Strukturen einzufügen. So wird die Wachstumsfähigkeit weiter gestärkt.

Untrennbar mit Dezentralität ist die Vertrauensorganisation verbunden. Ohne eine echte Vertrauens- und Verantwortungskultur kann eine dezentrale Organisation auf Dauer nicht geführt werden. Eine Vertrauensorganisation endet dabei nicht „an den Werkstoren". Sie verknüpft stattdessen – natürlich in unterschiedlicher Intensität – alle mit dem Unternehmen in Verbindung stehenden Stakeholder. Die Adressaten der Vertrauensorganisation reichen von den eigenen Mitarbeitern über Investoren und Kooperationspartner bis hin zu Kunden und der Öffentlichkeit. Die Führung muss es schaffen, die Gefühlskomponente des Vertrauens, die sich wie jede Emotion einer direkten Steuerung weitgehend entzieht, durch die richtigen organisatorischen Rahmenbedingungen zu aktivieren. Gerade die jüngste Krise hat gezeigt, wie wertvoll Vertrauen ist – wenn man tatsächlich vertrauen kann – und wie groß der Schaden ist, wenn Vertrauen fehlt oder beschädigt wird. Das globale Bankensystem hätte beinahe wegen des Vertrauensverlusts eine Kernschmelze erlebt.

Vier tragende Elemente können für eine Vertrauensorganisation identifiziert werden. Erstens wird das *Engagement der Mitarbeiter erhöht*. Hier verstärken sich also Dezentralität und Vertrauensorganisation gegenseitig. Mitarbeiter wollen wissen, in welche Richtung sich das Unternehmen entwickelt und welchen Beitrag es von ihnen erwartet. Wer sich informiert und eingebunden fühlt, engagiert sich stärker. Das führt auch ganz automatisch – zweitens – zu *höherer Qualität*. Wer Vertrauen in das Können und Wollen der Mitarbeiter setzt – und den Mitarbeitern dieses Vertrauen auch glaubhaft vermitteln kann –, dessen Erwartungen werden in der Regel gerechtfertigt. Die positive Erwartungshaltung liefert einen starken Motivationsschub. Und der kann wiederum zu Qualitätssprüngen, also auch zu wertvollen Innovationen führen. Hat sich eine Vertrauenskultur (und dadurch eine feste Verantwortungskultur) etabliert, dann sind das Resultat – drittens – *niedrigere Transaktionskosten*. Der Kontroll- und Überwachungsaufwand kann deutlich reduziert werden. Wird das innerbetriebliche Vertrauen durch vertrauensvolle Beziehungen zu Partnerunternehmen ergänzt, schafft das Vertrauen Vorteile in Bezug auf Effizienz und Kosten. Fehlendes Vertrauen kostet dagegen viel Zeit und Geld – und geht zu Lasten der Beweglichkeit im schärferen Wettbewerb. Vertrauen wirkt – viertens und wieder verstärkend zur Dezentralität – *als Stimulanz für Kreativität*. Nur dort, wo Mitarbeiter ihre Ideen offen und direkt formulieren und einbringen können, ohne befürchten zu müssen, dass ihre Ideen von anderen im Unternehmen einfach „gekapert" werden, kann fruchtbare Kreativität wachsen.

2.2 Innovationen

Die Freiräume, die die dezentrale Vertrauensorganisation schafft, bieten beste Möglichkeiten für Innovationen. Innovationen sind der wichtigste Wachstumstreiber. Neue, verbesserte Produkte sind das schlagkräftigste Argument, um sich von der Konkurrenz zu differenzieren und die (potenziellen) Kunden zu überzeugen. Innovative Produkte weisen von allen Produkten in der Regel die höchsten Wachstumsraten auf. Doch lassen sich auch mit bekannten Produkten wie Büchern hohe Wachstumsraten erzielen, indem das Geschäftsmodell neu erfunden wird. Dies zeigt das Beispiel von Amazon, das mit dem Internet einen neuen Distributionskanal eröffnete.

Innovative Produkte sind am Markt am ehesten sichtbar, aber natürlich sind Produkte nicht die einzigen Innovationsträger. Auch in Prozesse fließen Innovationen ein, um sie effizienter zu gestalten. Geschäftsmodellinnovationen schließlich können von allen Innovationsarten am umfassendsten sein, denn sie beinhalten häufig gleichzeitig Innovationen in mehreren ihrer Dimensionen. So kann das Auftreten neuer Produkte mit einem neuen Erlösmodell gekoppelt werden, das Internet bietet hier zahlreiche Beispiele, etwa den Download einzelner Musikstücke (anstelle des Kaufs einer CD lädt der Kunde im Internet gezielt nur ein oder mehrere Musikstücke herunter, zahlt unmittelbar während der Transaktion und kann dann die Musik sofort hören und auf anderen Medien speichern). Auch stehen hinter Produktinnovationen häufig Prozessinnovationen, ein Beispiel hier sind Plattformstrategien der Automobilhersteller – Prozesse, die es erlauben, kostengünstig Produktinnovationen über mehrere Marken zu streuen.

Bei dem Ziel, mit Hilfe von Innovationen zu wachsen, darf es Unternehmen nicht nur darum gehen, mit der Konkurrenz Schritt zu halten. Das Tool des Benchmarking oder die Ausrichtung an „Best Practice" können in dieser Hinsicht gefährlich sein, denn damit können es Unternehmen nicht schaffen, der Konkurrenz die berühmte Nasenlänge voraus zu sein. Es geht vielmehr um „Next Practice" und damit darum, zukünftige Kundenbedürfnisse zu antizipieren und sein Innovationen darauf auszurichten (vgl. Prahalad/Ramaswamy, 2004 sowie Kruse, 2006). Michael Mirow, langjähriger Leiter der strategischen Planung der Siemens AG, formuliert es so (Bailom/Anschober, 2010, S. 11): „Es darf den Unternehmen nämlich nicht passieren, dass sie am Erfolg von heute erstarren und sich nicht mehr den Kopf darüber zerbrechen, was sie für den Erfolg von morgen brauchen." Und er warnt: „Des Öfteren war es leider so, dass gerade sehr erfolgreiche Unternehmen radikale Technologiesprünge versäumten."

Bei der Suche nach Innovationen können Unternehmen grundsätzlich zwei wesentliche Strategien verfolgen:

1. *Kundenorientierung* – Die Innovation entsteht aus der großen Nähe zum Kunden und aus dem Wissen über seine (jetzigen und zukünftigen, offensichtlichen und verborgenen) Bedürfnisse.

2. *Technologieorientierung* – Die Innovation erfolgt aus Forschung und Entwicklung, gegebenenfalls in Kooperationen und Netzwerken.

Zwar gibt es empirische Studien, die belegen, dass an den Kundenbedürfnissen orientierte Innovationsstrategien erfolgreicher sind (vgl. Cooper, 1992 sowie Johne/Pavlidis, 1995) Dennoch sind es in der Vergangenheit auch häufig technologiegetriebene Innovationen gewesen, die neue Märkte haben entstehen lassen. Man denke hier nur an das Auto, die Gentechnik oder das Internet. Die entsprechenden Bedürfnisse waren hier gewiss schon vorhanden. Sie konnten aber nicht geäußert werden, denn es fehlte die Vorstellungskraft, dass und wie sie technisch überhaupt zu befriedigen wären. Oder um es mit einem Bonmot des Autopioniers Henry Ford auszudrücken: Hätte er auf seine Kunden gehört, gäbe es heute keine Autos, denn die hätten sich schnellere Pferde gewünscht.[1]

2.3 Marktdurchdringung

Es lohnt sich, einen Markt intensiv zu durchdringen und Marktführer zu sein, also den größten Marktanteil zu besitzen oder einen Markt gar zu

---

[1] http://zitate.net/henry%20ford:2.html. Abruf am 21. Dezember 2010.

dominieren: Der Marktführer kann Economies of Scale realisieren, er gilt unter Kunden als Standard und kann ihnen gegenüber eher einen Lock-in realisieren als schwächere Marktteilnehmer; er hat eine besondere Machtposition gegenüber Lieferanten, er ist in der Regel ein gefragter Arbeitgeber, und er zieht Investoren an. All diese Punkte können die Stellung eines Marktführers gleichzeitig stärken, so dass es für Konkurrenzunternehmen nicht leicht – aber umso lohnender – ist, die Vorherrschaft eines etablierten Marktführers zu brechen.

Wie können Unternehmen eine hohe Marktdurchdringung und Marktführerschaft erreichen? Eine entscheidende Rolle spielen sicherlich die im vorhergehenden Abschnitt besprochenen Innovationen, die wir hier noch einmal unter dem Aspekt der Marktdurchdringung aufgreifen. Innovative Produkte und Services, die die Kundenbedürfnisse besser befriedigen als die bisherigen, sind wichtig, um Kunden zu halten und neue Kunden hinzuzugewinnen. Um damit einen Markt zu durchdringen und die Marktführerschaft zu erlangen, ist es wichtig, dass der Innovationsprozess ständig verbesserte Produkte hervorbringt. Das Timing ist dabei allerdings auch entscheidend. Bleiben wir bei der Betrachtung von Produktinnovationen, darf der Kunde nicht mit neuen Produkten „überfordert" werden und nicht den Eindruck haben, dass die von ihm aktuell genutzten Produkte innerhalb kurzer Zeit veraltet sind. Dass die ständige Anpassung an die Kundenbedürfnisse durch innovative Produkte auch für lange Zeit dominierende Marktführer wichtig ist, zeigt das Beispiel von Nokia. Der finnische Mobilfunkhersteller, der seit Jahren den Endgerätemarkt beherrscht, musste durch das späte Erkennen des Smartphone-Trends erhebliche Verluste an Marktanteilen hinnehmen.

Wachstum mit dem Ziel der Marktdurchdringung setzt – zumindest bei Massenmärkten – auch voraus, dass man seine Produkte zu äußerst wettbewerbsfähigen Preisen anbietet. Dies gilt vor allem dann, wenn man die Marktführerschaft noch nicht erreicht hat. Die Preiskämpfe im deutschen Lebensmitteleinzelhandel zeigen, wie wichtig den dort agierenden Unternehmen Marktanteile sind. Die von ihnen aufgrund ihrer bereits vorhandenen Größe realisierten Economies of Scale geben sie über niedrige Preise an ihre Kunden weiter, um die aktuellen Kunden nicht zu verlieren und neue zu gewinnen. Denn die Wechselhürden der Kunden sind im Einzelhandel gering. Die Weitergabe der Economies of Scale hat natürlich auch ihren Preis: Die Margen sind im Lebensmitteleinzelhandel stark limitiert.

Ein weiterer wichtiger Aspekt, um Marktdurchdringung zu erzielen, ist die Verfügbarkeit der angebotenen Leistungen. Weltmarktführer wie Coca-Cola oder McDonalds sind Weltmeister in puncto Verfügbarkeit ihrer Produkte. Ein Beispiel mag dies illustrieren: In Paris, der Hauptstadt der Fein-schmecker, gibt es fast 40 McDonalds-Restaurants. Die Distribution der Leistungen geht dabei Hand in Hand mit der Kommunikation der Leistungen (dies sind die beiden Elemente der Dimension „Kanäle" des wertbasierten Geschäftsmodellansatzes von Bieger und Reinhold (2011, S. 42ff). Wenn ein TV-Spot für eine hohe Nachfrage nach einem Produkt sorgt, muss dieses Produkt auch zeitgleich in hoher Stückzahl im Handel verfügbar sein, ansonsten verpufft die Wirkung der Werbung oder kehrt sich ins Gegenteil. Umgekehrt nutzen hohe Bestände von besonderen Angeboten im Handel nichts, wenn potenzielle Kunden darüber nicht informiert sind. Das erklärt den hohen Werbedruck von Elektronikmärkten oder Lebensmittelketten.

Dem Wachstum auf einem nationalen Markt sind naturgemäß enge Grenzen gesetzt. Daher denken viele Unternehmen in globalen Dimensionen. Eine Marktdurchdringung auf dieser Ebene erfordert die Internationalisierung, die im nächsten Abschnitt beschrieben wird.

2.4   Internationalisierung

In diesem Beitrag wurde schon analysiert, dass die Globalisierung ein wichtiger Wachstumstreiber ist. Kaum ein Unternehmen kann sich dem heutzutage noch entziehen. Umgekehrt wird aus der Globalisierung ein Instrument, um zu wachsen, wenn man diesen Prozess aktiv gestaltet. Dabei kann Wachstum über Internationalisierung in verschiedenen Formen und auch sukzessive erfolgen:

- Ein Unternehmen kann als Zulieferer eines bereits internationalisierten Unternehmens auftreten. Diese „indirekte Internationalisierung" ist die schwächste Form der Internationalisierung, bietet aber gerade mittelständischen Unternehmen die Möglichkeit, sich schrittweise an ausländische Märkte heranzutasten; denn häufig werden die Zulieferer hier schon mit international anzupassenden Spezifikationen ihrer Produkte konfrontiert, müssen sich aber andererseits bei ihren unmittelbaren Geschäftsbeziehungen noch nicht der Herausforderung einer anderen Kultur und Sprache stellen.

- Der Export ins Ausland ist die nächste Stufe. Das größte Wachstum versprechen hier natürlich Schwellenländer wie die BRIC- oder ASEAN-Staaten, doch bieten zum Beispiel auch osteuropäische Länder, deren Märkte in vielerlei Hinsicht noch nicht gesättigt sind, gute Wachstumsperspektiven. Und selbst in Industrieländern gibt es noch

Märkte, auf denen ausländische Newcomer nicht nur einem reinen Verdrängungswettbewerb ausgesetzt sind. So fangen die USA gerade an, ihre Energieversorgung stärker aus regenerativen Quellen zu speisen – ein großes Feld, auf dem das Know-how deutscher Unternehmen sehr gefragt ist.

- Viele Unternehmen verkaufen nicht nur Waren im Ausland, sondern lagern Teile ihrer Wertschöpfungskette über vertragliche Beziehungen mit selbstständigen Unternehmen dorthin aus. Ein solcher Ansatz findet sich in der Textilindustrie, der Unterhaltungselektronik, der Computer- und Softwareindustrie, der Automobilindustrie und zahlreichen anderen Branchen. So lässt der Sportartikelriese adidas nahezu 100% seiner Produkte von unabhängigen Vertragsherstellern fertigen. Im Bereich der Herstellung elektronischer Produkte und Komponenten ist das mit seiner Zentrale in Singapur ansässige Unternehmen Flextronics einer der weltweit größten Auftragsproduzenten. Aufgrund der Fortschritte der Informations- und Kommunikationstechnik und der dadurch gesunkenen Transaktionskosten (also der Koordinationskosten, die zur Erbringung einer Leistung notwendig sind) ist es heutzutage leichter möglich, Leistungen von Drittanbietern erbringen zu lassen. Wesentliche Motive, dies im Ausland machen zu lassen, sind Kostenersparnisse, die Nähe zu lukrativen Absatzmärkten, geringere Logistikkosten, um diese Absatzmärkte zu versorgen, die Nutzung von Know-how des Drittanbieters und eine größere Flexibilität bei Kapazitätsanpassungen.

- Die Königsdisziplin der Internationalisierung sind Direktinvestitionen in ausländische Tochtergesellschaften oder Joint Ventures. Mit Direktinvestitionen lassen sich einzelne oder mehrere Teile der Wertschöpfungskette abdecken, zum Beispiel Produktion oder Vertrieb. Von allen Aktivitäten im Ausland sind Direktinvestitionen das klarste Bekenntnis zu einem ausländischen Standort. Wesentliche Motive für Direktinvestitionen sind die Erschließung neuer Absatzmärkte, das Ausnutzen von Lohnkostenunerschieden, die Nutzung von speziellem Know-how und die Begleitung wichtiger Kunden ins Ausland („Follow-the-customer"). Ausländische Tochtergesellschaften lassen sich leichter steuern als Kooperationspartner, mit denen man nur vertraglich verbunden ist. Den bedeutenden Vorteilen von FDIs stehen auch einige Nachteile gegenüber, die Unternehmen vor einem Engagement mit Direktinvestitionen beachten müssen. So sind FDIs mit einem vergleichsweise großen Risiko behaftet – in der Regel werden sie zu Sunk Costs, falls das Engagement fehlschlägt. FDIs haben häufig eine lange Amortisationszeit. Zudem bestehen, insbesondere in Schwellenländern, in vielen Branchen einschränkende Vorschriften für ausländische Unternehmen – es gibt zum Beispiel häufig Obergrenzen für Beteiligungen und Local-Content-Vorschriften sowie erhebliche bürokratische Belastungen.

Natürlich gelingt der Schritt auf das globale Parkett nicht immer auf Anhieb. Geschäftsmodelle können auf dem heimischen Markt erprobt und verfeinert werden. Mit der hier gewonnen Stärke kann der Schritt über die Grenzen gewagt werden. Die Low-Cost-Flieger Ryanair und Easyjet haben ihre Geschäftsmodelle erst auf dem britisch-irischen Heimatmarkt erprobt und sind dann auf weitere Märkte expandiert. Heute operieren sie weitgehend in ganz Europa. Ein anderes Beispiel ist Red Bull – zunächst in Österreich als neues Getränk eingeführt, kam der Wachstumsschub in den 90er Jahren mit der Internationalisierung des Geschäfts. Heute wird Red Bull, das lange von den globalen Konzernen nicht ernst genommen wurde, mehr oder weniger weltweit getrunken – und nachgeahmt.

Selbst auf dem scheinbar weitgehend aufgeteilten Markt für Fastfood sind immer wieder (internationalisierbare) Innovationen möglich, auch über Franchise-Modelle. So hat sich die Sandwich-Kette Subway mit Franchise-Nehmern als vollkommen Unbekannte seit Mitte der 90er Jahre den europäischen Kontinent erschlossen. Innovative Unternehmen profitieren bei der Internationalisierung davon, wenn ihre Heimatmärkte innovationsaffin sind. Ohne die Technikbegeisterung der finnischen und koreanischen Konsumenten hätten Unternehmen wie Nokia und Samsung mit hoher Wahrscheinlichkeit bereits etablierte Konkurrenten wie Siemens auf dem Handymarkt nicht komplett verdrängen können.

Es gibt viele Beispiele für eine erfolgreiche Internationalisierungsstrategie, die profitables Wachstum generiert und Innovationskräfte nutzt beziehungsweise erschließt. Für Bailom/Anschober (ebd. Seite 16) steht fest: „Strategisches Denken ist in seinem Kern antizipatives Denken. Antizipation setzt voraus, dass man imstande ist, möglichst konkrete Vorstellungen über die Zukunft zu entwerfen. Dies impliziert, dass die Zeichen der Zeit gesehen, verstanden und im Kontext unternehmerischen Tuns richtig interpretiert werden." Globalisierung gehört definitiv zu den wichtigsten Zeichen der Zeit, die durch innovative Geschäftsmodelle adressiert werden müssen.

4   Ausblick

Wir haben gesehen, wie wichtig Wachstum für Unternehmen ist und wie eng das Wachstum mit dem Geschäftsmodell eines Unternehmens verknüpft ist. Diese Verbindung zu erkennen, ist ein wichtiger Schritt für ein Unternehmen, sein Wachstumspotenzial voll auszuschöpfen. Denn einem rein quantitativen Wachstum im bestehenden Geschäftsmodell (vgl. Bieger/Reinhold, 2011, S. 52f.) sind Grenzen gesetzt. Neue Wachstumspotenziale können erschlossen werden, wenn das Geschäftsmodell evolutionär angepasst wird oder wenn die Geschäftsmodellelemente oder die Geschäftsmodellarchitektur prinzipiell verändert werden (vgl. Ebenda). An einer Weiterentwicklung des Geschäftsmodells anzusetzen, ist eines der Prinzipien, die die wachstumsstärksten Unternehmen der Welt wie Apple oder Google (vgl. zu Google Krys/Wiedemann, 2011) auszeichnet.

5   Literaturverzeichnis

Bailom, F./Anschober, M. (2010). *Zukunft gestalten ... Überdenken Sie Ihr Denkmodell*. IMP Perspectives 02, 2010/11, S. 9-17.

Bieger, T./Reinhold, S. (2011): Das wertbasierte Geschäftsmodell – Ein aktualisierter Strukturierungsansatz. In: Bieger, T./zu Knyphausen-Aufseß, D./Krys, C. (Hrsg.): *Innovative Geschäftsmodelle. Konzeptionelle Grundlagen, Gestaltungsfelder und unternehmerische Praxis* (S. 13-70). Berlin et al.: Springer-Verlag.

Cooper, R. G. (1992): The NewProd System: The Industry Experience. In: *Journal of Product Innovation Management*, Vol. 9, No. 2, S. 113-127.

Dörner, S. (2010). Netzwerkeffekt: Warum Facebook der Konkurrenz keine Chance lässt. In: *Handelsblatt*, 26. Juli 2010.

IMF (International Monetary Fund) (2010): *World Economic Outlook October 2010 – Recovery, Risk and Rebalancing*. Washington D.C., USA.

Johne, A./Pavlidis, P. (1995). Product Innovation Banking: How Marketing Works. In: *Journal of Marketing Management*, No. 11, S. 797-805.

Kruse, P. (2006). *next practice. Erfolgreiches Management von Instabilität*. Offenbach: Gabal-Verlag.

Krys, C./Wiedemann, A. (2011): Google – „In Zukunft vergessen Sie nichts, weil der Computer sich alles merkt". In: Bieger, T./zu Knyphausen-Aufseß, D./Krys, C. (Hrsg.): *Innovative Geschäftsmodelle. Konzeptionelle Grundlagen,*

200

Gestaltungsfelder und unternehmerische Praxis (S. 251-275). Berlin et al.: Springer-Verlag.

Prahalad, C. K./Ramaswamy, V. (2004). Co-Creation Experiences: The Next Practice in Value Creation. In: *Journal of Interactive Marketing* 18 (3), S. 5-14.

Schwenker, B./Bötzel, S. (2006): *Auf Wachstumskurs. Erfolg durch Expansion und Effizienzsteigerung*. Berlin et al.: Springer-Verlag.

Shapiro, C./Varian, H.R. (1998): *Information Rules. A Strategic Guide to the Network Economy*. New York: McGraw-Hill Professional.

Geschäftsmodellinnovation im Spannungsfeld zwischen Unternehmensgründung und Konzernumbau

Michael Zollenkop

Dieser Beitrag thematisiert das Konstrukt „Geschäftsmodellinnovation" aus Sicht von Unternehmensgründern sowie Managern etablierter Unternehmen. Ziel ist die Identifikation von Situationen, in denen Geschäftsmodellinnovationen für den Unternehmenstyp Startup beziehungsweise für bestehende Unternehmen erfolgversprechend sind. In diesem Spannungsfeld zeigt der Beitrag Unternehmensbeispiele, Handlungsoptionen und eine Entscheidungstypologie auf.

1 Entscheidungssituationen zur Innovation des Geschäftsmodells

Eine Innovation des Geschäftsmodells ist insbesondere bei sich abzeichnenden, signifikanten Veränderungen in der Unternehmensumwelt erfolgversprechend: Technologische, soziokulturelle und politisch-rechtliche Parameter determinieren in hohem Maße Stimmigkeit und Erfolg eines Geschäftsmodells. Veränderungen dieser oder anderer relevanten Faktoren können bestehende Geschäftsmodelle daher mittelfristig bedrohen, gleichermaßen aber Chancen für alternative Geschäftsmodelle entstehen lassen. Für etablierte Unternehmen gibt es dabei drei grundsätzliche Handlungsoptionen: bewusster Verbleib im etablierten Geschäftsmodell, „Überholen" des innovativen Modells durch erneute Geschäftsmodellinnovation sowie Übernahme des neuen Geschäftsmodells (vgl. zu Knyphausen-Aufseß/Zollenkop, 2011).

Dabei erscheint ein Wechsel des Geschäftsmodells für ein etabliertes Unternehmen zunächst wenig attraktiv (vgl. Markides, 2008, S. 11ff.): Der Markt für das neue Geschäftsfeld ist anfangs relativ begrenzt, die Zielkunden unterscheiden sich gegebenenfalls deutlich von der bisherigen Kundengruppe und die Erfolgsfaktoren des neuen Geschäftsmodells differieren mitunter erheblich. Im Regelfall sind andere als die vorhandenen Ressourcen und Fähigkeiten erforderlich, bisherige Kompetenzen und Erfahrungen werden entwertet. Zudem sind in einer solchen Situation erhebliche unternehmensinterne Widerstände zu erwarten, etwa aufgrund unterschiedlicher Servicekulturen. Kurz: Das etablierte Unternehmen muss bei einem Wechsel des Geschäftsmodells in erheblichem Umfang Aufbauarbeit leisten, was nicht seinen vertrauten Geschäftsprozessen im eingeschwungenen Zustand des bisherigen Geschäftsmodells entspricht.

Daher entstehen innovative Geschäftsmodelle vielfach in Form von Startups; Unternehmensgründer setzen dabei ganz bewusst auf andere Leistungsattribute als auf die vom traditionellen Geschäftsmodell bedienten, um das neue Geschäftsmodell vom etablierten Standard abzugrenzen. Christensens Unterscheidung von Produktinnovationen in „disruptive innovations" und „sustaining innovations" lässt sich dazu auf Geschäftsmodelle übertragen: „Disruptive innovations" begründen eine neue Leistungskurve, die auf anderen als den bislang relevanten Attributen in einem Wettbewerbsfeld beruht. In diesen neuen Leistungsmerkmalen, die auf die bisher nicht adressierten Bedürfnisse neuer Kundengruppen zielen, sind „disruptive innovations" herkömmlichen Technologien überlegen. Hinsichtlich der traditionellen Leistungsmerkmale können sie dagegen unterlegen sein. „Disruptive innovations" werden in der Regel von branchenfremden Unternehmen entwickelt. „Sustaining innovations" steigern dagegen die Leistungsfähigkeit von Produkten bezüglich der Leistungsattribute, die von den gegenwärtigen Kunden geschätzt werden, sodass die Leistungskurve einer Technologie fortgeschrieben wird; sie werden in der Regel von etablierten Unternehmen getätigt.[1]

Gleichwohl wird auch ein etabliertes Unternehmen in drei Situationen eher zu einem neuen Geschäftsmodell im Sinne eines Konzernumbaus als zu einem Verbleib im bestehenden Geschäftsmodell tendieren (vgl. Markides, 2008, S. 143ff.): Im ersten Fall muss ein Unternehmen zwangsläufig sein Geschäftsmodell wechseln, wenn dieses bereits soweit obsolet geworden ist, dass das Unternehmen andernfalls nicht weiter überlebensfähig wäre. Die zweite derartige Situation tritt dann ein, wenn ein bestehendes Unternehmen in ein neues Geschäftsfeld einsteigen und die dortigen Branchenvertreter erfolgreich attackieren möchte; Canon etwa hatte den damaligen Marktführer Xerox nicht nur mit einem Einstieg ins

---

[1] Vgl. Christensen (1997); Ausgangspunkt seiner Überlegungen bildet die Differenz der möglichen Leistungssteigerung von Produkten durch unterschiedliche Technologien beziehungsweise Innovationen sowie der tatsächlichen Kundenanforderungen an die jeweiligen Produkte im Verlauf der Zeit.

Geschäftsfeld Kopiergeräte überrascht, sondern auch mit einem neuen, überlegenen Geschäftsmodell: Mit Fokus auf End- statt Geschäftskunden, Klein- statt Großgeräten, Qualität und Preis statt Kopiergeschwindigkeit als Differenzierungsmerkmal und Vertrieb über den Handel statt Leasingmodell über Vertriebsaußendienst hat Canon sehr erfolgreich ein völlig neues Geschäftsmodell begründet. In der dritten Konstellation geht es darum, ein neu entstehendes Geschäftsfeld zu erobern, den Innovatoren diesen Markt streitig zu machen und den Markt zum Massenmarkt zu erweitern. Hier haben etablierte Unternehmen auf Grund ihrer Größe und Ressourcen mitunter gute Chancen, eine starke Marktstellung zu erreichen, sofern sie ihr Geschäftsmodell anpassen; Procter & Gamble etwa hatte keineswegs die Einmalwindel erfunden, jedoch schnell auf die Innovation reagiert, sein Geschäftsmodell geändert und seine Marke Pampers geradezu zum Synonym für die gesamte Produktkategorie ausgebaut.

In den folgenden Ausführungen werden mögliche Vorgehensweisen bei der Innovation von Geschäftsmodellen aus der Perspektive von Unternehmensgründern einerseits sowie von etablierten Konzernen andererseits näher betrachtet.

2 Geschäftsmodellinnovation durch Startups

Geschäftsmodellinnovationen durch Startups waren im Zeitalter der sogenannten New Economy geradezu an der Tagesordnung: Das sich rapide ausbreitende Internet bot völlig ungeahnte Möglichkeiten, über Jahrzehnte hinweg bestehende Geschäftsmodelle innerhalb kürzester Zeit auszuhebeln: Ob Online-Buchhandel à la Amazon oder kundenindividuell gefertigte PCs von Dell – in vielen Bereichen hatten sich die Modelle rasch etabliert und teilweise sogar zum neuen Branchenstandard entwickelt.

Dabei entstanden viele dieser Startups eher zufallsgetrieben, etwa das Online-Auktionshaus Ebay (vgl. Zollenkop, 2006, S. 73f.): Im September 1995 von dem Ingenieur Pierre Omidyar als Freizeitbeschäftigung entwickelt, gilt der Name Ebay heute weltweit als Synonym für Online-Auktionen. Dabei lag Omidyars ursprüngliche Motivation lediglich darin, seiner Verlobten den Handel mit sogenannten PEZ-Spendern (Kunststoffbehältnissen für Brausebonbons im Design von Comicfiguren) zu ermöglichen beziehungsweise überhaupt erst Gleichgesinnte für ihr Hobby aufzuspüren. Rasch entwickelte sich daraus eine Plattform für

C2C-Auktionen, die sukzessive auch für B2C-Auktionen sowie Festpreisangebote ausgebaut wurde.

Heute verläuft die Innovation von Geschäftsmodellen anhand von Startups wesentlich professioneller, und es hat sich regelrecht eine Szene sogenannter „Serienunternehmer" (vgl. Müßgens, 2010) herausgebildet, die sukzessive „weiße Flecken" unter den bestehenden Geschäftsmodellen aufspürt und dafür Lösungen erarbeitet – nach wie vor häufig auf Basis der Internettechnologie. In Deutschland zählen Lars Hinrichs, unter anderem Gründer des Internet-Netzwerks Xing, und die Brüder Samwer, unter anderem Gründer des Internet-Auktionshauses Alando, das später in eBay aufging, zu den bekanntesten Vertretern dieser Spezies Unternehmer. Durch ihr Netzwerk, ihre Erfahrung im Gründen neuer Firmen und Geschäftsmodelle sowie ihrem Zugang zu Wagniskapital liegt ihre Erfolgsquote wissenschaftlichen Studien zufolge immerhin bei 30% – im Vergleich zu nur 20% bei „Ersttätern" in puncto Gründung eines Startups (vgl. Müßgens, 2010, S. 122).

Wie der Vergleich einiger dieser Seriengründer zeigt, scheinen diese bei der Entwicklung eines Geschäftsmodells eine konsistente Strategie zu verfolgen (vgl. Müßgens, 2010, S. 119f.): So generieren sie keine gänzlich neuen Konzepte, sondern modifizieren bestehende Geschäftsmodelle oder kopieren sie aus anderen Bereichen, etwa aus dem Ausland oder anderen Branchen. Das von den Samwer-Brüdern gegründete Auktionshaus Alando etwa stellte eine Kopie des eBay-Geschäftsmodells dar.[2] Zudem betreten Serienunternehmer mit ihrem Geschäftsmodell im Regelfall Neuland in puncto Kundennutzen und Wettbewerbsvorteilen, wodurch sie nicht zuletzt eine Konkurrenz zu bereits bestehenden Geschäftsmodellen vermeiden; Online-Netzwerke wie LinkedIn oder Xing etwa konkurrieren in Reichweite und Reichhaltigkeit von Kontakten nicht mit traditionellen Formen der Pflege eines Beziehungsnetzwerks. Schließlich bleiben Seriengründer tendenziell einem einmal gewählten Tätigkeitsbereich wie Medien oder Biotechnologie treu.

Diese Treue zu ihren Geschäftsgrundsätzen zeigt sich auch bei zwei international renommierten Seriengründern. Sein Motto „Regeln brechen" bewies Richard Branson in den vergangenen vier Jahrzehnten unter der Marke Virgin in so unterschiedlichen Branchen wie Plattenvertrieb, Fluglinie, Brautmode oder Bahnreisen; sein neuester Coup besteht in der Entwicklung eines Angebots für Weltraumtourismus, das ab 2012

---

[2]   Zur Kopierbarkeit von Geschäftsmodellen vgl. die Ausführungen von zu Knyphausen-Aufseß/Zollenkop (2011).

vermarktet werden soll. Bei allen Geschäften ging Branson vergleichsweise vorsichtig vor: Seine Fluglinie startete seinerzeit etwa mit einem einzigen geliehenen Flugzeug und auch im Projekt Weltraumtourismus begrenzt er sein finanzielles Risiko auf einen überschaubaren Betrag. Insgesamt erzielte die Virgin Group im Jahr 2008 mit rund 55.000 Mitarbeitern rund 17 Mrd. Euro Umsatz.[3] Ähnlich grundsatztreu gibt sich der Serienunternehmer Stelios Haji-Ioannou: Seine Easy-Gruppe experimentiert mit sogenannten Low-Cost-Geschäftsmodellen in zahlreichen Branchen und diversifizierte Konzept und Marke sukzessive von einer Fluglinie unter anderem hin zu Mietfahrzeugen, Internetcafés und Online-Banking (vgl. Hässig/Müller/Würtenberg, 2003).

3 Geschäftsmodellinnovation in etablierten Unternehmen

Etablierte Unternehmen müssen bei der Innovation von Geschäftsmodellen im Vergleich zu Gründern zusätzliche Vorkehrungen treffen, sofern sie sich nicht in einer der eingangs erwähnten Konstellationen befinden, die einen Konzernumbau nahelegen. So müssen Unternehmen mit einem bislang erfolgreichen Geschäftsmodell drei wesentliche Herausforderungen erkennen, wenn sie in Reaktion auf zukünftig sich abzeichnende Bedrohungen oder Chancen die Innovation ihres Geschäftmodells in Angriff nehmen.[4]

Die erste derartige Herausforderung besteht darin, dass sich das neue Geschäftsmodell im Widerspruch zum bestehenden Geschäftsmodell und damit zu bisherigen Erfolgsfaktoren, Selbstverständnis und mentalen Modellen – kurz: zur DNA – des Unternehmens befindet: Derartige neue Ideen werden dann entweder von vornherein als nicht zum Unternehmen passend abgetan oder scheitern an fehlender Ressourcenausstattung, um sie bis zur Reife voranzutreiben. Dem Computerkonzern DEC widerfuhr dies beim versuchten Einstieg ins PC-Geschäft ebenso wie Produktentwicklern des Fotounternehmens Kodak mit ihrer Idee der digitalen Kamera – beide Projekte hätten eines fundamental neuen Geschäftsmodells bedurft (vgl. Johnson, 2010, S. 157f.).

---

[3] Vgl. Fuchs (2009 – King); Fuchs (2009 – Porträt); Kim/Mauborgne (1997), S. 111, mit dem „Regel brechenden" Beispiel der Fluglinie Virgin Atlantic.

[4] Zu den folgenden Ausführungen vgl. Johnson (2010), S. 155ff.

Eine weitere Herausforderung liegt in der Gefahr, die neue Geschäfts-möglichkeit in den Rahmen des bestehenden Geschäftsmodells pressen zu wollen und das neue Konzept dabei so weit zu modifizieren, bis es in die herrschende Paradigmenwelt passt. Der resultierende Kompromiss entspricht dann im Regelfall kaum noch dem angestrebten Ergebnis und konsistente Geschäftsmodelle resultieren daraus kaum.

Die dritte Hürde für neue Geschäftsmodelle im etablierten Unternehmen stellt die häufig anzutreffende Situation dar, dass das neue Konzept entweder direkt oder indirekt angegriffen wird – aus Furcht vor Kannibalisierung des bestehenden Geschäftsmodells oder unterschwellig in Form von Wachstums- oder Ertragszielen analog zum bestehenden Geschäft, die ein Neugeschäft kurzfristig nicht erreichen kann. Beim Computerkonzern HP war dies in den frühen 1990er Jahren zu beobachten, als ein Einstieg in das Geschäft mit 1,3 inch kleinen Disketten zur Anwendung etwa in Nintendos Game Boy anhand überhöhter Wachstumsvorgaben beziehungsweise fehlender Zeit zu Erreichung der Vorgaben von Beginn an zum Scheitern verurteilt war (vgl. Johnson, 2010, S. 160f.).

Im Umgang mit diesen Hürden bieten sich verschiedene Lösungen an. Markides schlägt eine Vorgehensweise in Abhängigkeit des Konfliktpotenzials zwischen Neu- und Altgeschäft sowie der strategischen Nähe zwischen neuem und bestehendem Geschäftsmodell vor (vgl. Abbildung 1) (vgl. Markides, 2008, S. 86ff.):

Abb. 1: Normstrategien zur Geschäftsmodellinnovation in etablierten Unternehmen (in Anlehnung an Markides, 2008, S. 86ff.)

Demnach besteht die Normstrategie im Fall eines hohen Konfliktpotenzials bei geringer strategischer Nähe zwischen den Geschäftsmodellen in einer organisatorischen Trennung, also einer Entwicklung des innovativen Geschäftsmodells in einer separaten Business Unit. Der Nahrungsmittel-Multi Nestlé entschied sich für dieses Vorgehen bei der Einführung des Kaffeesystems Nespresso in Abgrenzung zu seinem etablierten Geschäft mit Instantkaffee der Marke Nescafé; während Nescafé einem typischen FMCG-Geschäft entspricht, wurde Nespresso in Anlehnung an ein Luxusgütergeschäftsmodell konzipiert (vgl. Markides, 2008, S. 89).

Im umgekehrten Fall großer strategischer Nähe zwischen altem und neuem Geschäftsmodell sowie geringen Konfliktpotenzials wird eine Integration der beiden Geschäftsmodelle vorgeschlagen, um Synergiepotenziale zu nutzen: Das neue Geschäftsmodell wird parallel zum bestehenden Geschäft geführt, wobei Prozesse, Anreizsysteme und weitere Führungsinstrumente entsprechend anzupassen sind. Merrill Lynch beschritt diesen Weg, als der Online-Kanal zusätzlich zum traditionellen Kapitalanlagegeschäft ins Portfolio aufgenommen wurde.

Die beiden verbleibenden Normstrategien entsprechen einem phasenweisen Vorgehen: Bei einer sukzessiven Integration wird das neue Geschäftsmodell zunächst in einer eigenen Business Unit vorangetrieben und bei Vorliegen eines gewissen Reifegrades mit dem traditionellen Geschäftsmodell verschmolzen. Die Finanzmaklerfirma Charles Schwab verfuhr beim Einstieg in das Online-Brokerage nach diesem Muster. Den umgekehrten Weg dagegen ging etwa die britische Supermarktkette Tesco, die ihren Online-Vertrieb zunächst im Rahmen des bestehenden Geschäftsmodells gestartet hatte und nach Etablierung und Erreichen einer kritischen Größe schließlich in eine eigenständige Gesellschaft ausgründete.

Welche Vorgehensweise bei der Entwicklung von Geschäftsmodellinnovationen die tatsächlich richtige ist, hängt über die Normstrategie hinaus auch von der jeweiligen Unternehmenskultur ab. Dies verdeutlichen zwei aktuelle Beispiele aus der Automobilindustrie.

So hatte der Automobilkonzern Daimler im Herbst 2007 eine Abteilung namens „Business Innovation" eingerichtet, die als „Keimzelle für neue Geschäftsideen" fungieren und dazu Wachstumschancen jenseits des Kerngeschäfts, jedoch in Zusammenhang mit Fahrzeugen, generieren sollte.[5] Der Auftrag an das 15-köpfige Team lautete konkret, Geschäftsideen mit einem weltweiten Marktpotenzial von mindestens 1 Mrd. Euro, einem zusätzlichen jährlichen Konzernumsatz für Daimler von 100 Mio.

---

[5] Vgl. o.V. (2010 – Business Innovation); o.V. (2010 – Daimler).

Euro und einer Umsatzrendite von mehr als 10% zu erarbeiten sowie das dafür jeweils erforderliche Geschäftsmodell zu entwickeln. Diese integrierte Herangehensweise ermöglichte dem Projektteam eine optimale Nutzung des im Konzern vorhandenen Know-hows: So wird eine enge Zusammenarbeit mit den jeweils relevanten Fachbereichen gepflegt; darüber hinaus wird jeder Daimler-Mitarbeiter über eine Web 2.0-Community dazu animiert, seine Ideen einzubringen. Innerhalb der ersten drei Jahre wurden von Konzernmitarbeitern rund 1.500 Ideen eingereicht. Insgesamt wurden bislang 58 Geschäftskonzepte ausgearbeitet und elf davon pilotiert, unter anderem das urbane Mobilitätskonzept „car2go" zur Spontanmiete von smart-Fahrzeugen im Stadtverkehr, die webbasierte Mitfahr-Community „car2gether", der Handel mit Fahrzeugen der Jahre 1970 bis 1990 unter dem Titel „Mercedes-Benz Young Classics" sowie der Designwettbewerb „Style Your smart", an dem sich über 8.000 smart-Fans beteiligten. Dass der Konzern mit „Business Innovation" dem Modell einer sukzessiven Trennung folgt, zeigt das Beispiel „car2go": So wurde im März 2010 die car2go GmbH gegründet, um die Implementierung des Projekts über die Pilotstädte Ulm und Austin/Texas hinaus voranzutreiben.

Anders der indische Mischkonzern Tata: Dessen Eigner Ratan Tata hatte die Vision, indischen Familien eine verkehrssichere, wetterfeste, erschwingliche und komfortable Alternative zu den als Familiengefährt vorherrschenden und regelmäßig mit bis zu sechs Personen besetzten Motorrädern zu entwickeln (vgl. Bhinge, 2009; Johnson, 2010, S. 34 und 42ff.; o.V., 2008). Ausgangspunkt war der Zielpreis für ein Fahrzeug von 100.000 Indischen Rupien oder umgerechnet rund 2.500 US-Dollar, der dem doppelten Preis von Motorrädern, jedoch nur etwa dem halben Preis der bis dato in Indien erhältlichen Kompaktfahrzeuge entsprach. Schnell war klar, dass ein solch revolutionärer Preis ein fundamental anderes Geschäftsmodell als Tatas traditionelles, auf Nutzfahrzeuge und herkömmliche Personenfahrzeuge ausgerichtetes Geschäftsmodell erforderte. Tata Motors musste zwangsläufig alle bis dahin geltenden Prinzipien der Automobilentwicklung in Frage stellen: So wurde einerseits bewusst ein Entwicklerteam aus verhältnismäßig jungen Ingenieuren mit der Aufgabe der Entwicklung des Tata Nano betraut, um bisherige Konventionen und Erfahrungen weitestmöglich auszublenden. Andererseits wurde ein hoher Anteil der Entwicklungsarbeit und rund 90% der Wertschöpfung an international renommierte Zulieferer wie Bosch, Freudenberg oder Mahle outgesourct, die ihrerseits alle Konventionen über Bord warfen und die Komponenten grundlegend einfacher als gewohnt konstruierten, um die Zielkosten realisieren zu können. Ein wesentliches Erfolgsgeheimnis lag dabei darin, zahlreiche Standardkomponenten und -funktionen eines

PKWs hinsichtlich ihrer Notwendigkeit für den indischen Massenmarkt grundsätzlich infrage zu stellen; folgerichtig umfasst die Serienausstattung des Nano weder Radio noch Klimaanlage, Lenkkraftverstärkung oder elektrische Fensterheber, und die Instrumentenanzeige beinhaltet lediglich Geschwindigkeit, Kilometerstand und Füllstand des Tanks. Im Ergebnis besteht der Tata Nano aus einer erheblich geringeren Anzahl an Komponenten, die von einer deutlich reduzierten Lieferantenzahl produziert werden. Der Erfolg scheint Tata Recht zu geben: Bereits vier Wochen nach Verkaufsstart hatten 1,4 Millionen Inder den Tata Nano im Autohaus begutachtet, 30 Millionen Menschen hatten die Homepage besucht und 200.000 Käufer eine Anzahlung von 80% des Kaufpreises geleistet. Zusammenfassend hat Tata bewusst einen Ansatz der Trennung vom bestehenden Geschäftsmodell gewählt, das Geschäftsmodell des Tata Nano bei Produktionsstart aber in das etablierte Modell von Tata Motors integriert.

Eine weitere Möglichkeit der Geschäftsmodellinnovation durch etablierte Unternehmen besteht in der Übernahme von Startups mit innovativem Geschäftsmodell (vgl. Johnson, 2010, S. 150ff.). So lässt sich bei Unternehmen wie Google, Yahoo oder Ebay beobachten, wie sie laufend Startups mit vielversprechenden Technologieentwicklungen oder bereits ausgereiften Geschäftsmodellen erwerben, um Entwicklungszeiten – die im Innovationswettbewerb häufig relevanter als Kosten sind – einzusparen und sich gleichzeitig eine Ausgangsbasis als Fast Follower oder sogar First Mover zu sichern (vgl. Zollenkop, 2008). So hatte etwa Ebay den Online-Dienst Skype gekauft, der gratis Telefongespräche via Internet anbietet. Yahoo etwa hatte die Foto-Community Flickr erworben und die Gründerin von Flickr als Vice President bei Yahoo aufgenommen. Auch etablierte Konzerne wie General Electric, Oracle oder Johnson & Johnson setzen auf diese Strategie, um signifikante Wachstumsraten zu erzielen und ihr Konzernportfolio an Geschäftsmodellen zu erweitern.

4 Von der Geschäftsmodellinnovation zum Innovationsmanagement von Geschäftsmodellen

Egal ob sich „Ersttäter" hinsichtlich Unternehmensgründung, Serienunternehmer oder Geschäftsführer mit einer Geschäftsmodellinnovation befassen: Gemeinsam ist ihnen die Tatsache, dass ein systematisches und planvolles Vorgehen erforderlich ist, um die mit einer Geschäftsmodellinnovation gesteckten Ziele auch tatsächlich zu erreichen. Dabei besteht eine zusätzliche Herausforderung darin, neben „harten" Daten, Zahlen und Fakten im Rahmen eines begleitenden Change Managements auch sogenannte. „weiche" Faktoren zu berücksichtigen und das innovative Geschäftsmodell erfolgreich zu implementieren. Es nicht bei einer einmaligen Geschäftsmodellinnovation zu belassen, sondern die Überprüfung und Erneuerung des Geschäftsmodells in den Routinen und Prozessen des Unternehmens zu verankern, ist schließlich die ultimative Kunst im Innovationsmanagement von Geschäftsmodellen.

5 Literaturverzeichnis

Bhinge, R. (2009). *India – A global future growth market.* Unveröffentlichter Vortrag der Tata Strategic Management Group im Rahmen der 19. Stuttgarter Gespräche von Roland Berger Strategy Consultants. Stuttgart, 29. Oktober 2009.

Christensen, C. M. (1997). *The Innovator's Dilemma. When New Technologies Cause Great Firms to Fail.* Boston: Harvard Business Press.

Fuchs, C. (2009 – King). King Richard. In: *Business Punk,* Ausgabe 01-2009, S. 34-42.

Fuchs, C. (2009 – Porträt). Porträt Richard Branson: Weltraumreisen mit einem Milliardär. In: *Stern* Nr. 9/2009. Abgerufen unter http://www.stern.de/lifestyle/leute/ portraet-richard-branson-weltraumreisen-mit-einem-milliardaer-655980.html

Hässig, L./Müller, T./Würtenberg, M. (2003). *„Hi, I'm Stelios".* In: *Facts,* 30. Januar 2003

Johnson, M. W. (2010). *Seizing the White Space: Business Model Innovation for Growth and Renewal.* Boston: Harvard Business Press.

Kim, W.C./Mauborgne, R. (1997). Value innovation: The strategic logic of high growth. In: *Harvard Business Review,* January-February 1997, S. 103-112.

zu Knyphausen, D./Zollenkop, M. (2011). Transformation von Geschäftsmodellen – Treiber, Entwicklungsmuster, Innovationsmanagement. In: Bieger, T./zu Knyphausen-Aufseß, D./Krys, C. (Hrsg.): *Innovative Geschäftsmodelle. Konzeptionelle Grundlagen, Gestaltungsfelder und unternehmerische Praxis* (S. 111-128). Berlin et al.: Springer-Verlag.

Markides, C. (2008). *Game-changing Strategies: How to Create New Market Space in Established Industries by Breaking the Rules.* San Francisco: Jossey-Bass.

Müßgens, C. (2010). Die Serientäter. In: *Wirtschaftswoche* Nr. 42, 18. Oktober 2010, S. 118-122

o.V. (2008). How Tata built the world's cheapest car. In: *Automotive News Europe*, 21. Januar 2008

o.V. (2010 – Business Innovation). *Business Innovation: Kreative Keimzelle für neue Geschäftsideen.* www.daimler.com, 13. Oktober 2010

o.V. (2010 – Daimler). *Daimler verdient Geld mit Ideenwerkstatt.* Dow Jones, 13. Oktober 2010

Zollenkop, M. (2008). Changing business models and their impact on product development. In: Schwientek, R./Schmidt, A. (Hrsg.): *Operations Excellence. Smart Solutions for Business Success* (S. 9-23) Houndmills/New York: Palgrave Macmillan.

Zollenkop, M. (2006). *Geschäftsmodellinnovation. Initiierung eines systematischen Innovationsmanagements für Geschäftsmodelle auf Basis lebenszyklusorientierter Frühaufklärung.* Wiesbaden: Deutscher Universitäts-Verlag.

Performance Management zur Steuerung von Geschäftsmodellen

Klaus Möller, Alexander Drees, Marten Schläfke

Die Herausarbeitung eines Geschäftsmodells sichert noch nicht seinen Erfolg. Zu seiner Erreichung und Sicherung muss eine kontinuierliche Steuerung der im Geschäftsmodell spezifizierten Informationen durch das Controlling erfolgen. Das Geschäftsmodell stellt damit ein Konstrukt der Geschäftslogik dar und bildet so einen Ausgangspunkt für die weitere Detaillierung von Leistungsmessung und -steuerung sowie für die Entscheidungsunterstützung. Ziel dieses Beitrags ist die Überführung des Geschäftsmodells als gedankliches Konstrukt auf eine handhab- und steuerbare Ebene im Sinne eines Performance Managements.

1 Steuerung von Geschäftsmodellen

Jedes Unternehmen verfügt – im Gegensatz zu einer Strategie – über ein Geschäftsmodell, unabhängig davon, ob das Geschäftsmodell bewusst gewählt wurde oder lediglich implizit vorhanden ist (vgl. Casadesus-Masanell/Ricart 2010).[1] Das Geschäftsmodell bietet einen Darstellungs- und Analyserahmen für die Leistungstreiber eines Unternehmens. Zur Realisation der entsprechenden Leistung und zur Erfolgssicherung ist jedoch die Umsetzung der im Geschäftsmodell spezifizierten Überlegungen im Ausführungssystem notwendig. Das Ausführungssystem umfasst dabei die Aktivitäten der Leistungserstellung und -verwertung. Die Koordination dieser Aktivitäten erfolgt durch das Führungssystem (vgl. Horvath, 2009). Zur Leistungssteuerung werden dem Führungssystem Daten der operativen Geschäftstätigkeit zur Entscheidungsunterstützung systematisch durch das Performance Management aufbereitet. Zusätzlich werden die Wirkungen unternehmensexterner Einflussfaktoren in das Performance Management integriert. Es fokussiert nicht ausschließlich auf Aufgaben der operativen

---

[1] Im Folgenden wird nur von dem Geschäftsmodell eines Unternehmens gesprochen. Die Ausführungen gelten genauso für das Geschäftsmodell von einzelnen Geschäftseinheiten eines Unternehmens.

Leistungssteuerung, sondern bezieht auch die Steuerung der strategischen Erfolgsfaktoren und des Geschäftsmodells mit ein. Darüber hinaus bildet das Performance Management die übergeordnete Strategie ab.

Abbildung 1 zeigt die Zusammenhänge zwischen der Strategie eines Unternehmens, dem Geschäftsmodell und der Interaktion von Führungs- und Ausführungssystem sowie die Einordnung des Performance Managements in diesen Kontext.

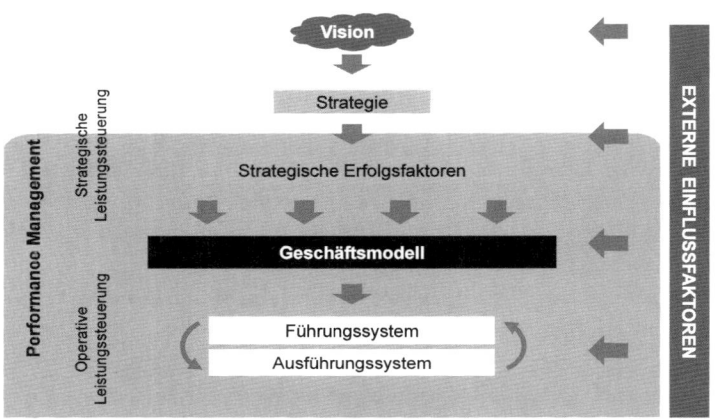

Abb. 1: Einordnung von Performance Management im Kontext von Strategie und Geschäftsmodell

Der Bedarf des aktiven Managements von Geschäftsmodellen im Rahmen eines Performance Managements ergibt sich aus dem Einfluss externer Faktoren (Wettbewerb, Kundenstruktur, gesetzliche Regelungen) auf das Unternehmen sowie der Dynamik der internen, im Geschäftsmodell spezifizierten Faktoren. Beides erfordert eine kontinuierliche Überwachung, Steuerung und ggf. Anpassung des Geschäftsmodells. Um auf solche Einflüsse flexibel reagieren und das Geschäftsmodell entsprechend anpassen zu können, ist es notwendig, dass ein Unternehmen versteht, wie die einzelnen Elemente eines Geschäftsmodells mit dem operativen Geschäft verknüpft sind und welche Wirkungsbeziehungen auf operativer Ebene bestehen.

Für die Überführung des Geschäftsmodells von der konzeptionellen Ebene auf eine detaillierte, steuerbare Ebene wird im Folgenden ein mehrdimensionales Performance Management System eingeführt, das geeignet ist, die Wirkungsbeziehungen der operativen Geschäftätigkeit aus Controlling-Sicht abzubilden. Durch die Verknüpfung des Performance Managements mit der detaillierten Geschäftsmodellebene können Controlling-Instrumente zur Steuerung des Geschäftsmodells und dessen operativer Umsetzung nutzbar gemacht werden.

Im folgenden zweiten Abschnitt wird das Performance Management als theoretischer Bezugsrahmen für die Geschäftsmodellsteuerung dargestellt. Im dritten Abschnitt erfolgt darauf aufbauend die Verknüpfung des Performance Management mit dem Geschäftsmodell. Der Beitrag schließt im vierten Abschnitt mit einem Ausblick auf Anwendungen und Weiterentwicklungsbedarf.

2 Performance Management als Gestaltungsrahmen

2.1 Leistungsbegriff und -verständnis

Performance oder Leistung wird in der Regel situationsabhängig beschrieben: In der Informatik wird Leistung als die Verarbeitungsgeschwindigkeit von Rechnern verstanden; im Zivilrecht beinhaltet der Begriff die zweck- und zielgerichtete Mehrung fremden Vermögens; in der Physik ist der Leistungsbegriff exakt definiert als Leistung beziehungsweise Arbeit = (Kraft x Weg) pro Zeiteinheit. Aus der betriebswirtschaftlichen Perspektive wird Performance oder Leistung entweder als Tätigkeit oder als Ergebnis einer Tätigkeit aufgefasst (Thoms, 1944, S. 12f.).

Leistungen können beispielsweise Wertsteigerungen, die Fähigkeit Ergebnisse zu realisieren oder die Erfüllung einer Anfrage sein (Lebas/Euske, 2007). Legt man das grundsätzliche Verständnis der Produktionstheorie zugrunde (das auch für Dienstleistungen Anwendung finden kann), so besteht die Tätigkeit von Unternehmen in der Transformation von Input in Output im Rahmen des Wertschöpfungsprozesses. Leistung kann folglich auf die Optimierung des Ergebnisses (outputorientiert), auf die Optimierung der Ressourcen (inputorientiert) oder prozessual auf die Optimierung des Verhältnisses zwischen Input und Output gerichtet sein. Im letzten Fall spricht man bei der Verwendung von homogenen Inputs und Outputs von Produktivität, bei Zugrundelegung von monetären Bewertungen der In- und Outputs von Rentabilität. Leistungen können konsequenterweise auch nicht-monetäre Größen sein, wie die Höhe der Kundenzufriedenheit oder der Qualität etc.

Im Kontext des Performance Managements wird Leistung noch spezifischer definiert: als Grad der Zielerreichung infolge einer intendierten Tätigkeit. Voraussetzung für eine Leistungsmessung ist daher die Spezifikation von Zielen (um eine Zielerreichung überhaupt messen zu können), planmäßige Tätigkeiten zur Zielerreichung (emergente Leistungen werden damit nicht grundsätzlich, aber im Rahmen des Performance Managements vernachlässigt) sowie eine angenommene oder nachgewiesene Ursache-Wirkungsbeziehung zwischen Tätigkeit und Ergebnis („infolge"). Wesentliche Messdimensionen von Leistung sind Effektivität und Effizienz. Effizienz beschreibt, ob der Mitteleinsatz insgesamt wirtschaftlich war (=Output/Input) und Effektivität, ob die geplanten Ziele erreicht wurden beziehungsweise die richtigen Maßnahmen zur Zielerreichung ergriffen wurden.

Mit der Messung und der Steuerung von Leistung wird die Bildung einer leistungsfähigen Organisation als langfristiges Ziel verfolgt. Um dies zu erreichen, bedarf es der Kenntnis über Wirkungsbeziehungen zwischen den einzelnen Leistungstreibern. Das im Folgenden beschriebene Performance Management greift diesen Gedanken auf und hilft, die Wirkungsbeziehungen zwischen Leistungstreibern aufzudecken und zur Generierung entscheidungskritischer Informationen beizutragen.

2.2 Performance Management

Performance Management als Ansatz zur Steuerung von Leistung wird hinsichtlich Begriffsumfang und –bedeutung in Wissenschaft und Praxis unterschiedlich wahrgenommen. Ohne hier auf die zahlreichen Facetten einzugehen, wird auf die zentrale Gemeinsamkeit abgestellt: den Strategiebezug bei der Erreichung der Leistungsziele. Mittels der Leistungssteuerung sollen die in einer Strategie vorgegebenen Leistungsziele einer Organisation operationalisiert (Performance Measurement) und erreicht werden (Performance Management). Die von Kaplan und Norton (1996) entwickelte Balanced Scorecard ist das am weitesten verbreitete Beispiel in diesem Kontext. Daneben gibt es zahlreiche alternative Ansätze, wie unter anderem das „Levers of control Framework" von Simons (1995), das die organisationale Seite stärker in den Vordergrund stellt und grundsätzlich zwischen vier verschiedenen Steuerungshebeln unterscheidet (interactive, diagnostic, belief and boundary systems). Um eine Systematisierung der Leistungssteuerungssysteme (Performance Management Systems) zu ermöglichen, wurde ein Ordnungsrahmen (Performance Management Systems Framework) von Ferreira und Otley (2009) eingeführt. Er beschreibt die möglichen Funktionen eines Performance Management Systems mit der Beantwortung von zwölf Fragen. Ein „ideales" Performance Management System übernimmt danach eine Vielzahl von Funktionen, die im Folgenden dargestellt sind (Ferreira/Otley, 2009):

Ein Performance Management System sollte

- die Vision und die Mission einer Organisation identifizieren und kommunizieren,

- die zentralen Erfolgsfaktoren identifizieren und vermitteln,

- die Organisationsstruktur abbilden und aufzeigen, wie diese ihre Nutzung und Ausgestaltung beeinflusst,

- die Strategie und Pläne abbilden und aufzeigen, welche Prozesse für deren Umsetzung nötig sind,

- die Key Performance Measures identifizieren und abbilden,

- angemessene Leistungsziele für die Key Performance Measures festlegen,

- die bereits bestehenden Prozesse zur Evaluation von erbrachter Leistung identifizieren,

- die Vergütung für die Zielerreichung festlegen,

- die Informationsflüsse aufzeigen, die die Tätigkeiten des Performance Management unterstützen.

Deutlich wird, dass für die Ausführung dieser Funktionen eine große Menge an spezifischen Daten notwendig ist. Dies führt dazu, dass viele Unternehmen zahllose (Leistungs-) Daten sammeln und anhäufen - auch aufgrund der Annahme, nur das erfolgreich steuern zu können, was auch gemessen werden kann. Aber nur durch das Messen allein verschaffen sich Unternehmen keinen Wettbewerbsvorteil. Sie müssen einen Weg finden, um die vorhandenen Daten in Informationen zu transformieren, die für die Leistungssteuerung im Sinne der Controlling-Aufgaben Entscheidungsunterstützung und Verhaltenssteuerung nützlich und nutzbar sind. Insgesamt mangelt es den Unternehmen folglich nicht an entsprechenden Daten, sondern häufig an den Möglichkeit, sinnvolle Schlüsse aus den Daten zu ziehen, die wiederum bei der Entscheidungsfindung hilfreich sein können.

2.3   Performance Management System

Basierend auf den Überlegungen zum Performance Management wird das folgende Verständnis zugrunde gelegt:

*Performance Management Systeme umfassen die selektive Er-
fassung, Steuerung und Kommunikation von materiellen und/
oder immateriellen Elementen innerhalb einer wirkungsorientierten Verknüpfung von Inputs, Prozessen, Outputs und Outcomes, um den Grad der organisationalen Zielerreichung zu
verbessern.*

Dabei können unterschiedliche Methoden herangezogen werden, um Wirkungsbeziehungen zu identifizieren und zu verifizieren. Beispiele mit einer
inzwischen hohen Verbreitung für derartige Methoden sind „Visual Maps"
oder „Performance Tree Diagrams" (Kaplan/Norton, 2004; Lynch/Cross,
1991). Bisher fehlt jedoch ein ganzheitlicher Rahmen für die Verknüpfung
der Elemente des Performance Management zu einem systematischen,
umfassenden und gleichzeitig anwendungsorientierten Performance Management System. Ein solcher Ansatz kann maßgeblich zur Verbesserung der
Leistungsmessung und -steuerung beitragen und so das Management bei
Entscheidungsfindung und Verhaltensbeeinflussung unterstützen.

Mit dem in Abbildung 2 dargestellten „Multilayer Performance Management System" wird ein entsprechender ganzheitlicher Ansatz für das Performance Management konkret ausgestaltet. Das „Multilayer Performance
Management System" setzt sich aus vier verschiedenen Ebenen („Layer")
mit unterschiedlichen Inhalten und Aufgaben zusammen
(Silvi/Möller/Schläfke, 2010):

- *Layer A: Context* – erfasst die internen und externen Kontextfaktoren,
  die ein Unternehmen beeinflussen können. Zusätzlich berücksichtigt
  die Ebene die Einflussfaktoren, die durch spezifische Geschäftsmodelle entstehen.

- *Layer B: Capture* – beinhaltet die Erfassung der Leistungselemente in
  den Kategorien Input, Process, Output und Outcome. Die Erfassung
  kann mit Hilfe bereits bestehender Performance Measurement Systeme oder anderen Datenquellen erfolgen. Die Systematisierung der
  Eigenschaften der Elemente wie beispielsweise deren finanzieller
  oder immaterieller Charakter können Teil der Erfassung sein.

- *Layer C: Couple* – visualisiert die Verknüpfungen der Leistungselemente und zeigt dadurch die vermuteten Wirkungsbeziehungen zwischen ihnen auf. Die Verknüpfung kann kausaler, logischer oder fi-
  naler Natur sein. Durch die Nutzung von analytischen Methoden besteht die Möglichkeit, die vermuteten Beziehungen zu überprüfen.

- *Layer D: Control* – ermöglicht durch die Spezifikation der
  Wirkungszusammenhänge, die erfolgskritischen Leistungselemente

zu identifizieren. Managementaktionen und die Ausgestaltung von Steuerungssystemen, auch im Sinne der Verhaltensorientierung, können entscheidend durch diese Kenntnisse beeinflusst werden. Feedback-Schleifen sollen sicherstellen, dass die Verknüpfungen regelmäßig überprüft werden und ein organisationales Lernen unterstützt wird. Feedforward-Schleifen ermöglichen die Berücksichtigung von strategischen Planungsaspekten.

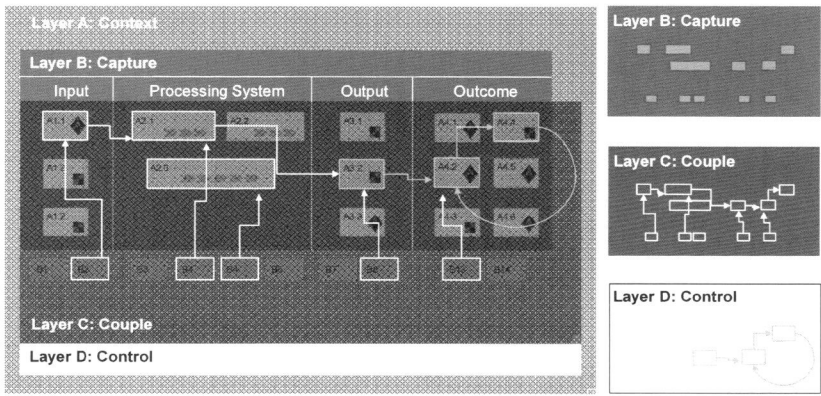

Abb. 2: Das Multilayer Performance Management System

In Abbildung 3 werden beispielhaft Wirkungsbeziehungen zwischen verschiedenen Leistungstreibern dargestellt. Ausgangspunkt für die Darstellung ist der vermutete Zusammenhang zwischen Rohstoffpreisen und dem finanziellen Erfolg für einen beispielhaften Karosseriehersteller beziehungsweise für den Karosserieherstellungsprozess in der Automobilindustrie. Die Rohstoffpreise werden als unternehmensexterne Faktoren abgebildet, da das Unternehmen auf diese Faktoren keinen unmittelbaren Einfluss hat. Die Entwicklung der Rohstoffpreise beeinflusst direkt bestimmte KPIs (zum Beispiel Materialaufwand) der für den Herstellungsprozess verwendeten Inputs (in diesem Fall die entsprechenden Rohstoffe). Aus den Rohstoffen entstehen durch Umformungsprozesse Karosserien, deren Absatz (konzernintern oder extern) den finanziellen Erfolg des Karosseriebauers maßgeblich bestimmt. Ein erhöhter Rohstoffpreis führt ceteris paribus zu erhöhtem Materialaufwand, der wiederum zu höheren Kosten des Umformungsprozesses führt und letztendlich die Herstellung einer Karosserie verteuert. Bei gleichbleibendem Preis führt dies zu einer Verminderung finanzieller Ergebnisgrößen (zum Beispiel Deckungsbeitrag, Betriebsergebnis). Dieser Effekt könnte durch höhere Preise ausgeglichen werden, was allerdings das Risiko von Absatzrückgängen birgt.

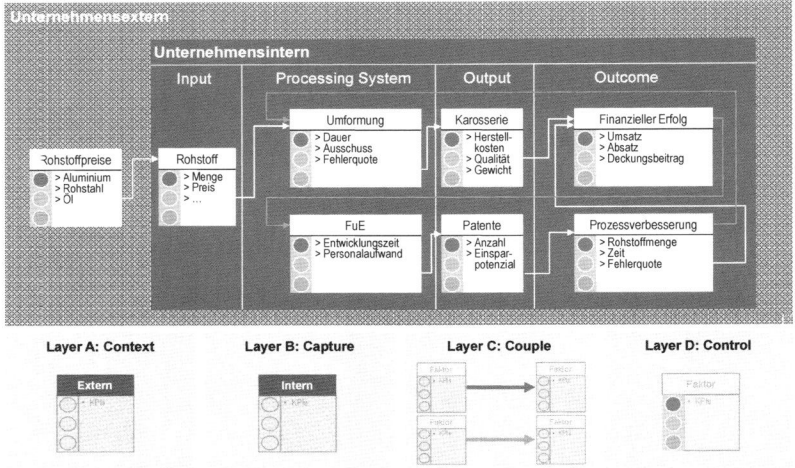

Abb. 3: Beispielhafte Darstellung von Wirkungsbeziehungen im Performance Management System

Sofern die gestiegenen Kosten langfristig nicht an den Kunden weitergegeben werden können, lässt sich der finanzielle Erfolg nur durch Kosteneinsparungen nachhaltig sichern. Bei gleichbleibender Qualität des Endprodukts kann dies durch Produktivitätssteigerungen realisiert werden. Dies können Prozessverbesserungen sein, die zu weniger Materialbedarf, höherem Output, kürzeren Prozesszeiten oder verringerten Fehlerquoten führen. Solche Produktivitätssteigerungen sind in der Regel Outcome von Forschungs- und Entwicklungsprozessen (in dem Kontext des Beispiels soll der Outcome durch die Reduktion des Rohstoffverbrauchs charakterisiert sein). Abbildung 3 verdeutlicht die beschriebene Wirkungskette zwischen dem externen Faktors Rohstoffpreise und dem finanziellen Erfolg durch die Verwendung der vier Layer des Performance Management Systems. Darüber hinaus zeigt die Abbildung die zweite Wirkungskette von Forschung und Entwicklungsprozessen auf den finanziellen Erfolg sowie die Rückkopplung zum Umformungsprozess.

Das Performance Management System bietet folglich eine Möglichkeit zur Visualisierung und Ausgestaltung von Wirkungsbeziehungen. Im folgenden Abschnitt soll aufgezeigt werden, wie ein Geschäftsmodell mit einer solchen handhab- und steuerbaren Ebene durch die Verwendung des Performance Management Systems verknüpft werden kann.

3 Geschäftsmodellsteuerung durch Performance Management

In Controlling-Abteilungen wird das Geschäftsmodell als Konstrukt der Geschäftslogik verstanden, das zwar den Rahmen der operativen Tätigkeit bildet, selbst aber nicht explizit in die Analyse- und Berichtsstrukturen eingebunden ist. Das Geschäftsmodell dient häufig lediglich als organisatorischer und finanzieller Rahmen des operativen Geschäfts (Teece, 2010), der die strategische Positionierung und die strategischen Ziele des Unternehmens als konzeptionelles Modell der tatsächlichen Geschäftstätigkeit beschreibt (Osterwalder/Pigneur/Tucci, 2005). Ziel der folgenden Ausführungen ist es aufzuzeigen, wie eine Integration der sechs Dimensionen des Geschäftsmodellansatzes in Controlling-Strukturen erfolgen kann und wie das Performance Management System dafür genutzt werden kann. Im ersten Schritt wird dazu die Verknüpfung des Geschäftsmodells mit Kennzahlen der operativen Ebene dargestellt. Im zweiten Schritt erfolgt die Abbildung dieser Kennzahlen integriert in das Performance Management System.

3.1 Operationalisierung des Geschäftsmodells – Vom Konstrukt zum Detail

Ohne eine direkte Verknüpfung mit der operativen Tätigkeit bleibt das Geschäftsmodell ein statisches Konstrukt. Ein Unternehmen, das auf einem Markt mit Wettbewerb agiert, ist allerdings immer Veränderungen ausgesetzt, die das Geschäftsmodell betreffen. Durch die Angebote der Wettbewerber oder auch durch Einflüsse außerhalb des Wettbewerbs (zum Beispiel durch staatliche Eingriffe) können sich wesentliche Annahmen des Geschäftsmodells verändern (etwa die Präferenzen der Kunden hinsichtlich der gewünschten Produkte oder Dienstleistungen). Eine vormals erfolgreiche Value Proposition kann von den Kunden auf einmal nicht mehr als attraktiv wahrgenommen werden. Als Beispiel sei die Verdrängung herkömmlicher MP3-Player durch Smartphones genannt. Die Value Proposition der Hersteller von MP3-Playern („mobiler Musikgenuss im Miniformat") wurde von den Kunden nicht mehr als attraktiv wahrgenommen, da die Value Proposition der Smartphone-Anbieter viel mehr beinhaltet und die Möglichkeiten des mobilen Musikgenusses als Zusatz anbietet. Den MP3-Playern wurde dadurch das Differenzierungsmerkmal entzogen, sodass das Geschäftsmodell in der bisherigen Form nicht mehr funktionieren konnte.

Ähnliche Änderungen können auch die anderen Dimensionen des Geschäftsmodells betreffen. Die Value Communication and Transfer wurde in vielen Bereichen durch die Verbreitung des Internets revolutioniert. Hier sei als Beispiel das Aussterben herkömmlicher Videoverleihe genannt, die durch Online-Video-on-Demand-Angebote verdrängt werden. Die Value Creation unterliegt ebenfalls Schwankungen. Bezahlt ein Unternehmen die Inputs für ein Produkt in einer anderen Währung als es Umsätze erzielt, unterliegt die Value Creation Wechselkursrisiken, die sich (sofern kein umfassendes Hedging erfolgt) jederzeit ändern können.

Diese einfachen Beispiele zeigen bereits, dass die Herausarbeitung des Geschäftsmodells eine Voraussetzung für wirtschaftlichen Erfolg darstellt, den Erfolg allerdings nicht langfristig sicherstellen kann. Wirtschaftlicher Erfolg stellt sich regelmäßig durch die Erreichung der strategischen Ziele ein, die sich im Geschäftsmodell ausdrücken. Die bloße Beschreibung dieser Ziele enthält mithin noch keine Mechanismen für deren Überwachung und Steuerung. Systemorientiertes Management wird regelmäßig mit einem kybernetischen Verständnis beschrieben, indem ein zyklischer Prozess von Planung, Realisation und Kontrolle mit integrierten Feedback- und Feedforward-Prozessen zugrunde gelegt wird (vgl. Ulrich/Krieg/Malik, 1976). In einem solchen Ansatz fokussiert der Geschäftsmodell-Ansatz auf die Planungsphase und liefert hier ein sehr ausgereiftes und tragfähiges Konstrukt zur Planung und Strukturierung. Konsequenterweise muss der Ansatz für die Umsetzung im operativen Betrieb um die konzeptionellen Elemente Realisation/Steuerung, Kontrolle und die im Verbund notwendigen Feedback-Prozesse erweitert werden. Konzeptionell wird dafür das Performance Management System zugrunde gelegt.

Dies erfolgt im ersten Schritt durch Zuordnung geeigneter Kennzahlen zu den einzelnen Dimensionen des Geschäftsmodells, mit denen die Zielerreichung gemessen werden kann. Solche Kennzahlen können finanzielle Kennzahlen (zum Beispiel Umsatz oder Gewinn), aber auch nicht-finanzielle Kennzahlen (zum Beispiel Kundenzufriedenheit) sein. Für jede Kennzahl muss klar definiert werden, welcher strategische Erfolgsfaktor (ausgedrückt im Geschäftsmodell) durch die Kennzahl messbar gemacht werden soll. Auf diesem Wege können die Kennzahlen den einzelnen Dimensionen des Geschäftsmodells zugeordnet werden und so gezielt Teile des Geschäftsmodells für Controlling-Zwecke operationalisiert werden. Neben der Zuordnung zu den Dimensionen ist die Formulierung entsprechender Zielgrößen ein notwendiger Schritt, um die Kennzahlen zur Steuerung einsetzen zu können. Damit die Kennzahlen aber tatsächlich zur Entscheidungsunterstützung genutzt werden können, bedarf es einer wirkungsorientierten Verknüpfung dieser Kennzahlen innerhalb eines ganzheitliches Performance Management Systems, wie es im nächsten Abschnitt dargestellt wird.

3.2 Steuerung des Geschäftsmodells – Nutzung des Performance Managements

Nach der Verbindung von Performance-Kennzahlen mit dem Geschäftsmodell als erstem Schritt zur Geschäftsmodellsteuerung ist im nächsten Schritt die systematische Ableitung von Steuerungsmaßnahmen notwendig. Unter Nutzung des Performance Management Systems werden dazu die Wirkungsbeziehungen der Leistungstreiber abgebildet. Die Kenntnis von Wirkungsbeziehungen ist für die Auswahl der richtigen Kennzahlen unerlässlich, da sonst die Gefahr besteht, dass lediglich die Symptome eines Problems erkannt werden, die Ursache aber verborgen bleibt. Zum Beispiel eignet sich der Gewinn eines Unternehmens nur bedingt als Kenngröße zur Steuerung eines Geschäftsmodells, vielmehr stellt er eine Ergebnisgröße dar. Wichtiger sind die Kenntnis der direkt beeinflussenden Größen (Umsatz, Kosten) sowie deren Treiber. Umsätze und Kosten stellen in der Logik des Input-Process-Output-Outcome Modells Outputs des Produktions- beziehungsweise direkten Wertschöpfungsprozesses dar. Die dahinterstehenden Einflussgrößen liegen auf Kostenseite aber in den Bereichen Input und Process. Umsatztreiber sind in der Regel die dem Absatz nachgelagerten Outcomes, wie zum Beispiel Kundenzufriedenheit. Neben den internen Abhängigkeiten können im Performance Management System auch die Einflüsse externer Faktoren abgebildet werden. Die Analyse der Wirkungsbeziehungen ist zeitlich nicht beschränkt, um auch Zeitversatzeffekte berücksichtigen zu können. Zum Beispiel lassen Arbeitsmarkt- und Konjunkturdaten häufig Rückschlüsse auf die zukünftige Umsatzentwicklung zu, gleichzeitig können drohende Absatzrückgänge rechtzeitig erkannt werden.

Der Formulierung der strategischen Erfolgsfaktoren und der Zuordnung entsprechender Kennzahlen liegen in der Regel vom Management vermutete Wirkungsbeziehungen zugrunde. Ein einfaches Beispiel ist der meist bestehende Zusammenhang zwischen Preis, Kundennachfrage und Absatz sowie der Kennzahl Umsatz als Ergebnisgröße. Häufig sind die Zusammenhänge aber nicht so einfach zu erkennen wie in diesem Fall. Die Beziehung zwischen der Arbeitslosenquote oder einem Wohlstandsindex und der Nachfrage nach bestimmten Konsumartikeln mag zwar einleuchtend sein, allerdings ist deren kausale Verknüpfung aufgrund der zeitlich verzögerten Reaktion nicht immer einfach zu identifizieren. Durch das Performance Management System können solche vermuteten Beziehungen analytisch validiert werden und somit die Eignung der entsprechenden Kennzahlen zur Steuerung der Geschäftsmodelldimension evaluiert werden (siehe Schritt 1 von Abbildung 4).

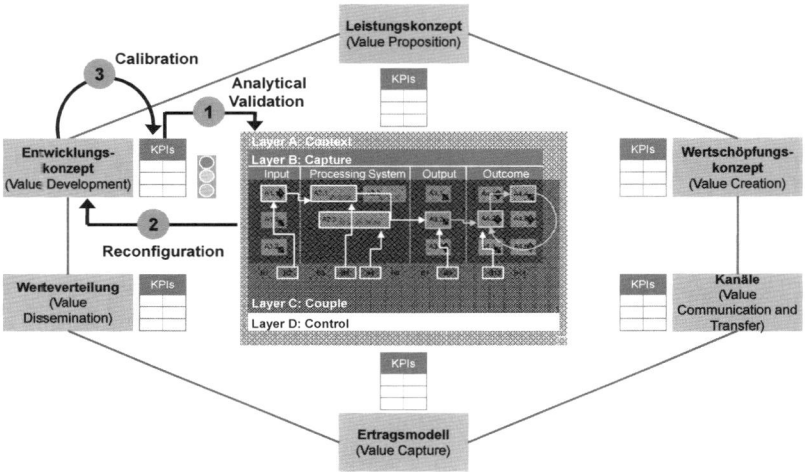

Abb. 4: Geschäftsmodellsteuerung durch das Multilayer Performance Management System

Ausgehend von denen im Performance Management System validierten Wirkungsbeziehungen kann anschließend eine Rekonfiguration der Steuerungsgrößen für die Geschäftsmodelldimensionen erfolgen (Schritt 2). So wird sichergestellt, dass nur aussagekräftige Kennzahlen zur Steuerung eingesetzt werden und den Geschäftsmodelldimensionen zugeordnet werden können. Im vorherigen Abschnitt wurde bereits die Definition von Zielgrößen der Kennzahlen als notwendig für die Steuerung durch Kennzahlen dargestellt. Um der Dynamik des Geschäfts Rechnung zu tragen, müssen diese Größen im Zeitablauf hinterfragt und gegebenenfalls angepasst werden. Dieser Vorgang ist in Abbildung 4 durch den dritten Schritt schematisiert. Nur die kontinuierliche Überprüfung von Zielgrößen lässt die richtige Interpretation und Ableitung geeigneter Maßnahmen zu.

Zusammenfassend beschreibt das Performance Management System einen Ansatz, der Manager bei der Steuerung von Geschäftsmodellen unterstützen kann:

- *Validierung von vermuteten Wirkungsbeziehungen*

  Die Anwendung von analytischen Methoden zur Identifikation von Wirkungszusammenhängen und deren Abbildung im Performance Management System ermöglicht die Validierung von Annahmen, die dem Geschäftsmodell zugrunde liegen.

- *Operationalisierte Abbildung der Strategie*

  Auf Basis valider Wirkungsketten können die Auswirkungen der im Geschäftsmodell enthaltenen strategischen Erfolgsfaktoren auf einer detaillierten Ebene dargestellt werden. Die Analyse von Kennzahlen auf dieser Ebene lässt so Aussagen zu Erfolgswirkungen des Geschäftsmodells zu.

- *Objektivierte Entscheidungsunterstützung*

  Durch die Verknüpfung valider Kennzahlen und Zielgrößen mit den Geschäftsmodelldimensionen erhält das Management ein formalisiertes Reporting-Instrument, das zur Unterstützung bei strategischen Entscheidungen genutzt werden kann.

4　Ausblick

Die Globalisierung von Zulieferer- und Absatzmärkten, die Beschleunigung des technologischen Wandels und das Agieren in verschiedenen Kultur-, Wirtschafts- und Rechtsräumen erfordern flexible Geschäftsmodelle, die schnell an sich verändernde Rahmenbedingungen anpassbar sind. Das wertbasierte Geschäftsmodell eignet sich zur systematischen Gestaltung eines Geschäftsmodells und deckt alle relevanten Dimensionen und Veränderungspotenziale ab. Zur operativen Steuerung muss es um ein systematisches Performance Management ergänzt werden. In diesem Beitrag wurde daher gezeigt, wie der Erfolg des ausgestalteten Geschäftsmodells durch Verknüpfung mit dem Performance Management überprüft werden kann und gleichzeitig die Stellschrauben für eventuellen Anpassungsbedarf auf einer detaillierten Ebene abgebildet werden können. Der immer wichtiger werdende Bereich der Business Analytics bietet umfangreiche statistische, mathematische und ökonometrische Verfahren, um Wirkungszusammenhänge auch in komplexen Informationssets identifizie-

226

ren zu können. In Zukunft wird daher vor allem die technische Verknüpfung des Performance Managements mit den Geschäftsmodelldimensionen von Bedeutung sein. Dafür wird es Möglichkeiten der Erarbeitung und Abbildung des Geschäftsmodells innerhalb von IT-Anwendungen geben, die mit vorhandenen Performance Management Systemen verbunden werden können. Dadurch entstehen für das Geschäftsmodell neue Möglichkeiten der Flexibilisierung.

Durch die Nutzung analytischer Verfahren ist es möglich, den Informationsradius des Controllings deutlich zu erweitern. Unternehmensexterne Faktoren werden daher in Zukunft häufiger in das regelmäßige Controlling eingebunden sein und können auch zur Steuerung des Geschäftsmodells genutzt werden.

5   Literaturverzeichnis

Casadesus-Masanell, R./Ricart, J. E. (2010). From Strategy to Business Models and onto Tactics. In: *Long Range Planning*,Vol 43(2), S. 195-215.

Ferreira, A./Otley, D. (2009). The design and use of performance management systems: An extended framework for analysis. In: *Management Accounting Research*, 20(4), S. 263-282.

Horváth, P. (2009). *Controlling*. München: Vahlen.

Kaplan, R.S./Norton, D.P. (1996). *Translating Strategy into Action – The Balanced Scorecard*. Boston: Harvard Business Press.

Kaplan, R.S./Norton, D.P. (2004). *Strategy Maps: Converting Intangible Assets into Tangible Outcomes*. Boston: Harvard Business Press.

Lebas, M./Euske, K. (2007). A conceptual and operational delineation of performance. In: Neely, A. (Hrsg.): *Business Performance Measurement: Unifying Theory and Integrating Practice* (S. 125-139), Cambridge: Cambridge University Press.

Lynch, R.L./Cross, K.F. (1991). *Measure Up -The Essential Guide to Measuring Business Performance*. London: Mandarin.

Neely, A./Gregory, M./Platts, K. (1995). Performance Measurement System Design. In: *International Journal of Operations & Production Management*, Vol. 15(4), S. 80-116.

Osterwalder, A./Pigneur, Y./Tucci, C. L. (2005). Article Clarifying Business Models: Origins, Present, and Future of the Concept. In: *Communications of AIS*, Vol. 15.

Silvi, R./Moeller, K./Schlaefke, M. (2010). Performance Management Analytics – The Next Extension in Managerial Accounting, available at: *SSRN eLibrary*. SSRN, DOI: 10.2139/ssrn.1656486.

Simons, R. (1995). *Levers of Control, How Managers Use Innovative Control Systems to Drive Strategic Renewal*. Boston: Harvard Business Press: Boston.

Teece D.J. (2010). Business Models, Business Strategy and Innovation. In: *Long Range Planning,* Vol. 43(2), S. 172-194.

Auf der Suche nach Einflussfaktoren auf die Wahl des Geschäftsmodells – Das Beispiel der Biotech-Industrie

Martin Heitmann, Dodo zu Knyphausen-Aufseß, Robert Mansel, Andreas Zaby[1]

Während das Konzept des Geschäftsmodells in den letzten zehn Jahren zunehmend mehr Beachtung seitens der Forschung und der Wirtschaft erhalten hat, fokussieren sich die meisten Beiträge in diesem Feld doch nur auf Möglichkeiten der Geschäftsmodell-Konfiguration und potenzielle Beziehungen zur Performance. Ein Forschungsstrang, der dagegen bisher weniger Beachtung fand, ist die Identifizierung von Faktoren, die die Wahl des Geschäftsmodells beeinflussen. Der folgende Beitrag wirft Licht auf diese Fragestellung und verwendet als Anschauungsbeispiel aktuelle Geschäftsmodelle aus der Biotech-Industrie.

1 Einleitung

Die letzte Dekade hat eine Vielzahl von Forschungsbeiträgen zu Geschäftsmodellen hervorgebracht. Darunter fanden sich früh Arbeiten zur allgemeinen Relevanz von Geschäftsmodellen (vgl. Magretta, 2002), zu den Geschäftsmodellen für einzelne Branchen (vgl. Amit/Zott, 2001) und den Möglichkeiten der Konzeptionierung von Geschäftsmodellen (vgl. Rajala/Rossi/Tuunainen, 2003; Osterwalder/Pigneur, 2004; zu Knyphausen-Aufseß/Meinhardt, 2002). Aktuelle Beiträge hingegen befassen sich vor allem mit sogenannten Innovativen Geschäftsmodellen (vgl. Chesbrough, 2010; Gambardella/McGahan, 2010). Die Frage, wovon die Wahl eines Geschäftsmodells beeinflusst wird, findet bislang jedoch weitgehend keine Beachtung.

Sowohl aus einer theoretischen als auch einer praktischen Perspektive muss der Identifikation solcher Einflussfaktoren jedoch Bedeutung beigemessen werden. Das Wissen über die Art der Einflussfaktoren gibt Auskunft über die Parameter, aufgrund derer ein Geschäftsmodell aufgesetzt

---

[1] Autorennamen in alphabetischer Reihenfolge.

wurde, und leistet damit auch einen Beitrag zur Erklärung des Unternehmenserfolgs. Angesichts des unzureichenden Forschungsstandes kann der vorliegende Beitrag allerdings nur einen eher explorativen Charakter besitzen; das Ziel besteht darin, am Beispiel einer ausgewählten Branche – der Biotechnologie – mögliche Einflussfaktoren zusammenzustellen und in einem Bezugsrahmen zu ordnen.

Der Beitrag gliedert sich in drei weitere Abschnitte. Zunächst führen wir in eine der gängigen Typologien für Biotech-Geschäftsmodelle ein. Im folgenden Abschnitt betrachten wir interne und externe Faktoren mit ihrer unterschiedlichen Auswirkung auf die Wahl der vorgenannten Geschäftsmodelle. Abschließend werden die Ergebnisse zusammengefasst und ein Ausblick auf verwandte Forschungsthemen für die Zukunft präsentiert.

2 Geschäftsmodelle in der Biotechnologie

Die Biotech-Industrie ist eine junge, forschungsintensive Hightech-Industrie. Mehrere Autoren betonen, dass der Entwurf eines geeigneten Geschäftsmodells vor allem für junge Unternehmen in Hightech-Branchen eine essenzielle Aufgabe darstelle (vgl. Zott/Amit, 2007, S. 182; Patzelt/zu Knyphausen-Aufseß/Nikol, 2008, S. 206). Die Betrachtung der Einflussfaktoren auf die Wahl von Geschäftsmodellen erhält vor diesem Hintergrund noch mehr Bedeutung.

Eine genauere Betrachtung der existierenden Geschäftsmodelle von Unternehmen der sogenannten „roten", das heißt auf pharmazeutische, insbesondere therapeutische Anwendungen bezogenen Biotechnologie, zeigt, dass sich die Modelle der vergleichsweise kleinen und jungen Biotech-Unternehmen erheblich von dem Geschäftsmodell der etablierten Pharmakonzerne unterscheiden. Letztere streben meist eine vertikal integrierte Wertschöpfungskette an, versuchen also möglichst viele Wertschöpfungsaktivitäten im Unternehmen selbst auszuführen. Das bringt einen enormen Kapitalbedarf und hohe Risiken mit sich, die durch erfolgreiche patentierte Medikamente getragen werden. Junge Biotech-Unternehmen haben dagegen meist keine Erfolgsprodukte, die zur Finanzierung der aktuellen Forschung und Entwicklung (FuE) dienen können, sind also zum einen auf externe Finanzierungsmöglichkeiten angewiesen, können zum anderen das benötigte Kapital durch Spezialisierung auf bestimmte Wertschöpfungsaktivitäten verringern. Durch eine solche Spezialisierung lässt sich die Zeitspanne bis zu ersten Einnahmen verkürzen und damit das Risiko von Projekten senken. Alle Biotech-Geschäftsmodelle haben eine Verbesserung dieser erfolgskritischen Merkmale zum Ziel: Entwicklungszeit, Entwicklungsrisiko und benötigtes Kapital verringern, früher Einnahmen generieren und Attraktivität für Investoren steigern, um mehr externe Finanzierung zu erhalten.

Es existieren verschiedene Klassifikationen von Biotech-Geschäftsmodellen. Die in Tabelle 1 dargestellte Klassifikation orientiert sich daran, welche Aktivitäten der Wertschöpfungskette im Unternehmen stattfinden. Die Urform, das vertikal vollständig integrierte Unternehmen (Fully Integrated Pharmaceutical Company; FIPCO), hat, wie erwähnt, vor allem in der Pharma-Industrie Anwendung gefunden, konnte sich in der Biotech-Industrie jedoch nur vereinzelt durchsetzen. Die Betrachtung des FIPCO-Modells ist dennoch lohnenswert, um einerseits ein Referenzmodell zu haben und andererseits dem Umstand Rechnung zu tragen, dass in der Vergangenheit der Aufbau eines FIPCO bei den erfolgreichen Biotech-Firmen (zum Beispiel Amgen, Genentech) doch stets der Zielpunkt der Entwicklung gewesen ist. Darüber hinaus werden die drei Geschäftsmodelle beschrieben, die für die Biotech-Industrie besonders typisch sind: Erstens das Modell der Produktentwicklung, zweitens das Modell der Plattform- beziehungsweise Werkzeuganbieter und drittens das hybride beziehungsweise duale Geschäftsmodell. Das Produktentwicklungsmodell – das in Deutschland von Firmen wie Medigene oder Wilex verfolgt wird – zielt letztendlich auf eine Vermarktung von Medikamenten, während das Plattformmodell darauf ausgerichtet ist, andere Unternehmen bei der Produktentwicklung zu unterstützen.

Das Hybridmodell ist eine Mischform. Beispiele für (deutsche) Unternehmen, die das Plattformmodell als Grundlage ihres Geschäftes gewählt haben, sind gar nicht so leicht zu finden, weil die Unternehmen, die mit einem solchen Modell begonnen haben – zum Beispiel Evotec, Morphosys und 4SC – dazu neigen, im weiteren Verlauf ihrer Entwicklung doch auch eigene Produktentwicklungen zu verfolgen. Aktuelle Beispiele, die man dem Plattformmodell zuordnen kann, sind kleinere deutsche Unternehmen wie Kinaxo Biotechnologies, Proteros Biostructures und Caprotec Bioanalytics. Ein fünftes Geschäftsmodell, das gegenwärtig in der Praxis viel diskutiert wird, ist das „virtuell-integrierte" Biotech-Unternehmen. Dieses weniger labor- als vielmehr bürobasierte Unternehmen hat nur eine kleine Anzahl von spezialisierten Arbeitnehmer/innen direkt unter Vertrag und konzentriert sich auf das Projektmanagement für die Entwicklung von Wirkstoffkandidaten; die restlichen Wertschöpfungsaktivitäten lagert es aus (vgl. Konde, 2008, S. 216). Das Modell war bislang jedoch selten erfolgreich und ist mit ernsthaften Motivations- und Anreizproblemen verknüpft; es ist schwierig, den Dienstleistern großen Einsatz und außerordentliche Leistungsbereitschaft ohne gemeinsames Ziel und ohne gemeinsames Gründerinteresse abzuverlangen (vgl. Ernst & Young, 2010, S. 6). Im Folgenden wird dieses Geschäftsmodell daher nicht weiter betrachtet.

Geschäftsmodell-/ elemente	Produkt-/ Marktkombination	Konfiguration und Durchführung von Wertschöpfungsaktivitäten	Erlösmodell
FIPCO	> Vermarktung von Medikamenten zur Heilung von Krankheiten (schwere Krankheiten und häufiges Auftreten bestimmen die Marktattraktivität)	> Vertikal hochgradig integriert > Kapitalintensiv und risikoreich	> Einnahmen durch die Vermarktung der Produkte an Patienten (via Verschreibung über behandelnde Ärzte) > Patent-basiert/Realisieren von Monopolpreisen
Produktentwickler (Entwicklung therapeutischer Medkamente)	> Verkauf von Entwicklungskandidaten an pharmazeutische Unternehmen > Bisweilen enge Bindung an pharmazeutische Unternehmen, Positionierung als Lieferant in deren Supply-Chain	> Weniger Wertschöpfungsaktivitäten > Prinzip der Spezialisierung auf ausgewählte Wertschöpfungsschritte und Übernahme von Entwicklungskandidaten > Überschaubare Entwicklungszeiträume > Sehr intensive und anspruchsvolle Forschungsarbeit	> Geprägt durch relativ schnell zu erzielende Einnahmen dank Übernahme von Entwicklungskandidaten > Weniger Kosten dank Beschränkung auf wenige Wertschöpfungsaktivitäten
Plattform-technologie-Anbieter	> Produkte und Dienstleistungen Pharma- und andere Biotech-Unternehmen	> Stellen Dienstleistungen und/oder Werkzeuge bereit, die Pharma- oder anderen Biotech-Unternehmen die Forschung und Entwicklung erleichtern > Spezialisieren sich auf hoch-komplexe Technologien	> Out-Licensing ihrer technologischen Kompetenz > Vorteil sind die zeitnahen und regelmäßigen Einnahmen
Hybrides Modell	> Je nach Ausprägung breites Spektrum von Dienstleistungen an biotechnologische Unternehmen bis zum Verkauf von Produkten an pharmazeutische Unternehmen	> Downstream-Integration von Plattformtechnologieunternehmen > Produkt-Pipeline entweder vollständig aus der eigenen Plattformtechnologie bedienbar oder zusätzliche vielversprechende Produktentwicklungsmöglichkeiten von anderen Biotech-Unternehmen lizenzierbar	> Frühzeitige regelmäßige Einnahmen basierend auf Plattformtechnologie > Größere Verdienstmöglichkeiten aufgrund höherer Wertschöpfungstiefe

Tab. 1: Geschäftsmodelle in der Biotech-Industrie (basierend auf zu Knyphausen-Aufseß/Meinhardt, 2002)

3 Einflussfaktoren

Die bisherigen knappen Ausführungen sollten ein Grundverständnis für die Biotech-Branche und die dort verfolgten Geschäftsmodelle schaffen. Vor diesem Hintergrund kann nun die Frage beantwortet werden, die wir oben gestellt haben: Wovon hängt es ab, welches der genannten Geschäftsmodelle gewählt wird? Diese Frage hat noch keinen normativen Stellenwert; wir beschäftigen uns nicht mit der Frage, welches Geschäftsmodell gewählt werden sollte, weil für die Beantwortung dieser Frage auch Performance-Daten notwendig wären und Hypothesen über die Erfolgsträchtigkeit der einzelnen Geschäftsmodelle formuliert werden müssten. Unsere Frage zielt auf die Vorbedingungen der Strategiewahl. Dabei unterscheiden wir grob zwischen internen und externen Einflussfaktoren.

3.1 Interne Faktoren

„Interne Faktoren" seien jene Gegebenheiten, auf die ein Unternehmen unmittelbaren Einfluss ausüben und die es prinzipiell ändern kann. Vor allem personelle Faktoren sind dabei entscheidend, wenn es um die Wahl des Geschäftsmodells geht. Für die Identifikation solcher personeller Einflussfaktoren sind zwei betriebswirtschaftliche Theorien von Bedeutung: zum einen die Founder-Theorie, die behauptet, die Person des Gründers habe erheblichen Einfluss auf diverse Aspekte des Unternehmens, und zum anderen die Upper-Echelon-Theorie, die dasselbe vom Top Management Team behauptet. Zu diskutieren bleibt, ob nicht auch Technologie oder Patente des Unternehmens Einfluss auf das Geschäftsmodell haben.

3.1.1 Die Person des Gründers

Persönlichkeit, Charakter, Mentalität, Ausbildung und Erfahrung sind Eigenschaften, die das Denken und Handeln eines jeden Gründers individuell beeinflussen. Dabei haben Gründer einen bedeutenden Einfluss auf ihre Unternehmen: Sie prägen die anfängliche organisatorische Struktur und Strategie und haben eine Vision für die zukünftige Ausrichtung und das Handeln des Unternehmens (vgl. Nelson, T., 2003, S. 707). Sie haben umfassendes implizites, an die Person gebundenes, tiefgreifendes Verständnis (tacit knowledge) von den knappen personellen und finanziellen Ressourcen des Unternehmens. Das kann bei diversen kritischen Entscheidungen, wie zum Beispiel zwischen verschiedenen Projekten, äußerst wichtig sein (vgl. Kor, 2003, S. 709). Auch was die Technologie des Unternehmens betrifft, spielt die Kenntnis von Gründern eine wichtige Rolle:

> „[F]ounders possess valuable tacit knowledge about the original purpose of the technology, know its strengths and weaknesses, are aware of the problems that have occurred during technology development in the past and may occur in the future, know ways to solve or circumvent these problems, and probably know paths and opportunities to improve and develop the technology in the future." (Patzelt et al., 2008, S. 211)

Zusammenfassend lässt sich festhalten, dass Gründer einen langanhaltenden Einfluss auf diverse Aspekte des Unternehmens haben können. In der Tat zeigen empirische Studien, dass gründergeführte Unternehmen (im Vergleich zu nicht-gründergeführten Unternehmen) charakteristische Merkmale der Unternehmensleitung aufweisen und ganz bestimmte Reaktionen von Investoren hervorrufen, unabhängig von Branche, Unternehmensgröße und -alter (vgl. Nelson, T., 2003, S. 722).

Der Logik folgend, dass Gründer allgemein erheblichen Einfluss ausüben, ist es auch naheliegend, einen Einfluss auf die Wahl des Geschäftsmodells zu vermuten. Die hervorragende implizite Technologiekompetenz eines Gründers trifft den Charakter der FuE von Plattformunternehmen besonders gut, da deren Geschäft auf einer komplexen Technologie aufbaut und um diese herum expandiert. Der implizite Charakter der Gründerkompetenz passt zu der ebenso impliziten Art und Weise, wie Wissen in Plattform-Unternehmen in geringfügigen Verbesserungen angehäuft wird. Empirische Studien zeigen, dass gründerbasierte firmenspezifische Erfahrung in Top Management Teams einen positiven Einfluss auf den Unternehmenserfolg von Unternehmen hat, die das Plattformmodell anwenden (vgl. Patzelt et al., 2008, S. 215). Im Gegensatz dazu sind die Forschungspfade von Produktunternehmen sehr wechselhaft und ganz verschiedene Kompetenzen sind gefragt. Wissenschaftler und Techniker veröffentlichen ihre Erkenntnisse in Patenten und Publikationen an bedeutenden Meilensteinen, das heißt, das implizite Verständnis einer Technologie ist in diesem Fall nicht von so großer Bedeutung. Empirische Studien zeigen sogar, dass gründerbasierte firmenspezifische Erfahrung in Top Management Teams einen negativen Einfluss auf den Unternehmenserfolg von Unternehmen hat, die das Produktmodell anwenden (vgl. Patzelt et al., 2008, S. 215).

Bower führt aus, es gebe grundsätzliche Unterschiede zwischen Gründern mit akademischem und denen mit industriellem Hintergrund. Industrielle Gründer, zum Beispiel von Spin-Outs aus anderen Unternehmen, seien in Folge ihrer professionellen Laufbahn hervorragend vertraut mit Industrie und Branchenumfeld (vgl. Bower, 2003, S. 99). Akademische Gründer, zum Beispiel von Universitäts-Spin-Outs, hätten Fähigkeiten und Kompetenzen, wie sie durch die speziellen Voraussetzungen von höheren Bildungseinrichtungen oder öffentlichen Forschungsinstituten geprägt werden, während Erfahrungen in Industrie beziehungsweise Wirtschaft kaum vorhanden seien. Akademische Spin-Outs starteten häufig mit einer Technologie, die sich im eingeschränkten Testumfeld bewährt hat, für die aber noch keine attraktive Anwendung gefunden wurde. Es lässt sich daher vermuten, dass akademische Gründer zum Plattformmodell neigen, während industrielle Gründer aufgrund ihrer Branchenerfahrung und Marktkenntnis eher zum Produktmodell tendieren.

3.1.2 Top Management Team

Im Jahr 1984 begründeten Hambrick und Mason die Upper Echelon-Theorie. Kerngedanke der Theorie ist, dass die organisationale Performanz aus den individuellen Hintergründen der Manager teilweise vorherbestimmt werden kann (vgl. Hambrick/Mason, 1984, S. 197). Im Zentrum der Untersuchung stehen Top Management Teams (TMT), vor allem deren Zusammensetzung und Mitglieder. Variablen, denen ein Einfluss auf die Leistung eines Unternehmens zugeschrieben wird, sind Alter, fachliche Herkunft, bisherige Karriere, Ausbildung, sozioökonomische Herkunft, finanzielle Stellung und Gruppenheterogenität (vgl. ebd., S. 198-203). Da empirische Untersuchungen dieser Theorie im Laufe der Jahre nicht immer zu eindeutigen Ergebnissen geführt haben, verwendeten Patzelt unter anderem das Geschäftsmodell eines Unternehmens als neue Kontingenzvariable, „which probably moderates the impact of TMT demographic characteristics on performance" (vgl. Patzelt et al., 2008, S. 206). Dies könnte zum Beispiel bedeuten, dass der Einfluss des Alters von Führungspersonen je nach Geschäftsmodell von unterschiedlicher Bedeutung wäre. Eine solche Vermutung ist aber kaum plausibel zu machen und soll daher hier auch nicht weiterverfolgt werden. Der Fokus der nachfolgenden Überlegungen liegt auf anderen demographischen Charakteristika.

Eine formale Management-Ausbildung von Führungspersonen könnte für Produktentwicklungsunternehmen wichtiger sein als für Plattformunternehmen (vgl. Patzelt et al., 2008, S. 209f.). Zum einen sei das finanzielle Risiko für erstere üblicherweise größer als für die letztgenannten, weswegen diesbezügliche Fähigkeiten – wie zum Beispiel breite Projekt-Portfolios zu managen, um das Risiko zu streuen – von Vorteil seien. Zum anderen seien sie abhängig vom Kapitalmarkt und Finanzierungsinstituten wie Venture-Capital-Gesellschaften, denen sie mit betriebswirtschaftlich ausgebildetem Führungspersonal Professionalität signalisieren können. Die empirische Untersuchung lieferte für diese Hypothese jedoch keine signifikanten Ergebnisse.

Es könnte auch, wie im vorhergehenden Abschnitt schon angedeutet, ein positiver (negativer) Zusammenhang für Plattformunternehmen (Produktunternehmen) bestehen zwischen gründerbasierter unternehmensspezifischer Erfahrung des TMTs und der Unternehmensleistung. Dieser Zusammenhang konnte empirisch bestätigt werden.

Des Weiteren könnte besondere Branchenkenntnis für die verschiedenen Geschäftsmodelle von unterschiedlicher Bedeutung sein. Immerhin ist die Biotechnologieindustrie mit der desintegrierten Wertschöpfungskette der

Medikamentenentwicklung von vielen verschiedenen Kooperationen geprägt, die gegründet, gepflegt und unter Umständen wieder gekündigt werden wollen. Die meisten TMT-Mitglieder kommen aus der Biotechnik- oder der Pharmaindustrie und haben entsprechende Erfahrung, Kompetenzen und Kontakte. Je nach Geschäftsmodell unterscheiden sich die Kooperationen, die ein Unternehmen eingeht, und die Wettbewerber, mit denen ein Unternehmen konkurriert. Plattformtechnologieunternehmen stehen zum einen im Wettbewerb mit vielen anderen Biotechnologieunternehmen, die ähnliche Produkte und Dienstleistungen anbieten; zum anderen haben sie üblicherweise eine hohe Anzahl von Kunden aus der Biotech-Industrie (vgl. Kind/zu Knyphausen-Aufseß, 2007, S. 184f.). Eine gute Vernetzung in der Biotech-Industrie könnte also vor allem für Plattformtechnologieunternehmen von Vorteil sein. Produktentwicklungsunternehmen stehen kaum in direkter Konkurrenz zu anderen Biotech-Unternehmen und kooperieren häufig als Zulieferer für Pharmafirmen (vgl. Kind/zu Knyphausen-Aufseß, 2007, S. 184), benötigen also entsprechende Kenntnis über die Pharmabranche, Kontakte zu Pharmafirmen etc., während biotechnologische Branchenkenntnis weniger wichtig sein könnte. Die empirischen Ergebnisse bestätigen den Zusammenhang zwischen Geschäftsmodell und der Kenntnis der pharmazeutischen Industrie, während für den Zusammenhang zwischen Geschäftsmodell und der Kenntnis der Biotech-Industrie kein signifikantes Ergebnis gefunden werden konnte (vgl. Patzelt et al., 2008).

3.1.3 Technologie und Patente

Der ressourcenbasierte Ansatz des Strategischen Managements postuliert, dass ein Unternehmen nur dann einen langfristig haltbaren Wettbewerbsvorteil aufbauen kann, wenn es über geeignete Ressourcen verfügt und diese auch gegen Imitation durch Wettbewerber geschützt werden können (vgl. Barney, 1991). Im vorliegenden Industriekontext ist natürlich das vorhandene Technologiepotenzial von besonderer Bedeutung. Ein Plattform- oder Hybridmodell kann nur von einem Unternehmen gewählt werden, dessen technologiebezogenes Ressourcenpotenzial folgende Bedingungen erfüllt (vgl. Lanza, 2009):

- Die Technologie muss breit anwendbar sein und ein Problem adressieren, das für viele Kundenunternehmen bedeutsam ist;

- die Technologie muss eine attraktive Alternative zu existierenden Problemlösungsmöglichkeiten darstellen;

- die Technologie bietet Vorteile im Hinblick auf Skalierbarkeit und Effizienz.

Entsprechend steht ein Produktentwickler mit nur wenigen Wirkstoffkandidaten oder vielleicht nur einem validierten Zielmolekül nicht vor der Frage, ob er vielleicht lieber ein Plattformmodell verfolgen sollte, denn das Unternehmen verfügt einfach nicht über eine entsprechende Technologiebasis. Umgekehrt ist klar, dass die hohen Entwicklungskosten für die Entwicklung eines Medikamentes nur dann in Kauf genommen werden können, wenn ausreichender Patentschutz besteht; in der Regel kann nur so Imitation verhindert werden (vgl. Reed/DeFilippi, 1990). Es ist deshalb üblich, den Generika-Markt von dem Markt für „patentgeschützte Arzneimittel" abzugrenzen. Sind Patente gar nicht oder nicht mit ausreichendem Schutzumfang vorhanden, kommt das Produktentwicklungsmodell von vornherein nicht als Erfolg versprechendes Geschäftsmodell in Frage.

3.2 Externe Faktoren

„Externe Faktoren" seien äußere Gegebenheiten, die die Wahl eines Geschäftsmodells beeinflussen und auf die die Unternehmen selbst keinen unmittelbaren Einfluss haben. Die Schlüsselressourcen von technologieorientierten Startups sind Kapital und hochqualifiziertes Personal. Kapital ist nötig, um die kostenintensive FuE zu finanzieren, während noch keine interne Finanzierung, zum Beispiel durch Verkaufserlöse, vorhanden ist (vgl. Champenois/Engel/Heneric, 2006, S. 506f.). Demzufolge ist die externe Finanzierung für Biotech-Unternehmen, insbesondere für Biotech-Startups, von entscheidender Bedeutung für den Unternehmenserfolg. Beispielsweise gelten die lange Zeit fehlenden beziehungsweise ineffizienten Finanzierungsmöglichkeiten für deutsche Biotech-Startups als Ursache für die zähe Entwicklung der Biotech-Industrie in Deutschland bis Mitte der 1990er Jahre (vgl. Momma/Sharp, 1999, S. 274). Ob ein Unternehmen in der Lage ist, sich extern zu finanzieren, ist neben seiner Attraktivität für Investoren abhängig von externen Faktoren, wie erstens der landesabhängigen Struktur des Finanzmarkte, zweitens dem Investitionsklima und drittens speziellen Anreizen durch den Gesetzgeber. Die Möglichkeit, hochqualifiziertes Personal anzuheuern, ist zum einen abhängig von den Arbeitsmarktbedingungen und zum anderen vom Innovationsumfeld, das auch die Innovationskultur eines Landes mit einbezieht.

3.2.1 Struktur des Finanzmarkts und Präferenzen von Investoren/Mitgliedern von Aufsichtsgremien

Die Struktur des Finanzmarkts eines Landes hat sich über Jahrzehnte, abhängig von Kultur, Geschichte und der rahmengebenden Gesetzgebung gebildet. In den angelsächsischen Ländern dominiert ein marktorientiertes System mit fast ausschließlich privaten Akteuren, während in Kontinentaleuropa und Japan ein mit Einschränkungen marktorientiertes System dominiert, in dem neben den privaten auch regelmäßig staatliche oder öffentliche Institutionen aktiv sind. Zur Finanzierung von risikoreichen Biotech-Unternehmen kommt in frühen Entwicklungsphasen hauptsächlich Venture Capital (VC) in Kombination mit einem späterem Börsengang oder anderen Formen des Exits (zum Beispiel Trade Sale oder Pharma-Partnering) infrage (vgl. Casper/Kettler, 2001, S. 9; Champenois et al., 2006, S. 516). Weitere Finanzierungsquellen sind Darlehen von Banken, staatliche Subventionen oder Kooperationen mit Pharmakonzernen.

Die Existenz und Effizienz der entsprechenden Institutionen hängt eng mit Kultur, Gesetzgebung und wirtschaftlichem System eines Landes zusammen. Die Finanzierung durch VC hat sich vor allem in den angelsächsischen Ländern erfolgreich etabliert (vgl. Casper/Kettler, 2001, S. 13). VC-Gesellschaften wirtschaften mit finanziellen Mitteln, die ihnen von institutionellen Anlegern (Banken, Versicherungen, Rentenfonds etc.) oder kapitalstarken Privatpersonen zur Verfügung gestellt werden (Champenois et al., 2006, S. 507). VC-Gesellschaften finanzieren typischerweise technologieorientierte, innovative Startups, die noch nicht an der Börse notiert sind. Um das Potenzial der jungen Firmen, die meist keine fertigen Produkte vorweisen können, fachkundig bewerten zu können, besitzen sie (neben den finanziellen) oft umfangreiche fachliche Kompetenzen: Experten der VC-Gesellschaft stehen den jungen, unerfahrenen Startups beratend zur Seite, sowohl in geschäftlichen als auch in technologischen Fragen (vgl. Ehrlich/DeNoble/Moore/Weaver, 1994, S. 80). Venture-Capital-Gesellschaften nutzen den IPO (Initial public offering; dt. Börsengang) als Exit-Option, mit der sie über den Verkauf der eigenen Anteile beachtliche Einnahmen generieren können (zum Beispiel in den USA an der NASDAQ-Börse) (vgl. Casper/Kettler, 2001, S. 13; Champenois et al., 2006, S. 507). Diese Exit-Option fehlt in Ländern, in denen kein solcher Kapitalmarkt existiert, der relativ riskante Börsengänge unterstützt. Da diese Exit-Option jedoch äußerst wichtig für die Strategie von Venture Capital-Gesellschaften ist, entwickeln sich Risikokapital-Angebote nur dort, wo ein entsprechender Kapitalmarkt vorhanden ist (vgl. Casper, 2000, S. 906). Das in Kontinentaleuropa stärker bankenorientierte Finanzsystem ist kaum in der Lage, risikoreiche Geschäfte erfolgreich zu beurteilen (vgl. Carlin/Soskice, 1997, S. 67f.), und bietet diesen daher wenig Finanzierungsmöglichkeiten (vgl. Casper/Kettler, 2001, S. 16; Momma/Sharp, 1999, S. 274).

Finanzmärkte, die hohe Summen an Risikokapital zur Verfügung stellen, bieten vor allem Produktunternehmen die nötigen finanziellen Ressourcen, um ihre risikoreichen Projekte zu finanzieren. Auch Plattformunternehmen dürften hier Finanzierung finden, sind aber womöglich durch vergleichsweise geringere Gewinnaussichten für die Investoren weniger interessant. An Finanzmärkten, die nur geringe Summen an Risikokapital zur Verfügung stellen, dürften Produktunternehmen Schwierigkeiten haben, genügend Kapital zu erhalten. Plattformunternehmen können durch ihre früheren Gewinne und geringeren Kapitalbedarf auch bei eher konservativen Anlegern, wie zum Beispiel Banken, Kapital erhalten.

Diese Überlegungen sind zunächst sehr allgemeiner Natur. Letztlich kommt es natürlich darauf an, welche konkreten Präferenzen Investoren haben und wie sie diese über ihre Mitgliedschaft in den Aufsichtsgremien der Unternehmen artikulieren. So mag die Präferenz einer VC-Gesellschaft für ein kapitalintensives Entwicklungsmodell oder ein weniger kapitalintensives Plattformmodell etwa davon abhängen, (1) ob die VC-Gesellschaft in der Lage ist, bei nachfolgenden Finanzierungsrunden mitzuziehen und dadurch die Höhe der vorhandenen Anteile zu halten, (2) wie groß der zur Verfügung stehende Fonds überhaupt ist und welche Restlaufzeit (mit entsprechenden Konsequenzen für die Liquidierungserfordernisse) er hat, (3) wie die Risk/Return-Erwartungen sind und (4) wie die potenziellen Exit-Bewertungen verschiedener Geschäftsmodelle eingeschätzt werden.

3.2.2 Investitionsklima

Auch das Investitionsklima, größtenteils abhängig von der Konjunktur, könnte einen bedeutenden Einfluss auf die Wahl von Geschäftsmodellen haben. Ein ungünstiges Investitionsklima äußert sich in vorsichtigen und anspruchsvollen Investoren, die sehr wählerisch bei der Entscheidung über Engagements sind.

Zur Veranschaulichung der Schwierigkeiten, die sich durch ein ungünstiges Investitionsklima ergeben, wird im Folgenden die gegenwärtige Situation von Biotech-Startups erläutert, die geprägt ist von der Finanzkrise ab 2007. Die Beratungsfirma Ernst & Young skizziert in ihrem jährlich erscheinenden renommierten Bericht zur Biotechnologie, („Beyond Borders") die Finanzierungsschwierigkeiten, mit denen sich momentan insbesondere junge Biotech-Startups, aber auch etablierte Unternehmen konfrontiert sehen (vgl. Ernst & Young, 2010). Venture-Capital-Geber seien momentan aus zwei Gründen sehr wählerisch: Erstens bringe der Börsengang als Exit-Option bei einem angeschlagenen Finanzmarkt wesentlich weniger Kapital ein, zweitens würden ihnen weniger finanzielle Mittel zur

Verfügung gestellt. Kapitalmärkte bevorzugten wenig riskante Geschäfte, weswegen sie in etablierte Biotech-Unternehmen investierten, die im Rahmen einer Kapitalerhöhung junge Aktien emittieren. Falls sie in IPOs von Unternehmen investierten, würden solche bevorzugt, die weit genug in der Entwicklung vorangeschritten sind, um ein geringeres FuE-Risiko zu haben. Auch Partnerschaften mit großen Pharmaunternehmen seien schwieriger: Erstens habe die erst kürzlich konsolidierte Branche und der Verzicht der Pharmakonzerne auf bestimmte therapeutische Kategorien den Kundenkreis der Biotech-Unternehmen bedeutend verkleinert, zweitens nehme der Wettbewerb zu, da die Pharmaunternehmen verstärkt in neue Branchen investierten.

Während im Falle eines ungünstigen Investitionsklimas Unternehmen aller Geschäftsmodelle mit dessen Auswirkungen zu kämpfen haben, erweisen sich manche Modelle doch als erfolgreicher als andere, schwierige Zeiten zu überstehen. Aus diesem Grund versuchen vor allem risikoreiche und kapitalintensive Unternehmen, ihr Geschäft risikoärmer und weniger kapitalintensiv zu gestalten. Zu jenen lassen sich vor allem Produktunternehmen zählen, die verglichen mit Plattformunternehmen riskanter sind und mehr externes Kapital benötigen, weil sie anfangs selbst kaum Einnahmen haben. Der Wandel zum hybriden Modell ist eine vorteilhafte Möglichkeit, mit den eigenen Ressourcen über eine Technologieplattform früher Einnahmen zu generieren und so das Geschäftsrisiko zu senken. In umgekehrter Richtung beobachten Rothman und Kraft (2006) nach dem Platzen der Dotcom-Blase im Jahr 2000/2001 eine Downstream-Integration (Integration von in der Wertschöpfungskette nachgelagerten Aktivitäten) von Genforschungsunternehmen, die dadurch näher am Endkunden seien, größere Wertschöpfung leisteten und dadurch insgesamt risikoärmer entwickelten. Ebenso ist das Aufblühen des hybriden Geschäftsmodells auf vorübergehende Finanzierungsschwierigkeiten und die daraus folgende Suche nach kurzfristigeren Einnahmen zurückzuführen (vgl. Friedmann, 2010, S. 1).

3.2.3 Anreize durch Gesetzgeber

Der Gesetzgeber kann zusätzlich zu den Rahmenbedingungen durch Steuern und Vorschriften Anreize durch Programme zur Unterstützung von technologieorientierten Unternehmen setzen. Das geschieht vor allem in Ländern, in denen es üblich ist, dass der Staat in Bereichen der Privatwirtschaft agiert. Die Ausgestaltung kann vielfältiger Natur sein und verfolgt verschiedene Ziele, wie zum Beispiel bessere Finanzierungsmöglichkeiten zu schaffen oder einen Startimpuls zu geben. Der Gesetzgeber entscheidet sich für solche Programme, wenn die privaten Akteure seiner Meinung nach wesentliche Aufgaben nicht oder sehr ineffizient erfüllen.

So wie die Wahl des Geschäftsmodells abhängig von der Gesetzgebung am Finanzmarkt ist, so ist zu vermuten, dass auch bestimmte Anreizprogramme durch den Gesetzgeber bestimmte Geschäftsmodelle bevorzugen. Im Fall des deutschen BioRegio-Wettbewerbs, der starke Cluster-Bildung gefördert hat, könnte eines der Geschäftsmodelle bevorzugt worden sein, wenn man beispielsweise die unterschiedlichen Kooperationsgewohnheiten in Betracht zieht: Produktentwicklungsunternehmen gehen hauptsächlich mit Pharmaunternehmen Allianzen ein, während Plattformunternehmen in größerem Ausmaß auch mit anderen Biotech-Unternehmen kooperieren, auch wenn das letztendliche Ziel natürlich immer darin bestehen dürfte, Kooperationen mit kapitalstarken Pharmaunternehmen aufzubauen. Auch die Vorgaben der Jury beim BioRegio-Wettbewerb oder deren Bewertungsschema könnte bestimmte Modelle (eventuell auch unbewusst) bevorzugen, was wiederum Unternehmen verleiten könnte, eher dieses Modell zu verfolgen.

In ähnlicher Richtung könnten die steuerlichen Rahmenbedingungen wirken; so wirkt zum Beispiel in Deutschland die Aberkennung von Verlustvorträgen bei Folgefinanzierungsrunden als Negativanreiz bei Produktentwicklungsunternehmen, weil es steuerlich nachteilig ist, sich in lange und defizitäre Entwicklungsprojekte zu begeben. Eine Veränderung der steuerlichen Rahmenbedingungen könnte entsprechend eine Hinwendung zum Produktentwicklungsmodell auch in Deutschland attraktiver machen. Insgesamt erscheint also die Vermutung plausibel, dass gesetzliche Anreizprogramme die Entscheidung zu(un)gunsten bestimmter Geschäftsmodelle beeinflussen.

3.2.4 Arbeitsmarkt

Hightech-Unternehmen sind auf hervorragend ausgebildetes Personal angewiesen, dessen Rekrutierung schwierig sein kann (vgl. Kor, 2003, S. 710). Ebenso wie die Struktur des Finanzmarkts hat sich die Struktur des Arbeitsmarkts eines Landes über Jahrzehnte, abhängig von Kultur, Geschichte und der rahmengebenden Gesetzgebung, gebildet. Während Kultur und Geschichte einen komplexen, vielschichtigen Einfluss haben können, ist der Einfluss der Arbeitsmarktgesetzgebung vergleichsweise leicht ersichtlich.

Eine liberale, flexible Gesetzgebung, wie zum Beispiel in den Vereinigten Staaten oder Großbritannien, bietet den Arbeitgebern großen Handlungsspielraum. Die Personalpolitik der Unternehmen ist – da zum Beispiel gesetzlicher Kündigungsschutz oder verhandlungsstarke Gewerkschaften kaum oder jedenfalls nur in bestimmen Branchen (Automobilindustrie, Luftfahrt) vorhanden sind – in ihren Entscheidungen relativ ungehindert, sodass sich ein äußerst aktiver Arbeitsmarkt entwickelt, das heißt, regelmäßig sind diverse Fachkräfte mit unterschiedlichsten Qualifikationen auf Arbeitssuche. Die Hire-and-Fire-Mentalität spornt Arbeitnehmer besonders dazu an, kurzfristige Ziele zu erreichen, weil sich langfristig ausgerichtetes Engagement womöglich zu spät bemerkbar macht. Eine restriktive Gesetzgebung, wie zum Beispiel in Deutschland, soll Arbeitnehmern Sicherheit und Schutz bieten, auf Kosten des Handlungsspielraums der Arbeitgeber (vgl. Carlin/Soskice, 1997, S. 65). Gesetzgebung, wie zum Beispiel der Kündigungsschutz, und weit verbreitete Arbeitnehmerorganisation in verhandlungsstarken Betriebsräten und Gewerkschaften schränken die Entscheidungen der Unternehmen in der Personalpolitik ein. Der Arbeitsmarkt ist in Folge dessen weniger flexibel und aktiv, das Angebot an Arbeit suchenden qualifizierten Fachkräften ist überschaubar. Die daraus resultierende Mentalität spornt Arbeitnehmer dazu an, sich langfristig im Unternehmen zu engagieren und firmenspezifisches Wissen aufzubauen, während die Motivation, kurzfristige Ziele zu erreichen, weniger stark ausgeprägt ist.

Wie bereits dargestellt, unterscheidet sich der Charakter der FuE zwischen Produktentwicklungsmodell und Plattformtechnologiemodell: Die sprunghafte, oft den Forschungspfad ändernde therapeutikabezogene FuE ist mit häufig wechselnden Ansprüchen an die Kompetenzen des Personals verbunden. Daher ist die kurzfristige Verfügbarkeit von hochqualifizierten Fachkräften ebenso wichtig wie die Möglichkeit, vorhandenes, nicht mehr benötigtes Personal kurzfristig zu entlassen (vgl. Casper, 2000, S. 900). Da die Medikamentenentwicklung typischerweise von zahlreichen Fehlschlägen geprägt ist und viele Projekte scheitern, lassen sich hochqualifizierte Fachkräfte nur dann auf risikoreiche Projekte (wie sie es in der Produktentwicklung meistens sind) ein, wenn sie sich, falls diese scheitern, auf einem aktiven Arbeitsmarkt erneut mit guten Chancen umsehen können. Die auf einer Basistechnologie aufbauende, in inkrementellen Verbesserungen fortschreitende Entwicklung einer Plattformtechnologie ist auf Fachkräfte angewiesen, die sich langfristig im Unternehmen engagieren und firmenspezifisches Wissen erschaffen. Hochqualifizierte Mitarbeiter binden sich vor allem dann fest an ein einzelnes Unternehmen und schaffen unternehmensinternes Wissen (das nicht in reputationssteigernden Artikeln veröffentlicht werden kann), wenn sie mit einer dauerhaften Karriere in diesem Unternehmen rechnen (vgl. Casper/Kettler, 2001, S. 16).

Die Ausführungen zeigen, dass eine liberale, flexible Gesetzgebung die Entwicklung eines aktiven Arbeitsmarkts begünstigen dürfte, auf dem Produktentwicklungsunternehmen die oft kurzfristig benötigten Experten finden können. Vorteilhaft ist auch die dadurch entstandene Mentalität, die zu den Höchstleistungen motiviert, die für das Gewinnen von Forschungsrennen erforderlich sind. Auch Plattformunternehmen dürfte ein aktiver Arbeitsmarkt zugutekommen; fraglich ist jedoch, ob diese in der Lage sind, die Fachkräfte dazu zu bringen, ihre Karriere und Kompetenzen fest an ein bestimmtes Unternehmen zu binden. Dazu sind Fachkräfte in einer Arbeitsumgebung, wie sie die restriktive Gesetzgebung hervorruft, womöglich eher gewillt. Die Arbeitnehmer können gesicherte Arbeitskonditionen (hinsichtlich Gehalt, Anstellungszeit) erwarten, die sie dazu bringen, sich entsprechend dauerhaft zu engagieren. Am Arbeitsmarkt hätten sie es ohnehin schwer, in kurzer Zeit eine neue Stelle zu finden, da dieser für erfahrene Wissenschaftler – infolge der restriktiven Gesetzgebung – viel weniger attraktiv ist. Diese Gesetzgebung hindert Produktentwickler daran, ihre Kapazitäten an entsprechenden Wissenschaftlern kurzfristig dem aktuellen, wechselhaften Bedarf anzupassen, was jedoch essenziell wäre, um langfristig in den Forschungsrennen bestehen zu können (vgl. Casper, 2000, S. 907; Casper/Kettler, 2001, S. 16).

3.2.5 Innovationsumfeld

Die Theorie des nationalen Innovationssystems (NIS) stellt einen Zusammenhang her zwischen einerseits der komplexen Struktur von sozialen, wirtschaftlichen und technologischen Gegebenheiten eines Landes einerseits und der Entwicklung, Einführung, Verbesserung und Verbreitung von Produkten und Prozessen in der Wirtschaft dieses Landes andererseits (vgl. Nelson, R., 2003; Freeman, 1995). Neben der formalen FuE in speziellen Abteilungen in Unternehmen entwickeln auch Ingenieure in der Produktion, Techniker und Verkäufer Innovationen. Auch aus der Interaktion mit dem Markt, mit anderen Firmen, Lieferanten, Vertragsfirmen etc. ergeben sich viele (inkrementelle) Verbesserungen von Produkten, Dienstleistungen und Prozessen. Das Konzept spricht systembedingten Aspekten der Innovation wachsende Bedeutung zu und liefert damit einen Erklärungsansatz für die unterschiedliche Entwicklung der Innovationsfähigkeit in verschiedenen Ländern (zum Beispiel Japan gegenüber UdSSR). Während im Vordergrund der NIS Organisationen (zum Beispiel Unternehmen) und formale Institutionen (zum Beispiel Patent-, Arbeits- und Steuerrecht) stehen, hebt das Konzept der Innovationskultur die Bedeutung von Akteuren hervor. Deren Wirken äußert sich „beispielsweise in den Werthaltungen wissenschaftlich-technischer Eliten, in Forschungsparadigmen oder auch

Gruppenidentitäten" (Wieland, 2004, S. 11 f.). Wieland definiert: „Innovationskultur verweist auf den institutionellen Rahmen, der die Wahrnehmung der am Innovationsprozess beteiligten Akteure hinsichtlich wirtschaftlicher und technischer Herausforderungen prägt sowie Strategien zu ihrer Bewältigung bereitstellt." (Wieland, 2004, S. 10) Wenn die Konzepte NIS und Innovationskultur sich auch ähneln, sind sie doch nicht das Gleiche. Einigkeit besteht bei der These, dass die Innovationsfähigkeit von Unternehmen landes- oder kulturtypische Merkmale aufweist, die aus einer bestimmten (komplexen) Kombination von (formalen oder nicht-formalen) Institutionen herrührt. Im Folgenden sei vereinfachend von „Innovationsumfeld" die Rede, das sowohl Einflüsse der NIS als auch der Innovationskultur einschließt.

Da Innovationen für die Biotechnologie von außerordentlicher Bedeutung sind, bringt das Innovationsumfeld eines Landes die entsprechenden Biotech-Unternehmen hervor. Tatsächlich lässt sich zum Beispiel die lange Zeit zähe Entwicklung der Biotechnologie in Deutschland (zumindest teilweise) auf das vorherrschende Forschungsparadigma der chemischen und pharmazeutischen Industrie zurückführen, das radikalen Innovationen wenig Chancen einräumt (vgl. Wieland, 2004, S. 19-24). Ebenso lässt sich vermuten, dass das Innovationsumfeld einen Einfluss auf die unternehmerische Wahl des Geschäftsmodells hat.

Die unterschiedliche Charakteristik der FuE in Plattformtechnologieunternehmen (inkrementelle Verbesserungen einer Basistechnologie) und Produktentwicklungsunternehmen (wechselhafte, unterschiedliche Kompetenzen benötigende Forschungspfade) findet sich in der unterschiedlichen Charakteristik des Innovationsumfelds von verschiedenen Ländern wieder. Beispielsweise weisen mehrere Autoren darauf hin, dass deutsche Unternehmen tendenziell unternehmensinterne, inkrementelle Innovationen gegenüber radikalen Neuheiten bevorzugten (vgl. Carlin/Soskice, 1997, S. 68; Casper/Kettler, 2001, S. 17; Dohse, 2000, S. 1115; Momma/Sharp, 1999, S. 268f.). Die Ursachen für diese Entwicklung sind vielfältig und werden andernorts ausführlich diskutiert; sie liegen zum Beispiel in der Interaktion zwischen verschiedenen Marktteilnehmern, wie Arbeitgebern und Arbeitnehmern, privaten Unternehmen und öffentlichen Forschungsinstituten, Unternehmern und Finanziers etc. (vgl. Carlin/Soskice, 1997, S. 64-68). Momma und Sharp untersuchen die Evolution der deutschen Biotechnologie vor dem Hintergrund des vorherrschenden Innovationssystems und schlussfolgern, dass deutsche „dedicated biotechnology firms" eher bereit seien, eine komplementäre Rolle im biotechnologischen Entwicklungsprozess einzunehmen, als dass sie darauf aus seien, sich zu großen integrierten Unternehmen zu entwickeln (vgl. Momma/Sharp, 1999, S. 268f.).

Das deutsche Innovationsumfeld, das Nationale Innovationssystem und die Innovationskultur, scheinen besser für Plattformtechnologieunternehmen als für Produktentwicklungsunternehmen geeignet zu sein. Für andere Länder dürfte das Urteil anders ausfallen, da dort ein anderes Innovationsumfeld herrscht. Pauschalisierende Aussagen sind bei einem so komplexen Untersuchungsgegenstand wie dem Innovationsumfeld schwierig (tendenziell lohnt sich jedoch die Orientierung an den Charakteristika bezüglich der FuE der Geschäftsmodelle). Ein Einfluss auf die Wahl des Geschäftsmodells durch das Innovationsumfeld ist in jedem Fall zu vermuten.

4 Zusammenfassung

Die Historie einer Geschäftsmodellwahl ist von entscheidender Bedeutung für eine sinnhafte Beurteilung des jeweiligen Geschäftsmodells. Vor diesem Hintergrund wurden vier gängige, an der Wertschöpfungsstruktur orientierte Geschäftsmodelle der Biotechnologie-Industrie vorgestellt: das FIPCO-Modell, die Produktentwicklung therapeutischer Medikamente, Plattformtechnologie-Anbieter und ein hybrides Geschäftsmodell.

Daran anschließend wurde literaturbasiert gezeigt, dass interne und externe Faktoren eine Auswirkung auf die Geschäftsmodellwahl haben oder nach entscheidungslogischen Gesichtspunkten haben könnten. Die vorgestellten internen Faktoren umfassen Charakteristika der Firmengründer und der Zusammensetzung des Top Management Teams. Die externen Faktoren umfassen die Struktur des Finanzmarkts, das Investitionsklima, gesetzliche Anreizprogramme, den Arbeitsmarkt und das Innovationsumfeld.

Eine abschließende Übersicht über die Beziehungen zwischen den internen und externen Faktoren auf der einen Seite und den vier Geschäftsmodelltypen auf der anderen Seite gibt Abbildung 1.

Wie in der Einleitung zu diesem Beitrag erwähnt, sind unsere Überlegungen zu den Einflussfaktoren der Geschäftsmodellwahl explorativer Natur. In weiteren Arbeiten muss es darum gehen, die skizzierten Zusammenhänge zu konkreten Forschungshypothesen zu verdichten, um dann auch eine entsprechende empirische Überprüfung vornehmen zu können. Darüber hinaus muss es natürlich darum gehen, auch für andere Branchen solche Hypothesengerüste zu entwickeln und diese dem empirischen Test zuzuführen. Schließlich bleibt es zukünftigen Arbeiten vorbehalten, auch die Performance-Wirkungen der Geschäftsmodellwahl genauer zu untersuchen. Erst auf dieser Grundlage können dann auch der Unternehmenspraxis fundierte Hinweise gegeben werden, welche Geschäftsmodellwahl vorteilhaft ist.

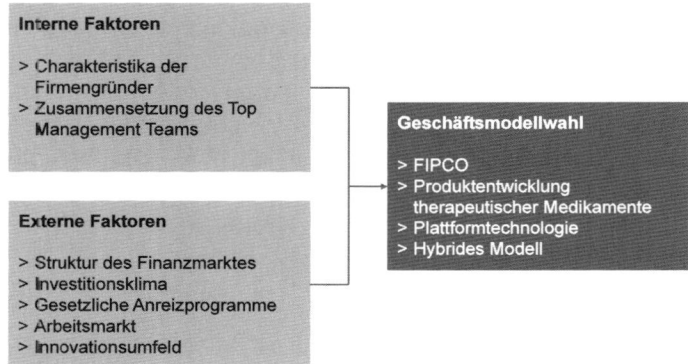

Abb. 1: Einflussfaktoren auf die Wahl von Biotech-Geschäftsmodellen

5   Literaturverzeichnis

Amit, R./Zott, C. (2001). Value creation in e-business. In: *Strategic Management Journal*, 22(6-7), S. 493-520.

Barney, J. (1991). Firm resources and sustained competitive advantage. In: *Journal of Management*, 17(1), S. 199-120.

Bode-Greuel, K.M./Greuel, J.M. (2005). Determining the value of drug development candidates and technology platforms. In: *Journal of Commercial Biotechnology*, 11(2), S. 155-170.

Bower, D.J. (2003). Business model fashion and the academic spinout firm. In: *R&D Management*, 33(2), S. 97-106.

Carlin, W./Soskice, D. (1997). Shocks to the system: the German political economy under stress. In: *National Institute Economic Review*, 159(1), S. 57-76.

Casper, S. (2000). Institutional adaptiveness, technology policy, and the diffusion of new business models: The case of German biotechnology. In: *Organization Studies*, 21, S. 887-914.

Casper, S./Kettler, H. (2001). National institutional frameworks and the hybridiziation of entrepreneurial business models: The German and UK biotechnology sectors. In: *Industry and Innovation*, 8(1), S. 5-30.

Champenois, C./Engel, D./Heneric, O. (2006). What kind of German biotechnology start-ups do venture capital companies and corporate investors prefer for equity investments? In: *Applied Economics*, 38(5), S. 505-518.

Chesbrough, H. (2010). Business model innovation: Opportunities and barriers. In: *Long Range Planning*, 43(2-3), S. 354-363.

Dohse, D. (2000). Technology policy and the regions – the case of the BioRegio contest. In: *Research Policy*, 29(9), S. 1111–1133.

Ehrlich, S./De Noble, A./Moore, T./Weaver, R. (1994). After the cash arrives: a comparative study of venture capital and private investor involvement in entrepreneurial firms. In: *Journal of Business Venturing*, 9(1), S. 67-82.

Ernst & Young (2010). *Beyond borders – Global biotechnology report 2010*. Cambridge: Ernst & Young.

Fisken, J./Rutherford, J. (2002). Business models and investment trends in the biotechnology industry in europe. In: *Journal of Commercial Biotechnology*, 8(3), S. 191-199.

Freeman, C. (1995). The 'National System of Innovation' in historical perspective. In: *Cambridge Journal of Economics*, 19, S. 5-24.

Friedmann, Y. (2010). Time for a new business model. In: *Journal of Commercial Biotechnology*, 16, S. 1-2.

Gambardella, A./McGahan, A.M. (2010). Business-model innovation: General purpose technologies and their implications for industry structure. In: *Long Range Planning*, 43(2-3), S. 262-271.

Hambrick, D.C./Mason, P.A. (1984). Upper echelons: The organization as a reflection of its top managers. In: *Academy of Management Review*, 9(2), S. 193–206.

Kind, S./zu Knyphausen-Aufseß, D. (2007). What is 'business development'? The case of biotechnology. In: *Schmalenbach Business Review*, 59, S. 176-199.

zu Knyphausen-Aufseß, D./Meinhardt, Y. (2002). Revisiting Strategy: Ein Ansatz zur Systematisierung von Geschäftsmodellen. In Bieger, T/Bickhoff, N./Caspers, R./zu Knyphausen-Aufseß, D./Reding, K. (Hrsg.): *Zukünftige Geschäftsmodelle. Konzept und Anwendung in der Netzökonomie* (S. 63-85). Berlin et al.: Springer-Verlag,.

Konde, V. (2008). Biotechnology business models: An Indian perspective. In: *Journal of Commercial Biotechnology*, 15(3), S. 215-226.

Kor, Y.Y. (2003). Experience-based top management team competence and sustained growth. In: *Organization Science*, 14(6), S. 707-719.

Lanza, G. (2009). *Building today's platform company.* http://www.nature.com/bioent/2009/090601/full/bioe.2009.6.html

Magretta, J. (2002). Why business models matter. In: *Harvard Business Review*, S. 1-8.

Momma, S./Sharp, M. (1999I). Developments in new biotechnology firms in Germany. In: *Technovation*, 19(5), S. 267–282.

Nelson, R. (Hrsg.) (2003). *National Innovation Systems. A Comparative Analysis.* New York/Oxford: Oxford University Press.

Nelson, T. (2003). The persistence of founder influence: management, ownership, and performance effects at initial public offering. In: *Strategic Management Journal*, 24(8), S. 707-724.

Osterwalder, A./Pigneur, Y. (2004). An ontology for e-business models. In: Currie, W. (Hrsg.): *Value Creation from E-Business Models* (S. 65-97). Oxford: Elsevier Butterworth-Heinemann.

Patzelt, H./zu Knyphausen-Aufseß, D./Nikol, P. (2008). Top management teams, business models, and performance of biotechnology ventures: An upper echelon perspective. In: *British Journal of Management*, 15, S. 205-221.

Rajala, R./Rossi, M./Tuunainen, V. (2003). A framework for analyzing software business models. In Proceedings of the *Eleventh European Conference on Information Systems*. Neapel, Italien, S. 1614-1627.

Reed, R./DeFilippi, R. (1990). Causal ambiguity, barriers to imitation, and sustainable competitive advantage. In: *Academy of Management Review*, 15(1), S. 88-102.

Rothman, H./Kraft, A. (2006). Downstream and into deep biology: Evolving business models in 'top tier genomics companies. In: *Journal of Commercial Biotechnology*, 12(2), S. 86-97.

Scarlett, J.A. (1999). Biotechnology's emerging opportunities: Lessons from the Bauhaus. In: *Nature Biotechnology*, 17, S. BE13-BE15.

Wieland, T. (2004). *Innovationskultur: theoretische und empirische Annäherungen an einen Begriff.* Available at: http://www.lrz.de/~thomas_wieland/papers/wieland_2.pdf [Zugegriffen am 18. September 2010].

Zott, C./Amit, R. (2007). Business model design and the performance of entrepreneurial firms. In: *Organization Science*, 18, S. 181-199.

Teil 3: Innovative Geschäftsmodelle in der Praxis

Google: „In Zukunft vergessen Sie nichts – weil der Computer sich alles merkt"

Christian Krys, Andrea Wiedemann

Das Unternehmen Google Inc. mit Hauptsitz in Mountain View (USA) wurde vor allem durch die gleichnamige Suchmaschine und andere Internetdienstleistungen bekannt. In nur zwölf Jahren hat sich Google aus einem Startup zu einem Global Player mit Milliarden-Gewinnen entwickelt. Das Fundament für diesen Erfolg legten die Google-Gründer Larry Page und Sergej Brin mit der gleichnamigen Suchmaschine. Von dieser Basis aus hat das Unternehmen sein Geschäftsmodell konsequent evolutionär weiterentwickelt: Einerseits verbessert es kontinuierlich seine Kernkompetenz der schnellen und präzisen Suche im Internet, andererseits hat Google rund um diese Kernkompetenz sein Produktportfolio erweitert und bietet eine umfangreiche Palette von Internetdienstleistungen an. Bekannte Beispiele sind Google News, Google Mail, Google Maps und Google Street View. Google hat außerdem einen eigenen Internetbrowser (Chrome) sowie ein Betriebssystem für Mobiltelefone (Android) entwickelt und vermarktet.

1 Der Aufstieg – In zwölf Jahren vom Startup zum Global Player

„Googeln [gu:gln] (mit Google im Internet suchen)" lautet der Eintrag in der neuesten Auflage des „Duden". Der Platz im Nachschlagewerk bedeutet die Aufnahme in die Aristokratie der Markennamen. So wie „Tempo" inzwischen für Papiertaschentuch steht, ist „Google" überall auf der Welt ein Synonym für die Suche im Internet. Das Unternehmen mit Hauptsitz in Mountain View im Silicon Valley hat eine beeindruckende Entwicklung vorzuweisen: In

Google Inc. auf einen Blick

Gründung: 4. September 1998

Börsengang: 19. August 2004

Hauptsitz: "Googleplex", Mountain View, Kalifornien, USA

Umsatz 2009: 23,651 Mrd. US-Dollar

Gewinn 2009: 6,52 Mrd. US-Dollar

Mitarbeiter: 23.331 (Stand 30. September 2010)

252

nur zwölf Jahren hat es sich von ein Studenten-Startup zum Global Player entwickelt: Mit über 23.000 Mitarbeitern weltweit und einem Umsatz von 23 Mrd. US-Dollar ist Google heute eines der erfolgreichsten Dotcom-Unternehmen. Auf der Fortune-500-Liste hat es Google Inc. mit einem Gewinn von rund 6,5 Mrd. US-Dollar im Jahr 2009 unter die Top 20 der profitabelsten US-Unternehmen geschafft – und seinen Profit im Vergleich zum Vorjahr um rund 54% gesteigert. Das kalifornische Unternehmen zählt zu den teuersten Marken der Welt und liegt in den Rankings internationaler Top-Marken in der Spitzenkategorie mit Marken wie Coca Cola, IBM, Apple und Microsoft. Der Markenwert von Google wird auf eine Summe zwischen 43,5 Mrd. US-Dollar[1] und 114,26 Mrd. US-Dollar[2] veranschlagt. Google-Technologie beantwortet 80% aller im World Wide Web gestellten Suchanfragen.[3]1 Im deutschsprachigen Raum erreicht Google sogar einen Anteil von mehr als 90%.

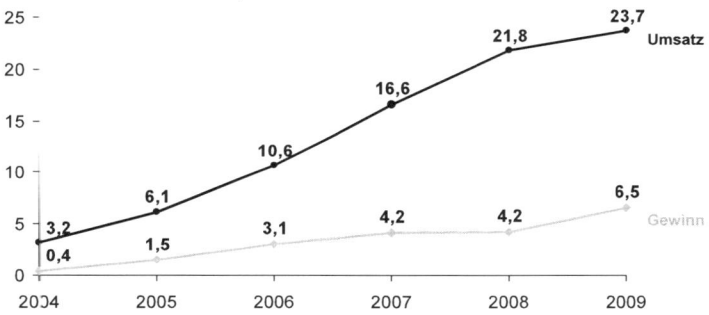

Abb. 1: Google Inc. – Umsätze und Gewinn zwischen 2004 und 2009 [Mrd. US-Dollar] (Quelle: Google Inc.)

2   Die Anfänge in Stanford – Von „BackRub" zu Google

Die Google-Erfolgsgeschichte begann 1996 an der Stanford Universität: Larry Page und Sergej Brin arbeiteten an einer Suchmaschine „BackRub", die einen völlig neuen Ansatz bei der Online-Recherche verfolgte: Die Doktoranden entwickelten ein mathematisches Verfahren, das die

---

1   Zur Illustration der Größenordnung eine Zahl: Im Dezember 2009 wurden 113 Milliarden Suchanfragen weltweit gestellt.

Verlinkung von Internet-Seiten erfasst und daraus ihre Relevanz ableitet. Die ersten Nutzer – Kommilitonen und Wissenschaftler in Stanford – waren von „BackRubs" Treffsicherheit und Schnelligkeit begeistert. 1997 wird die Suchmaschine in „Google" umbenannt – der neue Name ist ein Wortspiel von Larry Page und Sergej Brin mit dem mathematischen Ausdruck „Googol", der für die Ziffer 1 gefolgt von 100 Nullen steht. Nomen est omen – die Namensgebung unterstreicht die Vision der beiden Firmengründer: „Das Ziel von Google besteht darin, die auf der Welt vorhandenen Informationen zu organisieren und allgemein zugänglich und nutzbar zu machen."[4]

Der Ruf der neuen Suchmaschine verbreitete sich schnell über den Stanford-Campus hinaus, und Branchenkenner erkannten das große Potenzial dieser neuen Technologie. Andreas von Bechtolsheim, Gründer von Sun, stellte Larry Page und Sergej Brin einen Scheck über 100.000 US-Dollar aus. Mit diesem Startkapital gründeten die beiden am 4. September 1998 Google Inc. Noch im selben Jahr ging die Suchmaschine offiziell ans Netz und wurde von der Fachzeitschrift „PC Magazine" als „Suchmaschine der Wahl in den Top 100 Web Sites des Jahres" gepriesen.[5]

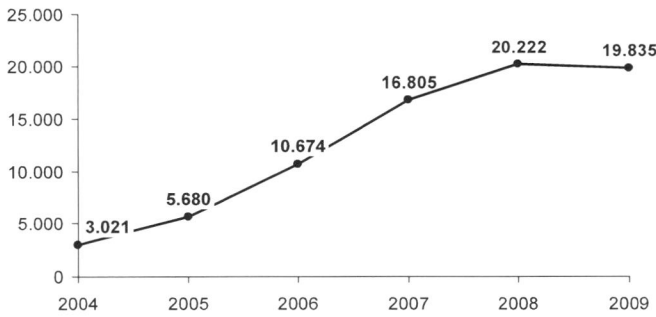

Abb. 2: Google Inc. Mitarbeiterentwicklung weltweit [Anzahl] (Quelle: Google Inc.)

Im Juni 1999 steigen die Venture-Capital-Firmen Sequoia Capital und Kleiner Perkins mit einer Finanzierung von 25 Mio. US-Dollar in das Startup-Unternehmen ein. Das Engagement dieser Risikokapitalgesellschafter war der Katalysator für das rasante Wachstum des Internet-Unternehmens. Um die Jahresmitte 2000 verkündete Google, dass sein Index die Marke von einer Milliarde Websites erreicht hat. Damit war das Unternehmen nach eigenen Angaben zur größten Suchmaschine der Welt avanciert.

3 Die Technologie – Wettbewerbsvorteil im Kampf um Marktanteile

„Google hat die Funktionalität eines komplizierten Schweizer Taschenmessers, aber unsere Homepage ist simpel und elegant, wie ein geschlossenes Messer. Viele unserer Wettbewerber sehen dagegen aus wie geöffnete Taschenmesser. Das kann Furcht erregen und von Nachteil sein."
Marissa Mayer, Google-Vizepräsidentin[6]

Grundlage dieses Erfolgs war der technologische Vorsprung des Start-up-Unternehmens gegenüber den in den 90er-Jahren bereits etablierten Suchmaschinen. Sie funktionierten nach dem Prinzip, dass die Häufigkeit von Begriffen auf einer Website erfasst wird. Larry Page und Sergej Brin wählten bei der Entwicklung von Google einen völlig anderen Ansatz: Die Häufigkeit der Links, mit denen auf eine Website verwiesen wird, wird als Indikator für die Relevanz dieser Website betrachtet. Google wendet heute nach eigenen Angaben mehr als 200 Signale und verschiedene Techniken an, um die Wichtigkeit einer Website einzuschätzen. Das wichtigste Werkzeug im Instrumentenkasten ist dabei der PageRank-Algorithmus, den Larry Page 1998 als Patent einreichte; mit ihm analysiert Google die gesamte Linkstruktur des Internets, um die Relevanz von Websites objektiv zu bewerten. Der Algorithmus berechnet ein Gleichungssystem mit über 500 Millionen Variablen und zwei Milliarden Ausdrücken. PageRank zählt dabei nicht einfach die Links, die auf eine Seite verweisen, sondern interpretiert die Linkstruktur, indem es die Verweise unterschiedlich gewichtet. Die Google-Suchmaschine analysiert darüber hinaus auch den Inhalt von Websites; dabei wird nicht nur der Text eingelesen, sondern es werden auch „Faktoren wie Schriftarten, Unterteilungen und die Position aller Begriffe analysiert".[7] Diese Rechenprozesse laufen in Bruchteilen von Sekunden ab, sobald ein Nutzer seine Suchanfrage in das Eingabefeld der Google-Domain getippt hat.

Um Suchanfragen in Bruchteilen von Sekunden zu beantworten, bedarf es einer gigantischen Rechnerleistung. Während Wettbewerber bei der Bereitstellung dieser Kapazitäten auf große Server setzten, beschritt Google einen neuen Weg: die Vernetzung einzelner PCs zu einem Verbund, der nach Expertenschätzungen aus mehr als einer Million Rechnern besteht.[8] Das Google File System (GFS) steuert diesen Rechnerverbund und „organisiert" die schnelle Bearbeitung von Suchanfragen durch eine optimale Nutzung der jeweils verfügbaren Rechnerkapazitäten nach dem Prinzip des Cloud Computing. Dieser Ansatz – ein bedeutender Baustein des Wertschöpfungskonzepts von Google – beschleunigt nicht nur die Bearbeitungszeit von Suchanfragen, sondern hält auch die Kosten im Zaum, wie Google-CEO Eric Schmidt erklärt: „Wir haben einen klaren Wettbewerbsvorteil, weil wir die billigste und skalierbarste dieser Architekturen haben."[9] Branchenkenner gehen davon aus, dass Wettbewerber für ihre Rechenleistung drei Mal so viel ausgeben wie Google.

4 Ertragsmodell – AdWords und AdSense als Basis des kommerziellen Erfolgs

Technologische Überlegenheit und begeisterte Nutzer allein reichen allerdings nicht aus, um in der Internet-Ökonomie kommerziell erfolgreich zu sein. Google hat daher frühzeitig ein Ertragsmodell entwickelt, das dem Unternehmen bis heute den ganz überwiegenden Teil seiner erheblichen Umsätze und Gewinne beschert: Um mit ihrer Suchmaschine Geld zu verdienen, beschritten Larry Page und Sergej Brin einen innovativen Weg bei der Online-Werbung. Anders als die meisten ihrer Wettbewerber setzten

Google-Angebote: Eine Chronologie[10]

10/2000	AdWords
12/2000	Google Toolbar
02/2002	Google Search Appliance
09/2002	Google News
12/2002	Froogle (später: Google Product Search)
03/2003	AdSense
12/2003	Google Print (später: Google Book Search)
04/2004	Google Mail
10/2004	Google Desk Search
02/2005	Google Maps
05/2005	iGoogle
06/2005	Google Earth
11/2005	Google Analytics
04/2006	Google Calendar
06/2006	Google Checkout
12/2006	Google Apps for your domain
10/2006	Google Doc & Spreadsheets
05/2007	Street View for Maps
11/2007	Android
02/2008	Google Sites
09/2008	Google Chrome
05/2010	GoogleTV

sie nicht auf Pop-ups oder Bannerwerbung („Wir glauben, dass Werbung effektiv sein kann, ohne aufdringlich sein zu müssen."[11]. Die Google-Gründer verknüpften stattdessen die Suchergebnisse und die Inhalte der Anzeigen: Völlig neu war diese Idee nicht: Goto.com war Ende der 1990-er Jahre bereits mit einem ähnlichen Modell auf den Markt gegangen.

Google hat das Konzept aber in einer ganz anderen Dimension weiterentwickelt.[12]2 Das Unternehmen verfügte über die technischen Ressourcen, um die Synergien zwischen den beiden Geschäftsbereichen Suchdienste und Onlinewerbung zu heben. Mit dem Programm AdWords startete Google dieses neue Konzept der Online-Werbung mit 350 Kunden im Oktober 2000 zunächst in den USA. Im Oktober 2002 hatte AdWords seine Deutschland-Premiere.[13]

Das Prinzip von AdWords ist das Folgende: Ein Inserent erstellt den kurzen Anzeigentext und wählt Wörter oder Wortgruppen als sogenannte Keywords aus. Taucht eines dieser Keywords in der Suchanfrage eines Nutzers auf, erscheint die textbasierte Anzeige als gesponserter Link rechts neben der Liste mit den Suchergebnissen. Damit kann Google Anzeigenkunden ein Medium offerieren, das eine zielgerichtete und passgenaue Werbung ermöglicht. Inserenten können ihre Anzeigen gezielt ausrichten, zum Beispiel auf eine Region im Umkreis von 200 Kilometern ihres Firmensitzes. Mit seinem flexiblen Modell hat Google viele Kunden gewonnen: Es gibt weder Mindestausgaben noch Mindestlaufzeiten. Jeder Inserent kann sein individuelles Budget festlegen. Abgerechnet wird nach dem Modus „Preis pro Click": Der Kunde zahlt nur dann, wenn ein Nutzer auf seine Anzeige klickt. Hinzu kommt, dass Google eine Reihe von Tools anbietet, mit denen Kunden die Resonanz auf ihre Online-Kampagnen exakt messen können und gegebenenfalls schnell erkennen, wenn Verbesserungsbedarf besteht. Großkunden unterstützt Google bei der Gestaltung ihrer Anzeigenkampagnen; das Sales- und Service-Team des Internetunternehmens berät beispielsweise bei der Auswahl der Keywords.

An einem Prinzip hält Google seit dem Einstieg in die Onlinewerbung fest: Die Integrität der Suchergebnisse bleibt durch die strikte Trennung zwischen Suchtreffern und Anzeigen gewahrt. Anders ausgedrückt: Niemand kann sich eine günstiger Platzierung in der Ergebnisliste kaufen. Allerdings hat sich dadurch ein neues Beratungssegment für Werbe- und Marketingagentur eröffnet: die Suchmaschinenoptimierung.

Die zweite tragende Säule seines Onlinewerbegeschäfts hat Google mit seinem Programm AdSense geschaffen. Es ermöglicht kontextbezogene Werbung im Internet, indem Google mithilfe seiner Suchtechnologie die Inhalte einer Website identifiziert und dann automatisch relevante textbasierte Anzeigen auf dieser Website platziert. Inserenten bietet dieses Kon-

---

2 Goto.com firmierte im Jahr 2001 in Overture um und wurde später von Yahoo übernommen. Overture bezichtigte Google der Patentrechtsverletzung und erhob Klage. Diese wurde mit einem Vergleich beigelegt: Google überließ Yahoo 2,7 Millionen Aktien und stimmte der Zahlung von Lizenzgebühren für genutzte Patente zu.

zept den Vorteil, dass sich die Reichweiten ihrer Anzeigen erhöhen. Für die Betreiber von Websites ist AdSense eine Möglichkeit, Umsätze zu generieren: Wer die Schaltung von Anzeigen in seinem Internet-Auftritt zulässt, wird an den Einnahmen beteiligt. Deren Höhe richtet sich nach der Anzahl der Klicks auf die jeweiligen Anzeigen und nach der Anzahl der Seitenaufrufe. Publisher, die am AdSense-Programm teilnehmen wollen, müssen zunächst angeben, wo und in welchem Format sie auf ihrer Website Flächen für die Anzeigenschaltung zur Verfügung stellen. Diese Werbeflächen werden von Google in einer Echtzeitaktion an die Anzeigenkunden versteigert. Als weiterer Service bietet Google den Publishern Online-Protokolle an, die Besuche auf deren Website und Resonanz auf Anzeigen protokollieren.

5 Der Expansionsschub – Börsengang und Internationalisierung als Wachstumstreiber

Das Ertragsmodell von Google – die Kombination von Suchergebnissen und Anzeigen – erwies sich als durchschlagender finanzieller Erfolg. Es war deshalb auch nicht primär der Bedarf an frischem Kapital, der Google im Jahr 2004 zum Börsengang bewogen hat. Das „Going Public" war für die Risikokapitalgesellschaften Sequoia Capital und Kleiner Perkins die Exit-Strategie aus ihrer Beteiligung an Google Inc. Um auch als börsennotierte Aktiengesellschaft die Eigenständigkeit des Unternehmens langfristig zu sichern und die strategische Entwicklung zu bestimmen, haben Larry Page und Sergej Brin zwischen A- und B-Aktien unterschieden: Sie haben denselben Wert, aber B-Aktien haben zehn Stimmen. Durch diese Konstruktion blieben die Gründer – die ausschließlich B-Aktien halten – die größten Anteilseigner des Unternehmens. Mit CEO Eric Schmidt halten sie 37,6 % der Stimmen, rechnet man noch die Papiere der anderen Google-Topmanager dazu, sind es 61%. Damit ist gewährleistet, dass die Entwicklung des Unternehmens nicht von externen Finanzinvestoren bestimmt werden kann.[14]

Der Großteil der Google-Aktien wurde über ein Internet-gestütztes Auktionsverfahren zugeteilt. Den ersten Schritt aufs Börsenparkett machte das Internet-Unternehmen am 19. August 2004. Mit dem Börsengang (an die Technologiebörse NASDAQ) flossen etwa 1,7 Mrd. US-Dollar aus den Aktienverkäufen in die Kasse des Unternehmens. Der Wert des Aktienpakets, das im Besitz der Google-Gründer und des Topmanagements verblieben war, wurde auf circa 23 Mrd. US-Dollar geschätzt.[15] Mit einem solchen finanziellen Polster ausgestattet, verstärkte Google seine Anstrengungen, sein Geschäftsmodell weiterzuentwickeln und in neue Segmente vorzustoßen.

Die Internationalisierung hat bei der Expansionsstrategie von Google schon immer eine wichtige Rolle gespielt. „Going Global" war von Anfang an die Devise. Bereits im Mai 2000 war die Suchmaschine in zehn Sprachen im Netz unterwegs (Französisch, Deutsch, Italienisch, Spanisch, Portugiesisch, Holländisch, Norwegisch und Dänisch), ein paar Monate später folgte die chinesische und koreanische Version. Inzwischen versteht Google Suchanfragen in 136 Sprachen. Startrek-Fans können sogar auf Klingonisch recherchieren …

Das erste Auslandsbüro hat das Internet-Unternehmen 2001 in Tokyo eröffnet. Es war der erste Knotenpunkt eines Niederlassungsnetzes, das Google um den Globus gespannt hat: Konzerngesellschaften sind heute auf allen Kontinenten in den wichtigsten Wirtschaftsregionen zu finden: Im Raum Asien-Pazifik ist das Unternehmen an dreizehn Standorten vertreten, in Europa befinden sich 23 Google-Büros, im Nahen Osten ist Google in Israel, der Türkei und den Arabischen Emiraten vertreten, in Lateinamerika hat Google Dependancen in Brasilien, Argentinien und Mexiko. Im Heimatland USA ist Google neben dem Stammsitz in Mountain View noch in weiteren 18 Städten mit einer Niederlassung präsent. Mit rund 53% hat das Auslandsgeschäft einen erheblichen Anteil an den Google-Umsätzen; insgesamt gibt es rund 150 Google-Domains. Auffallend ist, dass Google im Gegensatz zu den westeuropäischen Ländern und zu den Regionen, in denen die englische Sprache ein wichtiges Kommunikationsmittel ist, in Osteuropa und China weit abgeschlagen auf Platz zwei hinter einheimischen Anbietern rangiert: In Russland ist Yandex mit einem Marktanteil von fast zwei Dritteln die Nummer eins, während Google auf rund ein Drittel kommt (Stand 2009). In China ist Baidu der führende Anbieter.[16]

6 Weiterentwicklung des Leistungskonzepts 1 – Das Produktportfolio wird um neue Dienste erweitert

6.1 Gmail

Am 1. April des Jahres 2004 unterhielt Google die internationale Internet-Community nicht nur mit dem obligatorischen Aprilscherz (angekündigt wurde die Eröffnung von „Googlunaplex", einer Google-Forschungseinrichtung auf dem Mond …), sondern startete an diesem Tag auch seinen kostenlosen E-Mail-Dienst Gmail, in Deutschland als Google Mail bezeichnet. Zunächst brauchte man für die Teilnahme die Einladung eines bereits registrierten Nutzers. Seit 2007 ist der Dienst allgemein verfügbar. Gegenüber anderen Anbietern wollte Google mit drei Eigenschaften punkten: Suchfunktionen, Speicherkapazität und Geschwindigkeit. War bei den anderen Freemail-Anbietern seinerzeit ein Speicherlimit zwischen 2 und 20 Megabyte üblich, stellte Google Mail seinen Nutzern ein Postfach mit einer Kapazität von einem Gigabyte zur Verfügung. Das Knowhow beim Aufspüren von Dateien übertrug Google auf die Suche im E-Mail-Account. In den USA ist Gmail Marktführer unter den Freemail-Anbietern, in Deutschland ist der Marktanteil im Vergleich zu GMX und Web.de relativ klein.[17]

6.2 Google Book Search

Mit der seit 2004 angebotenen Dienstleistung Google Print, später bekannt als Google Book Search, will Google das in Büchern dokumentierte Wissen durch Digitalisierung für die Volltextsuche verfügbar machen. Die Inhalte für Google Book Search kommen dabei aus zwei Quellen: Zum einen kooperieren Verlage und stellen dem Internet-Unternehmen Bücher beziehungsweise pdf-Dateien zur Verfügung. Diese werden gescannt und – mittels der sogenannten Optischen Zeichenerkennung in einen Index aufgenommen. Zum anderen kooperiert Google mit Bibliotheken bei der Digitalisierung ihrer Bestände. Den Anfang machten Universitätsbibliotheken in den USA, Vorreiter in Europa waren zwei spanische Bibliotheken (Nationalbibliothek von Katalonien, Universidad Complutense Madrid) für die Zusammenarbeit mit Google. Die Bayerische Staatsbibliothek (BSB) in München war im März 2007 die erste Bibliothek in Deutschland, die mit Google eine Private Public Partnership einging. In diesem Rahmen wird der gesamte urheberrechtsfreie historische Bestand an Druckwerken digitalisiert. Insgesamt sollen über eine Million Titel eingescannt werden. Die Digitalisate sollen über den OPAC (online public access catalog) der Bibliothek verfügbar und auf diese Weise weltweit zugänglich sein.[18]

6.3 Google Maps

Google Maps wurde im Februar 2005 freigeschaltet: Der Betrachter hat die Wahl zwischen einer reinen Kartenansicht, einem Luftbild und der Kombination beider Varianten. Mithilfe von Navigationselementen kann er sich in der ausgesuchten Darstellung fortbewegen. Seit April 2007 bietet Google Maps die Möglichkeit der Personalisierung, indem beispielsweise Karten abgespeichert werden können. Als weiteren Service beinhaltet Google Maps für zahlreiche Länder einen Routenplaner. Unternehmen haben die Möglichkeit, einen kostenlosen Eintrag in den virtuellen Karten und Stadtplänen zu platzieren.

6.4   Google Earth

Google Earth ging im Juni 2005 ans Netz. Acht Monate vorher hatte Google das US-Unternehmen Keyhole übernommen, das den Earth Viewer, einen Vorläufer des Geobrowsers Google Earth entwickelt hatte: „Keyhole and Google joined forces to integrate satellite imagery with Google search technology in a single product."[19] Die Software kombiniert Luftbilder und Satellitenaufnahmen und Geodaten, sodass ein „virtueller Globus" entsteht. Mit dem Gratis-Programm Google Earth kann man eine virtuelle Weltreise unternehmen und sich auf dem Desktop des PCs als Luftbildaufnahme in den Vorgarten seiner Freunde aus den USA hineinzoomen oder die Nachbarschaft seines Urlaubshotels erkunden. Von zahlreichen Großstädten existieren 3-D-Modelle. Weltweit hat Google Earth etwa 350 Millionen Nutzer.[20]

6.5   Google Chrome

„Mit Google Chrome surfen Sie im Internet auf der Überholspur" – mit diesem Versprechen wirbt Google für seinen kostenlosen Internet-Browser. Die Beta-Version startete Google am 2. September 2008 in über 100 Ländern. Inzwischen ist der Browser bereits in der Version 7.0 auf dem Markt und läuft auf den Betriebssystemen Windows, Linux sowie Mac OS X. Als wesentliche Vorzüge des Webbrowsers nennt Google Geschwindigkeit und Stabilität. Dennoch hat Google Chrom Mozilla Firefox und Internet Explorer bislang nicht ihren Rang als Marktführer streitig machen können. Mozilla Firefox hatte in Deutschland im Oktober 2010 einen Anteil von 50,6% am Browser-Markt, der Internet Explorer brachte es auf 28,9%. Nach Safari (8,1%) folgte Google Chrome mit einem Marktanteil von 6,3%.[21]

7   Weiterentwicklung des Leistungskonzepts 2 – „Business Solutions" sollen zusätzliche Einnahmen generieren

2007 fragten MBA-Studenten in Stanford Steve Ballmer nach seiner Einschätzung von Google. Die Antwort des Microsoft-CEO ließ an Deutlichkeit nichts zu wünschen übrig: Google sei ein „one trick pony", also ein Zirkustier, das nur eine einzige Nummer beherrscht: „Google's built one very good business, but they only have one thing that they do."[22] – Die Replik gibt Google in seinen Unternehmensgrundsätzen: „Es ist das beste, eine Sache richtig gut zu machen."[23] Tatsächlich stammen die Einnahmen von Google nach wie vor zu 97% aus dem Anzeigengeschäft.[24] Aber diese Gewichtung sollte nicht den Blick darauf verstellen, dass das Internet-Unternehmen auf der Basis seiner Kernkompetenzen eine ganze Reihe von neuen Diensten auf den Markt gebracht und damit sein Geschäftsmodell konsequent weiterentwickelt hat (siehe Textbox „Google-Angebote"). Diese Aktivitäten sind Teil einer Strategie, mittel- und langfristig weitere Standbeine neben der Websuche und dem Geschäft mit Onlineanzeigen zu schaffen.

Search Appliances war 2002 das erste Projekt, mit dem Google Einnahmen außerhalb der Werbung generierte. Seitdem hat das Internet-Unternehmen konsequent Angebote für Organisationen und Unternehmen entwickelt. Der Fokus lag dabei auf Diensten für Website-Betreiber mit Bezug zum Anzeigengeschäft und in enger Verzahnung mit AdWords und AdSense. Beispiele für solche Angebote sind Google Places, Analytics, Checkout, Google Site Search und Google Friend Connect.

Darüber hinaus hat Google das Segment Business Solutions entwickelt, das nicht nur den Internet-Auftritt der Nutzer im Visier hat, sondern auch die Optimierung von Prozessen. Zielgruppe sind vor allem Unternehmen, Google bietet jedoch auch Lösungen für Bildungseinrichtungen und Behörden an. Die „Google Apps for your Domain" sollen dazu beitragen, durch IT-gestützte Kommunikation die Effizienz in Organisationen und privaten Gruppen zu erhöhen. Zu diesem Software-Paket gehören unter anderem Google Mail, Google Kalender, Google Groups, Google Sites und Google Text & Tabellen. Die Google-Anwendungen sind so konzipiert, dass sie die Projektarbeit in Teams erleichtern: So lassen sich beispielsweise mit Google Sites ohne Programmierung Webseiten für Arbeitsgruppen oder Intranet erstellen. Google Text & Tabellen erlaubt die gemeinsame Arbeit an Dokumenten, Tabellen, Zeichnungen und Präsentationen ohne Anhänge. Ermöglicht wird dieser Ansatz durch das Prinzip des

Cloud Computing, auf das Google auch bei der Gestaltung der eigenen IT-Landschaft setzt.

Google umwirbt die Unternehmen mit dem Preis-Argument: Die Profiversion der Google-Apps sei bereits für 40 Euro pro Anwender und Jahr zu haben. Dieses Angebot nehmen nach Angaben von Google bereits drei Millionen Unternehmen wahr. Auf der deutschen Domain macht Google unmissverständlich deutlich, in wessen Revier das Unternehmen mit seinen Apps wildern will: „Wechseln Sie zu Google Apps. Erfahren Sie, wie Sie durch einen Wechsel von Microsoft Exchange oder Lotus Notes Kosten senken und Ihren IT-Aufwand reduzieren können."[25]

8 Akquisitionen – Katalysatoren auf dem Weg in neue Geschäftsfelder

Bei der Erschließung neuer Geschäftsfelder und bei der Entwicklung neuer Technologien sind Akquisitionen ein fester Bestandteil der Google-Strategie. Dank seiner Ertragskraft verfügt Google über die notwendigen finanziellen Mittel, sein Portfolio um die Unternehmen seiner Wahl zu ergänzen. Zu den spektakulären Einkäufen gehören das Videoportal YouTube und DoubleClick, ein Anbieter für Online-Marketing-Lösungen. Beide Akquisitionen können als Hinweis auf die Mentalität und den langfristigen Kurs des Google-Managements interpretiert werden.

8.1 YouTube

YouTube wurde 2005 gegründet. Die Internetplattform, auf der registrierte Nutzer selbst gedrehte Videos veröffentlichen können, zog schnell eine stark wachsende Fangemeinde an. Im Herbst 2006 verzeichnete sie 100 Millionen Seitenaufrufe und 65.000 neue Videobeiträge pro Tag. Allerdings betrugen die Werbeerlöse lediglich 15 Millionen US-Dollar.[26] Google hat die Internetplattform im Oktober 2006 für 1,65 Mrd. US-Dollar übernommen. Mit dieser Transaktion, die über einen Aktientausch finanziert wurde, hat sich Google eine Ergänzung zu seinen Aktivitäten auf dem textbasierten Online-Werbemarkt eingekauft: Zum einen ist YouTube eine potenzielle Werbeoberfläche für Videoanzeigen. Zum anderen bietet die Internetplattform Einblick in die Präferenzen „der weltweit größten Video-Community" und ermöglicht gleichzeitig das Sammeln von Erfahrung und Know-how im Handling von Videodateien.

8.2   DoubleClick

Die bisher größte Akquisition in der Google-Historie war die Übernahme von DoubleClick im Jahr 2008. Das US-Unternehmen war in den 1990er-Jahren die weltweit führende Adresse für Onlinewerbung und Vorreiter bei der Entwicklung und beim Einsatz von Tracking-Cookies. Der geplante Verkauf von Nutzerprofilen an Werbefirmen ließ zuerst den Ruf des Unternehmens abstürzen, dann seinen Börsenkurs. Im Jahr 2005 übernahm ein Finanzinvestor die Firma, deren besondere Stärke im Bereich der Banner- und Pop-up-Werbung lag – also genau bei den Anzeigenformaten, über die Google in seinen Gründerjahren noch die Nase rümpfte. Im April 2007 kündigte Google den Kauf von DoubleClick an, nachdem es sich mit einem Preis von 3,1 Mrd. US-Dollar gegen die Mitbieter Microsoft, Yahoo und AOL durchgesetzt hatte. Im März 2008 konnte Google den Vollzug des Deals melden. Ungeachtet der Einwände von Datenschützern hatten die U. S. Federal Trade Commission und die EU-Kommission die Transaktion genehmigt.

Das Motiv für die teure Übernahme hat CEO Eric Schmidt in einem Statement auf dem offiziellen Google Blog zusammengefasst: „Advertisers and publishers who work with us have long asked that we complement our search and content-based text advertising with display advertising capabilities. DoubleClick gives Google the leading platform for display advertising, enabling us to rapidly bring advances to the market in technology and infrastructure that will dramatically improve the effectiveness, measurability and performance of digital media for publishers, advertisers and agencies."[27] Mithilfe dieser Akquisition will Google seine Position im Bereich der grafischen Onlinewerbung festigen und ausbauen. Displaywerbung, also Banner, Pop-ups, Animationen oder Filme, machen etwa ein Drittel des Werbegeschäfts im World Wide Web aus. Auf Textinserate entfällt ein Anteil von rund 40%.[28]

9   Geschäftsmodell reloaded – Positionierung im mobilen Internet

„Die nächste große Werbewelle ist das mobile Internet", erklärte CEO Eric Schmidt[29] – Und diese Welle will Google keinesfalls verpassen, denn die Perspektiven des mobilen Internet sind äußerst vielversprechend. Die weltweite Zahl der Handy-Nutzer überschreitet zum Jahresende 2010 die Marke von fünf Milliarden, so die Prognose des Beratungsunternehmens

Pricewaterhousecoopers (PwC). Und die Zahl derjenigen, die mit ihrem Handy oder ihrem Laptop im World Wide Web surfen, nimmt rasant zu: 2009 gab es bereits 500 Millionen mobile Internet-Nutzer, fünf Mal so viel wie 2004. Bis zum Jahr 2014 werden 1,4 Milliarden Menschen einen mobilen Internet-Zugang haben.[30] An den Zuwachsraten des mobilen Internets haben die Smartphones einen erheblichen Anteil. Die „Alleskönner" unter den Mobiltelefonen sind das am schnellsten wachsende Handy-Segment: Im 3. Quartal 2010 wurden rund um den Globus 81 Millionen Geräte verkauft, fast doppelt so viele wie im 3. Quartal 2009. Damit stellen Smartphones einen Anteil von fast 20% an allen Handy-Verkäufen.[31] Sie funktionieren ähnlich wie ein Computer, und das größere Display ermöglicht eine komfortable Nutzung mobiler Internetanwendungen. So registrierte Google, dass mit der wachsenden Anzahl von Smartphones eine rasante Zunahme der Suchanfragen aus dem mobilen Internet einherging.

Der erwartete Hype des mobilen Internets hat erhebliche Auswirkungen auf die Entwicklung der Onlinewerbung. Mobiltelefone lassen sich nicht nur einer Person zuordnen, sondern verraten – zumindest wenn sie eingeschaltet sind – auch ihren Aufenthaltsort. Dies schafft ideale Voraussetzungen für gezielte Anzeigenkampagnen und kommt dem Ideal der Werbewirtschaft ziemlich nahe, Nachfrage und Angebot zur selben Zeit am selben Ort zusammenzubringen. Dementsprechend optimistisch fallen die Prognosen für dieses Anzeigensegment aus: Der Umsatz der Handy-Werbung wird im Jahr 2013 weltweit auf 9,2 Mrd. US-Dollar geschätzt.[32] Wie Google bei der Veröffentlichung seiner Quartalsergebnisse Mitte Oktober 2010 bekannt gab, erlöst das Unternehmen mit mobiler Onlinewerbung rund 1 Mrd. US-Dollar pro Jahr.[33]

Eine wichtige Rolle im Kontext der mobilen Onlinewerbung spielen Applications, kurz „Apps". Diese kleinen Zusatzanwendungen können sich Nutzer kostenfrei oder für einen niedrigen Preis auf ihr Mobiltelefon laden. In diese Apps lässt sich Werbung schalten, was den Anbietern zusätzliche Umsätze bringt. Das Geschäft mit den Apps entwickelt sich sehr dynamisch: Im ersten Halbjahr 2010 wurden weltweit rund 3,9 Milliarden Apps heruntergeladen; im Jahr 2009 waren es insgesamt 3,1 Milliarden. Entsprechend angezogen haben die Umsätze: Von Januar bis Juni 2010 wurden mit Apps weltweit 1,7 Mrd. Euro erwirtschaftet, während der Gesamtumsatz 2009 noch bei 1,3 Mrd. Euro lag.[34]

Google hat sich rechtzeitig positioniert, um sein Geschäftsmodell an die Herausforderungen des mobilen Internets zu adaptieren. Das Erfolgskonzept der Google-Onlinewerbung lässt sich auf mobile Anwendungen übertragen, wenn man über die entsprechende Technologie verfügt, um textba-

sierte AdWords- und AdSense-Anzeigen auf dem Handy-Display darzustellen. Diese Voraussetzung hat Google in den letzten Jahren sehr ziel-
strebig geschaffen.

Die ersten positiven Erfahrungen mit dem mobilen Internet sammelte
Google bei einer Kooperation mit Apple: Über das iPhone konnten die
Suchmaschine und Google Maps aufgerufen werden. Allerdings existierte
für die weitere Expansion ins mobile Internet eine Hürde: Nicht alle Mo-
bilnetzbetreiber und Gerätehersteller hatten Interesse an der Entwicklung
einer Software-Infrastruktur für Mobiltelefone, die auf offene Standards
setzt. Um dieses Hindernis auf dem Weg zu einem vielversprechenden
Geschäftsfeld zu umgehen, initiierte Google im November 2007 mit 47
Partnern die Open Handset Alliance. Inzwischen gehören diesem Konsor-
tium 79 Unternehmen an (Stand November 2010), darunter Gerätehersteller (unter anderem LG Electronics, Ericsson, HTC, Samsung, Motorola),
Netzbetreiber (beispielsweise T-Mobile, Telefónica, Telecom Italia, China
Mobile), Chiphersteller (zum Beispiel Texas Instruments, Intel Corporation) und Internetfirmen wie Ebay oder Skype.[35] Die Allianz hat unter der
Regie von Google das Betriebssystem Android entwickelt, das auf Linux
basiert.

Auf der Entwicklerkonferenz im Mai 2008 stellte Google den Prototyp
eines Android-Mobiltelefons vor. Im September 2008 brachte T-Mobile
mit dem „T-Mobile G1" das erste Mobiltelefon auf Basis des Betriebssystems Android auf den Markt. Bei der Einführung des Betriebssystems war
auf dem offiziellen Google-Blog der Eintrag zu lesen: „We hope Android
will be the foundation for many new phones and will create an entirely
new mobile experience for users, with new applications and new
capabilities we can't imagine today."[36] Diese Hoffnung ging in Erfüllung,
denn schon im Juni 2010 konnte verkündet werden: „There are 60
compatible devices, delivered via a global partnership network of 21 OEM
and 59 carriers in 49 countries."[37] Für Smartphones hat Google einen
eigenen Vertriebskanal erschlossen: Seit Januar 2010 gibt es in den USA
einen Onlineshop, in dem Nutzer Android-Mobiltelefone mit und ohne
Vertragsbindung kaufen können.

Seit seiner Einführung hat Android seinen Anteil am Smartphone-Markt
schnell ausbauen können: Im 3. Quartal 2010 hielt Android einen Anteil
von 25,5 % am globalen Smartphone-Markt (Vorjahreszeitraum: 3,5%)
und platzierte sich damit als Nummer zwei hinter Symbian und vor iOS.
Das auf Informations- und Kommunikationstechnologie spezialisierte
Marktforschungsinstitut Gartner attestiert Android das Potenzial, „in den

kommenden vier Jahren das meistgenutzte System für Smartphones zu werden."[38]

Insofern ist Google bestens gerüstet, um sein Geschäftsmodell in der Ära des mobilen Internet fortzusetzen: „We see Android as an important part of our strategy of furthering Google's goal of providing access to information to users wherever they are."[39] Die Entschlossenheit, diese Strategie voranzutreiben, zeigt auch die Übernahme von AdMob: Im Mai 2010 hat Google die 2006 gegründete, auf Handy-Werbung spezialisierte kalifornische Firma für 750 Mio. US-Dollar erworben und sich mit diesem Preis gegen Apple durchgesetzt. Zu den Kernkompetenzen von AdMob gehört die Platzierung von Werbung in Apps.

Google hat auf der Entwicklerkonferenz im Mai 2010 angekündigt, mit einer neuen Plattform Internet und Fernsehen zu verbinden. Die auf dem Betriebssystem Android und dem Internetbrowser Chrome basierende Plattform wurde gemeinsam mit den Technologieunternehmen Sony, Intel und Logitech entwickelt. Ein weiterer Projektpartner ist DISH Network, mit über 14 Millionen Abonnenten einer der führenden Pay-TV-Provider in den USA. Seine Abonnenten werden durch Google TV in die Lage versetzt, über ihren Fernseher auf Inhalte aus dem Internet und dem DISH Network zuzugreifen. DISH Network wird die Software in alle HD DVR Receiver integrieren. Anwender können dann die Google-TV Set-Top-Boxen über HDMI (High-Definition Multimedia Interface) mit den Receivern des Pay-TV-Anbieters verbinden.

10 Innovation – Das kreative Chaos profitabel managen

„Im IT-Sektor wächst man – oder man stirbt", fasst CEO Eric Schmidt die harten Regeln der Netzökonomie zusammen.[40] Es gibt zahlreiche Beispiele, dass der Erfolg in der Internet-Ökonomie mitunter kurzlebig ist. Um seine marktbeherrschende Stellung zu behalten und sein Geschäftsmodell weiterzuentwickeln, ist Google auf Innovationen angewiesen. Dazu bedarf es einer Kultur und eines Managements, das neue Ideen fördert und in marktreife Produkte verwandelt. Das Erfolgsrezept von Google, so die Einschätzung der Branchenkenner, basiert auf der Balance zwischen kreativem Chaos und unternehmerischer Planung. Das Unternehmen hat Strukturen geschaffen, die ihren Programmierern und Entwicklern Freiräume bieten: Über ein Fünftel ihrer Arbeitszeit können sie frei verfügen, um an eigenen Ideen und Projekten zu tüfteln. Erfolg versprechende Ideen werden mit einem Budget und der entsprechenden Manpower ausgestattet. AdSense ist beispielsweise das Produkt dieser 20-Prozent-Regelung. Diese „Kreativ-Zeit" ist ein Instrument, um das Startup-Feeling aus den Anfangsjahren des Unternehmens auch in der Expansionsphase zu erhalten. Die Google-Mentalität beim Umgang mit neuen Ideen nennen manche „Spaghetti-Approach": „Man nehme eine Handvoll unfertiger Ideen, werfe sie wie gekochte Nudeln an die Wand und warte ab, welche kleben bleiben und welche über kurz oder lang abrutschen oder gleich zu Boden fallen. So sollen sich die nächsten Kassenschlager herauskristallisieren – der Rest wandert in die Mülltonne."[41] Der – zumindest nach außen – gelassene Umgang mit Flops ist Teil der Unternehmenskultur: „Wir feiern unsere Niederlagen", sagte CEO Eric Schmidt, als er im August 2010 das Aus des Wave-Projekts verkündete, mit dem Google die E-Mail-Kommunikation revolutionieren wollte.[42]

11 Vielseitigkeit – Aktivitäten am Rande des Kerngeschäfts

Die blendende Ertragslage versetzt Google in die Lage, erhebliche Investitionen in Bereichen vorzunehmen, die nicht unmittelbar zum Kerngeschäft gehören, von denen sich das Unternehmen jedoch langfristig Vorteile verspricht. Dieses Engagement verfolgt Google im Rahmen sogenannter „Initiatives", die in drei Bereiche unterteilt sind: Google Ventures, Green Initiatives und Google.org.

11.1 Google Ventures

Mit Google Ventures hat das Unternehmen seine eigene Risikokapitalgesellschaft gegründet, die vielversprechende Startups unterstützt. Mit einem Investitionsvolumen von insgesamt bis zu 100 Mio. US-Dollar finanziert Google Ventures junge Unternehmen aus verschiedenen Branchen in unterschiedlichen Phasen der Gründungsphase von „Seed" bis „Late Stage". Der Fokus liegt in den Bereichen Internet, Software und Mobilfunk, aber auch Biotechnologie-Unternehmen sind vertreten. Dabei beschränkt sich Google Ventures nicht auf finanzielle Starthilfe. Die Unternehmen, die von Google Ventures unterstützt werden, können auf die Management-Expertise des Teams von Investoren, Entrepreneuren und Fachleuten zurückgreifen.

11.2   Green Initiatives

Googles Rechnernetz verbraucht erhebliche Mengen Strom; die Themen Energieeffizienz und Verringerung der CO_2-Emissionen spielen deshalb für den Suchmaschinen-Anbieter eine wichtige Rolle – zumal vor dem Hintergrund künftig steigender Preise für Strom aus fossilen Energieträgern. Google hat sich das Ziel gesetzt, seinen CO_2-Fußabdruck deutlich zu verkleinern. Dabei setzt das Internet-Unternehmen auf Energieeffizienz, Stichwort GreenIT, und auf Strom aus regenerativen Quellen. Beispielsweise verbrauchen die Datenzentren durch eine Optimierung der Kühlsysteme halb so viel Energie wie früher. Inzwischen hat sich Google an mehreren Projekten aus dem Bereich erneuerbarer Energien direkt beteiligt. Zum Beispiel wurde mit dem Betreiber eines 114 Megawatt-Windparks im US-Bundesstaat Iowa im Sommer 2010 eine Abnahmegarantie über eine Laufzeit von 20 Jahren geschlossen. In zwei Windfarmen in North Dakota (169,5 Megawatt) hat das Internet-Unternehmen rund 38 Mio. US-Dollar investiert.[43]

Im Oktober 2010 hat sich Google mit 37,5% an der Entwicklung der Atlantic Wind Connection (AWC) beteiligt: Auf einer Länge von über 500 Kilometer soll dieser Offshore-Windpark vor der US-Ostküste mit einer Gesamtkapazität von 6.000 Megawatt eine Strommenge produzieren, die bis zu 1,9 Millionen Haushalte versorgen kann.[44]

11.3   Google.org

Die „philantropische Abteilung" des Internet-Unternehmens koordiniert humanitäre Initiativen und greift dabei auf die Ressourcen und das Knowhow von Google zurück. Zu den Google.org-Projekten gehört beispielsweise „Google Flu Trend"; dieses Instrument prognostiziert mithilfe der aggregierten Suchdaten von Google die Ausbreitung von Grippe-Erregern. Ein anderes Projekt ist die Gratis-Software „Power Meter", mit der Haushalte online ihren Energieverbrauch überwachen können.

12   Wettbewerber – Die Konkurrenz ist nur einen Mausklick entfernt

Das Kerngeschäft von Google – Internet-Suche und Onlinewerbung – hat längst Begehrlichkeiten bei anderen Größen der Internet- und Computertechnologie geweckt. Auch Microsoft möchte das einträgliche Geschäfts-feld Internet-Suche nicht ausschließlich Google überlassen: 2009 startete Microsoft seine Suchmaschine Bing, die das Suchportal „LiveSearch" ablöste. Die Pressemitteilung, die zum Bing-Start an die deutschen Medien verschickt wurde, kann man auch als verbalen Fehdehandschuh an die Adresse Googles lesen: „Heutzutage benötigen Anwender für die Suche nach relevanten Informationen im World Wide Web eine einfachere und umfassendere Lösung als sie bisherige Angebote leisten."[45] Der Klick auf bing.de zeigt auf den ersten Blick die Unterschiede zu Googles nach wie vor puristisch anmutendem Design: Der Bildschirm wird von einem – täg-lich wechselnden – Foto dominiert, dessen Motiv in drei Headlines aufge-griffen wird. Bing bietet dem Nutzer die Such-Kategorien Bilder, Videos, Shopping, Maps und Mehr. In die deutsche Website der Microsoft-Such-maschine ist das Verbraucher- und Shopping-Portal Ciao integriert. Ein gutes Jahr nach dem Start hat sich Bing in den USA mit einem Marktanteil von 11,2% als Nummer drei unter den Suchmaschinen etabliert.[46]

Microsoft ist aber bestrebt, den Abstand zu verringern: Das Software-Un-ternehmen ist eine Partnerschaft mit Facebook eingegangen, um die Nut-zerzahlen von Bing zu erhöhen. Der Ansatz ist dabei, die Einträge in der Trefferliste der Microsoft-Suchmaschine mit den Informationen von Facebook-Kontakten zu verbinden. Zur Illustration: Bei der Suche nach einem China-Restaurant erscheint auf der Trefferliste nicht nur der Name der nächstgelegenen Gaststätten, sondern dank der Funktion „Liked Results" auch gleich der „Gefällt mir"-Vermerk der Facebook-Kontakte. Facebook hat derzeit mehr als 500 Millionen Mitglieder – damit bringt das Online-Netzwerk ein weltweit gespanntes Netz sozialer Verknüpfungen in die Kooperation mit dem Software-Unternehmen ein.

Andere Wettbewerber haben hingegen weder das Stehvermögen noch die finanziellen Ressourcen, um es mit Google aufzunehmen: „Wir haben in den vergangenen Jahren festgestellt, dass man mit Google nicht direkt konkurrieren kann", erklärte der amerikanische Internet-Unternehmer Barry Diller, als er den Ausstieg des US-Anbieters Ask.com aus dem Suchmaschinen-Geschäft bekanntgab. Diller hatte die Firma im Jahr 2005 für rund 1,85 Mrd. US-Dollar übernommen und wollte einen Google-Kon-kurrenten auf dem US-Markt aufbauen. Ask.com hatte in den USA bei Internet-Suchanfragen einen Marktanteil von weniger als 2%.[47]

13 Hybris des Marktführers – Potenzieller Stolperstein auf der Erfolgsstraße?

„Don't be evil" lautet der wichtigste Artikel in den Unternehmensgrundsätzen von Google. Was „gut" und „böse" ist, darüber gehen die Meinungen von Google und einer kritischen Öffentlichkeit bisweilen stark auseinander. Larry Page und Sergej Brin sind mit der Mission angetreten, „die Informationen der Welt zu organisieren und allgemein zugänglich und nutzbar zu machen."[48] Beim Sammeln und Verwerten von Daten nimmt das Internet-Unternehmen immer wieder Konflikte mit dem Urheberrecht und dem Datenschutz in Kauf, zumal Google sich nicht mit den bereits im World Wide Web vorhandenen Informationen begnügt, sondern auch zunehmend Offline-Daten digitalisiert.

> „Wir glauben, dass eine funktionierende Gesellschaft einen freien und unverfälschten Zugang zu Informationen haben muss. Das erfordert ein vertrauenswürdiges Unternehmen, das am Wohl der Öffentlichkeit interessiert ist."
>
> Larry Page und Sergej Brin[49]

Juristische Auseinandersetzungen wegen der Verletzung des Urheber- und Markenrechts sind ein Teil der Firmengeschichte, wie ein paar der spektakulären Beispiele zeigen: 2005 unternahmen die amerikanischen Verbände Authors Guild und Association of American Publishers juristische Schritte gegen Google wegen des Scannens von Büchern aus Bibliotheksbeständen. Der Medienkonzern Viacom verklagte YouTube wegen Verletzung der Schutzrechte an 160.000 Musikvideos.[50] Die britische Musikverwertungsgesellschaft Performing Rights Society und die deutsche GEMA werfen YouTube vor, zu niedrige Abgaben für die Musikvideos abzuführen. Googles Verständnis des Urheber- und Markenrechts ist von den Prinzipien des US-Rechts geprägt: Der Grundsatz „Fair Use" erlaubt die Nutzung von geschützten Inhalten, wenn sie dem Allgemeinwohl dient. Es bleibt den Gerichten überlassen, wie sie diese Generalklausel interpretieren. Das deutsche Urheber- und Markenrecht regelt dagegen in Einzelbestimmungen, was zulässig ist. Kritiker werfen Google vor, dass das Unternehmen beim Urheberrecht und Datenschutz nach der Methode agiert: „Erst einmal vorpreschen und später Fragen stellen."[51]

Dieses Prinzip war dem Image des Unternehmens bei der Umsetzung des Projekts Street View in Europa allerdings gar nicht zuträglich. Das Fotografieren von Straßenzügen empfanden gerade in Deutschland viele Bürger als Verletzung ihrer Privatsphäre. Solche Vorbehalte erhielten zusätzlich Nahrung, als publik wurde, dass Google bei seinen Aufnahmen für Street View auch Daten von drahtlosen Funknetzen erfasst. Dabei wurden auch Fragmente von E-Mails und Inhalte von Webseiten gescannt, wie im Mai 2010 bekannt wurde. Datenschützer in Deutschland reagierten ziemlich ungehalten, da Google diese Details bei vorangehenden Klärungsgesprächen mit Datenschützern aus Bund und Ländern nicht thematisiert hatte.

Vor diesem Hintergrund löst bei manchen Internet-Nutzern die Ankündigung von Eric Schmidt gemischte Gefühle aus: „In Zukunft vergessen Sie nichts – weil der Computer sich alles merkt.“[52] Die Befürchtung, dass Googles umfangreiche Datensammlung missbraucht wird, zum Beispiel um Nutzerprofile natürlichen Personen zuzuordnen, ist für viele Datenschützer ein Schreckensszenario.

Die Sensibilität für die Belange des Urheberrechst und des Datenschutzes könnte ein wichtiger Faktor für die mittel- und langfristige Fortsetzung der Google-Erfolgsgeschichte werden. Das Unternehmen ist letztlich vom Vertrauen seiner Nutzer abhängig. Wird es erschüttert, besteht die Gefahr, dass sie zu anderen Anbietern abwandern. Die Konkurrenz ist nur einen Mausklick entfernt. Und das Kerngeschäft mit Onlineanzeigen boomt nur dann, wenn die Nutzerzahlen stimmen.

14 Fazit

Als Fazit lässt sich festhalten, dass die Fallstudie vor allem die Bedeutung dynamischer Aspekte von Geschäftsmodellen unterstreicht. Zum einen haben die Gründer von Google die Dynamik der Internet-Ökonomie erkannt. Das Entscheidende für ihren Erfolg ist die Kombination aus neuen technischen Möglichkeiten und der Befriedigung von Kundenbedürfnissen auf Ebene eines globalen Massenmarktes. Ein zweiter dynamischer Aspekt ist, dass Google eine klare Wachstumsstrategie verfolgt. Das Unternehmen hat sich nicht auf dem Erfolg seiner Suchmaschine ausgeruht, sondern es hat die Reichweite und Reputation seiner Suchmaschine konsequent genutzt, um neue Dienste massenhaft zu verbreiten. Auch diese Dienste wurden zu Erfolgen, weil Google die oben angesprochene Kombination aus neuen technischen Möglichkeiten und – zum Teil noch schlummernden – Kundenbedürfnissen perfekt umgesetzt hat.

Eine besondere Dynamik zeigt sich auch in Googles Konsequenz – kritisch könnte man auch sagen Aggressivität – bei der Einführung von Diensten, die bisher aus technischen, aber auch aus rechtlichen Gründen für unmöglich gehalten wurden, wie zum Beispiel Google Street View oder Google Books. Damit hat Google auch die Veränderung von Geschäftsmodellen anderer Unternehmen angestoßen: Beispielsweise sind Verlage dazu übergegangen, Inhalte von Büchern in Bibliotheken auch online zur Verfügung zu stellen. Insgesamt ist Google eines der wenigen Unternehmen, die für die ganz überwiegende Mehrheit der Menschen vor zehn Jahren noch völlig unbekannt waren und heute zum täglichen Leben dazugehören – und das verdankt Google zu einem Großteil der konsequenten Weiterentwicklung seines Geschäftsmodells.

15 Quellenangaben

[1] http://www.interbrand.com/en/best-global-brands/best-global-brands-2008/best-global-brands-2010.aspx; abgerufen am 18. November 2010.

[2] http://www.millwardbrown.com/Sites/mbOptimor/Ideas/BrandZTop100/BrandZTop100.aspx; abgerufen am 18. November 2010.

[3] http://www.comscore.com/Press_Events/Press_Releases/2010/1/Global_Search_Market_Grows_46_Percent_in_2009; abgerufen am 18. November 2010.

[4] http://www.google.de/intl/de/corporate/; abgerufen am 16. November 2010.

[5] http://www.google.com/intl/en/corporate/milestones.html; abgerufen am 18. November 2010.

[6] Marinovic, S. (2010). Einer gegen alle. In: *brandeins*, Heft 1/2010, S. 18-26.

[7] http://www.google.de/intl/de/corporate/tech.html; abgerufen am 16. November 2010.

[8] Reppesgaard, Lars (2010): *Das Google-Imperium*. 2., veränderte Auflage. Hamburg 2010. S. 96f.

[9] Reppesgaard (2010), S. 97.

[10] http://www.google.com/corporate/timeline/#start; abgerufen am 18. November 2010.

[11] http://www.google.com/intl/de/corporate/tenthings.html; abgerufen am 22. November 2010.

[12] Reppesgaard (2010), S. 67ff.

[13] http://www.google.com/intl/en/corporate/milestones.html; abgerufen am 16. November 2010.

[14]   Reppesgaard (2010), S. 116f.

[15]   Reppesgaard (2010), S. 119.

[16]   http://socialmediagraphics.posterous.com/search-engine-market-shares-around-the-world-0; abgerufen am 18. November 2010.

[17]   http://www.handelsblatt.com/technologie/it-internet/was-freemail-anbieter-bieten-e-mail-angebote-im-praxistest;2658327;4;
abgerufen am 22. November 2010.

[18]   http://www.bsb-muenchen.de/printversion_bsb.php?grabURL=
Massendigitalisierung-im-Rahme.1842.0.html;
abgerufen am 27. Dezember 2010.

[19]   http://googleblog.blogspot.com/2005/06/cover-earth.html;
abgerufen am 22. November 2010.

[20]   Reppesgaard (2010), S. 25.

[21]   http://www.browser-statistik.de/marktanteile/;
abgerufen am 22. November 2010.

[22]   http://abclocal.go.com/kgo/story?section=news/local&id=5126637; abgerufen am 12.November 2010.

[23]   http://www.google.de/intl/de/corporate/tenthings.html;
abgerufen am 16. November 2010.

[24]   http://investor.google.com/earnings/2009/Q4_google_earnings.html;
abgerufen am 18. November 2010

[25]   http://www.google.com/apps/intl/de/business/#utm_medium=et&utm_
source=bizsols-apps&utm_campaign=de;
abgerufen am 14. November 2010.

[26]   Reppesgaard (2010), S. 190.

[27]   http://googleblog.blogspot.com/2008/03/weve-officially-acquired-doubleclick.htm; abgerufen am 16. November 2010.

[28]   Reppesgaard (2010), S. 251.

[29]   „F.A.Z.-Gespräch mit Google-Chef Eric Schmidt", faz.net, 28. Mai 2008.
http://www.faz.net/s/RubD16E1F55D21144C4AE3F9DDF52B6E1D9/Doc
~E54E928D13C6047CABB56E7B0965233AE~ATpl~Ecommon~Sconten
t.html; abgerufen am 18. November 2010.

[30]   Pressemeldung von PwC: „Global Entertainment and Media Outlook:
Branchenumsatz wächst 2010 um 2,6 Prozent"
http://www.pwc.de/portal/pub/!ut/p/c4/04_SB8K8xLLM9MSSzPy8xBz9C
P0os3gDA2NPz5DgAF9nA0dPN3M_F0tnAwjQL8h2VAQAtmMS_w!!/?
content=856a098042d8f8539f63df18e482e3fe&topNavNode=49c411a400
6ba50c&siteArea=49ceac54e7031dd5; abgerufen am 16. November 2010.

274

[31]   http://www.gartner.com/it/page.jsp?id=1466313;
       abgerufen am 11. November 2010

[32]   Pressemeldung von PwC: „Global Entertainment and Media Outlook:
       Branchenumsatz wächst 2010 um 2,6 Prozent ".

[33]   „Google auf Erfolgskurs: Internet-Werbung spült Milliarden in die Kas-
       sen", techfieber.de, Meldung vom 15. Oktober 2010
       http://www.techfieber.de/?s=google+auf+erfolgskurs;
       abgerufen am 11. November 2010

[34]   BITKOM-Pressemeldung vom 9. September 2010
       http://www.bitkom.org/de/presse/30739_65075.aspx;   abgerufen   am   16.
       November 2010

[35]   http://www.openhandsetalliance.com/index.html;
       abgerufen am 16. November 2010.

[36]   http://googleblog.blogspot.com/2007/11/wheres-my-gphone.html;
       abgerufen am 11. November 2010

[37]   http://googleblog.blogspot.com/2010/06/celebrating-android.html;
       abgerufen am 16. November 2010.

[38]   „Wertvolle Sonderangebote ", sueddeutsche.de; 6. November 2010
       http://www.sueddeutsche.de/digital/neue-handy-dienste-von-apple-und-
       facebook-mobile-schnaeppchen-1.1020154-2;
       abgerufen am 18. November 2010.

[39]   http://googleblog.blogspot.com/2007/11/wheres-my-gphone.html;
       abgerufen am 11.November 2010.

[40]   Marinovic, S. (2010). Einer gegen alle. In: brandeins, Heft 1/2010, S. 18-
       26.

[41]   Heuer, S. (2007). Sandkastenspiele. In: brandeins, Heft 5/2007", brandeins
       5/2007, S. 72-78.

[42]   http://www.manager-
       magazin.de/unternehmen/artikel/0,2828,710371,00.html;
       abgerufen am 12. Oktober 2010.

[43]   http://www.zeit.de/wirtschaft/unternehmen/2010-09/interview-google;
       abgerufen am 12. Oktober 2010.

[44]   http://googleblog.blogspot.com/2010/10/wind-cries-transmission.html;
       abgerufen am 16. November 2010.

[45]   Microsoft-Pressemeldung vom 22. Juni 2009
       http://www.microsoft.com/germany/presseservice/news/pressemitteilung.m
       spx?id=532743; abgerufen am 8. November 2010.

275

[46]   comScore-Pressemeldung vom 13. Oktober 2010
       http://www.comscore.com/Press_Events/Press_Releases/2010/10/comScor
       e_Releases_September_2010_U.S._Search_Engine_Rankings;
       abgerufen am 6. November 2010.

[47]   *„Ein Konkurrent weniger"*, Sueddeutsche.de
       http://sueddeutsche.de/digital/google-vs-askcom-ein-konkurrent-weniger-
       1.1021868; abgerufen am 10. November 2010.

[48]   http://www.google.de/intl/de/corporate/;
       abgerufen am 16. November 2010.

[49]   Marinovic, S. (2010). Einer gegen alle. In: *brandeins*, Heft 1/2010, S. 18-
       26.

[50]   Reppesgaard (2010), S. 191.

[51]   James Grimmelmann, Professor an der New York Law School, zitiert nach
       Marinovic, S. (2010). Einer gegen alle. In: *brandeins*, Heft 1/2010, S. 18-
       26.

[52]   *„Google schickt Roboterautos los"*, manager-magazin.de, 10. Oktober
       2010
       http://www.manager-magazin.de/unternehmen/automobil/0,2828,722305-
       2,00.html; abgerufen am 16. November 2010.

Geschäftsmodellwandel in der Automobilindustrie – Determinanten, zukünftige Optionen, Implikationen

Wolfgang Bernhart, Michael Zollenkop

Dieser Beitrag thematisiert den sich abzeichnenden Wandel traditioneller und das Entstehen innovativer Geschäftsmodelle in der Automobilindustrie. Dazu werden relevante Treiber herausgearbeitet, mögliche alternative Geschäftsmodelle aufgezeigt sowie Implikationen für etablierte und neue Akteure auf Seiten von Herstellern und Zulieferern abgeleitet.

1 Aktuelles Geschäftsmodell der Automobilindustrie und Vorboten des Wandels

Die Automobilindustrie gilt mit jährlich circa 60 Millionen weltweit verkauften Fahrzeugen als eine der größten und wichtigsten Branchen.[1] Allein in Deutschland steuerte sie 2009 mit rund 263 Mrd. Euro Umsatz etwa 20% zum Gesamtumsatz der deutschen Industrie bei und beschäftigte gemeinsam mit der Zulieferindustrie 723.000 Arbeitnehmer (vgl. VDA, 2010). Zudem spielt die Automobilindustrie traditionell eine Vorreiterrolle in puncto innovativer Unternehmensführung. Ob die Einführung des Fließbands durch Henry Ford, die Diversifizierung des Unternehmens durch Alfred Sloan bei General Motors, die Lean-Production- und Lean-Management-Philosophie von Toyota oder das Konzept der kundenindividuellen Massenfertigung: Stets entwickelten sich die Rezepte der Automobilindustrie zum Standard in zahlreichen weiteren Branchen.

Dabei hat sich das dominierende Geschäftsmodell der Automobilindustrie in den vergangenen Jahrzehnten nur unwesentlich verändert: OEMs[2] produzieren Fahrzeuge und damit verbundene Dienstleistungen wie Finanzierung und After-Sales-Leistungen (Produkt-/Markt-Kombination

---

[1] Absatzprognose für 2010 auf Basis 3. Quartal 2010, vgl. JD Power (2010).

[2] Original Equipment Manufacturer, das heißt Automobilhersteller.

beziehungsweise Geschäftsfeld), die sie im Regelfall vertikal integriert, jedoch mit hohem Entwicklungs- und Wertschöpfungsanteil von Zulieferern von bis zu 75% erstellen (Wertkettenkonfiguration) und in Form von Verkauf oder Leasing im B2B- und B2C-Geschäft vertreiben (Erlösmodell). Dabei bietet die Automobilindustrie ihren Kunden einen hohen Innovationsgrad sowie stetige, erhebliche Effizienzsteigerungen. Am Beispiel des VW Golf etwa lässt sich ablesen, dass seit seiner Einführung 1974 mit jeder Generation erheblich gestiegene Fahr-, Komfort- und Sicherheitseigenschaften in der Serienausstattung des Fahrzeugs einhergingen, der inflationsbereinigte Preis von 1974 bis zum aktuellen Golf VI im Jahr 2010 jedoch trotz erhöhter Mehrwertsteuer nur um knapp 2.400 Euro gestiegen ist (vgl. Abbildung 1). Die wesentlichen Differenzierungsmöglichkeiten gegenüber dem Wettbewerb liegen für OEMs heute insbesondere in den Bereichen Markenimage und Produkt- beziehungsweise Preispositionierung sowie den Kernkompetenzen Entwicklung, Design und Konfiguration des Antriebsstrangs.

Modell	Golf I ('74-'83)	Golf II ('83-'92)	Golf III ('92-'97)	Golf IV ('97-'03)	Golf V ('03-'08)	Golf VI ('08-)
Serienaus-stattung (Auswahl)	Heizbare Heckscheibe, Kopfstützen vorn, 3-Punkt-Sicherheitsgurte vorn, Scheibenbremsen an Vorderachse					
		Heckscheibenwischer, 3-Punkt-Sicherheitsgurte hinten, Katalysator				
			Fahrerairbag, Wegfahrsperre, Antiblockiersystem (ABS)			
				Servolenkung, Scheibenbremsen an Hinterachse, ESP, Bremsassistent, Kopfstützen hinten, Seitenairbags		
					Funk-Zentralverriegelung, elektr. verstellbare Außen-spiegel, Kopfairbags, Schlupfregelung	
						Knie Airbags, Klimaanlage
Eckdaten	37 kW 140 km/h 3,82 m Länge	37 kW 151 km/h 3,99 m	44 kW 157 km/h 4,02 m	55 kW 168 km/h 4,15 m	55 kW 164 km/h 4,20 m	59 kW 172 km/h 4,20 m
Preis) inflations-bereinigt[1]:	4.088 EUR 4.088 EUR	6.897 EUR 4.504 EUR	10.213 EUR 5.870 EUR	12.143 EUR 5.784 EUR	14.925 EUR 6.603 EUR	16.500 EUR 6.468 EUR

1) Wechselkurs DM/EUR 1,95583; Änderungen der MwSt. einkalkuliert (z.B. 1974: 11%, 2008: 19%)

Abb. 1: Entwicklung von Preis und Serienausstattung beim VW Golf (ausgewählte Bestandteile der Serienausstattung)[3]

Gewisse Modifikationen erfuhr dieses Geschäftsmodell etwa bei den Fahrzeugen der Marken smart und Dacia: Der smart begründete neben einem neuen Produkt- auch ein innovatives Fertigungskonzept, bei dem

---

[3] Recherche von Roland Berger Strategy Consultants basierend auf Firmeninformatio-nen, Presseinformationen, Statistisches Bundesamt.

die Entwicklungs- und Fertigungstiefe radikal reduziert und auch die Montage weitestgehend von dem sogenannten Modularkonsortium aus sieben Systempartnern übernommen wird. Der Dacia Logan dagegen ist als Low Cost Car für den europäischen Markt konzipiert und wird unter weitgehendem Verzicht auf die branchenübliche Automatisierung im Billiglohnland Rumänien gefertigt, wodurch er bereits ab etwa 7.500 Euro erhältlich ist. Diese Modifikationen des etablierten Geschäftsmodells bleiben jedoch auf Einzelfälle beschränkt.

Aktuell kommt jedoch zunehmend Bewegung in das Geschäftsmodell. Weltweit nimmt die Anzahl an Kooperationen, Partnerschaften und Joint Ventures auch zwischen Unternehmen gleicher Wertschöpfungsstufe rapide zu; so loten mittlerweile auch direkte Wettbewerber wie BMW und Daimler zunehmend Entwicklungs- und Einkaufskooperationen aus und nahezu jeder namhafte Hersteller gehört verschiedenen Allianzen bezüglich Forschung und Entwicklung, Produktion oder Vertrieb an (vgl. etwa Seiwert, 2009, S. 9; o.V., 2009 – Absatzkrise, S. 14; Lamparter, 2010 – unterwegs, S. 25). Darüber hinaus experimentieren Hersteller mit dem Angebot von Mobilitätskonzepten, die einen Fahrzeugkauf ersetzen: Peugeot testet seit 2010 ein Mietkonzept namens „Mu", bei dem PKWs, Lieferwägen und Elektro-Fahrräder sowie Zubehör online buchbar und mittels Prepaid-Karte bezahlbar sind. Ähnlich Daimler: Die Stuttgarter testen ihr innerstädtisches Flottenkonzept „car2go" mit Fahrzeugen der Marke smart in Ulm und Austin/Texas; nach Registrierung kann hier ein verfügbares Fahrzeug genutzt, innerorts beliebig wieder abgestellt und minutenweise abgerechnet werden (vgl. Bernhart/Schlick, 2010; Rees, 2010 – Auto; Souron, 2009; Seiwert, 2010 – Milliardenmarkt).

2 Treiber des Geschäftsmodellwandels in der Automobilindustrie

Der Wandel von Geschäftsmodellen beruht im Wesentlichen auf Impulsen aus der Unternehmensumwelt, insbesondere technologischen, soziokulturellen, makroökonomischen, ökologischen und politisch-rechtlichen Faktoren: Veränderungen in einem oder mehreren dieser Parameter beeinflussen das Verhalten von Lieferanten, Wettbewerbern und Abnehmern, die Entwicklung von Substitutionsprodukten sowie das Auftreten neuer Konkurrenten. Zusammengenommen determinieren diese Parameter die Attraktivität eines Geschäftsmodells (vgl. zu Knyphausen-Aufseß/Zollenkop, 2011).

Ist nun ein Geschäftsmodell aufgrund veränderter Parameter für einen der Beteiligten nicht mehr hinreichend attraktiv oder lässt sich der gleiche beziehungsweise ein höherer Kundennutzen auch mit einem neuen, attraktiveren Geschäftsmodell generieren, so werden etablierte oder neu eintretende Akteure versuchen, das bestehende Geschäftsmodell zu verändern beziehungsweise ein gänzlich neues zu konstruieren. Die Automobilindustrie erfährt gegenwärtig in jedem der genannten Einflussfaktoren sehr deutliche Veränderungen mit dem Potenzial nachhaltiger Konsequenzen für das traditionelle Geschäftsmodell.

In ökologischer Hinsicht spielt zunächst die globale Erderwärmung eine wesentliche Rolle (vgl. Wallentowitz/Freialdenhoven/Olschewski, 2010, S. 3ff). Diese wird von der Mehrzahl der Wissenschaftler auf den sogenannten Treibhauseffekt und mithin die infolge der Industrialisierung rapide gestiegene Kohlenstoffdioxidkonzentration in der Luft zurückgeführt. Wenn auch der Anteil des PKW-Verkehrs nur etwa 12% des vom Menschen verursachten CO_2-Ausstoßes beträgt, so kommt der Automobilindustrie nicht zuletzt aufgrund der parallel wirkenden makroökonomischen Einflussfaktoren in der öffentlichen Diskussion eine besondere Rolle zu.

Makroökonomisch relevant ist hier insbesondere der Zuwachs des globalen Verkehrsaufkommens in Zusammenhang mit der Verfügbarkeit von Öl als zentraler Ressource im bestehenden Geschäftsmodell (vgl. Wallentowitz/Freialdenhoven/Olschewski, 2010, S. 28ff); Prognosen gehen von einer Reichweite der bekannten Ölvorkommen für weitere 45 Jahre auf Basis des Nachfrage-Niveaus des Jahres 2009 aus (vgl. BP, 2010). Bezüglich des weltweiten Verkehrsaufkommens sowie des darüber hinaus gehenden Ölbedarfs wirken sich insbesondere die rapide fortschreitende Industrialisierung von Schwellenländern wie China und Indien als Einflußgröße spürbar aus; China etwa hat bereits im Jahr 2009 die USA als weltgrößten Absatzmarkt für PKWs abgelöst.

Politisch-rechtliche Faktoren als dritter Parameter betreffen insbesondere die weltweite Gesetzgebung zu Emissionsgrenzwerten sowie auf lokaler Ebene Aspekte wie Verkehrs- und Infrastrukturrichtlinien. So bedeuten etwa die EU-weiten Grenzwerte für den durchschnittlichen CO_2-Ausstoß je Hersteller von 95 Gramm pro Kilometer im Jahr 2020 eine Reduktion um etwa 41% gegenüber 2006; der Zielwert käme einem Durchschnittsverbrauch von etwa 4 Litern Benzin oder 3,6 Litern Diesel je 100 Kilometer gleich. Etwas geringere, aber prozentual ebenfalls anspruchsvolle Reduktionsziele bestehen in den anderen beiden Triade-Märkten sowie China (vgl. Abbildung 2) (vgl. Bernhart, 2010). Relevante Beispiele für Verkehrsgesetzgebung stellen etwa die Londoner Innenstadtmaut zur Verringerung des Verkehrsaufkommens sowie die in verschiedenen deutschen Großstädten eingeführten Umweltzonen zur Eindämmung der Feinstaubbelastung dar (vgl. Wallentowitz/Freialdenhoven/Olschewski, 2010, S. 12ff). Paris etwa lenkt die Infrastruktur zur Förderung von Elektrofahrzeugen; so müssen Neubauten von Wohnanlagen ab 2012 und Firmenparkplätze ab 2015 Ladestationen für Elektrofahrzeuge vorhalten (vgl. Rees (2010 – Auto), S. 80).

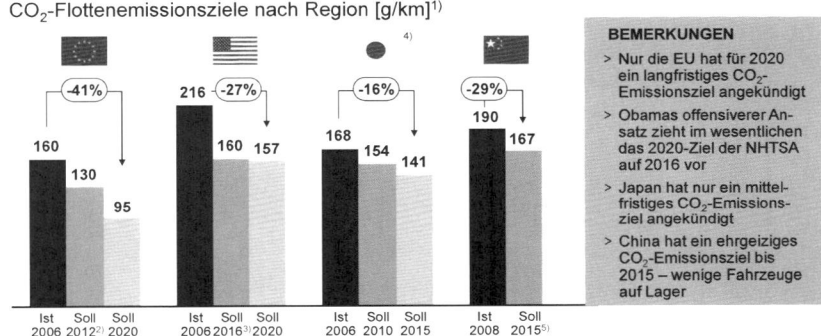

1) Keine Zyklusumrechnung berücksichtigt; Annahme v. Ottomotoren für Nicht-EU-Länder
2) Für 65% der Flotte ab 2012, schrittweiser Anstieg auf 100% der Flotte bis 2015
3) Neues, von Barack Obama vorgeschlagenes nationales Programm zur Verbrauchssenkung
4) Neufahrzeugverkauf
5) Soll basiert auf Entwürfen offizieller Normen zur Senkung des Kraftstoffverbrauchs im Automobilbereich um zusätzliche 18% bis 2025

Abb. 2: Entwicklung der CO_2-Flottenemissionsziele in Triade-Märkten und China [g/km] (übersetzt nach Bernhart (2010); Quelle: EC; EPA, DOT; NHTSA; JAMA; ICCT; Presse; Roland Berger)

In soziokultureller Hinsicht kommt insbesondere Veränderungen der Kundeneinstellungen hohe Bedeutung zu. So ist derzeit bei der jungen Generation ein deutlich reduziertes Interesse am Besitz eines eigenen PKWs zu verzeichnen: Der Anteil der unter 29-jährigen Neuwagenkäufer hat sich innerhalb von zehn Jahren halbiert und 90% der Befragten könnten auf ein Auto – im Gegensatz etwa zu Handy und Internet –durchaus verzichten; in Japan lässt sich dieser Trend bereits seit Jahren beobachten (vgl. Bernhart/ Zhang/Wagenleitner, 2010; Rees, 2010 – Auto, S. 76). Darüber hinaus erfahren Premium-Fahrzeuge sowie SUVs in bestimmten Bevölkerungsschichten zunehmend ablehnende Reaktionen; einzelne Beobachter sprechen bereits von einer „Premium-Krise" (vgl. Rees, 2010 – Auto, S. 78). Schließlich gewinnt der Faktor Umweltverträglichkeit beim Automobilkauf immer stärker an Bedeutung (vgl. Wallentowitz/Freialdenhoven/ Olschewski, 2010, S. 22f.)

Technologische Entwicklungen als fünfter Bestandteil der Veränderung der Unternehmensumwelt sind vor allem bei alternativen Antriebstechnologien in Konkurrenz zum traditionellen Verbrennungsmotor zu verzeichnen. So erlebt die Brennstoffzelle, die Ende der 1990er Jahre vielfach schon als der Energieträger der Zukunft galt, allmählich eine Renaissance: Signifikante Fortschritte betreffen unter anderem Haltbarkeit und Anschaffungskosten sowie Fahrkomfort und Reichweite; große Herausforderungen bestehen jedoch nach wie vor in der Infrastruktur der Wasserstofferzeugung sowie einer weiteren deutlichen Kostensenkung (vgl. Rees, 2010 – Wasser). Daneben erfährt derzeit insbesondere der Elektroantrieb einen deutlichen Schub: Dank Entwicklungssprüngen in der Batterietechnik planen fast alle etablierten sowie eine Reihe chinesischer Hersteller die Markteinführung von Elektro- oder Hybridautos für 2010 beziehungsweise die Folgejahre (vgl. etwa o.V., 2010 – Rennen, Seiwert, 2010 – E-Poche). Allerdings müssen sich die Batteriekosten noch mehr als halbieren, ehe das Elektrofahrzeug auch kostenseitig konkurrenzfähig ist (vgl. Rother, 2010). Unabhängig vom Antriebskonzept hat die Bedeutung verschiedener komplementärer Technologien deutlich zugenommen. So ermöglicht die Integration von Automobilelektronik, Unterhaltungselektronik und Internetanbindung im PKW etwa die Nutzung sozialer Netzwerke wie Facebook, das Vorlesen von SMS-Nachrichten oder den Zugang zu Musikdatenbanken wie Musicload; insbesondere bei jungen Käuferschichten steigt die Nachfrage nach solchen Funktionen rapide (vgl. Hucko, 2010; Hucko et al., 2010). Darüber hinaus lassen Fortschritte in der Werkstofftechnik mittelfristig Materialien wie etwa Carbon für den Automobilbau interessant werden.

Einen Überblick über die fünf wesentlichen Einflussfaktoren auf das bestehende Geschäftsmodell gibt auch Abbildung 3.

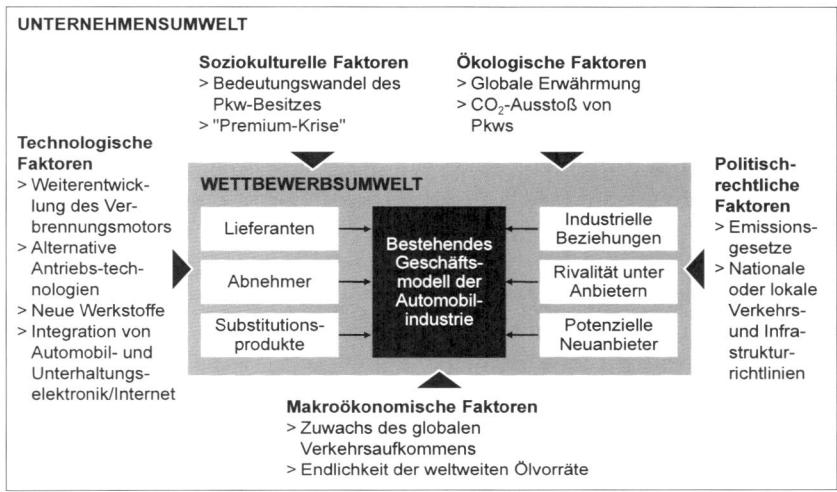

Abb. 3: Einflussfaktoren auf das Geschäftsmodell der Automobilindustrie (eigene Darstellung)

3 „The Future Drives Electric" – Elektromobilität als Auslöser einer Geschäftsmodellrevolution?

Elektromobilität wird in absehbarer Zukunft eine wichtige Rolle als zusätzliche Antriebstechnologie im Automobilbau einnehmen. Dies liegt unter anderem daran, dass die ehrgeizigen CO_2-Reduktionsziele für das Jahr 2020 mit der Optimierung des konventionellen Verbrennungsmotors alleine kaum zu bewerkstelligen sind (vgl. Bernhart, 2010; Wallentowitz/Freialdenhoven/Olschewski, 2010, S. 36ff.): Maßnahmen wie verbesserte Benzindirekteinspritzung, Aufladung, Downsizing oder variabler Ventiltrieb dienen der Steigerung der thermodynamischen Effizienz und damit der Verbrauchsreduktion. Alle derzeit bekannten Maßnahmen zusammen verfügen über ein Potenzial zur CO_2-Reduktion von bis zu 30% bei Diesel- und gut 40% bei Benzinmotoren. Experten zufolge lassen sich dadurch CO_2-Werte von 120 Gramm pro Kilometer und somit der Grenzwert des Jahres 2015 erreichen; die Einhaltung der Grenzwerte für 2020 erfordert dagegen einen bestimmten Anteil an Elektrofahrzeugen im Flottenmix der Hersteller. Brennstoffzellenantrieben hingegen wird derzeit erst nach 2020 die Tauglichkeit für den Massenmarkt vorausgesagt.

Dabei lassen sich verschiedene Stufen der Elektrifizierung des Antriebsstrangs unterscheiden (vgl. Abbildung 4) (vgl. Bernhart/Schlick, 2010; Wallentowitz/Freialdenhoven/Olschewski, 2010, S. 52ff.): Sogenannte Mikro- und Mildhybride stellen die geringstmögliche Modifikation gegenüber konventionellen Antrieben dar; Anlasser und Lichtmaschine werden durch Starter-Generatoren ersetzt, ein rein elektrisches Fahren ist nicht möglich. Bei den Vollhybriden unterscheidet man serielle, parallele und leistungsverzweigte Hybride. Gemeinsam sind ihnen die erheblich größer dimensionierten Batteriekapazitäten sowie Elektromotoren, wodurch rein elektrisches Fahren möglich wird. Von Plug-in Hybriden spricht man, wenn die Batterie nicht ausschließlich über den Verbrennungsmotor, sondern auch extern über einen Stromadapter geladen werden kann. Reine Elektrofahrzeuge schließlich verfügen nur noch über einen Elektromotor als Energiewandler und eine Batterie als Energiequelle; dem erheblich einfacheren Fahrzeug-Layout und -Betrieb steht allerdings eine eingeschränkte Reichweite in der Größenordnung von derzeit 150 Kilometern gegenüber.

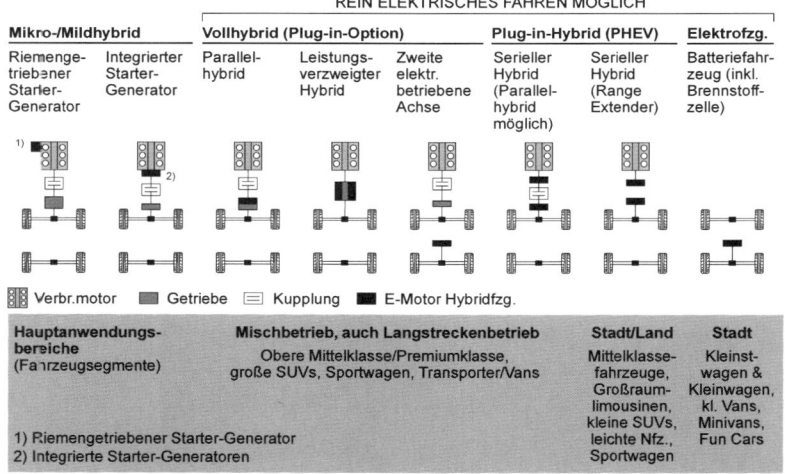

Abb. 4: Stufen der Elektrifizierung des Antriebsstrangs (übersetzt nach Bernhart, 2010; Quelle: Roland Berger Strategy Consultants)

Die zukünftigen Chancen der Elektromobilität hängen dabei von einer Reihe von Parametern ab, weshalb eine Betrachtung unterschiedlicher Szenarien sinnvoll ist.[4] Im progressiveren Szenario „The Future Drives Electric" wird von einem Benzinpreis von 2,20 Euro im Jahr 2020 und einer Halbierung der Batteriekosten von derzeit rund 600 Euro je kWh ausgegangen (zu diesem sowie einem Alternativszenario vgl. Abbildung 5). Das Marktpotenzial reiner Elektrofahrzeuge in Westeuropa wird auf Basis der Neuwagenkäufer kalkuliert, die sowohl über Zugang zur benötigten Infrastruktur als auch ein adäquates Mobilitätsprofil verfügen, um den Total-Cost-of-Ownership-Vorteil (TCO) über die Betriebskosten realisieren zu können; es beträgt rund 800.000 Fahrzeuge im Jahr 2020. Gemeinsam mit Hybriden scheint in diesem Szenario ein Marktanteil für Elektrofahrzeuge von bis zu 20% in Westeuropa und 8-10% weltweit erreichbar. Allerdings bleibt trotz der als deutlich gesunken unterstellten Batteriekosten ein Kostennachteil von Elektrofahrzeugen von mindestens 4.000 Euro und Hybridfahrzeugen von mindestens 5.000 Euro gegenüber einem PKW mit konventionellem Verbrennungsmotor.

TREIBER	REDUZIERTE MOBILITÄT	THE FUTURE DRIVES ELECTRIC
1. Mobilitäts-anforderungen	**Reichweite von E-Fahrzeugen** > Reichweite von E-Fahrzeugen begrenzt > Kein Nachteil für Plug-in-Hybridfahrzeuge	> Reichweite von E-Fahrzeugen begrenzt > Kein Nachteil für Plug-in-Hybridfahrzeuge
	Infrastruktur > Begrenzte Infrastruktur in Innenstädten > Langsame Markteinführung	> Flächendeckende Infrastruktur im urbanen Raum > Beschleunigte Markteinführung
2. Kostenfaktor	**Kraftstoff- + Batteriepreise** > Stagnierende Kraftstoffpreise > Senkung der Batteriekosten	> Steigende Ölpreise > Schnelle Senkung der Batteriekosten

	Steuern/Anreize
	> Geringe Subventionierung verbrauchs-
	  effizienter Technologien durch Regierung
		> Anfangs hohe Steueranreize/ Subventionen
		  für emissionsfreie oder bedingt
		  emissionsfreie Fahrzeuge

3. Image/ Komfortan-forderungen	**Segmente**
	> Begrenztes Segmentangebot, A-/ B-
	  Segmente für E-Fahrzeuge, C-/D-Segmente
	  für Plug-in-Hybridfahrzeuge (PHEVs)
		> Breites Segmentangebot; A-/B-/ C-
		  Segmente für E-Fahrzeuge, C-Segmente
		  und größer für Plug-in-Hybridfzge. (PHEVs)

	Marken > Einige Vorreiter > Die meisten OEMs bleiben skeptisch	> Zahlreiche OEMs bereits in Anfangsphase > Viele etablierte OEMs aktiv beteiligt

Abb. 5: Szenarien zur zukünftigen Marktdurchdringung von Elektromobilität (in Anlehnung an Bernhart/Schlick, 2010)

Endkunden werden allerdings nicht bereit sein, einen Aufpreis in dieser Größenordnung zu bezahlen, wie eine repräsentative Befragung durch TNS Infratest für Roland Berger Strategy Consultants im März/April 2010

---

[4]   Vgl. Roland Berger Strategy Consultants (2010 – Powertrain) und dort auch zum Alternativszenario "Downsized Mobility"; Bernhart (2010).

ergeben hat (vgl. Roland Berger Strategy Consultants, 2010 – Powertrain; Bernhart, 2010): Nur etwa ein Viertel der Befragten wäre demnach bereit, für Elektrofahrzeuge höhere Kosten als für konventionelle PKWs auf sich zu nehmen, die akzeptierten Zusatzkosten betrugen im Durchschnitt der Befragten rund 2.000 Euro. Soll dem Elektroantrieb in dieser Konstellation zum Durchbruch verholfen werden, so ergibt sich die Notwendigkeit alternativer Geschäftsmodelle, bei denen ein solcher Kostennachteil kompensiert werden kann.

ANTRIEB

Komponenten	OEM	Zulieferer
Verbrennungsmotor		
Kurbelgehäuse	◑	◑
Kurbelwelle	◑	◑
Kolben	◑	◑
Laufbuchsen	◑	◑
Pleuel	◑	◑
Zylinderkopf	◑	◑
Ventile	◑	◑
Nockenwellen	◑	◑
Nockenwellenverstellung	◑	◑
Gleitlager und Schmierung	◑	◑
Kühlkreislauf	◑	◑
Aufladung (Turbo, Kompressor)	◑	●
Motorsteuerung	●	◑
Kraftstoffversorgung		
Tankgefäß	◑	●
Kraftstoffpumpe	○	●
Einspritzsystem	○	●
Leitungssystem	○	●

ANTRIEB

Komponenten	OEM	Zulieferer
Abgasanlage		
Abgaskrümmer/Rohre	○	●
Drei-Wege-Katalysator	○	●
NOx Katalysator	○	●
SCR-System	○	●
Kupplung		
Scheibenkupplung	◑	◑
Hydrodynamischer Wandler	◑	◑
Getriebe		
Gehäuse	◑	◑
Zahnräder	◑	◑
Schaltvorrichtung	◑	◑
Kugellager	○	●
Schmierung	○	●
FAHRWERK		
Lenkung		
Hydraulische Lenkhilfpumpe	○	●
Hydraulischer Aktuator	○	●
Hydraulikleitungen	○	●
Bremse		
Unterdruck-Bremskraftverstärker	○	●
Bremspedal (mechanisch)	◑	◑

○ Keine Kompetenz ● Volle Kompetenz

Abb. 6: Pkw-Komponenten, die im Elektrofahrzeug obsolet werden, sowie deren Know-how-Verteilung zwischen Pkw-Herstellern und Zulieferern (in Anlehnung an Wallentowitz/Freialdenhoven/Olschewski, 2010, S. 137ff.)

Dass die Elektromobilität das Potenzial besitzt, das traditionelle Geschäftsmodell der Automobilindustrie zu revolutionieren, liegt in ihren Implikationen für das in der Branche dominierende technologische Know-how und die Verteilung der Wertschöpfung begründet (vgl. Klesse/Rees/Rother, 2010; Wallentowitz/Freialdenhoven/Olschewski, 2010, S. 137ff.). So entfallen bei einem Elektrofahrzeug im Vergleich zu einem Fahrzeug mit Verbrennungsmotor zahlreiche Systeme und Komponenten in den Domänen Antrieb und Fahrwerk, etwa bei Verbrennungsmotor, Kraftstoffversorgung und Abgasanlage, Kupplung und Getriebe sowie Lenkung und Bremse; neu hinzukommende Systeme und Komponenten betreffen neben Antrieb und Fahrwerk insbesondere das Bordnetz. Vereinfacht gesagt werden hydraulische und mechanische Wirkprinzipien vielfach durch elektrische ersetzt, Kernkompetenzen auf Gebieten wie Thermodynamik und

Werkstoffkunde werden durch Elektrotechnik substituiert, wovon Hersteller und Zulieferer in unterschiedlichem Maß betroffen sind (vgl. Abbildung 6). Insgesamt dürfte sich beim Übergang vom Verbrennungs- zum Elektroantrieb die Anzahl an Einzelteilen von rund 1.400 auf gut 200 verringern.

Diese Verschiebung des relevanten Know-hows hin zur Elektro- und Batterietechnik zeichnet auch die Verschiebung der Entwicklungs- und Wertschöpfungsanteile zwischen Herstellern und Zulieferern sowie zwischen etablierten und neuen Akteuren in der Automobilindustrie vor. So werden Fahrzeugantriebe – in Form von Verbrennungsmotor und Antriebsstrangkonfiguration bislang Domäne aller großen Automobilhersteller – zukünftig wohl von Batterieherstellern geliefert; Zulieferer würden dann entscheidende Leistungsparameter wie Reichweite, Fahreigenschaften und Zuverlässigkeit eines Fahrzeugs in wesentlichen Zügen determinieren und somit eine Schlüsselposition in der automobilen Wertschöpfungskette einnehmen. Anbieter wie Weltmarktführer Johnson Controls (JCI) arbeiten daher mit Hochdruck an der erforderlichen Leistungssteigerung bei gleichzeitiger Kostensenkung der Batterietechnik mit dem Ziel einer Kostenhalbierung bis 2015 (vgl. Rother, 2010).

Nicht zuletzt aufgrund der beschriebenen Veränderungen in Produkt- und Wertschöpfungskonfiguration sowie im Bedeutungsgefüge zwischen Herstellern und Zulieferern hat ein Übergang zur Elektromobilität auch fundamentale Auswirkungen auf den sogenannten Revenue Stream der Automobilindustrie und damit den dritten Bestandteil des Geschäftsmodells. So kommt es über den Lebenszyklus eines Automobils hinweg zu weitreichenden Veränderungen in den Erlösanteilen von Herstellern, Zulieferern und Produzenten komplementärer Produkte und Leistungen (vgl. Bernhart/Zhang/Wagenleitner, 2010): Im Vergleich zu einem Fahrzeug mit Verbrennungsmotor steigen zunächst die Verkaufserlöse um rund 10.500 Euro aufgrund der teureren Antriebstechnik. Der Großteil davon wird den Batterielieferanten zugute kommen, Hersteller reduzieren analog zur Wertschöpfung ihren Erlösanteil am Verkaufspreis. Beim Betrieb des Elektrofahrzeugs kann mit einer Reduktion der Energiekosten um rund 3.000 Euro und von Aftermarket-Kosten um rund 1.000 Euro aufgrund von geringerer Wartungsintensität gerechnet werden. Zusätzliche Erlöspotenziale entstehen dagegen in den Bereichen Finanzdienstleistung, neuen Dienstleistungen wie Schnellaufladung der Batterie oder Telematikdiensten sowie bei der Wiederverwertung alter Batterien. In Summe belaufen sich diese neuen Bestandteile des zukünftigen Revenue Streams auf eine geschätzte Größenordnung von rund 10.000 Euro.

Neben dem Revenue Stream wird sich diese Entwicklung gemäß der Erfahrung anderer Branchen auch in einer Verschiebung innerhalb des sogenannten Profit Pools der Automobilindustrie widerspiegeln (vgl. Gadiesh/Gilbert, 1998), das heißt in der Verteilung des Gewinns zwischen den beteiligten Akteuren (vgl. Christensen/Raynor/Verlinden, 2001, S. 77ff.; Christensen/Verlinden/Westerman, 2002, S. 976ff.; Christensen/ Raynor, 2003, S. 150ff.): Der Schlüssel für lukrative Margen liegt gemäß Bestsellerautor und Harvard-Professor Clayton Christensen generell an jener Stelle einer Wertschöpfungskette, die die Gesamtleistung maßgeblich determiniert und an der das erreichte Leistungsniveau noch nicht den Kundenbedürfnissen entspricht.[5] Solange dieses Weiterentwicklungs-potenzial auf Ebene des Gesamtprodukts besteht, die Produktarchitektur von dessen Hersteller determiniert und die erforderlichen Innovationen zur Leistungssteigerung ebenfalls vom Systemintegrator ausgehen, verbleibt der Löwenanteil der mit dem Produkt insgesamt zu verdienenden Gewinne beim Hersteller; er profitiert gleichzeitig von Produktdifferenzierung, Skalenerträgen und Markteintrittsbarrieren. Verschiebt sich nun diese Schlüsselstelle für die Gesamtleistung des Produkts von der Herstellung des Gesamtprodukts um eine Wertschöpfungsstufe auf ein vom Zulieferer produziertes Schlüsselmodul, so ändert sich auch die Gewinnverteilung zugunsten des Zulieferers; die reine Systemintegration wird zu einer „Standardleistung" ohne Differenzierungspotenzial. Dieser Bedeutungs-zuwachs verbunden mit einem deutlich erhöhten Anteil an der Fahrzeug-profitabilität könnte für die Antriebstechnik in Form von Elektromobilität in absehbarer Zukunft eintreten.

Den gleichen Prozess musste etwa die PC-Industrie bereits durchmachen (vgl. Christensen/Raynor/Verlinden, 2001, S. 79f.; Christensen/Raynor, 2003, S. 140 und 151ff; Zollenkop, 2006, S. 217f.): Während in der Frühphase der Branche Unternehmen wie IBM über die erforderlichen Schlüsselkompetenzen der PC-Herstellung wie Systemintegration verfüg-ten, verschoben sich sukzessive die Bereiche und Bestandteile, die den Wettbewerbsvorteil eines PCs determinierten: „Intel inside" und das im PC aufgespielte Softwarepaket galten schon bald als die leistungs-beziehungsweise kompatibilitätsdeterminierenden und damit kaufentschei-denden Kriterien für einen PC. Der eigentliche Hersteller des PCs wurde unwichtig und der Zusammenbau eines PCs zu einer sogenannten

---

[5] In der Terminologie des Profit Pool-Konzepts tritt dort ein sogenannter „choke point" auf, das heißt eine bestimmte wertschöpfende Aktivität oder eine Begebenheit, die die anderen Aktivitäten beeinflusst und wie ein Ventil die Aufteilung der Gewinne zwi-schen den Aktivitäten beziehungsweise Akteuren einer Wertschöpfungskette reguliert, vgl. Gadiesh/Gilbert, 1998, S. 143.

Commodity ohne lukrative Margen im traditionellen Geschäftsmodell der PC-Industrie, weshalb sich das Gros der Anbieter von der tatsächlichen Fertigung des PC getrennt hat – das Geschäftsmodell der Auftragsfertiger (Electronic Manufacturing Services) und Unternehmen wie Flextronics oder Foxconn entstanden.

Zusammenfassend verfügt die Elektromobilität als Konsequenz veränderter Umweltfaktoren in naher Zukunft also über das Potenzial, die Automobilindustrie nachhaltig zu verändern.

4 Implikationen und Geschäftsmodelloptionen im Rahmen der Elektromobilität

Die Veränderungen durch die zukünftige Elektrifizierung des Antriebsstrangs wirken sich wie beschrieben auf alle drei Bestandteile des Geschäftsmodells aus. Das traditionelle Geschäftsmodell wird nach über 100-jährigem Bestand aller Voraussicht nach aufbrechen – und neue Geschäftsmodelle werden um die Gunst des Kunden und um Wettbewerbsvorteile konkurrieren, bevor sich möglicherweise ein Geschäftsmodell als zukünftiges dominantes Design herauskristallisiert (vgl. zu Knyphausen-Aufseß/Zollenkop, 2011). Bereits jetzt zeichnet sich die Bandbreite zukünftiger Optionen bezüglich Produkt-/Markt-Kombination, Wertkettenkonfiguration und Erlösmodell ab.

Bezogen auf die Produkt-/Marktkombination beziehungsweise das Geschäftsfeld lassen sich die zukünftigen Möglichkeiten in „upstream", das heißt mit Herstellung und Vertrieb von Fahrzeugen verbundene, und „downstream", das heißt mit dem Betrieb des Fahrzeugs einhergehende Optionen klassifizieren.

„Upstream" bestehen zunächst die beschriebenen Grade der Elektrifizierung des Antriebsstrangs zwischen Mikrohybrid und reinem Elektrofahrzeug (vgl. die Ausführungen im vorhergehenden Kapitel). Beim reinen Elektrofahrzeug lassen sich zwei fundamentale Entwicklungsprinzipien unterscheiden (vgl. Wallentowitz/Freialdenhoven/ Olschewski, 2010, S. 116ff.): Beim „Conversion Design" wird der elektrische Antriebsstrang in ein ursprünglich für einen konventionellen Verbrennungsmotor konzipiertes Fahrzeug verbaut; eine größere Anzahl an Komponenten wird dabei in der Regel vom Serienfahrzeug übernommen. Anders dagegen beim „Purpose Design", das zum Beispiel beim Mitsubishi MiEV angewandt wurde: Hierbei wird das Elektrofahrzeug von Grund auf neu entwickelt, sodass größere Gestaltungsspielräume bestehen, das Package optimal auf den elektrischen Antriebsstrang zugeschnitten werden kann und auch das Design größere Freiheitsgrade zur Verfügung hat, etwa für Innenraum- und Ergonomiegestaltung. Entwicklungsprinzip und Antriebskonfiguration determinieren demzufolge den Innnovationsgrad des Fahrzeugs und letztlich das Geschäftsfeld: So kann das resultierende Fahrzeug nicht nur unterschiedlich konventionelle oder progressive Kundengruppen ansprechen, sondern auch auf unterschiedliche Reichweiten ausgelegt sein. Reine Elektrofahrzeuge benötigen – so sie über die jeweilige Batteriereichweite hinaus betrieben werden sollen – eine komplementäre Infrastruktur in Form von Elektrotankstellen oder Batteriewechselstationen.

Derartige infrastrukturelle Dienstleistungen sind Bestandteil möglicher „downstream"-Geschäftsfelder. So bereiten sich Stromerzeuger wie RWE und E.ON in Kooperation mit Tankstellenbetreibern und Kommunen auf die Installation eines „E-Tankstellennetzes" vor; bis April 2010 hatte RWE bundesweit schon 310 Stromzapfsäulen installiert (vgl. Gassmann/Tartler/Hucko, 2010). Ex-SAP Vorstand Shai Agassi dagegen setzt mit seinem Startup Better Place auf den Austausch der Batterie als Alternative zum Aufladen, um bei Langstreckenfahrten über die Batteriereichweite hinaus die Betriebsbereitschaft des Fahrzeugs aufrecht zu erhalten (vgl. Hohensee, 2010). Daneben bestehen verschiedene weitere Geschäftsoptionen im Bereich „downstream": Insbesondere Leasing- oder Mietmodelle bieten sich anstelle des klassischen Kaufs an, da die Batterietechnik in ihren Anschaffungskosten auf absehbare Zeit nicht mit Verbrennungsmotoren konkurrieren kann (vgl. die Ausführungen im vorhergehenden Abschnitt); derartige Finanzierungsmodelle können sich auf das Gesamtfahrzeug oder auch nur die Batterie erstrecken. Da sich Elektrofahrzeuge ganz besonders für Flotten sowie Kurzstrecken eignen, kommen zudem Car-Sharing-Modelle in Betracht, etwa das bereits eingangs erwähnte „car2go"; mit diesem Angebot positioniert sich Daimler als Mobilitätsanbieter, um nicht zuletzt den beschriebenen soziokulturellen Faktoren im Automobilumfeld Rechnung zu tragen. Weitere Geschäftsfelder bestehen unter anderem in Batterietechnik- und Telematikdiensten, die sich zu Dienstleistungspaketen aus traditionellen und elektro-spezifischen Diensten kombinieren lassen (vgl. Abbildung 7).

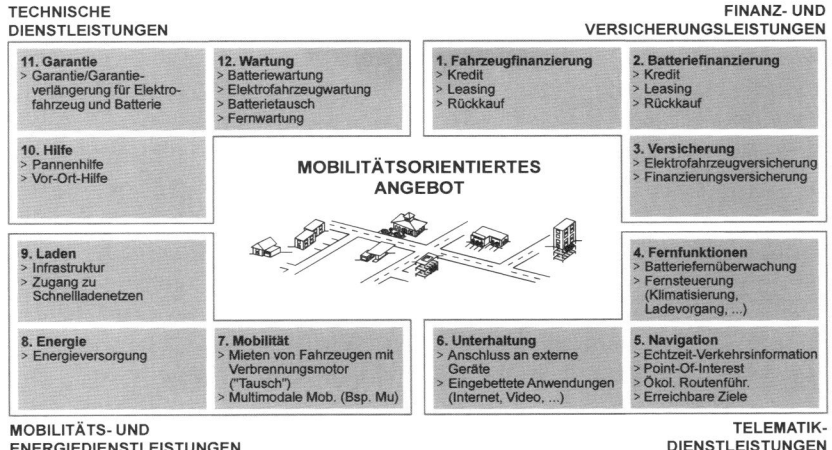

Abb. 7: „Downstream"-Optionen der Produkt-/Markt-Kombination in Geschäftsmodellen der Elektromobilität (übersetzt nach Bernhart/Schlick, 2010)

Die Wertkettenkonfiguration als zweiter Geschäftsmodellbestandteil ist wie beschrieben von einer Verschiebung des relevanten Know-hows sowie des jeweiligen Wertschöpfungsanteils von Automobil- und Batteriehersteller geprägt; nicht zuletzt hatten zahlreiche Automobilhersteller die Forschungsaktivitäten hinsichtlich Batterietechnik lange Jahre auf Sparflamme gehalten und stattdessen eher in die Optimierung des Dieselmotors oder die Entwicklung der Brennstoffzelle investiert. Toyota dagegen experimentiert schon lange mit Hybrid- und Elektrofahrzeugen und hat mit dem Prius als einem der ersten hybriden Serienfahrzeuge international einen Achtungserfolg erzielt.

Besonders dramatisch zeigt sich diese Verschiebung der Wertschöpfung am Beispiel des chinesischen Unternehmens BYD, bezeichnenderweise ein Akronym für „Build Your Dream" (vgl. Spiller/Wanner/Lambrecht, 2010; Kamp, 2010): Das 1995 als Batteriehersteller gegründete Unternehmen erweiterte sukzessive seine Kompetenzen und seine Wertkette und baut seit 2003 erfolgreich Fahrzeuge – zunächst mit Verbrennungsmotor, mittlerweile batteriebetrieben; ab 2011 ist ein Vertrieb auch in Europa geplant. Die Kernkompetenz der Batterieentwicklung und -herstellung könnte somit einem chinesischen Zulieferer aus einer ehemals überschaubaren Nischenanwendung zu einer zentralen Stellung in der Automobilindustrie verhelfen. Kooperationen mit Daimler und Volkswagen zeigen das Potenzial, das die deutsche Automobilindustrie dem Branchenneuling BYD zuschreibt.

Diese Migration vom Batterie- zum Automobilhersteller dürfte jedoch eine Ausnahmeerscheinung bleiben; vielmehr werden unternehmensübergreifende Kooperationen zwischen Automobil- und Batterieherstellern, aber auch zwischen Konkurrenten gleicher Wertschöpfungsstufe sowie mit Anbietern komplementärer Leistungen zur Regel werden, um die jeweiligen Know-how- beziehungsweise Technologiebereiche bestmöglich zu integrieren. Verschiedene Wertschöpfungspartnerschaften werden also um Technologiekonzepte, in erster Linie aber um einen Zeitvorsprung beim Übergang der Elektromobilität von der Nische in den Massenmarkt konkurrieren. Folgerichtig setzen viele Automobilhersteller auf mehrere solcher Allianzen (vgl. Dahm/Schlüter, 2010; Klesse/Rees/Rother, 2010; Seiwert, 2010 – Erfinder): Volkswagen etwa kooperiert parallel zu BYD auch mit Sanyo, Toshiba und Varta, Daimler arbeitet außer mit BYD auch mit Continental zusammen und ist über die Joint Ventures Litec und Deutsche Accumotive mit dem Mischkonzern Evonik verbunden. BMW dagegen kooperiert primär mit SB LiMotive, einem Joint Venture zwischen Samsung und Bosch, hält sich aber weitere Optionen offen. Renault wiederum setzt auf eine Kooperation mit Better Place; ab 2011 soll eine Elektrolimousine namens Fluence gemeinsam auf den Markt gebracht werden.

Vertikale Integration wie BYD, jedoch in umgekehrter Richtung, betreibt dagegen Toyota: So sind die Japaner nicht nur an einem Joint Venture mit Panasonic zur Batterieherstellung involviert, sondern beteiligten sich über ein Tochterunternehmen gleich an einer argentinischen Lithium-Mine zur Sicherung der Rohstoffversorgung für die Batterieherstellung (vgl. Dahm/Schlüter, 2010).

Auch beim Erlösmodell als drittem Geschäftsmodellbestandteil erweitert sich die Bandbreite an Optionen gegenüber dem Zeitalter des Verbrennungsmotors. Dies liegt zunächst an dem beschriebenen Kostennachteil in der Anschaffung eines Elektrofahrzeugs, der für eine rasche Marktdurchdringung entweder staatliche Anreize erfordert oder alternative Finanzierungsmodelle wie Batterieleasing, -miete oder Car Sharing notwendig macht: Zumindest in der Anfangsphase wird sich der Großteil potenzieller Käufer wohl vom Kaufpreis der Elektrofahrzeuge abschrecken lassen statt sich von der Amortisation des Batteriepreises über die niedrigen Betriebskosten von rund 3,50 Euro über 100 Kilometer überzeugen zu lassen (vgl. Rees, 2010 – Sparen). Dabei bieten die sich abzeichnenden Geschäftsmodelloptionen durchaus alternative Finanzierungsquellen, um die anfänglichen Zusatzkosten der Elektromobilität zu kompensieren.

Bei Daimlers „car2go" sollen etwa nach Ende der Testphase die jeweiligen Kommunen die benötigte Fahrzeugflotte und die erforderliche Infrastruktur finanzieren (vgl. Souron, 2009, S. 129); je nach konkretem Modell könnten die Kosten für die Nutzer dieses Mobilitätsdienstes bis auf die tatsächlich anfallenden variablen Kosten sinken, was das Modell für den Einsatz von Elektrofahrzeugen interessant macht. Denkbar wäre auch eine Finanzierung über Telematikdienste (zum Beispiel Suche nach verfügbaren Fahrzeugen via Smartphone) oder Werbeerlöse (zum Beispiel im Rahmen der Telematikdienste oder direkt am Fahrzeug).

Better Place etwa hat bis 2016 bei Renault 100.000 Fahrzeuge des Typs Fluence bestellt, deren Batterie eine Reichweite von 160 Kilometern aufweist (zu diesem Beispiel vgl. Johnson, 2010, S. 99ff.; Wallentowitz/ Freialdenhoven/Olschewski, 2010, S. 165f.; Hohensee, 2010). Im Basisszenario des Geschäftsmodells investiert der Kunde rund 40.000 Euro für den Fahrzeugkauf und geht dabei einen Energievertrag mit Better Place ein: Der Kunde kann seine Batterie an Ladestationen von Better Place gegen Gebühr aufladen oder tauschen; im Paket enthalten ist zudem eine Fahrzeuggarantie über 120.000 Kilometer Laufleistung oder vier Jahre. Derzeit befindet sich die erforderliche Infrastruktur in den Testmärkten Israel und Dänemark – regional begrenzte, volumenmäßig überschaubare Märkte, deren Regierungen das Projekt unterstützen und incentivieren – im Aufbau. In der weitaus radikaleren Variante des Geschäftsmodells geht Agassi einen Schritt weiter, und zwar in Richtung Kopieren des Erlösmodells der Mobilfunkbranche; dort wird seit langem das jeweils neueste Endgerät geradezu „verschenkt" und über die Mobilfunkgebühren finanziert. Analog zu diesem Modell könnte Better Place – so hat Agassi errechnet – das Fahrzeug Nutzern kostenlos zur Verfügung stellen, für den Strom den ortsüblichen Benzinpreis je gefahrenem Kilometer in Rechnung stellen und das Fahrzeug über die Differenz aus Benzin- und Elektromobilitätskosten finanzieren.[6]

Letztlich bietet die Elektromobilität selbst eine Möglichkeit der Gegenfinanzierung ihrer erhöhten Anschaffungskosten. So könnten Elektrofahrzeuge für die Energiewirtschaft die Lösung des Problems mangelnder Speicherbarkeit von Erneuerbarer Energie, etwa Windenergie, darstellen

---

[6]   Für die USA kalkuliert er etwa 10-15 US-Cent Benzinkosten pro Meile im Vergleich zu 7 Cent Batterie- und Stromkosten pro Meile im Jahr 2010 und rund 3,5 Cent im Jahr 2015.

(vgl. Seiwert/Rees/Rother, 2010; Seiwert, 2010 – Ertüchtiger; Gassmann/ Tartler/Hucko, 2010): Mit „vehicle to grid" könnten Elektrofahrzeuge etwa dann aufgeladen werden, wenn ein Überangebot an Strom herrscht; mit sogenannten intelligenten Stromnetzen („smart grid") könnten Elektrofahrzeuge sogar als Stromspeicher für den Energiehersteller dienen, der den gespeicherten Strom bei Bedarf wieder über das Stromnetz abruft. Besitzer von Elektrofahrzeugen könnten von der Energiewirtschaft Gebühren für die Bereitstellung des Fahrzeugs als Stromspeicher erhalten beziehungsweise von reduzierten Strompreisen profitieren.

Ein Überblick über die Optionen der Geschäftsmodellbestandteile findet sich in Abbildung 8.

Abb. 8: Optionen zur Konfiguration zukünftiger Geschäftsmodelle der Automobilindustrie (eigene Darstellung)

5 Automobil oder Mobilität? – Auf dem Weg zum Geschäftsmodell der Zukunft

Stellt Elektromobilität ein Modethema der Jahre 2010 und 2011 dar, um das in Automobilunternehmen, Politik und Öffentlichkeit geradezu ein Hype ausgebrochen ist? Oder wird Elektromobilität in naher Zukunft zum Standard für den Automobilantrieb? Ein wenig erinnert die gegenwärtige Situation an die Euphorie um die Potenziale des Internet in den späten 1990er Jahren, deren hochfliegende Erwartungen sich nur zum Teil erfüllt haben: Internetbasierte Geschäftsmodelle erwiesen sich vielfach nicht als dauerhaft, die Aktienblase des Neuen Marktes wurde bald von der Realität eingeholt und die sogenannte New Economy wurde deutlich zurückgestutzt.

„Wir sollten die Nachfrage nach Elektroautos nicht künstlich anheizen. Denn aus heutiger Sicht wird damit auf lange Sicht kein Geld zu verdienen sein", so Volkswagen-Chef Winterkorn im Mai 2010 (zitiert nach Haerder/Seiwert, 2010, S. 43). Diese Aussage beschreibt die Zukunftsperspektiven der Elektromobilität prägnant innerhalb der Grenzen des traditionellen Geschäftsmodells sowie darüber hinaus aus Sicht eines seiner größten und erfolgreichsten Akteure. Allerdings sind zahlreiche Parameter und Determinanten dieses Geschäftsmodells aktuell in Bewegung geraten, wie anhand der bisherigen Ausführungen deutlich wurde.

Viele Fragen sind derzeit offen im Ringen um zukünftig wettbewerbsfähige und nachhaltige Geschäftsmodelle der Automobilindustrie. Am wahrscheinlichsten ist auf absehbare Zeit ein paralleles Konkurrieren des traditionellen mit verschiedenen innovativen Geschäftsmodellen zwischen Automobilherstellung und Mobilitätsdienstleistung, bis sich die Fronten klären und sich ein neues dominantes Design etabliert.

Wann und wo setzt sich das Elektrofahrzeug zuerst durch?[7] Benötigt man tatsächlich eine öffentliche Infrastruktur an Stromtankstellen oder wird eine Batterieaufladung in der heimischen Garage oder am Arbeitsplatz ausreichen? Kann sich ein Geschäftsmodell wie jenes von Better Place gegen (fast) alle etablierten Branchenakteure durchsetzen – auch in größeren als den vorgesehenen Testmärkten? Wird in Zukunft analog zu „Intel Inside" bei PCs etwa ein „BYD Inside", „JCI Inside" oder „SB LiMotive Inside" über den Automobilkauf und letztlich die Wettbewerbsfähigkeit der Automobilhersteller entscheiden?

Wir wissen es nicht. Der Startschuss im Rennen um die zukünftige Ausgestaltung der Automobilindustrie ist gefallen – aber es bestehen noch genügend Möglichkeiten des „Spurwechsels" oder eines „Boxenstopps", um die eigene Wettbewerbsposition zu verbessern und im Kampf zwischen konkurrierenden Allianzen, etablierten und neuen Akteuren sowie Vertretern unterschiedlicher Wertschöpfungsstufen zu bestehen.

---

[7] Für eine Studie über den US-amerikanischen Markt vgl. Roland Berger Strategy Consultants (2010 – PEV).

6 Literaturverzeichnis

BP (2010). *BP Statistical Review of World Energy*. June 2010, www.bp.com/statisticalreview.

Bernhart, W. (2010). *Electromobility – the only way forward?* 22nd AVL Konferenz „Motor & Umwelt", 9./10. September 2010, Graz.

Bernhart, W./Schlick, T. (2010). *Powertrain 2020: Business models for Electro-Mobility*. Zweiter Deutscher Elektro-Mobil Kongress, 18. Juni 2010, Bonn.

Bernhart, W./Zhang, J./Wagenleitner, J. (2010). *EV/PHEV – Changing revenue & profit pools in the automotive value chain require new business models*. The 25th World Battery, Hybrid and Fuel Cell Electric Vehicle Symposium & Exhibition, 5.- 9. November 2010, Shenzhen.

Christensen, C. M./Raynor, M. E. (2003). *The Innovator's Solution. Creating and Sustaining Successful Growth*. Boston: Harvard Business Press 2003.

Christensen, C. M./Raynor, M. E./Verlinden, M. (2001). Skate to Where the Money Will Be. In: *Harvard Business Review* Nov. 2001, S. 72-81.

Christensen, C. M./Verlinden, M./Westerman, G. (2002). Disruption, disintegration and the dissipation of differentiability. In: *Industrial and Corporate Change* 11, 2002, No. 5, S. 955-993.

Dahm, G./Schlüter, N. (2010). Autokonzerne scheuen Festlegung. In: *Financial Times Deutschland*, 29. April 2010, S. 7.

Gassmann, N./Tartler, J./Hucko, M. (2010). Gerangel um die E-Tankstelle. In: *Financial Time Deutschland*, 29. April 2010, S. 7.

Gadiesh, O./Gilbert, J. L. (1998). Profit Pools: A Fresh Look at Strategy. In: *Harvard Business Review* May/June 1998, S. 139-147.

Haerder, M./Seiwert, M. (2010). Hand in Hand. In: *Wirtschaftswoche* Nr. 19, 3. Mai 2010, S. 38-43.

Hohensee, M. (2010). Der Enthusiast. In: *Wirtschaftswoche* Nr. 16, 19.04.2020, S. 48f.

Hucko, M. (2010). Kleinwagen gehen schneller online. In: *Financial Times Deutschland*, 1. März 2010, S. 7.

Hucko, M./Maatz, B./Ohler, A./Hammerschmidt, N. (2010). Wenn der Mini seinen Standort twittert. In: *Financial Times Deutschland*, 1. März 2010, S. 7.

JD Power (2010). *JD Power Sales forecast Q3 2010*.

Johnson, M. W. (2010). *Seizing the White Space: Business Model Innovation for Growth and Renewal*. Boston: Harvard Business Press.

Kamp, M. (2010). Der Ehrgeizige. In: *Wirtschaftswoche* Nr. 16, 19. April 2010, S. 52f.

Klesse, H.-J./Rees, J./Rother, F. (2010). In Goldgräberstimmung. In: *Wirtschaftswoche* Nr. 18, 3. März 2010, S. 44-48.

zu Knyphausen-Aufseß, D./Meinhardt, Y. (2002). Revisiting Strategy: Ein Ansatz zur Systematisierung von Geschäftsmodellen. In Bieger, T./Bickhoff, N./Caspers, R./zu Knyphausen-Aufseß, D./Reding, K. (Hrsg.): *Zukünftige Geschäftsmodelle: Konzept und Anwendung in der Netzökonomie* (S. 63-89). Berlin: Springer-Verlag.

zu Knyphausen-Aufseß, D./Zollenkop, M. (2007). Geschäftsmodelle. In: Köhler, R./Küpper, H.-U./Pfingsten, A. (Hrsg.): *Handwörterbuch der Betriebswirtschaft* (Sp. 583-591). 6., vollständig neu gestaltete Auflage. Stuttgart: Schäffer-Poeschel Verlag

zu Knyphausen-Aufseß, D./Zollenkop, M. (2011). Transformation von Geschäftsmodellen – Treiber, Entwicklungsmuster, Innovationsmanagement. In: Bieger, T./zu Knyphausen, D./Krys, C. (Hrsg.): *Innovative Geschäftsmodelle. Konzeptionelle Grundlagen, Gestaltungsfelder und unternehmerische Praxis* (S. 111-128). Berlin et al.: Springer-Verlag.

Lamparter, D.H. (2010). Zu zweit unterwegs. In: *Die Zeit* Nr. 10, 4. März 2010, S. 25.

Markides, C. (2008). *Game-changing Strategies: How to Create New Market Space in Established Industries by Breaking the Rules.* San Francisco: Jossey-Bass.

o.V. (2009 – Absatzkrise). Absatzkrise zwingt Autohersteller zu Allianzen. In: *Frankfurter Allgemeine Zeitung* Nr. 40, 17. Februar 2009, S. 14f.

Rees, J. (2010 – Auto). Auto? Nein, danke! In: *Wirtschaftswoche* Nr. 9, 1. März 2010, S. 76-80.

Rees, J. (2010 – Sparen). Teures Sparen. In: *Wirtschaftswoche* Nr. 28, 12. Juli 2010, S. 68.

Rees, J. (2010 – Wasser). Nichts als Wasser. In: *Wirtschaftswoche* Nr. 31, 2. August 2010, S. 64-67.

Roland Berger Strategy Consultants (2010 – PEV). *PEV Readiness Study: Electric Vehicles in America: The question is no longer "whether" they will come, but "how fast" and "where first".* Study in collaboration with Rocky Mountain Institute and Project Get Ready, Troy/MI, USA, Hebst 2010.

Roland Berger Strategy Consultants (2010 – Powertrain). *Powertrain 2020: Electric vehicles – voice of the customer.* Studie, Frankfurt, April 2010.

Rother, F. (2010). „Preis halbieren". In: *Wirtschaftswoche* Nr. 19, 10. Mai 2010, S. 12.

Seiwert, M. (2009). Bayerische Mercedes Werke. In: *Wirtschaftswoche* Nr. 9, 21. Februar 2009, S. 8f.

Seiwert, M. (2010 – Erfinder). Der Erfinder. In: *Wirtschaftswoche* Nr. 16, 19. April 2010, S. 59f.

Seiwert, M. (2010 – Ertüchtiger). Der Ertüchtiger. In: *Wirtschaftswoche* Nr. 16, 19. April 2010, S. 54.

Seiwert, M. (2010 – E-Poche). Die E-Poche. In: *Wirtschaftswoche* Nr. 16, 19. April 2010, S. 44-48.

Seiwert, M. (2010 – Milliardenmarkt). Milliardenmarkt entdeckt. In: *Wirtschaftswoche* Nr. 13, 29. März 2010, S. 10.

Seiwert, M./Rees, J./Rother, F. (2010). Anschluss gesucht. In: *Wirtschaftswoche* Nr. 17, 26. April 2010, S. 58-62.

Souron, S. (2009). Autos zum Mitnehmen. In: *Stern* Nr. 39 2009, S. 127-129.

Spiller, K./Wanner, C./Lambrecht, M. (2010). Showtime. In: *Capital* 05/2010, S. 24-34.

VDA (2010). *VDA Jahresbericht 2010*. 2. Juli 2010.

Wallentowitz, H./Freialdenhoven, A./Olschewski, I. (2010). *Strategien zur Elektrifizierung des Antriebsstrangs. Technologien, Märkte und Implikationen.* Wiesbaden: Vieweg + Teubner/GWV Fachverlage.

Zollenkop, M. (2006). *Geschäftsmodellinnovation. Initiierung eines systematischen Innovationsmanagements für Geschäftsmodelle auf Basis lebenszyklusorientierter Frühaufklärung.* Wiesbaden: Deutscher Universitäts-Verlag.

manroland AG: „Die Lage ist ernst, aber voller Möglichkeiten"

Christian Krys, Andrea Wiedemann[1]

Der Druckmaschinenhersteller manroland AG ist ein klassisches Beispiel für einen international agierenden „integrierten Differenzierer": Fast die komplette Wertschöpfung ist am Standort Deutschland angesiedelt, während das Unternehmen seine Premiumlösungen weltweit verkauft. Das Auslandsgeschäft erwirtschaftet rund 80% des Umsatzes. manroland gehört zu den produzierenden Unternehmen, die bei der Weiterentwicklung ihres Geschäftsmodells den Anteil der Dienstleistungen in ihrem Portfolio kontinuierlich ausbauen: Auf der Basis einer starken industriellen Kernkompetenz werden produktbegleitende Dienstleistungen entwickelt. Solche „Paketlösungen" aus Investitionsgütern und Services gewinnen als Geschäftsmodell im Maschinenbau zunehmend an Bedeutung, weil sie den Unternehmen zu einer besseren Positionierung in – hart umkämpften – Märkten verhelfen: „Compacks" festigen die Kundenbindung; außerdem ist die Komplexität solcher Güter-Dienstleistungsbündel von Wettbewerbern nicht leicht zu imitieren.

1   Herausforderung Strukturwandel – Mit Kreativität und Anpassungsfähigkeit aus der Krise

„Die Lage ist ernst, aber voller Möglichkeiten."[1] – Dieses Zitat bringt die Befindlichkeit einer Branche auf den Punkt, die besonders schwer von der globalen Wirtschaftskrise 2008/2009 gebeutelt wurde: Das weltweite Marktvolumen für Druckmaschinen ist im Jahr 2009 von 9,2 Mrd. Euro auf 4 Mrd. Euro eingebrochen. Nach einer Meldung des Fachverbandes Druck- und Papiertechnik im Verband Deutscher Maschinen- und Anlagenbau (VDMA) mussten die deutschen Hersteller von Druckereimaschinen im Jahr 2009 ein Auftragsminus von 41% verkraften. Die Umsätze sind im Vergleich zu 2008 um 37% zurückgegangen.[2] Diese Entwicklung

---

[1] Die Autoren bedanken sich herzlich bei Eva Doppler, Leiterin Marketing Kommunikation der manroland AG, für die Unterstützung bei den Recherchen zu diesem Artikel.

bekamen auch „die großen Drei" der Druckmaschinenherstellung zu spüren: Heidelberger Druckmaschinen, manroland und Koenig & Bauer AG, die zusammen rund 65% des Weltmarkts halten. manroland ist heute der zweitgrößte Hersteller von Drucksystemen. Zum Produktportfolio des Unternehmens gehören Maschinen für den Rollenoffset- und Bogenoffsetdruck, die im Werbe-, Verlags- und Verpackungsdruck zum Einsatz kommen sowie neuerdings in Kooperation mit Ocè Digitaldrucksysteme. Im Rollenoffsetdruck ist manroland die Nummer eins auf dem Weltmarkt: Jede dritte Zeitung rund um den Globus wird auf einer manroland-Maschine gedruckt.

Die Ausläufer des schwersten Konjunkturtiefs der Nachkriegsgeschichte erreichten die Druckmaschinenbauer in einer Phase, die bereits von strukturellen Umbrüchen gekennzeichnet war: In den letzten Jahren machten der Druckindustrie in Westeuropa Überkapazitäten und Preisdruck zu schaffen. Im Multichannel-Zeitalter kämpfen Printprodukte mit dem Internet um Aufmerksamkeit und Gunst des Publikums – und damit um ihre Anteile am Werbemarkt. Verlagshäuser und Druckereien sind tendenziell zurückhaltend mit Investitionen – entsprechend verhalten entwickelt sich der Markt für Druckmaschinen. „Wenn vier neue Druckmaschinen sieben alte ersetzen und die gleiche, wenn nicht höhere Produktivität aufweisen, dann ist klar, dass die Anzahl der Maschinen im Markt sinken wird", erklärte Gerd Finkbeiner, der Vorstandsvorsitzende der manroland AG im Oktober 2010.[3]

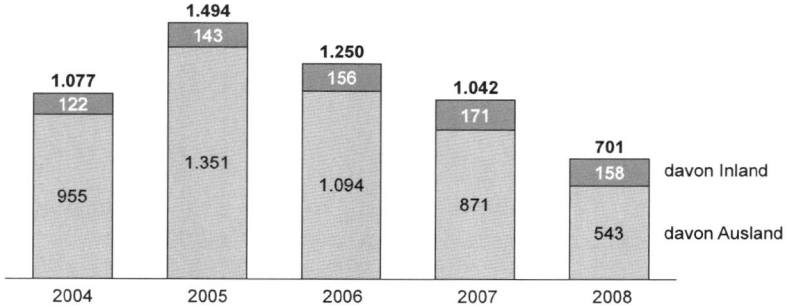

Abb. 1: Auftragsbestand manroland AG 2004 bis 2008 [Mio. Euro] (Quelle: manroland AG)

Auf welche Strategien und Geschäftsmodelle sollen Druckmaschinenhersteller in dieser Situation setzen? Für das Management von manroland steht fest: „Eine Branche, die durch nachhaltige strukturelle Veränderungen geprägt ist, und ein anhaltend schwieriges wirtschaftliches Umfeld erfordern von Unternehmen kreative Ideen und Anpassungsfähigkeit."[4]

Kreativität und Anpassungsfähigkeit sind unternehmerische Tugenden, die manroland im Lauf der über 160-jährigen Firmengeschichte immer wieder unter Beweis gestellt hat. Das Unternehmen, das 2008 mit 8.700 Mitarbeitern einen Umsatz von über 1,7 Mrd. Euro erwirtschaftet hat,[5]2 produziert in Augsburg, Offenbach am Main und Plauen. Anhand dieser drei Standorte lassen sich die Entwicklungslinien der manroland AG nachzeichnen: 1979 vereinigten sich die Roland Offsetmaschinenfabrik Faber & Schleicher, Offenbach, und der Druckmaschinenbereich der Maschinenfabrik Augsburg-Nürnberg zur MAN Roland Druckmaschinen AG. 1990 übernimmt diese Firma die Plauener Maschinenfabrik Plamag, vor der „Wende" das führende Druckmaschinenkombinat der DDR.

Seit 2006 ist die MAN Roland Druckmaschinen AG unabhängig von der „Konzernmutter": Die MAN AG hat die Druckmaschinensparte an ein Beteiligungsunternehmen veräußert, an dem der Lkw-Bauer 35% und Allianz Capital Partners (ACP) 65% halten.[6] 2008 wurde aus MAN Roland manroland – die Umfirmierung sollte die Eigenständigkeit im Außenauftritt unterstreichen.

Internationale Märkte spielen für manroland seit jeher eine wichtige Rolle: Druckmaschinen aus Offenbach und Augsburg waren bereits im 19. Jahrhundert gefragte Exportartikel. Schon in den 1970er-Jahren hatte das Auslandsgeschäft einen Umsatzanteil von 80%. In den Jahren 2004 bis 2008 wurde außerhalb Deutschlands ein Umsatzanteil zwischen 80% und 84% erwirtschaftet.[7] Das Unternehmen hat rund um den Globus ein internationales Vertriebs- und Servicenetz mit etwa 100 Gesellschaften aufgebaut.

Trotz der starken Orientierung auf die globalen Märkte ist abgesehen von den bedeutenden Vertriebs- und Serviceleistungen fast die gesamte Wertschöpfung am Standort Deutschland angesiedelt. Dies spiegelt sich auch in der Verteilung der Mitarbeiter auf Inlands- und Auslandsgesellschaften wider (siehe Abbildung 2 auf der folgenden Seite).

Alle wichtigen Klein- und Großteile werden von manroland in Deutschland gefertigt, bearbeitet und montiert. Das enorme Know-how des Unternehmens im Druckmaschinenbau schützt die einheimischen Arbeitsplätze vor dem Export in Niedriglohnländer: „Unsere Kompetenz in Bezug auf Präzision ist so ausgeprägt, dass eine Verlagerung aufwendig ist. Dabei ist

---

2 Die Kennzahlen für das Geschäftsjahr 2009 waren vor Drucklegung noch nicht veröffentlicht.

es nicht nur die Masse an Wissen, sondern auch seine Komplexität, die es einzigartig macht", so Dr. Markus Rall, Vorstand für den Geschäftsbereich Bogendrucksysteme.[8] Damit ist manroland ein klassisches Beispiel für einen international agierenden „integrierten Differenzierer", also für ein Unternehmen, das am heimischen Standort hoch integriert ist und seine Premiumlösungen weltweit verkauft. Ganz verzichtet allerdings auch manroland nicht auf das internationale Sourcing; einige Teile werden aus dem Ausland zugekauft.

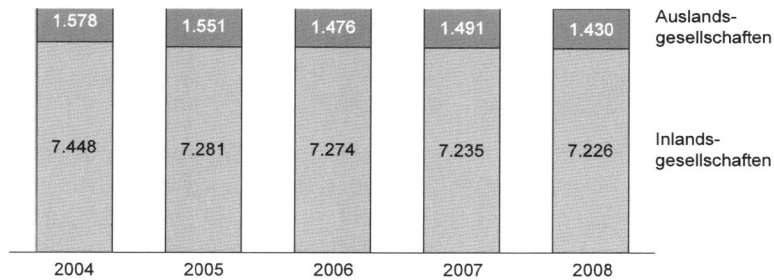

Abb. 2: Mitarbeiterentwicklung manroland AG 2004 bis 2008 [Anzahl] (Quelle: manroland AG)

2 „Value Added Printing" – Mehrwert für den Kunden schaffen

Weltweit gibt es rund 500.000 Druckereien, überwiegend Kleinbetriebe mit weniger als 20 Mitarbeitern. Als Kunden für manroland kommen rund um den Globus etwa 100.000 Druckereien und Verlagshäuser infrage. Vor allem in den etablierten Industrieländern agieren die Druckbetriebe in einem zunehmend rauer werdenden Wettbewerb: Steigende Preise für Papier, Druckfarben und Energie schrauben die Kosten in die Höhe, während Überkapazitäten den Druck auf die Preise verstärken. Gleichzeitig stagniert die Nachfrage angesichts der Konkurrenz der elektronischen Medien. Vor diesem Hintergrund können sich die Anbieter von Druckmaschinen nur erfolgreich positionieren, wenn sie ihren Abnehmern in diesem harten Konkurrenzkampf einen spürbaren Vorsprung verschaffen. „Unser Ziel ist es daher, Mehrwert für unsere Kunden zu erzeugen. Dementsprechend lautet unsere Philosophie ‚Value Added Printing' – ‚Mehrwertdruck'."[9] Im Kern geht es darum, die Kunden dabei zu unterstützen, sich im rauer werdenden Wettbewerb zu differenzieren. Und dies gelingt nur mit Produkten und Lösungen, mit denen sie besser, schneller und billiger drucken als die Konkurrenz. Das Geschäftsmodell des „Value Added Printing" basiert auf zwei Ansätzen: technologische Innovationen und ein breites Dienstleistungsportfolio.

2.1 Das Leistungskonzept – Technologischer Vorsprung bringt höhere Qualität bei sinkenden Stückkosten

Hightech-Maschinen, die maßgeschneidert an die Bedürfnisse des Kunden angepasst werden, bilden die tragende Säule des Leistungskonzepts des Geschäftsmodells von manroland. Die Position des Technologieführers lässt sich nur durch erhebliche Anstrengungen im Bereich Forschung und Entwicklung (FuE) behaupten. Ein Indikator für die Innovationsstärke von manroland ist die Zahl der Patentanmeldungen: Mit 251 neu angemeldeten Patenten platzierte sich das Unternehmen im Jahr 2009 unter den Top 50 der Patentanmelder in Deutschland und als Nummer eins der Druckbranche.[10]

Verleger und Zeitungsdruckunternehmer gehören zu den wichtigsten Kunden von manroland. Diese Zielgruppe steht vor der – für viele existenziellen – Frage, wie sich das Printmedium Zeitung in der Internet- und Multimedia-Ära positionieren kann. Georg Riescher, Leiter des Geschäftsfelds Zeitung von manroland, fasst den Veränderungsprozess zusammen: „Bestehende Geschäftsmodelle wollen überdacht und relauncht, neue kreiert werden. Herkömmliche Denkmuster müssen aktualisiert und an neue Marktgegebenheiten angepasst werden. Die Zeitungsindustrie will dem Leser und Anzeigenkunden stets Neues bieten. Das Produkt Zeitung an sich will noch attraktiver und zielgruppenorientierter werden."[11]

Dementsprechend steigen die Anforderungen an die Zeitungsproduktion in puncto Produktwertigkeit und Effizienz: War bei Tageszeitungen früher eine Zusatzfarbe Standard, so ist inzwischen der Vierfarbdruck die Regel. Veredelung sorgt dafür, dass sich manche Zeitungen immer mehr zu magazinartigen Produkten entwickeln. Während die Anforderungen an die Qualität hochgeschraubt werden, nimmt der Druck auf die Preise zu: Die Stückkosten (costs per copy) zu senken – und damit Mehrwert für ihre Kunden zu generieren –, ist deshalb eine der wesentlichen Herausforderungen für die Hersteller von Druckmaschinen. manroland will ihren Kunden nicht nur die bestmögliche technische Ausstattung für höchste Qualitätsansprüche bieten, sondern zusätzlich auch zur Kostenreduzierung durch die technische Ausstattung der Anlagen beitragen.

Der Weg zu diesem Ziel führt über die Automatisierung: Ein Knopfdruck setzt die Tätigkeiten in Gang, die bislang manuell erledigt werden mussten: Rüsten, Plattenwechsel, das Drucken und die Wartung der Druckmaschine. Mit seinen Innovationen will das Unternehmen der Vision von der Zeitung per Knopfdruck Schritt für Schritt näherkommen; einen Meilenstein hat manroland mit dem Konzept „One Touch" und den dazu passenden Baureihen autoprint gesetzt. Sie enthalten Automatisierungsmodule wie vollautomatische Systeme zum Plattenwechsel (APL – Automatic Plate Loading) und für die Zulieferung der belichteten Platten bis in die Maschine (APL logistics). Mit APL dauert der Wechsel der Druckplatten in der Zeitungsmaschine nur rund drei Minuten. Für diese Technologie wurde manroland 2010 mit dem Innovationspreis der Deutschen Druckindustrie ausgezeichnet.[12] APL logistics bedeutet einen integrierten Workflow in der Druckerei: Die Plattenspeicher müssen in einem schallgeschützten Raum manuell beladen werden; über ein Schienentransportsystem gelangen sie vollautomatisch zu ihrer Position in der Druckmaschine. Damit setzt manroland erstmals Industrieroboter in der Druckproduktion ein. Diesen Ansatz will das Unternehmen weiter verfolgen, wie Riescher erklärt: „Wir arbeiten weiter an innovativen Konzepten, wie das Robotersystem auch in anderen Bereichen der Produktion zur Vollautomatisierung des Druckprozesses genutzt werden kann. Die Ideen reichen von robotergesteuerten Reinigungskonzepten bis hin zu Wartungsrobotern."[13] manroland will den Vorsprung in der Robotertechnologie nutzen und in deren Weiterentwicklung investieren.

2.2 Weiterentwicklung des Leistungskonzepts – Enge Verzahnung von Produkten und Dienstleistungen

Der zweite Ansatz beim „Value Added Printing" ist ein umfassendes Serviceportfolio, das in den letzten Jahren kontinuierlich ausgebaut wurde. Mit der Weiterentwicklung des Leistungskonzepts seines Geschäftsmodells ist manroland ein Paradebeispiel für ein Unternehmen, das um ein starkes industrielles Kernprodukt herum Dienstleistungen entwickelt. Diese Verzahnung von Produkten und Services wird immer enger, denn Kunden fragen zunehmend „Kompaktpakete" aus Waren und produktbegleitenden Dienstleistungen nach („Compacks" oder „hybride Produkte"). manroland hat diesen Trend frühzeitig erkannt und offeriert Systemlösungen, wie Dr. Markus Rall betont: „Wir bieten dem Kunden nicht nur

Hardware, sondern ein funktionierendes System an, für das wir auch Verfügbarkeitsgarantien geben. Der Kunde kauft bei uns also Drucken ein und nicht nur eine Druckmaschine."[14]

Unter der Überschrift „Printvalue" bietet manroland den Kunden vier eigenständige Servicekomponenten, die zusammen die gesamte Wertschöpfungskette – von der Planung über die Vorstufe und Drucktechnik bis zur Weiterverarbeitung – in der industriellen Druckproduktion abdecken: „printservices" umfasst Service vor Ort, Instandhaltung und (Fern-) Wartungspakete „24/7" sowie Trainingsmaßnahmen für Kundenmitarbeiter. „Es ist sehr viel Know-how vor Ort nötig, um die Maschinen zum Laufen zu bringen", erläutert Dr. Markus Rall. „Dass die Drucktechnik funktioniert, dass die Drucker mit der Maschine umgehen können, dass Geschwindigkeit und Qualität optimiert werden: All dieses ist auch ein bedeutender Bestandteil der Wertschöpfung. Das machen die gleichen Mitarbeiter, die später auch die Gewährleistung und den Service übernehmen. Damit transportieren wir das Know-how an die Kundenfront und stärken die Kundenbindung."[15]

„printcom" beinhaltet ein zertifiziertes Angebot an Verbrauchsmaterialien; „printnet" bietet Software- und Workflow-Managementsysteme. „printadvice" bietet Dienstleistungen wie Investitions- und Gebäudeplanung, Organisations- und Managementschulung und -beratung, Systemgestaltung und Prozessoptimierung.

Der Anteil des Servicegeschäfts ist in den vergangenen Jahren kontinuierlich gewachsen. Heute liegt er bei knapp 30%, Tendenz weiterhin steigend: Das Unternehmen rechnet damit, dass im Bereich „printservices" die Umsätze um mehr als 7% pro Jahr wachsen. In derselben Größenordnung zulegen sollen auch die Bereiche „printcom" und „printadvice".

3 Weltmarkt im Wandel – Stagnation in Industrieländern, Wachstum in Emerging Markets

Der Weltmarkt für Druckmaschinen hat sich in den letzten Jahren erheblich verändert, denn die Gewichte verschieben sich: Die Märkte in Westeuropa und Nordamerika sind von Volumenrückgang und Konsolidierung gekennzeichnet, während in den Emerging Markets ein dynamisches Wachstum zu beobachten ist. Die Marktforschung von manroland AG erwartet bis zum Jahr 2014 für die Segmente Werbe-, Verpackungs- und

Verlagsdruck in Asien ein Wachstum von mehr als 12%. Besonders in China und Indien, so die Prognosen, wird die Nachfrage nach Printprodukten erheblich zunehmen.[16] Während in Europa der Begriff „Zeitungssterben" die Branche erschreckt, entstehen in Indien viele neue Titel. Die Druckindustrie profitiert vom Kampf der indischen Regierung gegen den Analphabetismus: Die Nachfrage nach Printprodukten steigt – und damit der Bedarf an Druckmaschinen. In Indien gibt es fast 44.000 Zeitungen für aktuell rund 200 Millionen Leser.

Andere Quellen bestätigen die Einschätzung, dass die Druckindustrie in Asien erheblich zulegen wird: Nach einer Trendstudie des finnischen Papierherstellers UPM wird sich die Papiernachfrage deutlich nach Asien, vor allem nach China verlagern. Im Zeitraum 2008 bis 2020 wird sie in der Volksrepublik um 16,7 Mio. Tonnen steigen, während sie im gleichen Zeitraum in Europa um 4,5 Tonnen zurückgeht.[17]

Diese Entwicklung spiegelt sich in den Auslandsaktivitäten der deutschen Hersteller von Druck- und Papiermaschinen wider. Sie geben „gerade in den BRIC-Staaten maßgeblich den Takt vor", wie der Fachverband Druck- und Papiertechnik im VDMA erklärt. Die Stärke der deutschen Unternehmen liege in der langfristigen Erschließung und dem Ausbau neuer Märkte: „Der Anteil der Lieferungen nach Asien steigerte sich von 17,1 Prozent im Jahr 2000 über 18,3 Prozent im Jahr 2005 auf 32,3 Prozent im Jahresverlauf 2010. In Lateinamerika war die Entwicklung nicht ganz so beeindruckend, jedoch hat sich auch hier der Marktanteil verdoppelt."[18] Diese Einschätzung deckt sich mit den Erfahrungen von manroland: Aktuell kommt fast die Hälfte des Auftragseingangs aus China und Südamerika. Die BRIC-Staaten, so die Aussage des Unternehmens, hätten sich hervorragend entwickelt und es finde eine Verschiebung der Nachfrage in diese Regionen statt. manroland rechnet mit einem Wachstum der BRIC-Märkte um 5 bis 10% jährlich. Vor allem Indien entwickle sich sehr gut. Ein Beispiel für das erfolgreiche Engagement von manroland in Indien ist die Tageszeitung „Times of India": Mit 3,4 Millionen Exemplaren gehört das Blatt weltweit zu den größten englischsprachigen Tageszeitungen im Broadsheet-Format. Die Zeitung wird in 15 Druckzentren in Indien produziert. 1996 nahm die „Times of India" zwei GEOMAN-Anlagen in Betrieb. Inzwischen sind zahlreiche manroland-Produkte im Einsatz. Durch die manroland-Technologie war 2004 die Delhi-Ausgabe der „Times of India" die erste Zeitung Indiens, die in voller Vierfarbigkeit gedruckt wurde. „Times of India" hat erst jüngst wieder in die aktuelleste Technologie investiert und erhält ein APL-Zeitungsdrucksystem.

Um der zunehmenden Bedeutung der Emerging Markets gerecht zu werden, hat manroland das Vertriebs- und Servicenetz in Indien, Lateinamerika, im südlichen Afrika und in Australien/Pazifik sowie Südostasien vor gut einem Jahr in die eigene Verantwortung übernommen, während der Druckmaschinenhersteller in einigen anderen Ländern nach wie vor auf die Kooperation mit Partnerunternehmen setzt. So ist beispielsweise in Brasilien seit Mai 2009 die manroland do Brasil, eine Tochtergesellschaft der manroland AG, für Vertrieb und Service der gesamten manroland-Produktpalette in Brasilien und weiteren Ländern in Lateinamerika zuständig. Vom Hauptsitz Sao Paolo ausgehend, wurde ein Netz von Verkaufs- und Servicebüros in Südamerika errichtet.[19] Ein weiteres Beispiel für die Abdeckung wichtiger Märkte ist das Vorgehen in Südostasien: Im Juli 2009 hat manroland seinen Hauptsitz für die Region in Kuala Lumpur eröffnet. Von diesem Knotenpunkt aus wurde ein Netz von Verkaufs- und Servicebüros über die gesamte Region geknüpft. Zu ihr zählen die Länder Indonesien, Kambodscha, Laos, Malaysia, die Philippinen, Singapur, Thailand und Vietnam.[20] Wie das Unternehmen erklärt, hat sich die in Eigenregie aufgebaute Marktorganisation in den Wachstumsmärkten bewährt und bereits große Erfolge erzielt.

Hier zeigt sich, dass die Distributionskanäle des Geschäftsmodells gerade bei erklärungsbedürftigen Produkten im Business-to-Business-Bereich von entscheidender Bedeutung sind. Wie oben bereits festgestellt wurde, wird ein erheblicher Teil der Wertschöpfung am Einsatzort der Druckmaschine erzeugt, nämlich indem das Wissen um die optimale Funktionsweise der Druckmaschine den dort arbeitenden Bedienkräften vermittelt wird. Genau das erledigen verständlicherweise Fachkräfte des Herstellers in aller Regel besser als Vertragsunternehmen, deren Mitarbeiter zunächst von den Fachkräften des Herstellers eingewiesen werden müssten.

Die dynamische Entwicklung in den Emerging Markets konfrontiert etablierte Hersteller wie manroland allerdings mit einer Herausforderung: Hightech „Made in Germany" hat ihren Preis – und gerade in Schwellenländern sind nicht alle Abnehmer willens und in der Lage, diesen zu bezahlen. Das heißt, ausgerechnet in den dynamisch wachsenden Märkten ist die Konkurrenz durch billigere Anbieter potenziell am größten. Beispielsweise gibt es in der Volksrepublik China immer mehr Hersteller, die deutsche Druckmaschinen nachbauen. Allerdings können diese Kopien dem technischen Stand der neuesten Modelle aus Deutschland nicht das Wasser reichen. Insofern beliefern chinesische Anbieter vor allem ihren Heimatmarkt. Auf den internationalen Märkten für Premiumdruckmaschinen, so die Einschätzung von manroland, „wird Hightech ‚Made in Germany' konkurrenzlos bleiben".[21]

Um dem Risiko einer Expansion von Billiganbietern in Schwellenländern bereits im Ansatz zuvorzukommen, will manroland das Wachstum in einigen Emerging Markets durch eine „Low-Cost-Strategie" unterstützen und hat eine Kooperationsvereinbarung mit dem US-Hersteller Tensor geschlossen. „Mit dieser Kooperation eröffnen sich manroland neue Marktsegmente in attraktiven Regionen: Die Zielmärkte liegen in Mittel- und Südamerika, den NAFTA-Ländern Kanada und Mexiko, Südostasien sowie im südlichen Afrika. manroland setzt bewusst auf Kooperationen, da diese eine kurzfristige und flexible Verstärkung der regionalen Präsenz in den Zielmärkten ermöglichen", wie das Unternehmen erklärt.[22] Die Kooperation mit Tensor stellt in mehrfacher Hinsicht eine Weiterentwicklung des Geschäftsmodells von manroland dar. Das Leistungsportfolio wird erweitert, und es werden neue Märkte und Kundenschichten erschlossen – zugleich stellen sich das Wertschöpfungskonzept, die Wertverteilung und das Ertragsmodell bei einer Kooperation anders dar, als wenn die Leistungen inhouse erbracht würden. Ein großer Vorteil der Kooperation liegt für manroland darin, dass das Unternehmen auf diese Weise vermeidet, seine Reputation als Premiumanbieter zu verwässern.

4 Neuausrichtung auf veränderten Printmärkten – „Strategie der langfristigen Eigenständigkeit"

Wie der Fachverband Druck- und Papiertechnik im VDMA mitteilt, hat sich die Situation der meisten Mitgliedsunternehmen im Jahr 2010 stabilisiert. Die Auftragseingänge der Druck- und Papiermaschinenhersteller sind zwischen Januar und August um fast ein Drittel im Vergleich zum Vorjahreszeitraum gestiegen; viele Unternehmen haben inzwischen die Kurzarbeit beendet.

Solche Lichtstrahlen am Ende des Tunnels signalisieren aber lediglich ein Ende der Konjunkturkrise. Die strukturellen Probleme der Branche bleiben bestehen, darüber machen sich manroland und die anderen Akteure dieses Wirtschaftszweiges keine Illusionen: „Das Auftragsniveau, wie wir es aus früheren Jahren kennen, werden wir auch nach Ende der Krise nicht mehr sehen. Das erfordert, dass wir unsere Strukturen dauerhaft anpassen."[23] *Den* Königsweg in die Zukunft des Druckmaschinenbaus gibt es sicherlich nicht. „Die großen Drei" der Druckmaschinenhersteller setzen unterschiedliche Akzente in ihren Konzepten für ihre mittel- und langfristigen Planungen. Koenig & Bauer sucht neue Wege, um neben dem Kerngeschäft neue Geschäftsfelder zu besetzen, beispielsweise Wasseraufberei-tung und Solarthermie. Die Geschäftsleitung des Unternehmens mit Stammsitz in Würzburg geht davon aus, dass in diesen Segmenten höhere Renditen möglich sind als im angestammten Bereich der Druckmaschi-nen.[24] Einige Branchenkenner meinen, dass eine Konsolidierung der Branche durch Fusionen unausweichlich sei. Immer wieder tauchten im Herbst 2009 Meldungen über einen möglichen Zusammenschluss der Hei-delberger Druckmaschinen AG und manroland auf. Gespräche über eine Fusion wurden allerdings offiziell nie bestätigt; die Presse berichtete schließlich, dass die Fusionspläne im Oktober 2009 endgültig ad acta ge-legt wurden.[25]

Der Vorstand von manroland will den Veränderungen auf den Printmärk-ten begegnen, ohne die Eigenständigkeit des Unternehmens aufzugeben. Um die Herausforderungen zu meistern, wurde im September ein Konzept zur Restrukturierung und Neuausrichtung vorgelegt („Strategie der lang-fristigen Eigenständigkeit"), das inzwischen vom Aufsichtsrat gebilligt wurde. Die Vorlage dieses Strategiepapiers sollte auch einen demonstra-tiven Schlusspunkt unter die Spekulationen über eine Fusion setzen, die nach einer Offerte von Koenig & Bauer im Sommer 2010 erneut aufge-flammt waren.[26] manroland hat in diesem Restrukturierungskonzept die Planungen für ihr weiteres Wachstum am insgesamt schrumpfenden Markt ausgerichtet und geht von einem Auftragsvolumen in Höhe von 1,4 Mrd. Euro im Stammgeschäft aus; das entspricht etwa 70% des Jahres 2007. Die Zahl der Mitarbeiter, so die Planung, wird bis Ende 2012 auf rund 6.000 reduziert.[27]

Die Stand-Alone-Strategie sieht eine „unveränderte grundsätzliche Auf-stellung" des Unternehmens bei einer evolutionären Anpassung des Ge-schäftsmodells vor.[28] Der Fokus liegt dabei auf den Wachstumsmärkten und auf dem Ausbau des Dienstleistungsgeschäfts. manroland wird in Augsburg, Offenbach und Plauen Systeme für den Bogendruck und Rol-lendruck produzieren, wobei jedem der drei Standorte eine klare Kern-kompetenz zugewiesen werden soll. Augsburg (Rollendrucksysteme) und Offenbach (Bogendrucksystem) sollen sich künftig auf die Fertigung kom-plexer Teile und die Montage konzentrieren. Plauen wird als Geschäftsbe-reich für industrielle Fertigung ausgerichtet. Wie manroland mitteilt, wird das Werk Plauen als Kompetenzcenter für mechanische Fertigung und Baugruppenmontage sowohl für manroland als auch für Dritte produzie-ren.

Im Zuge der Restrukturierung ist eine stärkere Integration von Geschäfts-aktivitäten im Bogen- und Rollenbereich vorgesehen. Dazu gehört unter anderem, dass die Geschäftsfelder kleine Zeitungsmaschinen – bisher in Plauen angesiedelt –, und große Zeitungsmaschinen in Augsburg zusammengelegt werden. Ebenfalls in Augsburg sollen die zentral zu organisierenden Gruppenfunktionen konzentriert werden, wie das Unternehmen erklärt.

Als wichtiger Bestandteil der „Strategie der langfristigen Eigenständigkeit" ist die Gründung des neuen Geschäftsbereichs Industrieservice geplant.[29] Schon bisher gehörten Fertigungsdienstleistungen für Dritte zum Portfolio von manroland („Vom Hebel über Zahnräder in Meisterradqualität bis hin zu tonnenschweren Seitenwänden, mit Toleranzen von wenigen Mikrometern dank eines modernen Maschinenparks").[30] Nun sollen diese Aktivitäten ausgeweitet werden: Mit rund 300 Mitarbeitern soll der neu gegründete Geschäftsbereich auch Industrieberatung und Personaldienstleistungen anbieten. Geplant ist die Verleihung hochqualifizierter technischer Fachkräfte.

Mit dieser Strategie will manroland den Strukturwandel der Branche meistern: „Mit der stärkeren Integration unserer Geschäftsaktivitäten und der Implementierung von durchgängigen Prozessen werden wir künftig deutlich schlanker, effizienter und schlagkräftiger agieren können. Mit den beiden neuen Geschäftsbereichen erschließen wir uns darüber hinaus zusätzliche Geschäftspotenziale", fasst Vorstandsvorsitzender Gerd Finkbeiner die an das Restrukturierungskonzept geknüpften Erwartungen zusammen.[31]

Das Beispiel von manroland zeigt, dass in gesättigten Märkten auch die Geschäftsmodelle hoch etablierter Qualitätsanbieter unter Druck stehen, insbesondere wenn Wirtschaftskrisen die Absatzsituation zusätzlich verschärfen. Mithilfe einer Weiterentwicklung des Geschäftsmodells besteht aber die Möglichkeit, darauf zu reagieren und sich neue Absatzmärkte zu erschließen. Der Vorteil einer Anpassung des Geschäftsmodells liegt darin, dass dieses mehrere Ansatzpunkte bietet, die sich kombinieren lassen und gegenseitig verstärken. Der Weg von manroland, auf Kooperationsstrategien, das Angebot von Fertigungsleistungen für Dritte, den Ausbau des Geschäfts in Schwellenländern und weitere sich ergänzende Maßnahmen zu setzen, klingt vor diesem Hintergrund vielversprechend.

5   Quellenangaben

[1]   *expressis verbis edition 2010*, S. 2.
       http://www.manroland.com/com/pdf_en/com_de/ed10_deutsch_web3.pdf;
       abgerufen am 15. November 2010.

[2]   http://www.vdma.org/wps/portal/Home/de/Branchen/D/DUP/Wirtschaft/
       DUP_A_20100223_OL_JPKDUP?WCM_GLOBAL_CONTEXT=/wps/wc
       m/connect/vdma/Home/de/Branchen/D/DUP/Wirtschaft/DUP_A_2010022
       3_OL_JPKDUP; abgerufen am 22. November 2010.

[3]   „Die Zeitung muss sich für einen unbekannten Markt neu erfinden", *VDI
       nachrichten*, 15. Oktober 2010.

[4]   *expressis verbis edition 2010*, S. 3
       http://www.manroland.com/com/pdf_en/com_de/ed10_deutsch_web3.pdf;
       abgerufen am 15. November 2010.

[5]   manroland AG: *Kennzahlen Geschäftsjahr 2008*.
       http://www.manroland.com/com/pdf_en/com_de/mr_JB_d_fin.pdf;
       abgerufen am 15. November 2010.

[6]   Pressemeldung der MAN Roland Druckmaschinen AG vom 19. Mai 2006.
       http://www.manroland.com/com/archive_de/presseinformationen_unter-
       nehmen_archiv_2006_pressinfo_company12.htm;
       abgerufen am 15. November 2010.

[7]   manroland AG: *Kennzahlen Geschäftsjahr 2008*.
       http://www.manroland.com/com/pdf_en/com_de/mr_JB_d_fin.pdf;
       abgerufen am 15. November 2010].

[8]   Vereinigung der hessischen Unternehmerverbände e.V. (Hrsg.): *Exzellenz
       made in Hessen. Exzellenzvision 2025, unternehmerische Erfolgsbeispiele,
       Initiativen.* Köln 2008.

[9]   Vereinigung der hessischen Unternehmerverbände e.V. (Hrsg.): *Exzellenz
       made in Hessen. Exzellenzvision 2025, unternehmerische Erfolgsbeispiele,
       Initiativen.* Köln 2008.

[10]   http://www.manroland.com/com/archive_de/6303_6575.htm;
       abgerufen am 22. November 2010.

[11]   http://www.manroland.com/com/de/presseinformationen_
       rollendruck_5339.htm; abgerufen am 2. November 2010.

[12]   http://www.manroland.com/com/de/presseinformationen_unternehmen_
       7396.htm; abgerufen am 22. November 2010.

[13]   http://www.manroland.com/com/de/
       presseinformationen_rollendruck_5339.htm; abgerufen am 4. Januar 2011

[14]   Vereinigung der hessischen Unternehmerverbände e.V. (Hrsg.): *Exzellenz made in Hessen. Exzellenzvision 2025, unternehmerische Erfolgsbeispiele, Initiativen.* Köln 2008.

[15]   Vereinigung der hessischen Unternehmerverbände e.V. (Hrsg.): *Exzellenz made in Hessen. Exzellenzvision 2025, unternehmerische Erfolgsbeispiele, Initiativen.* Köln 2008.

[16]   expressis verbis edition 2010, S. 6. http://www.manroland.com/com/pdf_en/com_de/ed10_deutsch_web3.pdf; abgerufen am 15. November 2010.

[17]   „Gemeinsam Kosten senken", *Deutscher Drucker*, 33/2010.

[18]   http://www.vdma.org/wps/portal/Home/de/Branchen/D/DUP/Wirtschaft/ DUP_A_20101005_OL_Lage_DUP?WCM_GLOBAL_CONTEXT=/wps/ wcm/connect/vdma/Home/de/Branchen/D/DUP/Wirtschaft/DUP_A_20101 005_OL_Lage_DUP; abgerufen am 31. Oktober 2010.

[19]   http://www.manroland.com/com/archive_de/5545_5967.htm; abgerufen am 22. November 2010.

[20]   http://www.manroland.com/com/archive_de/5545_6017.htm; abgerufen am 22. November 2010.

[21]   Statement der Pressestellen von manroland vom 10. November 2010.

[22]   Pressemeldung der manroland AG vom 17. September 2010. http://www.manroland.com/com/de/presseinformationen_unternehmen_72 01.htm; abgerufen am 19. Oktober 2010.

[23]   *expressis verbis edition 2010,* S. 3. http://www.manroland.com/com/pdf_en/com_de/ed10_deutsch_web3.pdf; abgerufen am 15. November 2010.

[24]   „Koenig & Bauer prüft Einstieg in Solartechnik", *Börsen-Zeitung*, 30. September 2009.

[25]   GENIOS BranchenWissen Maschinen- und Anlagenbau. 21. Januar 2010.

[26]   „Koenig & Bauer blitzt bei Manroland ab", *Handelsblatt* vom 10. August 2010.

[27]   Pressemeldung der manroland AG vom 17. September 2010. http://www.manroland.com/com/de/presseinformationen_unternehmen_72 01.htm; abgerufen am 19. Oktober 2010.

[28]   http://www.manroland.com/com/de/presseinformationen_unternehmen_ 7201.htm; abgerufen am 22. November 2010.

[29]   http://www.manroland.com/com/de/presseinformationen_unternehmen_ 7201.htm; abgerufen am 22. November 2010.

[30]   http://www.manroland.com/com/de/Produkte_und_Leistungen_
       Fertigungsdienstleistungen.htm; abgerufen am 31. Oktober 2010.

[31]   Pressemeldung der manroland AG vom 17. September 2010.
       http://www.manroland.com/com/de/presseinformationen_unternehmen_72
       01.htm; 19. Oktober 2010.

Geschäftsmodelle von Banken

Seit den 1970er-Jahren galt das Geschäftsmodell der Universalbank in den national abgeschotteten Bankenmärkten der deutschsprachigen Länder und in Frankreich als vorbildlich gegenüber den Trennbankensystemen anglo-amerikanischer Prägung. Als bankbetriebswirtschaftliche Vorteile dieser Organisationsform von Banken wurde vor allem der horizontale Risikoausgleich zwischen den einzelnen Banksparten und die daraus resultierende geringere Krisenanfälligkeit von Universalbanken gesehen. In Verfolgung der „One-Bank-Strategie" entstanden Großbanken, die durch ein umfassendes Angebot von Bankleistungen aus einer Hand in national abgegrenzten Märkten ausreichend Werte schafften. Doch mit der Entwicklung zur Globalisierung der Bankmärkte und zuletzt in der aktuellen Finanzmarktkrise zeigten sich Nachteile dieses traditionellen Branchen-Geschäftsmodells (Modell der integrierten Bank) hinsichtlich Wirtschaftlichkeit, Kundenkommunikation und Transparenz der Wertschöpfung. Nachzugehen ist daher der Frage, wie neue Geschäftsmodelle mit schlanker Bankorganisationsform, auf Kundengruppen und Kundenbedürfnisse fokussierten Angeboten spezialisierter Banken mit „Multi-Bank-Strategie" den Anforderungen an hohe Wirtschaftlichkeit und an Generierung sowie Verteilung von Erträgen geeignet sein können, das Branchen-Geschäftsmodell nachhaltig weiterzuentwickeln.

1 Zur Notwendigkeit neuer Geschäftsmodelle von Banken: Die Ausgangslage

Shareholder als Investoren einer Bank sind grundsätzlich daran interessiert, dass ein Wertzuwachs ihres Engagements vom Management der Bank realisiert wird. Im Allgemeinen ist das der Fall, wenn das Geschäftsergebnis der Bank, ausgedrückt durch eine zu definierende Ertragsrate, die entstandenen Kapitalkosten des Kapitalmarkts übertrifft oder zumindest diesen gleich ist. Im anderen Falle würde eine Wertvernichtung entstehen.

Ob ein Wertzuwachs, das heißt ein Mehrwert für die Shareholder entstanden ist, wird üblicherweise ex post dadurch gemessen, dass die Entwicklung der marktmäßig entstandenen Börsenkurse miteinander verglichen wird (Mark-to-Market-Ansatz). Für die Prognose der Entwicklung von Geschäftsmodellen kann der geplante Wertzuwachs jedoch nur anhand von Modellrechnungen (Mark-to-Model-Ansatz) ex ante ermittelt beziehungsweise prognostiziert werden. Zu diesem Zweck erfolgt eine Multiplikation der Differenz zwischen Ertragsrate und Kapitalkosten mit dem eingesetzten Kapital der Shareholder:

Wertzuwachs=[Ertragsrate(%) – Kapitalkosten(%)] x Shareholderkapital

Da diese auch bei Banken beliebte und häufig allein ex ante zur Kommunikation der Zielsetzung und ex post zum Nachweis der realisierten Wertzuwächse benutzte Ziel- und Messgröße – wie unter 1.1.1 zu zeigen sein wird – nicht frei von Subjektivismen ist, sollten zur Klärung der Frage, ob und in welchem Ausmaß objektiv Werte geschaffen worden sind, die Ermittlung der Cost-Income-Ratio (CIR) erfolgen (siehe 1.1.2), die Auskunft über die Effizienz einer Bank gibt.

1.1   Eigenkapitalrentabilität und Kapitalkosten

Als Wert für die Ertragsrate findet bei Banken im Allgemeinen der Return on Equity (RoE) Anwendung und wird bei einigen Banken sogar als zentrale Zielgröße für das Jahresergebnis vorgegeben. Dabei stellt sich der RoE der Bank (Bank-RoE) als Verhältnis von Periodengewinn (vor oder nach Steuern) zum durchschnittlich eingesetzten Shareholderkapital der Betrachtungsperiode dar. Üblicherweise wird der Bank-RoE als Prozentzahl ermittelt (und gegebenenfalls vorgegeben), also

$$Bank\text{-}RoE\ (\%) = \frac{Periodengewinn\ (vor\ oder\ nach\ Steuern)}{Shareholderkapital} \times 100.$$

Als Shareholderkapital wird dabei in der Regel das von den Aktionären aufgebrachte („gezeichnete") Kapital, die Kapitalrücklage, die Gewinnrücklage, unrealisierte Gewinne/Verluste auf „Securities available for sale" und auf Derivate im Rahmen des sogenannten „Kumulierten übrigen umfassenden Periodenerfolges" angesehen. So einfach diese Kennzahl konstruiert ist, so problematisch ist ihre Anwendung als Zielgröße: Allein die Variation des Shareholderkapitals durch Kapitalrückzahlungen an die Aktionäre führt zu einer Verbesserung des RoE, ohne dass es zu einer Erhöhung des Periodengewinns gekommen ist. Als weiteres Problem kommt bei Anwendung dieser Zielgröße hinzu, dass ein Teil der Vergütung des Bankmanagements an die Erreichung eines bestimmten Prozentsatzes des RoE geknüpft wird. In diesem Falle hat es das Bankmanagement in der

Hand, sich durch Kapitalherabsetzung infolge der Manipulation des RoE einerseits die Höhe des Einkommens weitgehend selbst zu bestimmen, andererseits aber auch durch die Verwendung der Mittel aus der Kapitalherabsetzung genügend Finanzmittel zur Verfügung zu haben, um sich dieses Einkommen finanzieren zu können.

In diesem Zusammenhang kam den Ergebnissen einer im Jahre 2004 publizierten Studie des Beratungsunternehmens ZEB über die Rentabilität europäischer Banken für den Zeitraum 2001 bis 2003 insofern erhebliche Bedeutung zu, als daraus offensichtlich wurde, dass die Banken in Deutschland hinsichtlich des RoE im europäischen Durchschnitt mit Werten unter 5% weit abgeschlagen an letzter Stelle lagen (Abbildung 1). Damit verbunden war ein ungünstiger Wert der Cost-Income-Ratio von etwas über 70%. Noch schlechter schnitten bezüglich der CIR die Banken der Schweiz und der Niederlande ab, die allerdings höhere Durchschnittswerte für den RoE von knapp über 10% und rund 14% erreichten.

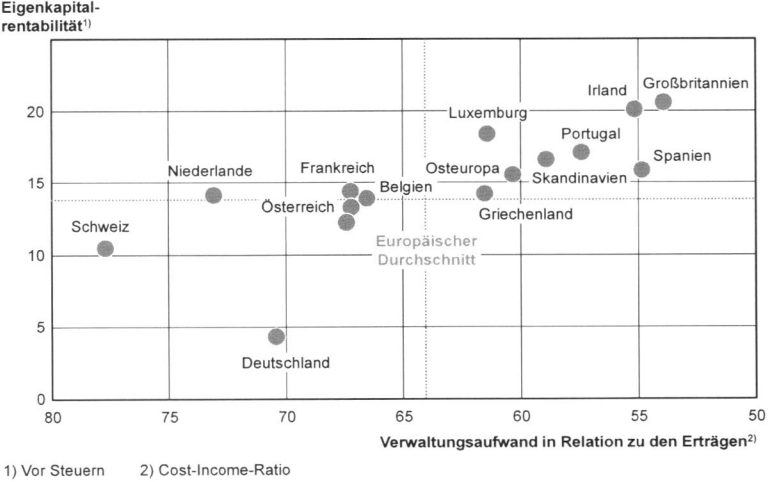

1) Vor Steuern   2) Cost-Income-Ratio

Abb. 1: Rentabilität europäischer Banken 2001-2003 (Quelle: ZEB/F.A.Z. – Grafik Brocker)

Die inferiore Wettbewerbsposition des deutschen Bankgewerbes in Europa bezüglich des RoE wurde durch breiter angelegte Erhebungen der Deutschen Bundesbank verdeutlicht, die zeigten, dass die deutschen Großbanken im Zeitraum 2001 bis 2003 sogar noch erheblich schlechtere Werte für die Eigenkapitalrentabilität vor Steuern aufwiesen (Tabelle 1). Dagegen lagen die RoE der Sparkassen und Kreditgenossenschaften über dem deut-

schen Durchschnitt und in etwa vergleichbar mit dem Durchschnitts-RoE
der Schweiz.

Jahr	Groß-banken	Spar-kassen	Kredit-genossen-schaften	Alle Banken-gruppen
2001	4,96	9,16	7,46	6,19
2002	-3,14	8,15	9,68	4,49
2003	-12,85	10,89	10,64	0,72
2004	-3,97	9,72	10,32	4,19
2005	31,72	10,45	13,79	13,00
2006	14,01	8,94	11,04	9,35
2007	25,97	7,24	8,14	6,57
2008	-25,30	4,00	5,53	-7,70
2009	-9,10	8,48	8,98	-0,84

Tab. 1: Eigenkapitalrentabilitäten ausgewählter Bankengruppen 2001-2009 [Jahresüberschuss vor Steuern in % des durchschnittlichen bilanziellen Eigenkapitals; einschl. Fonds für allgemeine Bankrisiken, jedoch ohne Genussrechtskapital] (Quelle: Deutsche Bundesbank, 2010a)

Die Schaffung eines Wertzuwachses für die Shareholder hängt bei Anwendung des Mark-to-Model-Ansatzes nicht nur vom Bank-RoE ab, sondern – was in der öffentlichen Diskussion häufig nicht beachtet wird – auch von der Annahme über die Höhe der Eigenkapitalkosten der Bank, die vom Bank-RoE zu subtrahieren sind. Auf Gesamtbankebene entsprechen die Eigenkapitalkosten dem kalkulatorischen „Verzinsungsanspruch" der Shareholder auf das von ihnen investierte Kapital. Üblicherweise werden diese Cost of Capital (COC) mangels genauer Kenntnis der Ansprüche der Shareholder modellhaft über das Capital Asset Pricing Model theoretisch abgeleitet als:

$$COC(\%) = R_f + (R_m - R_f)\beta$$

wobei: R_f = Rendite risikofreier Finanzanlagen; R_m = Marktrendite des Aktienmarktes; ß = Beta-Faktor der Bank (= Risikomaß für die Abweichung vom mittleren Risiko ß = 1).

Bei den COC handelt es sich somit nicht um die tatsächlichen Eigenkapitalkosten einer Bank, sondern um die modellhaft ermittelten, erwarteten Kosten auf den Marktwert des Shareholderkapitals unter Berücksichtigung der Risikosituation einer Bank (zur Berechnung im Einzelnen siehe Eilenberger, 2003, S. 233ff.).

1.2   Cost-Income-Ratio (CIR)

Die Beurteilung der Qualität der Kennzahl Bank-RoE, die auch Ergebnis der Nutzung von Bewertungsspielräumen und bilanzgestaltenden Maßnahmen ist, kann mit Hilfe der CIR erfolgen. Dazu werden die allgemeinen Aufwendungen des nichtmonetären Bereichs in ein Verhältnis zu den gesamten Erträgen aus dem operativen Bankgeschäft (einschließlich der Netto-Ergebnisse aus Finanzgeschäften) gesetzt, also:

$$CIR\ (\%)\ =\ \frac{Allgemeine\ Verwaltungsaufwendungen}{Erträge\ aus\ dem\ operativen\ Bankgeschäft}\ x\ 100$$

Diese Kennzahl – auch als Efficiency Ratio bezeichnet – zeigt, welcher Finanzmittelaufwand notwendig ist, um einen bestimmten Ertrag zu erzielen, der mit 1 normiert ist. Beträgt beispielsweise die Aufwand-Ertrag-Relation CIR=70%, so bedeutet das, dass von der Bank in der betreffenden Periode 0,70 Euro eingesetzt werden müssen beziehungsweise mussten, um den Gegenwert von 1 Euro zu erzielen.

Jahr	Groß-banken	Spar-kassen	Kredit-genossen-schaften	Alle Banken-gruppen
2001	83,8	69,9	76,7	71,4
2002	77,9	66,5	73,1	67,2
2003	79,5	66,2	69,5	66,4
2004	80,8	64,9	68,7	65,5
2005	60,5	66,0	70,0	61,0
2006	69,0	65,8	64,4	62,3
2007	68,1	69,5	70,5	64,9
2008	128,2	68,8	68,3	73,4
2009	76,8	66,6	68,3	65,1

Tab. 2: Aufwand/Ertrag-Relation ausgewählter Bankengruppen 2001-2009 [Allgemeine Verwaltungsaufwendungen in Relation zu den Erträgen aus dem operativen Bankgeschäft] (Quelle: Deutsche Bundesbank, 2004, S 23; (Deutsche Bundesbank, 2007, S. 22; Deutsche Bundesbank, 2009, S. 25)

Für deutsche Großbanken ergaben sich im Zeitraum 2001 bis 2003 gegenüber dem Durchschnitt aller Bankengruppen erheblich schlechtere Werte für die CIR (vgl. Tabelle 2), die mit 83,8% im Jahr 2001 eine negative Spitzenstellung erreichten. Übertroffen wurde dieses Ergebnis allerdings im Krisenjahr 2008, in dem Großbanken eine Durchschnitts-CIR von 128% realisierten, also zur Erzielung von 1 Euro einen Betrag von 1,28 Euro aufwenden mussten (bei einem Durchschnitts-RoE von -25,3%). Aber selbst bei dem Spitzenwert für den RoE im Jahr 2005 in Höhe von

31,72% erreichten die Großbanken lediglich eine CIR von 60,5% als überhaupt besten Wert im Zeitraum 2001 bis 2009. Im Vergleich dazu konnte im Jahr 2003 die auf Konsumentenkredite spezialisierte Santander Consumer Credit Bank mit einer CIR von 34% als effizienteste deutsche Bank glänzen (vgl. Financial Times Deutschland, 26.10.2004).

1.3 Schlussfolgerungen

Die Erzielung eines hohen Bank-RoE ist nicht zwangsläufig mit einer möglichst niedrigen CIR verbunden. Der Grund dafür liegt darin, dass die Kennzahl Bank-RoE insbesondere durch Maßnahmen zur Verringerung des einzusetzenden beziehungsweise eingesetzten Shareholderkapitals bankpolitisch in Richtung auf die gewünschte Eigenkapitalrentabilität verändert werden kann: Über Aktienrückkäufe verringert das Bankmanagement das Shareholderkapital und verbessert dadurch bei unverändertem Jahresüberschuss die Eigenkapitalrentabilität. Die Folge ist allerdings eine zu schmale Eigenkapitalbasis, die in Krisensituationen – wie in den Jahren 2008 und 2009 – zu negativen Eigenkapitalrentabilitäten führt (Tabelle 1) und gegebenenfalls den Zwang zu Staatbeteiligungen für systemrelevante Banken nach sich zieht.

Alternativ oder begleitend kann durch geeignete geschäftspolitische Entscheidungen, zum Beispiel durch Rationalisierung, Kostensenkungsprogramme und Outsourcing von Leistungen, der Jahresüberschuss erhöht und damit der RoE auch von dieser Seite her verbessert werden. Die Ergebnisse derartiger Maßnahmen schlagen sich als Verbesserungen der Effizienz in einer günstigeren CIR nieder. Insofern würden die Entwicklungen von RoE und CIR kompatibel sein und als Verbesserungen beider Kennzahlenwerte in Erscheinung treten.

Zeigt sich im konkreten Fall jedoch, wie am Beispiel der deutschen Großbanken im Zeitraum 2005 bis 2007 in den Tabellen 1 und 2 dokumentiert, dass respektablen RoE-Werten (31,72%, 14,01%, 25,97%) lediglich CIR-Ergebnisse von 60,5%, 69% und 68,1% entsprechen, so wird deutlich, dass das Bankmanagement den schnellen Erfolg gesucht und die langfristige Ausrichtung der Geschäftspolitik am Kriterium der Effizienz nicht geleistet hat. Erheblichen Anteil an einer derartigen Entwicklung tragen ohne Zweifel das Geschäftsmodell der integrierten Bank und die dabei gepflegte One-Bank-Strategie.

Analoge Schlussfolgerungen lassen sich auch für die beiden anderen deutschen Bankengruppen ziehen, deren Geschäftsmodelle grundsätzlich ebenfalls dem Konzept der integrierten Bank folgen, wenn sie auch aufgrund ihrer andersgearteten Eigenkapitalverhältnisse und ihrer begrenzten Möglichkeiten im Investmentbanking zu einer Bankpolitik der Erzielung hoher RoE nur eingeschränkt in der Lage sind. Die Entwicklung ihrer CIR-Werte, die zwischen 2001 und 2009 bestenfalls auf Größenordnungen bis zu 65% gesenkt werden konnten, ist gleichwohl unbefriedigend und auf die mangelnde Spezialisierung ihres Geschäftsmodells zurückzuführen.

2   Konzepte für neue Bank-Geschäftsmodelle

Als Alternative zur One-Bank-Strategie ist die Entwicklung einer Multi-Bank-Strategie erforderlich, in deren Mittelpunkt Geschäftsmodelle spezialisierter Banken im Zusammenhang einer Bank-Holding-Konstruktion (ohne eigenständiges Bankgeschäft) stehen. Diese spezialisierten Banken werden mit dem jeweils erforderlichen Eigenkapital ausgestattet, sodass Verschwendungen beziehungsweise Fehlallokationen von Eigenkapital, wie sie bei integrierten Banken durch „Quersubventionierung" der Sparten innerhalb der Bank häufig auftreten, ausscheiden. Die Führung der einzelnen spezialisierten Banken durch die Bank-Holding kann auf der Basis von konkreten Zielvorgaben für die erforderlichen Mindestkapitalerträge (einschließlich Vorgaben für dessen konkrete Entwicklung hinsichtlich des operativen Geschäfts) bei kontrolliertem Risikostandard und der CIR erfolgen. Auf diese Weise wird es der Bankführung gelingen, unrentable Geschäftsfelder mit ungeklärten Risikoverhältnissen zu schließen, die im Rahmen von One-Bank-Strategien unter dem gemeinsamen Dach dieser Finanzwarenhäuser mit einem diffusen Gesamtbank-RoE ansonsten mühelos überleben würden, jedoch die mangelhaften Effizienz zu verantworten haben.

Aufgrund der Besonderheit der bankbetrieblichen Produktionsverhältnisse und der Eigenschaft der Bankprodukte als immaterielle Leistungen werden im Folgenden zwei Modellansätze spezialisierter Banken beispielhaft beleuchtet: Zum einen neue Geschäftsmodelle, die den Unternehmenswert in den Mittelpunkt stellen, und zum anderen neue Geschäftsmodelle, deren Fokus auf die Kundensicht (Kundenzufriedenheit) gerichtet ist.

322

2.1 Unternehmenswertbezogene Geschäftsmodelle: Grupo Santander

„The stress test results confirm the succes of Santander's business model. We are a retail bank with a high degree of diversification by geographical areas, business lines and customers. We are present in ten key markets with market shares of more than 10%, allowing us to attain high levels of efficiency." (Santander, 2010a). Mit dieser Erklärung umriss Emilio Botin, Banco Santander's Chairman, anlässlich der Bekanntgabe des Stress-Test-Ergebnisses für seine Bank am 23. Juli 2010 in Madrid in kurzer und treffender Form die Philosophie des erfolgreichen Geschäftsmodells der Grupo Santander.

Der Banco Santander wurde 1857 gegründet und hat sich nach mehreren Fusionen in den 1990er Jahren als Grupo Santander (GS) zu einem der größten Finanzinstitute der Eurozone entwickelt (zur Historie und Entwicklung der Bankengruppe siehe im Einzelnen Guillén/Tschoegl, 2008).

Die Geschäftsfelder des GS sind primär auf geographischer Ebene (Continental Europe, United Kingdom und Latin America) und sekundär auf der operativen Ebene (Retail Banking, Global Wholesale Banking und Asset Management and Insurance) strukturiert (siehe dazu und im Folgenden Santander, 2010b). Auf geographischer Ebene operieren in den einzelnen Ländern selbständige Tochterbanken als Spezialbanken, die von der Zentrale der GS koordiniert und über Kennzahlen geführt werden. Auf der operativen Ebene dominiert das Retail Banking mit einem Anteil von 85% des total gross income, gefolgt vom Global Wholesale Banking (Global Banking & Markets) mit 12% und dem Asset Management and Insurance mit 3%. Innerhalb des Retail Banking nehmen im Segment Continental Europe die Tochterinstitute „Santander Consumer Finance" und „Santander Branch Network" mit Anteilen von jeweils rund 11% am gesamten net operating income in etwa einen ebenso hohen Anteil ein wie das Segment United Kingdom, in dem die von der Royal Bank of Scotland übernommenen Filialen zusammengefasst sind. Das Segment Latin America entspricht in seiner Bedeutung der Summe der beiden Segmente Continental Europe und United Kingdom zusammen.

Das Leistungskonzept für die Banken des Retail Segments ist durch zinsgünstige standardisierte Produkte im Kredit- und Einlagenbereich in Abstimmung mit den privaten Kundenbedürfnissen, strenges Kostenmanagement, rigorose Ausgabendisziplin und effizientes Risikomanagement gekennzeichnet. Das Leistungskonzept für das Segment Global Wholesale Banking konzentriert die Kapazitäten der GS auf Kernmärkte (Corporate

Finance, Credit Markets und Global Transaction Banking) mit rigorosem Risikomanagement, um Ausfälle möglichst gering zu halten.

Das Wertschöpfungskonzept setzt darauf, dass die Ressourcen gezielt für Aktivitäten eingesetzt werden, bei denen die Bank spezialisierte Expertise besitzt und Dank des rigorosen Risikomanagements Kreditausfälle gering gehalten werden können. Die Ergebnisse derartigen effizienten Handelns lassen sich an den hervorragenden Werten für die CIR ablesen.

Geschäftsfeld	Efficiency Ratio [%]	RoE [%]
Continental Europe	37,5	15,39
o/W Santander Branch Networks	41,2	18,47
o/w Santander Consumer Finance	27,0	10,35
United Kingdom	38,3	25,48
Sovereign	43,9	13,89
Operating areas	38,3	18,99
Total Group	**42,9**	**11,75**

Tab. 3: Efficiency Ratio und RoE der Grupo Santander, Zeitraum Januar bis September 2010 (Quelle: Santander, 2010b, S. 23)

Die Kommunikation mit den Kunden und der Austausch der für die Leistungen erforderlichen Informationen erfolgen über die Kanäle weitgespannter Filialnetze der Gruppenunternehmen auf der geographischen Ebene, deren Ausbau durch Zukäufe von ganzen Filialketten anderer Banken vorangetrieben wird. Dazu kommen im Rahmen eines mehrkanaligen Absatzsystems die Möglichkeiten der Aufnahme und Pflege von Kundenbeziehungen über offene externe Informationssysteme und –netze. In Anbetracht der Natur der Bankleistung als immaterielle Leistung sind derartige Aktivitäten unabdingbar.

Der Abschöpfung von Kundenwerten im Rahmen eines Ertragsmodells wird insbesondere im Retail Banking Priorität eingeräumt. Diese Erfolge lassen sich an zweistelligen Zuwachsraten des net operating income (rund 12% im letzten Jahr) und einer Zunahme der Bankeinlagen durch die Kundschaft um 18% im gleichen Zeitraum ablesen. Die Abschöpfung von Unternehmenswerten und Verteilung des Wertzuwachses an die Shareholder können anhand der erzielten Werte für den RoE dargelegt werden, die in Tabelle 3 für die einzelnen Geschäftsfelder beziehungsweise Business Units dargelegt sind.

Das Entwicklungskonzept der GS ist durch zwei Stoßrichtungen gekennzeichnet. Zum einen zielt die Strategie der GS auf Zukäufe von Filialsystemen für das Retail Banking ab. Zum anderen strebt GS ein Wachstum durch globale Diversifizierung an, insbesondere nach Lateinamerika. Kriterien dafür sind die Erfüllung der Effizienzanforderungen (CIR), die Erzielung überdurchschnittlicher Rentabilitäten (RoE) durch Spezialisierung und die Erhaltung eines vorgegebenen Anspruchsniveaus für die Kundenzufriedenheit.

2.2 Kundenzentrierte Geschäftsmodelle: Metro Bank

Mit dem Slogan "JOIN THE REVOLUTION" wirbt die Londoner Metro Bank plc für ihr neues Geschäftsmodell, das nicht nur die britische Bankenwelt verändern könnte. Nachdem die Financial Services Authority (FSA) am 5. März 2010 die Banklizenz für die erste Neugründung einer High Street Bank in London seit mehr als 100 Jahren erteilt hatte, konnte am 29. Juli 2010 mit der historisch bedeutenden Neueröffnung ab 8.00 Uhr die Bankenrevolution für Privat- und Geschäftskunden ihren Lauf nehmen (siehe dazu und im Folgenden Döring, 2010; Finance Markets, 2010; BusinessWire, 2010; BBC News Business, 2010; Hamburger Abendblatt, 2010). „Alles was Sie an Ihrer bisherigen Bank hassen, wollen wir ändern", sagte Metro-Chairman Anthony Thomson, der die Bank zusammen mit Vice-Chairman Vernon Hill gegründet hat. Die beiden Gründer betraten keineswegs Neuland, zumal sie bereits 1973 in den USA mit der Commerce Bancorp in Cherry Hill, New Jersey, eine Bank ins Leben riefen und erfolgreich führten, die demselben Geschäftsprinzip folgte, nämlich analog zur Fast-Food-Restaurant-Franchise-Kette Vernon Hill's: Er übertrug die Erfahrungen aus diesem Geschäftszweig auf das Bankwesen und brachte es innerhalb von gut 30 Jahren auf über 400 Zweigstellen in den USA. 2007 machte Hill Kasse mit dem Verkauf des auch McBank genannten Finanzinstituts an die Toronto-Dominion Bank. Von Interesse ist schließlich die Regelung der Beaufsichtigung der Metro Bank: Bezüglich des Einlagengeschäfts ist sie – wie andere Banken auch - autorisiert und reguliert von der FSA, dagegen ist die Metro Bank für das Geschäft mit Konsumentenkrediten lizensiert und reguliert vom Office of Fair Trading (OFT).

Die Metro Bank arbeitet im Rahmen ihres „revolutionären" Ansatzes (METRO BANK, 2010a) nach dem Konzept des Handels und reagiert auf die ablehnende Haltung vieler Briten gegen das Geschäftsgebaren herkömmlicher Banken, die durch die Finanzkrise insbesondere in Großbritannien weit verbreitet ist: 54% der Briten misstrauen nämlich ihren Banken (FITCH, 2010). Das Leistungskonzept der Metro Bank besteht daher darin, im Interesse von Privatkunden und Geschäftskunden im Retail Banking eine überschaubare Zahl von passgerechten Bankleistungen anzubieten (siehe dazu und im Folgenden METRO BANK, 2010b und 2010c). Für Personal Customers sind das insbesondere Leistungen im Zahlungsverkehr, im Einlagengeschäft und im Kreditgeschäft. Für Business Customers bietet die Metro Bank neben einem umfangreichen Paket an Grundleistungen im Zahlungsverkehr einschließlich internationaler Zahlungsleistungen und Cash Management-Angeboten vor allem Business Current Accounts (mit Start Up Accounts, Switcher Accounts, Commercial Accounts und Community Accounts), Commercial Mortgages und weitere Kreditleistungen sowie Leistungen im Einlagengeschäft (Fixed Term Deposits und Client Premium Deposits) und geldmarktnahe Leistungen (Money Market Accounts entweder als Money Market-Call or Notice oder als Money Market-Fixed) an. In geringem Umfang offeriert die Bank auch Leistungen im Investmentbereich (siehe dazu METRO BANK, 2010d).

Das Wertschöpfungskonzept ist dadurch gekennzeichnet, dass die Metro Bank das Wertversprechen gegenüber den Kunden insbesondere durch „revolutionären" Service einlösen möchte, der den Usancen im Einzelhandel mit langen Öffnungszeiten entspricht und durch reibungslose Abwicklung der nachgefragten Bankleistungen gekennzeichnet sein soll. Das Wertversprechen wird im Einzelnen durch die Öffnungszeiten der Filialen (in Anlehnung an den Einzelhandel „Stores" genannt) eingelöst, die werktags von 8 bis 20 Uhr und auch am Wochenende (8 bis 18 Uhr am Samstag und 11 bis 16 Uhr am Sonntag) geöffnet sind. Konten können mit einem Minimum an Formalitäten und zudem äußerst schnell eröffnet werden. Kunden erhalten nach den Planungen innerhalb von 15 Minuten ihre Debit- und Kreditkarten (Gewährung vorausgesetzt) in der Bank (und nicht erst auf dem Postwege). Magic Money Machines der Metro Bank (mit Geldannahme- und Geldausgabefunktion) ermöglichen Kunden und Nichtkunden die einfache Teilnahme am Barzahlungsverkehr der Bank.

Eine weitere Komponente der Umsetzung des Wertversprechens gegenüber der Kundschaft besteht im fairen Umgang mit ihr: ohne böse Überraschungen, nichts Kleingedrucktes, keine Tricks. Wie bei den großen Handelsketten soll der Kunde König sein und einen Service erleben, wie er ihn in der Regel im Einzelhandel gewohnt ist: „Das Leben der Menschen hat sich verändert", so Craig Donaldson, CEO der Metro Bank zu BusinessWire. Und: „Große Handelsketten haben das längst erkannt und so sollte es auch in der Bankenwelt sein. Daher wird die Metro Bank dort ansässig sein, wo Kunden arbeiten, leben und an Wochenenden einkaufen.

Wir wissen, dass Kunden ihre Bankgeschäfte erledigen möchten, wann, wo und wie sie es wollen – in einer Filiale, am Telefon oder online. Metro Bank wird das britische Bankenumfeld zum Besseren hin verändern, und zwar ab dem heutigen Tag."

Im Rahmen des Wertschöpfungskonzepts verspricht die Metro Bank neben verbesserten Serviceleistungen gegenüber der Konkurrenz darüber hinaus vor allem ein hohes Maß an Transparenz. Diese wird im Einzelnen gewährleistet durch eine einfache, jedoch konkurrenzfähige, standardisierte Produktpalette für Privat- und Geschäftskunden, die geeignet ist, die Kosten niedrig zu halten. Grundsätzlich erhalten alle Kunden dieselben Konditionen. Der Kleinunternehmer, dem ein Kreditwunsch abgeschlagen werden muss, soll nicht nur den Grund für die Ablehnung erfahren, sondern auch eine Beratung dahingehend erhalten, mit welcher Strategie er dennoch zu seinem Ziel kommen könnte. Kunden werden von Menschen beraten und nicht von Computern. Insofern geht die Tendenz der Geschäftsstrategie der Metro Bank in Richtung auf Social Banking ohne aufdringliche „Überzeugungsarbeit", mit der Verbraucher ansonsten häufig bei Bankkontakten traktiert werden.

Die Leistungen der Metro Bank werden mehrkanalig vertrieben, und zwar über die Stores (Filialen), über Telefonbanking, über Internetbanking und über den Postweg. Die Kunden können ihrerseits zusätzlich zum direkten, persönlichen Kontakt in den Stores auch über Text- und E-Mail-Messages mit der Bank kommunizieren. Die Kommunikation der Mitarbeiter mit den Kunden soll offener, direkter („Speak to a Local Person 24/7") in angenehmer Umgebung stattfinden und nicht überheblich sein. Die Bedienung der Kunden soll zu ihrer Zufriedenheit ausfallen: Das bedeutet Schnelligkeit der Abwicklung aller Bankprozesse ohne unnötige Wartezeiten und rasche Beantwortung der Kundenwünsche. Voraussetzung dafür sind unzweifelhafte Fachkompetenz und besondere Expertise der Mitarbeiter sowie die Durchschaubarkeit und einfache Beurteilbarkeit aller Produkte für die Kunden.

Die Zinsen der Metro Bank für Leistungen im Kreditgeschäft liegen zwar etwas unter dem Niveau der Konkurrenz, dagegen erhalten Einleger geringere Zinsen gutgeschrieben, zum Beispiel bei Tagesgeldkonten von 0,5% ab einem Minimum-Deposit von 1 GBP und bei anderen Einlagen entsprechend der Überlassungsdauer ab 1%. Die Kosten für Mortgages erweisen sich allerdings weniger attraktiv als bei der Konkurrenz (siehe dazu im Einzelnen auch Wright, 2010). Insgesamt zeigt sich im Hinblick auf die Komponenten des Ertragsmodells somit ein deutlicher Schwerpunkt der

Ertragserzielung im Kreditgeschäft, der durch eine günstige Gestaltung des Zinsaufwands gefördert wird.

Die Werteverteilung in der Metro Bank ist zum einen entsprechend der Orientierung an der Kundenzufriedenheit dadurch charakterisiert, dass an den erzielten Werten die Mitarbeiter über Boni teilhaben sollen, die jedoch – anders als bei herkömmlichen Banken üblich – nicht an den Verkaufszahlen bemessen werden, sondern an der jeweils erreichten Kundenzufriedenheit. Dabei stellt sich allerdings das Problem der objektiven Messung der Kundenzufriedenheit, über die das Konzept noch keine Auskunft gibt. Als Kapitalgeber nehmen neben Vernon Hill, der 75 Mio. GBP investiert haben soll, die Investmentgesellschaft Fidelity und die Immobilienfinanziers David und Simon Reuben (siehe dazu Oldag, 2010) Anteil.

Das Entwicklungskonzept ist auf Expansion ausgerichtet. Die Basis ihrer Wachstumsstrategie bildeten zum Start vier „Stores" im Stadtgebiet von London. Innerhalb der nächsten zehn Jahre sollen bis zu 220 weitere Stores errichtet und damit das Geschäftsmodell revolutionär mit einer evolutionären Komponente, die die bisherigen Erfahrungen berücksichtigt, weiterentwickelt werden. Eine der Stoßrichtungen wird im digitalen Zeitalter die Forcierung des Online Bankings im Sinne der Schaffung eines hybriden Bankenmodells (vgl. dazu Lochmaier, 2010) mit gleichgewichtigem Filial- und Online-Geschäftsbetrieb sein, bei dem sich der Schwerpunkt zur Führung von Online Accounts mit gleichzeitigem Abbau der Face-to-Face–Beziehungen verschieben würde (vgl. dazu Man, 2010). Störende Einflüsse auf dieses Konzept könnten sich allerdings insofern ergeben, als Prognosen über die Entwicklung des britischen Privatkundenmarkts dahin gehen, dass zum einen Nachahmer des Konzepts der Metro Bank auftreten könnten und sich der Markt dadurch in den kommenden Jahren stark verändern würde (siehe FinanzNachrichten, 2010). Interesse am Einstieg in den Bankensektor hat nämlich neben Finanzmanagern auch der Unternehmer Richard Branson (Virgin-Gruppe) angekündigt. Zum anderen sind allerdings auch die Aktivitäten der Grupo Santander in Großbritannien zum Ausbau des eigenen Retail Bankings zu berücksichtigen.

3 Summary

Als Folge der internationalen Banken- und Finanzmarktkrise ist ein Umdenken bezüglich der Organisation des gesamten Bankensektors und der Neuorganisation der Banken selbst erforderlich. Das Geschäftsmodell der integrierten Bank mit One-Bank-Strategie wird neuen Organisationsformen und neuen Bankkonzepten Platz machen müssen, die einerseits die soziale Komponente und die Gewährleistung der Kundenzufriedenheit berücksichtigen und andererseits offen sind für neue wirtschaftliche und technische Entwicklungen, die das Online Banking stärker integrieren. Hinsichtlich neuer Geschäftsmodelle zeichnet sich ab, dass das Retail Banking für Privat- und Geschäftskunden als Kerngeschäft überaus wirtschaftlich und mit hoher Wertschöpfung betrieben werden kann. Dabei zeigt sich im Einzelnen, dass in beiden dargelegten Modellansätzen das größte Innovations- und Wandlungspotenzial jeweils durch die Elemente Wertschöpfungkonzept, Kommunikations- und Distributionskanäle sowie das Ertragsmodell repräsentiert wird.

4   Literaturverzeichnis

BBC NEWS BUSINESS (2010). *Metro Bank opens doors in UK*. 29 July 2010.www.bbc.co.uk/news/business-10790996

Bonney, N. (2010). *Metro Bank opens its doors*. www.moneywise.co.uk/news-views/2010/07/29/metro-bank-opens-its-doors.

BusinessWire (2010). *METRO BANK. Die Bankenrevolution beginnt mit dem Auftakt der Metro Bank am 29. Juli 2010.*
www.businesswire.com/news/home/20100728005085/de/

Deutsche Bundesbank (2004). *Die Ertragslage der deutschen Kreditinstitute im Jahr 2003*, Monatsbericht 09/2004, S. 17-47.

Deutsche Bundesbank (2007). *Die Ertragslage der deutschen Kreditinstitute im Jahr 2006*. Monatsbericht 09/2007, S. 17-47

Deutsche Bundesbank (2010a). *Die Ertragslage der deutschen Kreditinstitute.* September 2010.

Deutsche Bundesbank (2010b). *Die Ertragslage der deutschen Kreditinstitute im Jahr 2009*. Monatsbericht 09/2010, S. 17-48.

Döring, S. (2010). Neue Kultur am Bankschalter. *Neues Deutschland*. 7. August 2010.

Eilenberger, G. (2003). *Betriebliche Finanzwirtschaft*. 7. Aufl. München/Wien: Oldenbourg.

Finance Markets (2010). *FSA grants licence to Metro Bank*. March 7, 2010. http://www.financemarkets.co.uk/2010/03/07/fsa-grants-licence-to-metro-bank/

FinanzNachrichten (2010). *Metro-Bank bringt frischen Wind auf den britischen Privatbankenmarkt.* http://www.finanznachrichten.info/news/595-metro-bank-bringt-frischen-wind-auf-den-britischen-privatbankenmarkt/

FITCH (2010). METRO BANK LONDON. www.fitch.com/think/article.aspx?id=58

Guillén, M.F./Tschoegl,A.R. (2008). *Building a global bank: the transformation of Banco Santander.* Princeton: Princeton University Press.

Hamburger Abendblatt (2010). *Metro Bank mit historischem Start in Großbritannien.* 30. Juli 2010. http://www.abendblatt.de/wirtschaft/article1583817/Metro-Bank-mit-historischem-Start-in-Grossbritannien.html

Lochmaier (2010). *Metrobank: Ein hybrides Bankenmodell könnte funktionieren.* 21 September 2010. http://lochmaier.wordpress.com/2010/09/20/metrobank-ein-hybrides-bankenmodell-konnte-funktionieren/

Man, A. (2010). *Interview: Metro Bank management reveal lean IT strategy.* http://www.computerweekly.com/Articles/2010/08/20/242463/Interview-Metro-Bank-management-reveal-lean-IT-strategy.htm

METRO BANK (2010a). *A Revolution in Banking.* www.metrobankonline.co.uk/about-us/

METRO BANK (2010b). *Our Service Relationship with Business Customers.* 2010 (pdf)

METRO BANK (2010c). *Our Service Relationship with Personal Customers.* 2010 (pdf)

METRO BANK (2010d). *Metrobank.* www.metrobank.com.ph/

Oldag, A. (2010). Zurück in die Zukunft. *Frankfurter Allgemeine Zeitung,* 31. Juli 2010.

Santander (2010a). Press release July 23, 2010.

Santander (2010b). Financial Report 2010, January-September (pdf).

Wright, M. (2010). *Metro Bank: new bank on the high street. http://www.moneysupermarket.com/c/news/metro-bank-new-bank-on-the-high-street/0009858/*

Geschäftsmodelle zwischen Public und Private Value – Das Fallbeispiel der Schweizerischen Bundesbahnen (SBB)

Thomas Bieger, Mirco Gross, Christian Laesser[*]

Immer mehr Unternehmen operieren im Spannungsfeld zwischen Staat und Markt. Auf der einen Seite werden klassisch privatwirtschaftliche Sektoren durch Regulierungen zunehmend in eine politische Logik gezwungen. Auf der anderen Seite werden traditionell öffentliche Organisationen im Rahmen des New Public Managements in eine Wettbewerbslogik versetzt. Als Resultat dieser Entwicklung müssen sich immer mehr Unternehmen auch über die Schaffung von Public Value legitimieren. Dieser Beitrag arbeitet die besonderen Herausforderungen der Gestaltung von Geschäftsmodellen im Spannungsfeld zwischen Staat und Markt heraus. So werden die einzelnen Anforderungen, beispielsweise bei der Kooperation zwischen staatlichen und privatwirtschaftlichen Strukturen oder bei der Legitimation von Preissystemen, vor dem Hintergrund von öffentlichen Fairnesswahrnehmungen diskutiert. Als Fallbeispiel dafür dienen die Schweizerischen Bundesbahnen (SBB). Dieses 1902 gegründete Unternehmen betreibt ein flächendeckendes Bahnsystem in der Schweiz und operiert zunehmend in deregulierten Märkten wie dem internationalen Bahnverkehr oder dem Güterverkehr.

1   Einleitung

Die Diskussion um Geschäftsmodelle wird nicht mehr nur im Bereich privatwirtschaftlicher Unternehmen, sondern auch bei staatlichen Organisationen, sozialen Organisationen und sogar bei Künstlern und Kreativen geführt (vgl. auch Baden-Fuller/Morgan, 2010). Auch bei diesen Organisationen spielt die Schaffung von „Wert" eine zentrale Rolle – nur fällt dieser Wert meist nicht primär als privatwirtschaftlicher, monetärer Gewinn an, sondern als Wert in Form von Bürgernutzen, von Kundenwert oder von generellem „Public Value". Diese nicht-privatwirtschaftlichen Organisati-

---

[*] Die Autoren danken Bernhard Meier und Stephan Osterwald (beide SBB) für die Durchsicht und Kommentierung dieser Fallstudie.

onen müssen sich heute ebenfalls um eine rationelle Leistungserstellung, unter anderem durch optimale Wertschöpfungskettenkonfigurationen, und um geeignete Kooperationen und Netzwerkpartner sowie um Wachstumsstrategien und Wertschöpfungsmechanismen bemühen. Sie stehen zunehmend in einem Wettbewerb im Endabnehmermarkt, müssen aber auch um öffentliche Aufmerksamkeit, Legitimation und öffentliche Ressourcen konkurrieren. Nur wenn es den entsprechenden Organisationen gelingt, effizient relevante Werte zu erzeugen, sich in diesem Sinne weiterzuentwickeln und diese Werte adäquat zu kommunizieren sowie für relevante Zielgruppen abschöpfbar zu machen, werden sie überleben.

Nicht nur die besonderen „Werte" als Zielgrößen des Managements machen das Management im Spannungsfeld zwischen privaten und öffentlichen Unternehmen besonders herausfordernd. Oft verfügen öffentliche Unternehmen darüber hinaus über mehrere, mittelbare und unmittelbare, direkte und indirekte Kundengruppen; meist gibt es keine oder nur unklare Eigentümerstrategien. Und immer bestehen innerhalb und außerhalb eines solchen Unternehmens unterschiedliche Rationalitäten, Werte- und Referenzsysteme. Dementsprechend entstehen besondere Herausforderungen bei der Gestaltung von Geschäftsmodellen im Spannungsfeld zwischen Staat und Markt, mit denen zunehmend mehr Branchen und Unternehmen konfrontiert sind. Wesentliche, oft wachsende Bereiche wie beispielsweise der Verkehrs-, der Gesundheits- oder der Bildungssektor befinden sich in einer entsprechenden Situation.

Ziel des vorliegenden Beitrags ist es, am Beispiel der Schweizerischen Bundesbahnen (SBB) die Herausforderungen und besonderen Gestaltungsfelder von Geschäftsmodellen zwischen privaten und öffentlichen Unternehmen sowie zwischen Staat und Markt aufzuzeigen. Das Beispiel der Schweizerischen Bundesbahnen ist besonders geeignet, weil sie

- in einem Markt operieren, der zunehmend dereguliert wird und in dem dadurch bedingt heute eine Konkurrenzierung durch private Unternehmen mindestens in Teilbereichen (beispielsweise Güterverkehr) möglich ist und

- als spezialrechtliche Aktiengesellschaft im Besitz des Bundes zwischen einer klassischen Verwaltungslogik und einer privatwirtschaftlichen Unternehmenslogik organisiert sind.

Der Beitrag fokussiert dabei auf den Geschäftsbereich Personenverkehr.

2 Herausforderungen von Geschäftsmodellen zwischen Staat und Markt

In zahlreichen Märkten nimmt der Staat direkt oder durch das Setzen eines regulatorischen Rahmens Einfluss auf Angebot und Nachfrage. Als Beispiel wären die Subventionen und die direkte Regulierung beziehungsweise Bewilligungspflicht des Angebots im Fall der Landwirtschaft sowie bei Tagesbetreuungsstätten oder die Subventionen der Nachfrage nach Gesundheitsleistungen oder eben im hier relevanten Verkehrssektor zu nennen. Der Grund dieser Einflussnahme liegt in der Erfüllung unterschiedlicher politischer Ziele, mit folgenden im Verkehrsbereich relevanten Domänen:

- Umweltpolitik (Minimierung von Emissionen des motorisierten Individualverkehrs durch Erreichung eines möglichst hohen Modalsplits),

- Sozialpolitik (Schaffung von Mobilitätspotenzialen für einen möglichst großen Personenkreis),

- Wirtschafts- und Regionalpolitik (Schaffung von guten Erreichbarkeitspotenzialen für möglichst viele Standorte).

Zudem werden immer mehr ehemals staatlich dominierte Branchen dereguliert, zum Beispiel im Bildungssektor mit dem vermehrten Aufkommen von Privatschulen. So gesehen kann oftmals nicht mehr von einem reinen „Privat Management" oder „Public Management" gesprochen werden. Viele Branchen und Unternehmen befinden sich vielmehr auf einem Kontinuum zwischen einem privat- und marktwirtschaftlich geprägten Management und öffentlich geprägten „staatlichen" Management. Branchen, die sich traditionell in diesem Spannungsfeld bewegen, sind typischerweise standortgebunden beziehungsweise standortrelevant.

Im Gegensatz zu rein privatwirtschaftlich geprägten Unternehmungen ist das Management im öffentlichen Kontext in erster Linie von der Legitimitätserzielung (zur Legitimation vgl. auch Ulrich, 2010) abhängig. Öffentliche Organisationen können – anders als privatwirtschaftliche Unternehmen – vor diesem Hintergrund deshalb auch überleben, wenn sie defizitär arbeiten; nicht zuletzt, da mit ihrer Arbeit oft auch nicht rentabilisierbare Politikziele verfolgt werden. Ausschlaggebend sind häufig eher die Relevanz, die Wahrnehmung und der Wertgehalt für die Öffentlichkeit. Auch die Anbindung der Anspruchsgruppen gestaltet sich bei öffentlichen und privaten Unternehmen grundsätzlich unterschiedlich. So kann ein privates Unternehmen mit der erreichten Wertschöpfung die relevanten Anspruchsgruppen angemessen entschädigen und die Mitarbeitenden motivieren. Damit gestaltet sich die Entlohnung bei einem privatwirtschaftlich geprägten und erfolgsorientierten Unternehmen anders als bei einem öffentlichen Unternehmen. Oftmals lassen sich zudem moderne Marketinginstrumente, die immer auch auf Diskriminierung beruhen, in öffentlichen Unternehmen nicht beziehungsweise nicht in dem gleichen Maße einsetzen wie in dem privatem Sektor. So kann ein Preisdifferenzierungsinstrument (beispielsweise Yield-Management) im öffentlichen Bahn- und Busverkehr – anders als beispielsweise im privatwirtschaftlichen Flugverkehr – erhebliche Widerstände auslösen. Diese Akzeptanzprobleme fußen dabei oft auf zuvor erwähnten umwelt- und sozialpolitischen Zielsetzungen (Preisdifferenzierungen können im Konflikt mit diesen Zielsetzungen stehen) und können deshalb nicht im gleichen Umfang zur Anwendung kommen.

Abgesehen von den Herausforderungen in den erwähnten Managementbereichen ergibt sich die weit kompliziertere und eigentliche Herausforderung an der Schnittstelle der beiden Managementlogiken beziehungsweise -rationalitäten Staat versus Markt: die unterschiedlichen Werthaltungen und Kulturen.

Diese Herausforderungen des Spannungsfelds zwischen Staat und Markt müssen in einem Geschäftsmodell berücksichtigt werden. Im folgenden Abschnitt werden die wesentlichen Besonderheiten hinsichtlich verschiedener Dimensionen des wertorientierten Geschäftsmodellansatzes nach Bieger/Reinhold (2011) identifiziert:

1. Leistungskonzept (Value Proposition): Es gibt indirekte Kunden wie die breite Öffentlichkeit (Verkehrs- und Erschließungswerte, im Bildungsbereich zum Beispiel Beitrag zum Wachstum) und direkte Kunden (bei der SBB klassischer Kundenwert insbesondere in Form von Dienstleistungswert respektive Wert der Transportleistung) sowie unmittelbare (Endkunden und Besteller der öffentlichen Hand) und mittelbare Kunden (breite Öffentlichkeit, bei der Legitimation erarbeitet werden muss). Dabei können die Nutzen für diese Kundengruppen durchaus konfliktär sein. Bei Verkehrsleistungen will die allgemeine Öffentlichkeit eine Reduktion der Verkehrsimmissionen. Der direkte Kunde dagegen möchte möglichst viele und günstige Transportmöglichkeiten erhalten.

2. Entwicklungskonzept (Value Development): Aufgrund der begrenzten Zahlungsfähigkeit der öffentlichen Hand muss oft eine Strategie der Nachfragebremsung bei gleichzeitiger Umsatzsteigerung zur Finanzierung der steigenden Kosten verfolgt werden. Für diese „schi-

zophrene" Wachstumsstrategie müssen spezifische Konzepte der Kundensteuerung umgesetzt werden.

3. Wertvermittlung und Kanäle (Value Communication and Transfer): In der Kommunikationsstrategie müssen die geschaffenen Werte nicht nur bestehenden und potenziellen Kunden vermittelt werden; es muss darüber hinaus in einer breiten Öffentlichkeit Legitimation geschaffen werden.

4. Wertschöpfungskonzept (Value Creation): Hier ergeben sich besondere Anforderungen an Kooperationen hinsichtlich Kultur- und Rationalitätskompatibilität. Oft scheitern Kooperationen, wie im Beispiel SBB und FS Italia, wegen unterschiedlicher national geprägter Unternehmenskulturen, bei deren Gestaltung die Unternehmen als Teil eines öffentlichen Raumes nicht frei sind.

5. Ertragsmodell (Value Capturing): Der Wertabschöpfung beim Endkunden sind politisch Grenzen gesetzt. Folglich müssen die Preissysteme nicht nur auf Endkundenakzeptanz, sondern auch auf politische Akzeptanz stoßen. Ein wichtiges Thema ist dabei die wahrgenommene Preis-Fairness (Fasciati, 2009). Umgekehrt ergeben sich Potenziale für die Abschöpfung indirekter Werte wie beispielsweise der geschaffene „Erschließungswert", der durch die finanzielle Beteiligung der profitierenden Regionen bei Infrastrukturinvestitionen oder als Besteller von Verkehrsleistungen abgeschöpft wird. Die Herausforderungen dabei sind die Erhebung/Messung beziehungsweise die Dokumentation dieser Werte und die konzeptionellen und rechtlichen Voraussetzungen für die Abschöpfung. Häufig wird ein Teil des bei den mittelbaren Kunden geschaffenen Wertes in der breiten Öffentlichkeit durch allgemeine Staatsbeiträge abgegolten.

Entsprechend der Systematik der wirtschaftlichen Effekte von Infrastrukturen kann damit die in Abbildung 1 (siehe folgende Seite) dargestellte Systematik der Werte und deren Abschöpfung entwickelt werden.

Wesentliche Unterschiede im Management öffentlicher und privatwirtschaftlicher Organisationen fußen auf den oben erwähnten unterschiedlichen Rationalitäten. Rationalität ist in diesem Kontext als eine Art Denklogik zu verstehen, die die Wahrnehmungen von Akteuren filtert und ihr Denken, Sprechen und Handeln bestimmt (zum Rationalitätskonzept siehe Schedler, 2003). Während sich die Privatwirtschaft in ihrem Handeln an einem mehr oder weniger eindeutigen Referenzsystem mit dem Fokus auf Effizienz, Effektivität und materiellen Aspekten wie Umsatz und Gewinn ausrichten kann, spielt bei öffentlichen Organisationen zusätzlich zur Managementrationalität die politische Rationalität eine wesentliche Rolle.

Anstatt des Erreichens von möglichst maximaler Effizienz steht für die Politik dabei das Gewinnen von Mehrheiten zum Erreichen, Sicherstellen und Aufrechterhalten von (politischer) Macht im Vordergrund. Tabelle 1 gibt einen Überblick über wesentliche Unterschiede zwischen Managementrationalität und politischer Rationalität.

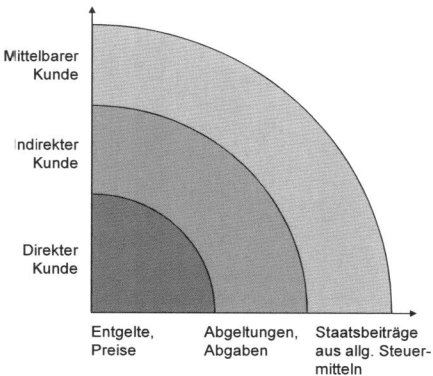

Abb. 1: Systematik der Werte und Wertabschöpfung

	Politische Rationalität	**Managementrationalität**
Formales Erfolgskriterium	Mehrheiten in formalen Abstimmungen	Verkaufserfolg am Markt
Kritisches Erfolgskriterium	> Koalitionen > Tauschprozesse > Meinungsbildung > Image > Einbezug	> Effizienz und Effektivität > Marktbearbeitung > Marktumgehung > Image > Geschwindigkeit

Tab. 1: Politische und Managementrationalitäten (in Anlehnung an Schedler/ Proeller, 2006)

Entscheidend für das Management öffentlicher Organisationen mit einem Geschäftsmodell an der Schnittstelle von Markt und Staat ist daher der Umgang mit eben diesen verschiedenen Rationalitäten, die das entsprechende Unternehmen und sein Handeln beeinflussen. Eine besondere Herausforderung besteht für öffentliche Unternehmen darin, die unterschiedlichen auf sie einwirkenden Denklogiken zu verstehen und möglichst aufeinander abzustimmen beziehungsweise einander zugängig zu machen. Damit dies gelingen kann bedarf es einer Art „Übersetzung" zwischen Mana-

gement- und politischer Rationalität. Abbildung 2 stellt diesen Zusammenhang dar.

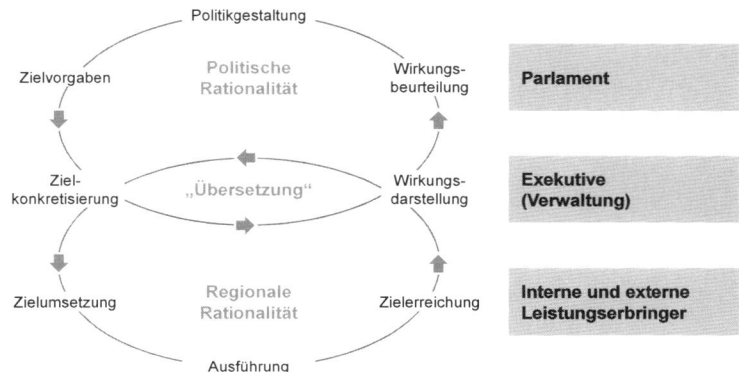

Abb. 2: Integration von Politik und Management (Schedler/Proeller, 2006)

In modernen Staaten, so auch in Deutschland und der Schweiz, hat sich die
Staatskonzeption des Gewährleistungsstaates gegen das Modell des Sozial-
staates und das damit verbundene Politik- undStaatsversagen sowie gegen
das Wettbewerbsmodell des Neo-Liberalismus und das damit verbundene
Marktversagen durchgesetzt. Das entscheidende Charakteristikum des
Gewährleistungsstaates ist die Entkopplung des demokratischen Ent-
scheids hinsichtlich der Aufgabenbreite von der Frage der konkreten Aufgabenerfüllung. Der Staat übernimmt zwar die Gewährleitungsverantwor-
tung für die Erfüllung der öffentlichen Aufgaben, jedoch nur bei den öffentlichen Kernaufgaben auch die Durchführungsverantwortung (zu den
einzelnen Stufen der Verantwortungskategorien staatlicher Aufgabenerfüllung siehe Schuppert, 1998).

Der Gewährleistungsstaat wird von Schedler und Proeller (2006) unter
anderem wie folgt beschrieben.

1. Die politischen Instanzen entscheiden mit den üblichen demokratisch
    legitimierten Verfahren über die Aufgabenbreite des Staates.

2. Die Leistungstiefe des Staates wird eingeschränkt, was aber nicht
    bedeutet, dass alle wohlfahrtsgewährenden Aufgabenbereiche aufge-
    hoben werden. Vielmehr soll der Staat die Gesellschaft aktivieren, in-
    dem auch direkte Partizipation der Gesellschaft ermöglicht und ge-
    fördert wird.

3. Der Staat bringt Mechanismen der Markttheorie in die Implementationsfelder ein, um somit die höchste Bedürfnisbefriedigung bei effizienter Erstellung zu bewirken, wobei er darauf achtet, diese nicht durch Regulierungen zu erzwingen.

Somit werden Aufgaben der Erstellung staatlicher Leistungen zum Beispiel über Ausschreibemechanismen an Dritte vergeben. Die Leistungserstellung erfolgt damit über eine Neukonfiguration staatlicher Wertschöpfungsketten kooperativ.

Im Zusammenhang mit dem Modell des Gewährleistungsstaates beschreibt Schedler (2007) verschiedene Modelle der staatlichen Gewährleistung, und damit verschiedene Möglichkeiten der staatlichen Steuerung bei öffentlichen Aufgaben:

- Eigenerstellungsmodell,
- Subventionsmodell,
- Regulatormodell,
- Kontraktmodell,
- Beteiligungsmodell.

Bieger et al. (2010) wenden diese Steuerungsmodelle auf die Schweizerischen Bundesbahnen an (vgl. Tabelle 2).

Steuerungs-modell	Anwendung bei der SBB			Konsequenzen für die SBB
	Personenverkehr	Güterverkehr	Infrastruktur	
Eigenerstellungs modell	Früher die Steuerungsform, als die SBB noch Teil der Kernverwaltung war. Kommt heute bei der SBB nicht mehr zur Anwendung			Unternehmerische Freiheit
Subventions-modell	Trassenpreise	Trassenpreise	Trassenpreise	Staatlich/politisch regulierte Kosten bzw. Erlöse
Regulatormodell		Bundesamt für Verkehr als sektoreller, Wettbe-werbskommision als Marktregulator		Konkurrenz in einem regulierten Markt
Kontraktmodell	Leistungsverein-barung/Bestellung und Abgeltung	Leistungsvereinbarung/ Bestellung und Abgeltung	Leistungsverein-barung und Zahlungsrahmen	Leistungsorientierte Finanzierung
Beteiligungs-modell	Der Bund ist nach wie vor 100-prozentiger Eigentümer der SBB und nimmt als Eigentümer auch direkt Einfluss auf deren strategische Ausrichtung			Staatlicher Einfluss auf strategische Entscheide/ Ausrichtung

Tab. 2: Steuerungsmodelle im Gewährsleistungsstaat und ihre Anwendungen bei der SBB (Bieger et al., 2010).

339

3   Die SBB zwischen Staat und Markt

Das Fallbeispiel der Schweizerischen Bundesbahnen ist aus folgenden Gründen relevant:

- Das Unternehmen hat mit rund 28.000 Mitarbeitern, einem Umsatz von 7.987,2 Mio. Schweizer Franken (2008) und durch seine Abdeckung eines wesentlichen Teils der Mobilität der Schweizer Bevölkerung (Anteil Bahnreisen 2005 am Modalsplit 16,1%, Bundesamt für Statistik, 2010) direkte und große wirtschaftliche sowie gesellschaftliche Bedeutung und ist heute eine Voraussetzung für das Funktionieren des Lebens- und Wirtschaftsraums Schweiz.

- Aufgrund seiner anerkannten (Verkehrs-)Leistungen wie die traditionell hohe Pünktlichkeit, das effiziente Management des am stärksten ausgelasteten Schienennetzes der Welt oder auch vieler Innovationen, beispielsweise der frühen Einführung eines integralen Taktfahrplans oder integrierte Preissysteme, gilt es heute als Benchmark für den Transportsektor.

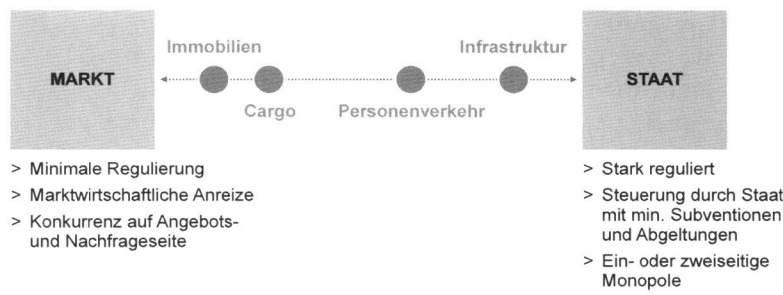

Abb. 3: Geschäftsbereich der SBB zwischen Staat und Markt

Die Schweizer Bundesbahnen wurden 1902 gegründet. Sie entstanden aus einer Vielzahl von damals privaten Bahngesellschaften. Hintergrund der Gründung der Schweizer Bundesbahnen waren einerseits höhere staatliche verkehrspolitische Ziele wie die Sicherheitsstellung eines leistungsfähigen Verkehrsnetzes als Voraussetzung für die wirtschaftliche und gesellschaftliche Entwicklung des Landes. Auf der anderen Seite war es auch eine Reaktion auf die Problematik der Entwicklung des Eisenbahnnetzes mit konkurrierenden privaten Unternehmen, die sich unter anderem in einem ruinösen Wettbewerb, unkoordinierten Erschließungskonzepten und schlussendlich auch in einer Serie von Unfällen ausdrückte.

Heute sind die Schweizerischen Bundesbahnen eine spezialrechtliche Aktiengesellschaft. Sie befinden sich zu 100% in Besitz der Schweizerischen Eidgenossenschaft. Als Generalversammlung agiert der Schweizer Bundesrat als politische Exekutive. Von dem Bundesrat respektive dem verantwortlichen Departement für Umwelt, Verkehr, Energie und Kommunikation wird auch der Verwaltungsrat eingesetzt.

Die Schweizer Bundesbahnen sind in den Geschäftsbereichen Infrastruktur, Personenverkehr und Güterverkehr tätig. Ein wichtiges zusätzliches Standbein ist zudem der Immobilienbereich. Jeder dieser Geschäftsbereiche folgt einem eigenen Geschäftsmodell mit einer unterschiedlichen Position im Spannungsfeld zwischen rein marktwirtschaftlicher und rein verwaltungsmäßiger Steuerung respektive Rationalität:

3.1   SBB Immobilien

Marktwirtschaftlich geführt ist der Bereich Immobilien. Hier ist das Ziel – neben der Bereitstellung von attraktiven und kundenfreundlichen Bahnhöfe – aus dem großen Immobilienbestand (Bilanzwert 32.634,3 Mio. Schweizer Franken) einen branchenüblichen Gewinn zu erzielen. Aus den erwirtschafteten Mitteln des Immobilienbereichs sind gemäß der Leistungsvereinbarung zwischen dem Schweizer Bunderrat und der SBB für die Jahre 2011/2012 pro Jahr 150 Millionen Schweizer Franken an den Infrastrukturbereich der SBB zu zahlen. Zudem sichern die Erträge aus dem Immobiliengeschäft die Finanzierung eines Teils des von der SBB aufgenommenen Darlehens zur Sanierung ihrer Pensionskasse im Umfang von 1,5 Mrd. Schweizer Franken ab (vgl. Schweizer Bundesrat, 2010).

Aufgrund der historischen Entwicklung des Immobilienbestandes liegt dieser heute vorwiegend in Form von Bahnhofsarealen respektive in deren Nähe und entlang den Verkehrsachsen vor. Der größte Wert kann aus dem Immobilienbestand insbesondere durch Entwicklungsprojekte in und um Bahnknotenpunkte erzielt werden. So realisierte SBB Immobilien beispielsweise das Projekt Bahnhof Aarau und entwickelte den Bahnhof Zürich als größte Verkehrsdrehscheibe der Schweiz. Insofern ist auch die SBB Immobilien im Netzgeschäft tätig. Es geht darum, aus Verkehrsknotenpunkten das Maximum bezüglich der Stärkung von deren Standortgunst durch die Einbindung in ein Netz zu generieren und zu realisieren. SBB

Immobilien sind so gesehen auch die einzige Möglichkeit für die SBB, den durch sie geschaffenen Standortwert abzuschöpfen.

3.2 SBB Cargo International

Ebenfalls in einem weitgehend liberalisierten, aber immer noch durch staatlich dominierte Unternehmen beherrschten und durch Regulierungen, wie beispielsweise unterschiedliche nationale Standards, gesteuerten Wettbewerb operiert SBB Cargo als im internationalen Vergleich relativ kleiner Wettbewerber. In diesem kontinentalen Netzwerkgeschäft muss sich die SBB auf Nischen und ihre strategischen Kernkompetenzen konzentrieren. Dazu gehört insbesondere der Zugang zu der wichtigen Alpenverkehrsachse am Gotthard, der Besitz von Terminals sowie die hohe und anerkannte Prozess- und Produktqualität. Das internationale Eisenbahn-Cargo-Geschäft unterliegt einem tiefgreifenden Wandel der Geschäftsmodelle. Die Wertschöpfungsketten werden heute immer mehr auseinandergebrochen und neu kombiniert. So wird beispielsweise der Besitz von Wagenmaterial, das eigentliche Traktionsgeschäft, der Umlad, die Disposition und die Integration von Zug- und Logistikleistungen etc. immer mehr von spezialisierten Unternehmen betrieben. Vor diesem Hintergrund möchte sich auch die SBB Cargo International im Rahmen ihrer neuen Strategie zusammen mit der Schweizer Gesellschaft Hupag, die das alpenquerende Angebot an Transport ganzer Lastwagenzüge betreibt, vermehrt auf ein kostengünstiges und schlankes Traktionsangebot im internationalen Verkehr fokussieren. Sie will hier im Sinne eines Low-Cost-Angebots günstig und effizient verlässliche Traktionsleistungen (das heißt den Bahnbetrieb respektive die Beförderung von Zügen) bieten.

3.3 SBB Cargo Schweiz

Auf der anderen Seite soll auch nach der neuen Strategie ein Gesamtnetzwerk an Wagenladungsverkehrsangeboten in der Schweiz sichergestellt werden. Dabei steht das politische Ziel der Verlagerung des Güterverkehrs von der Straße auf die Schiene im Vordergrund. Es ist klar, dass das wirtschaftlich zu betreibende Netz im Wesentlichen davon abhängt, welche Staatsbeiträge in diesem Bereich fließen, respektive von welchem regulativen Umfeld der Straßenverkehr betroffen ist. Es ist ein wesentlicher Vorteil der SBB Cargo Schweiz, dass in der Schweiz immer noch ein konsequentes Nachtfahrverbot für Lastwagen besteht. Eine weitere Ausdehnung des Netzes bedingt die Bedienung von Punkten mit sehr dünnem Verkehr, was den Kostendeckungsgrad senkt. Eine weitere Verkleinerung respektive Ausdünnung des Netzes kann den Kostendeckungsgrad in diesem Sinne erhöhen, birgt aber auch die Gefahr eines Aufbrechens des Netzes. Wenn immer weniger Bedienungspunkte geboten werden, dann ist das Netz für immer weniger Nachfrager interessant, wodurch der Verkehr zusätzlich abnimmt und der Kostendeckungsgrad längerfristig sinken kann. Ähnliche Entwicklungen sind aus dem Bereich der Airlines bekannt, wenn beispielsweise die Bedienung eines Hubs durch die Reduktion seiner ihn mit Passagieren fütternden kleineren Flughäfen reduziert wird und unter eine kritische Grenze fällt, eine ausreichende Konnektivität nicht mehr gegeben ist und der Hub damit für immer weniger Passagiere interessant ist.

3.4   Personenverkehr

Im Bereich Personenverkehr betreibt die SBB in eigener Verantwortung den internationalen Fernverkehr. Dieser wird in Kooperation mit anderen europäischen Bahngesellschaften betrieben, ist aber auf das Gesamtumsatzvolumen gesehen ein Nischengeschäft.

Im nationalen Personenverkehr, den die SBB ebenfalls auf eigene Rechnung und im Betrieb selbsttragend betreibt, ist die SBB Netzführer des außerordentlich weit ausgebauten, fein verästelten und hochkapazitativen öffentlichen Verkehrsnetzes der Schweiz. Insgesamt fallen 67,1% der Personenverkehrskilometer im öffentlichen Verkehr auf die Schweizer Bundesbahnen. Sie hat, obwohl die Entscheide zu Tarifen und Ticketsystemen in einer Kommission des Verbandes des öffentlichen Verkehrs, in dem auch die Privatbahnen vertreten sind, gefällt werden, einen maßgeblichen Einfluss auf die Preishöhe und die angebotenen Tarifarten. Hier ist die SBB folglich in einem Netzwerkgeschäftsmodell tätig, das sie gleichzeitig auch kooperativ mit anderen konzessionierten Transportunternehmen führen muss. Sie hat in diesem virtuellen Unternehmen „Gesamt öV" die Funktion eines fokalen Unternehmens.

Im Personenregionalverkehr steht die SBB zunehmend in einem Wettbewerb mit anderen konzessionierten Transportunternehmen. So betreibt beispielsweise die Bern-Lötschberg-Bahn das S-Bahn-System um Bern, die Südostbahn dasjenige um St. Gallen, während die SBB unter anderem das große System um Zürich betreibt. Zukünftig ist nicht auszuschließen, dass – wie auch schon im regionalen Busverkehr geschehen – mit der Einführung des Instruments der Ausschreibung und einer Anpassung der Verantwortlichkeiten ein neues Organisationsmodell in den Schweizer Schienenregionalverkehr eingeführt wird (zu Organisationsmodellen im öffentlichen Verkehr siehe zum Beispiel Gross, 2009). Die SBB müsste sich dann in einem Wettbewerb um den Markt (Demsetz, 1968) gegen ihre Wettbewerber behaupten, wodurch sich zwar die Chance auf das Gewinnen zusätzlicher Linien oder Netze ergeben würde, jedoch auch das Risiko des Verlustes von Verkehren zunähme.

3.5   Infrastruktur

Weitgehend durch Leistungsaufträge sowie durch Regulierungen gesteuert ist der Bereich Infrastrukturen. Der Infrastrukturausbau erfolgt auf der Basis der von den eidgenössischen Räten verabschiedeten Vorlage „Zukünftige Entwicklung der Bahninfrastruktur" und der Leistungsvereinbarung mit dem Bund. Für die Unterhaltsaufwendungen des Schienennetzes mit 3.011 Kilometern stehen die Erträge aus den verkauften Trassen sowie aus der Leistungsvereinbarung mit dem Bund zur Verfügung. Die Trassenpreise werden maßgeblich durch die Politik und die Bundesverwaltung, konkret durch das Bundesamt für Verkehr (BAV), gesteuert.

Die Geschäftsbereiche, in denen die SBB tätig ist, ergänzen (Immobilien und Personenfernverkehr) oder bedingen sich (Infrastruktur und Cargo oder Personenverkehr) gegenseitig. Die Kernbereiche sind ausgesprochene Netzwerkgeschäftsmodelle, alle Bereiche sind von einem mehr oder weniger großen Einfluss staatlicher Steuerung betroffen. Marktanreize treten in einem unterschiedlichen Ausmaß auf. Dabei geht es – mit Ausnahme von Cargo – eher um einen künstlich geschaffenen Wettbewerb und nicht um einen eigentlichen Markt (vgl. zur Problematik von künstlich geschaffenem Wettbewerb versus Markt unter anderem Binswanger, 2010). Die aufgrund der Existenz eines natürlichen Monopols auf den entsprechenden Märkten fehlenden Markanreize werden zum Beispiel im Regionalverkehr durch den Aufbau eines Ausschreibungs- und Controllingsystems und/oder durch die Implementierung eines Bonus-Malus-Systems für die Vergütung geschaffen. Im Rahmen von Ausschreibungen werden komplexe Verträge ausgehandelt, die zum einen den zu erbringenden Leistungsumfang und die Abgeltungssumme beinhalten. Aus diesem Teil des Vertrags besteht der eigentliche Wettbewerb. Aufgrund der Gefahr des „moral hazard" und des „hold-up" (zur Prinzipal-Agenten-Theorie siehe zum Beispiel Jost, 2001) werden die Vereinbarungen ergänzt mit beispielsweise Qualitätsindikatoren, Pünktlichkeitszielen mit Strafsystemen etc.

Im Rahmen eines Vorprojektes für die Erarbeitung eines integrierten, geschäftsbereichsübergreifenden   Unternehmungsplanungsansatzes   wurde eine Netzwerkanalyse (vgl. zur Methode Gomez/Probst, 1995) des Geschäftsmodells der Schweizer Bundesbahnen erarbeitet (Bieger et al, 2010). Dabei beschränkte man sich auf die Bereiche Personenverkehr und Infrastruktur mit einigen Links zum Güterverkehr. Die entsprechende Analyse zeigt die extreme Interdependenz des Gesamtgeschäftsmodells und seine Vernetzung mit externen Bereichen auf, insbesondere mit der Politik. Als kritischer Faktor für das Geschäftsmodell der Schweizer Bundesbahnen konnten unter anderem die Trassenpreise als sowohl durch marktwirtschaftliche als auch durch politische Logiken geprägte Größen identifiziert werden.

4 Das Geschäftsmodell des Personenverkehrs

Anhand des Geschäftsmodells Personenverkehr lassen sich die besonderen Herausforderungen in Geschäftsmodellen zwischen Staat und Markt aufzeigen.

4.1 Value Proposition

Die Marktleistung der SBB ist eine integrierte Problem- und Erlebnislösung in Form von Mobilität ohne individuelle Fahrzeuge. Im Wesentlichen geht es dabei um die Problemlösung Pendeln (Überwindung der Distanz zwischen Wohn- und Arbeitsort; in der Tendenz nimmt diese Distanz aufgrund neuer Lebens- und Arbeitsformen und teilweise auch dank schnellerer Verbindungen laufend zu), Geschäftsverkehr im Sinne von Geschäftsreisen von einem Arbeitsplatz zu einem anderen sowie Freizeit- und teilweise Einkaufsverkehr (um bei der PENT Formel zu bleiben), wobei hier auch eine Entwicklung in Richtung integrierter Erlebnisse erfolgt. Die SBB betreibt dazu eine Tochtergesellschaft, die quasi als Freizeit-Tour Operator die Reise mit dem öffentlichen Verkehrsmittel mit Aktivitäten wie beispielsweise Velorundreisen kombiniert.

Diese Value Proposition hat wiederum privatwirtschaftlichen und öffentlichen Charakter. Das Engagement des Staates und die beträchtlichen Staatsbeiträge beispielsweise auch an die Infrastruktur der SBB oder den Regionalverkehr werden damit begründet, dass allen Bevölkerungsteilen Mobilität ermöglicht werden soll. Auf der anderen Seite sind Geschäftsreisen, die mit besonderen Services im Erstklasseabteil erfolgen oder auch Freizeitreisen mit sehr vielen privatwirtschaftlichen Elementen ausgestattet. Diese exklusiven und nur von einem Teil der Bevölkerung genutzten Leistungen stehen in einem Spannungsfeld zu den öffentlichen Finanzmitteln, die an die SBB gezahlt werden. Betroffen davon ist die Wahrnehmung der Leistung, deren Akzeptanz und auch deren Steuerung.

4.2 Value Creation

Die oben beschriebenen integrierten Gesamtleistungen werden nicht nur durch die SBB selbst, sondern durch das gesamte öffentliche Personenverkehrssystem der Schweiz mit angrenzenden Systemen, beispielsweise Einzelhandel auf den Bahnhöfen etc., betrieben. Die Wertschöpfungskette ist in der Leistungserstellung deshalb relativ fragmentiert, obwohl sie gegenüber dem Endkunden sowohl preislich wie in ihrer Endkonfiguration als Gesamtleistung erscheint. Viele der Leistungspartner der SBB, beispielsweise auch die konzessionierten Transportunternehmen wie Regionalbahngesellschaften und Busgesellschaften, haben ebenfalls wieder politische Eigentümer, oft in Form von Kantonen. Dabei stellt sich die Herausforderung, dass Kooperationsverhandlungen nicht nach einer marktwirtschaftlichen Logik (beispielsweise Zuordnung des Lead nach ökonomischen Gewicht, marktwirtschaftliche „harte" Aushandlungsprozesse), sondern politisch zu erfolgen haben. Ausdruck davon ist beispielsweise der teilweise künstliche Erhalt von „Konkurrenzunternehmungen" aufgrund übergeordneter politischer Ziele. Es bedarf deshalb in Kooperationsprozessen eines besonderen Vertrauensaufbaus und einer relationalen Verhaltensweise mit ausgesprochenem Mehrrundencharakter.

4.3 Value Capturing

Die Kosten der Leistungen im Bahnfernverkehr werden aus drei Quellen gedeckt. Erstens wird die Infrastruktur durch Bundesbeiträge aufgebaut. Zweitens zahlen die Bahnpassagiere mit ihren Ticketpreisen circa 71,9% der Totalkosten des Personenverkehrssystems der Schweiz (SBB, 2009). Drittens erzielt die Bahn zu einem kleinen Teil Erträge aus privatwirtschaftlichen Nebenleistungen (beispielsweise Getränkeservice an Bord) oder indirekt Erträge über die Immobilien.

Diese Ertragsstruktur spiegelt nicht die Struktur der geschaffenen Werte respektive deren Aufteilung auf verschiedene Empfängergruppen wider. Zur Definition respektive Systematisierung der geschaffenen Werte kann ein Schichtenmodell herangezogen werden.

Auf individueller Ebene empfängt der Endkunde eine Transportleistung oder bei bestimmten Bahnprodukten auch eine Erlebnisleistung. Deren Wert kann ökonomisch durch den Vergleich mit Substitutionsprodukten bestimmt werden. So ist beispielsweise der Wert eines Eisenbahnkilometers aus der Sicht des Endverbrauchers plus (man muss nicht selbst fahren, stressfreie und sichere Fahrt) respektive minus (der Service erfolgt nicht individuell nach gewünschter Abfahrtszeit vom Hause aus) mit einer Autofahrt vergleichbar. Dies entspricht damit, wenn Vollkosten angesetzt würden, einem Preis von circa 0,60 Schweizer Franken pro Personenkilometer (vgl. Laesser, 1996; SBB, 2009).

Eine zweite Schicht des „Wert"-Modells setzt bei den erschlossenen Gebieten an. Durch Verkehrsverbindungen wird die Erreichbarkeit von Regionen verbessert. Sie werden damit für den Standort von Wertschöpfungsaktivitäten oder als Wohnort attraktiver (vgl. auch das Erreichbarkeitsmodell der ETH Zürich in Bezug auf die Erreichbarkeit von Schweizer Gemeinden in Axhausen, 2003). Dieser Wert fällt in den betroffenen Regionen auf verschiedenen Kanälen an, beispielsweise bei Immobilieneigentümern in Form von höheren Bodenrenten oder bei der Öffentlichkeit in Form von höheren Steuereinnahmen.

In einer dritten Schicht fällt der Wert von öffentlichen Transportleistungen gesamtgesellschaftlich an, indem übergeordnete politische Ziele erfüllt werden. Beispiele dafür sind eine bessere Integration eines Landes durch Anschluss peripherer Gebiete (regionalwirtschaftliche Zielsetzung), die Ermöglichung von Mobilität und Anteilnahme am gesellschaftlichen Leben für breite Teile der Bevölkerung (soziale Zielsetzung) oder aber auch Umweltziele, indem öffentlicher Verkehr weniger negative externe Effekte auf die natürliche Umwelt generiert als privater individueller Motorfahrzeugverkehr. Im Value-Capturing-Modell der SBB fällt auf, dass insbesondere die mittlere Schichtebene wenig bis gar nichts zur Deckung der Kosten des Verkehrssystems beiträgt. Aufgrund der ökonomischen Verhältnisse ist eigentlich klar, dass die durch eine bessere Erschließung profitierenden Regionen zu deren Kosten beitragen sollten (vgl. auch Maggi/Geninazzi, 2010). Zum Teil erbringen heute Schweizer Kantone auf freiwilliger Basis Vorausleistungen an die Infrastruktur, beispielsweise der Kanton Zürich in Form der Vorfinanzierung der Durchmesserlinie. Für eine systematische Abschöpfung der geschaffenen Erschließungswerte fehlen jedoch die notwendigen rechtlichen Rahmenbedingungen.

Auch bei der Abschöpfung der individuellen Kundenwerte ergeben sich besondere Anforderungen. Gewisse Verkehrsströme, beispielsweise Pendlerströme, sind aus gesamtwirtschaftlicher Sicht förderungswürdig, ermöglichen sie doch den wirtschaftsstarken Zentren den Anschluss an die notwendigen Arbeitskräftepotenziale. Die von Pendlern benutzen Ticket- und Angebotsformen, beispielsweise die sogenannten Generalabonne- mente (Pauschalbeitrag pro Jahr, der das Recht zur Gratisfahrt auf dem gesamten öffentlichen schweizerischem Verkehrsnetz beinhaltet) oder Streckenabonnemente sind verhältnismäßig preisgünstig und führen in Folge zu mitunter (betriebswirtschaftlich zu) tiefen Streckenerträgen (0,10 Schweizer Franken pro Personenkilometer). Es sind deshalb im Moment Diskussionen im Gang, diese Abonnemente preislich zu erhöhen (im Mo- ment beträgt der Preis für ein Generalabonnement in der zweiten Klasse nur rund 3.000 Schweizer Franken pro Jahr). Dieser Prozess ist jedoch politisch brisant, weil er an Besitzständen rührt. Er muss deshalb langsam und kommunikativ gut begleitet erfolgen.

Ein zweites Problem ergibt sich bei der Nutzung von Preisen für die Steue- rung der Nachfrage. Wie bei allen Netzwerkleistungen besteht auch im Eisenbahnverkehr die Problematik der „peak-load hours". Die massiven Verkehrsströme morgens und abends sollten idealerweise entzerrt werden können. Dies ließe sich durch eine Preissteigerung beziehungsweise Preis- differenzierung relativ einfach erreichen. Aufgrund des öffentlichen Cha- rakters einer Eisenbahnleistung und den im öffentlichen Verkehrssystem inhärenten politischen Zielsetzungen stoßen solche Lösungen jedoch auf wenig Akzeptanz. Zudem ist aufgrund des Netzwerkcharakters der Leis- tung die Durchsetzung problematisch. Wenn jemand beispielsweise ins Zermatt am Nachmittag um 15 Uhr eingestiegen ist, fährt er zur Stoßzeit auf dem hochfrequentierten Abschnitt zwischen Bern und Zürich.

Insgesamt ergibt sich die Problematik, dass bei der Value Capturing von Leistungen zwischen Staat und Markt

- den besonderen Problemen der Legitimation der Preise aufgrund des „öffentlichen Gut Charakters" beim Endkunden Rechnung zu tragen ist und

- der Wert der Leistung nicht nur in Form von „Private" sondern auch von „Public Value" auf verschiedenen Systemebenen anfällt und dort nur beschränkt abgeschöpft werden kann.

4.4   Value Communication

Die SBB ist, wie oben erwähnt, vor allem bei der Infrastruktur und deren Unterhalt auf massive öffentliche Beiträge, insbesondere vom Bund, an- gewiesen. Aus polit-ökonomischer Sicht ist es attraktiver, neue Strecken zu bauen (sie sind direkt bei Wählern einzelner Regionen spürbar und können damit für die Stimmenoptimierung von Politikern eingesetzt werden) als Mittel in den Unterhalt bestehender Strecken zu investieren. Entsprechend sind auch die Unterhaltsaufwendungen beim SBB-Netz über Jahrzehnte vernachlässigt worden. Mit einer Offenlegung dieser Kosten und einer umfänglichen Kommunikationsstrategie müssen dieser Nachholbedarf und die Notwendigkeit an öffentlichen Mitteln in der breiten Bevölkerung und in der Politik verankert werden.

Dieses Beispiel ist typisch für Unternehmen zwischen Staat und Markt. Oft müssen Kommunikation und Marketing nicht nur direkt auf den Endkundenmarkt, bei der SBB in Form von Bahnkunden-Marketing, betrieben werden. Es bedarf auch eines „Meta-Marketings" an die Eigentümer und Subventionsgeber, wobei es nicht nur um Subventionen im klassischen Sinn, beispielsweise die Erhöhung der Unterhaltsbeiträge, geht, sondern auch um die Gestaltung der Rahmenbedingungen.

5 Fazit

Geschäftsmodelle zwischen Staat und Markt sind aufgrund der heterogenen Stakeholder der entsprechenden Organisationen häufig einer höheren Komplexität ausgesetzt als rein privatwirtschaftliche Geschäftsmodelle. Zudem sind (staatliche) Unternehmen an der Schnittstelle von Staat und Markt oft im Bereich von Netzwerkinfrastrukturen tätig. Ihre Geschäftsmodelle müssen sich deshalb auf die besonderen Bedingungen der Netz-Industrien ausrichten (Bedeutung des Wachstums, Bedeutung der Kooperation etc.). Zudem bestehen bei den verschiedenen Dimensionen eines entsprechenden Geschäftsmodells besondere Herausforderungen der Ausgestaltung. Diese ergeben sich

- primär aus der Anforderung der Legitimation im politischen Raum und

- aufgrund der Wahrnehmung ihrer Leistung als öffentlicher Raum respektive „public service"-Anspruch durch die Kunden.

Es stellt sich die Frage, ob ein Geschäftsmodell im Spannungsfeld von Public und Private Value, wie das der SBB, trotz der hohen Komplexität auch in der langfristigen Perspektive stabil und – sowohl aus Sicht des entsprechenden öffentlichen Unternehmens als auch aus Sicht des Steuerzahlers – erfolgreich aufrechterhalten werden kann. Im Hinblick auf die SBB kann zurzeit beobachtet werden, wie eine fehlende Abstimmung von verkehrspolitischen Erwartungen, finanzpolitischen Möglichkeiten und der Unternehmens-/Eigentümerstrategie zu Unsicherheiten bezüglich einer Langfristperspektive führen.

Vor diesem Hintergrund könnte es langfristig sinnvoller sein, die Komplexität des Geschäftsmodells eines öffentlichen Unternehmens wie der SBB zu reduzieren, indem eine eindeutige Positionierung hinsichtlich des Fokus auf Public oder Private Value erfolgt. Konkret wäre zu entscheiden, ob ein öffentliches Unternehmen dem öffentlichen Sektor zugehörig verbleiben soll (zum Beispiel als Anstalt) oder ob es voll, das heißt materiell, ausgegliedert wird. Im ersten Fall würde sich das Geschäftsmodell der entsprechenden Organisation am Public Value orientieren, im zweiten Fall dagegen am Private Value.

Eine solche Lösung verkennt allerdings die Vorteile, die ein öffentliches Unternehmen an der Schnittstelle zwischen Staat und Markt – beziehungsweise zwischen Public und Private Value – für die Politik als zuständigen Entscheidungsträger mit sich bringt, wie am Beispiel der SBB deutlich wird. Auf der einen Seite behält die Bund als alleiniger Anteilseigner der SBB die Kontrolle über deren grundlegende Ausrichtung und ihre Leistungen, auf der anderen Seite kann mit Hilfe eines auch am Private Value ausgerichteten Geschäftsmodells eine höhere Effizienz und Effektivität der Leistungserstellung erzielt werden.

Das Beispiel der SBB zeigt, dass Geschäftsmodelle zwischen Public und Private Value trotz der damit verbundenen großen Herausforderungen erfolgreich gestaltet werden können.

6   Literaturverzeichnis

Axhausen, K.W./Fröhlich, Ph./Tschopp, M./Keller; P. (2003). *Erreichbarkeitsveränderungen in der Schweiz und ihre Wechselwirkungen mit der Bevölkerungsveränderung 1950-2000*, Arbeitsberichte Verkehrs- und Raumplanung, 189, Institut für Verkehrsplanung und Transportsysteme (IVT), ETH Zürich, Zürich.

Baden-Fuller, C./Morgan, M. S. (2010). Business Models as Models. In: *Long Range Planning*. Band 43, Heft 2-3. S. 156-171.

Bieger, T./Reinhold, S. (2011). Das wertbasierte Geschäftsmodell – Ein aktualisierter Strukturierungsansatz. In: Bieger, T./zu Knyphausen-Aufseß, D./Krys, C. (Hrsg.): *Innovative Geschäftsmodelle. Konzeptionelle Grundlagen, Gestaltungsfelder und unternehmerische Praxis* (S. 13-70). Berlin et al.: Springer-Verlag.

Bieger, T./Summermatter, L./Gross, M./Olesen, A. (2010). *Wirkungsmodell SBB*, Arbeitsbericht IDT Universität St.Gallen.

Binswanger, M. (2010). *Sinnlose Wettbewerbe – Warum wir immer mehr Unsinn produzieren*. Freiburg: Herder Verlag.

Bundesamt für Statistik (2010): *Verkehrsleistungen Personenkilometer*. Gefunden unter www.bfs.admin.ch/bfs/portal/de/index/themen/11/05/ blank/key/verkehrsleistungen/leistungen.html [14. September 2010].

Demsetz, H. (1968). Why regulate utilities? In: *Journal of Law & Economics*. Band 11. Heft 1. S. 55-65

Faciati, R. (2009). *Preisfairness: Wahrnehmung und Wirkung im Verkehrssektor*. Dissertation Universität St.Gallen. Bamberg: Difo-Druck.

Gomez, P./Probst, G. (1995). *Die Praxis des ganzheitlichen Problemlösens. Vernetzt denken Unternehmerisch handeln Persönlich überzeugen*. Bern: Haupt Verlag.

Gross, M. (2009). Competition and Cooperation in Local Public Transport: Realistic Scenario or just a Fantasy? In: *Transformations in Business and Economics*. Band 8. Heft 1. S. 86-100.

Jost, P.-J. (2001). *Die Prinzipal-Agenten-Theorie in der Betriebswirtschaftslehre*. Stuttgart: Schäffer-Poeschel.

Laesser, Chr. (1996). *Verkehrs- und Umweltproblematik in städtischen Gebieten: Analyse, Lösungsmöglichkeiten, Auswirkungen; untersucht am Beispiel der Stadt und Verkehrsregion St. Gallen*. Dissertation Universität St. Gallen. Bern: Haupt Verlag.

Maggi, R./Geninazzi, A. (2010). *Verkehrt: Plädoyer für eine nachhaltige Verkehrspolitik* (Avenir-Suisse-Publikation 01/2010). Zürich: Verlag NZZ Libro.

SBB (2009). *Geschäftsbericht 2009*. Gefunden unter http://www.sbb.ch.

Schedler, K. (2003). '... and politics?' Public management developments in the light of two rationalities. In: *Public Management Review*. Band 5. Heft 4. S. 533-550.

Schedler, K. (2007). Public Management und Public Governance. In Benz, A./Lütz, S./Schimank, U./Simonis, G. (Hrsg.): *Handbuch Governance. Theoretische Grundlagen und empirische Anwendungsfelder* (S. 253-268). Wiesbaden: VS Verlag für Sozialwissenschaften.

Schedler, K./Proeller, I. (2006). *New Public Management*. 3. Aufl., Bern: Haupt Verlag.

Schweizer Bundesrat (2007). *Botschaft zur Gesamtschau FinöV*. Gefunden unter www.bav.admin.ch [4. November 2010].

Schweizer Bundesrat (2010). *Botschaft über die Finanzierung der schweizerischen Eisenbahninfrastruktur (SBB und Privatbahnen) und die Leistungsvereinbarung Bund-SBB für die Jahre 2011-2012* vom 23. Juni 2010. Gefunden unter http://www.admin.ch/ch/d/ff/2010/4933.pdf [4. November 2010].

Schuppert, G.F. (1998). Die öffentliche Verwaltung im Kooperationsspektrum staatlicher und privater Aufgabenerfüllung: zum Denken in Verantwortungsstufen. In: *Die Verwaltung*. Heft 4/1998. S. 415-447.

Ulrich, P. (2010). *Zivilisierte Marktwirtschaft: Eine wirtschaftsethische Orientierung*. Bern: Haupt Verlag.

Das Bottom-of-the-Pyramid-Geschäftsmodell

Klaus Spremann, Dirk Hoffmann, Roman Frick

Wir stellen das Geschäftsmodell für das PROTOS-Jatropha-System dar, beurteilen es im Bieger-Reinhold-Konzept und zeigen, wie es in Harmonie mit dem Denkrahmen von Prahalad (2004) eine wesentliche Erweiterung privatwirtschaftlicher Aktivitäten zugunsten der Ärmsten bewirkt, indem Externalitäten übertragen und optimal vermarktet werden.

1 Einführender Überblick

Güter und Services für die ärmsten Länder Asiens, Afrikas und Südamerikas (Bottom-of-the-Pyramid), kurz BOP-Produkte, verlangen besondere Geschäftsmodelle. Denn Kunden am unteren Ende der Einkommenspyramide erwarten zwar fortschrittliche Produkte aktueller Technologie und wünschen Anbieter mit starken Markennamen, aber ihre Zahlungsbereitschaft und Zahlungsfähigkeit liegt bei Weitem unter den Herstell- und Vertriebskosten für Produkte, die in entwickelten Ländern vertrieben werden. Früher wurde versucht, die Lücke durch Verringerung der Kosten (Vereinfachung der Qualität) oder durch staatliche Beiträge zu schließen, doch inzwischen ist allen am Fuß der Pyramide tätigen Institutionen bewusst, dass weder Billigware noch Almosen zur nachhaltigen Entwicklung beitragen können.

Indes gibt es eine weitere Möglichkeit, die Lücke zu schließen, da einige BOP-Produkte positive Externalitäten erzeugen. Dazu gehören insbesondere BOP-Produkte, die wie im Folgenden beschrieben vorbildliche Wirkungen auf Gesundheit und Ökologie haben. Leider „verpuffen" diese Externalitäten oft, was heißen soll, dass sie zwar gelegentlich zur Kenntnis genommen, doch letztlich nirgendwo vergütet werden (Katz/Shapiro, 1992). Die Herausforderung von BOP-Geschäftsmodellen besteht demnach darin, die Externalitäten so zu gestalten und so zur Geltung zu bringen (das heißt sie dazu eventuell auch übertragbar zu gestalten), dass sich damit möglicherweise bei einem Partnerunternehmen Erträge einfangen lassen.[1] Diese Erträge können dann zur Subvention der BOP-Produkte herangezogen werden.

In der Tat besteht ein wichtiger Punkt darin, die Externalitäten übertragbar zu gestalten, da der Hersteller des betreffenden BOP-Produkts in vielen Fällen nicht jenes Unternehmen ist, das die Externalitäten, zum Beispiel den ökologischen Nutzen, am besten verwerten kann. Die Externalitäten müssen vom Produzenten an solche Unternehmen übertragen werden, die mit den erhaltenen Externalitäten hohe Erträge schöpfen können. Die Übertragbarkeit und Verwertung von Externalitäten verlangt innovative Instrumente und Architekturen, weshalb erst in jüngster Zeit BOP-Geschäftsmodelle geschaffen werden konnten.

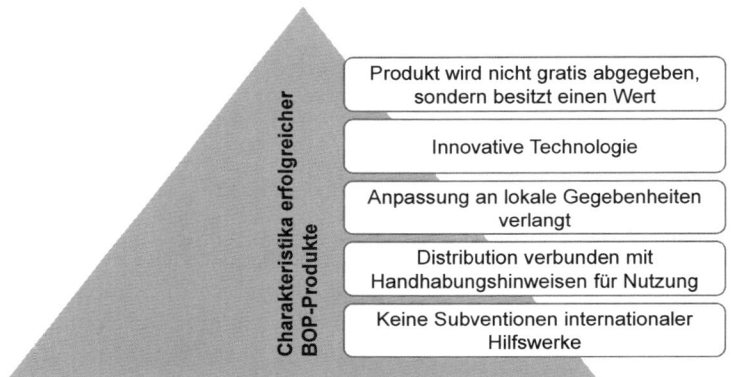

Abb. 1: Charakteristika erfolgreicher BOP-Produkte (eigene Darstellung in Anlehnung an Prahalad, 2004)

Ein beachtliches Beispiel für ein solches BOP-Geschäftsmodell ist das System, in dessen Kern der Kocher PROTOS und das aus der Pflanzengattung der Jatropha curcas (kurz: Jatropha) gewonnene Öl stehen. Die im Folgenden aufgezeigte partnerschaftliche Struktur des BOP-Geschäftsmodells, die wesentlich auf der Übertragung von Externalitäten beruht, könnte indes auch als Muster für weitere Aktivitäten am Fuß der Einkommenspyramide dienen.

---

[1] BOP-Geschäftsmodelle fokussieren auf Kunden mit einem jährlichen kaufkraftbereinigten Einkommen von weniger als 1.500 US-Dollar (Prahalad/Hart, 2002).

2   Das PROTOS-Jatropha-System

In den ärmsten Ländern, am Fuß der Pyramide, werden Speisen entweder auf offenem Feuer oder mit einem primitiven Ofen innerhalb der Behausung gekocht. Die verwendeten Brennmaterialien – eine Familie benötigt circa 700 Kilogramm Brennholz pro Jahr allein für das Kochen – werden aber nicht nach ökologischen Grundsätzen erzeugt, sondern ziehen die Abholzung von Wäldern und damit unter anderem die Gefahr von Überflutungen und Schlammlawinen in Entwicklungsländern nach sich. Darüber hinaus entstehen aufgrund der Rauchentwicklung vielfach gesundheitliche Schäden, vor allem bei Kleinkindern (zum Beispiel Lungenerkrankungen, Kopfschmerzen und schleichende Vergiftungen). Nach einer Schätzung der Weltgesundheitsorganisation WHO sterben jährlich bis zu 1,6 Millionen Menschen an den Folgen des schadstoffbelasteten Rauchs in ihren Wohnräumen (WHO, 2007). Die weitgehend einzig verfügbare Alternative für Nutzer am Fuß der Pyramide, der Kerosin-Druckkocher, ist zwar relativ günstig in der Anschaffung, scheidet aber durch vergleichsweise hohe (fossile) Brennstoffkosten und erhöhte Explosions- beziehungsweise Brandgefahr als nachhaltige Lösung aus.

Abb. 2: Der PROTOS-Pflanzenölkocher (Quelle: BSH)

Um diesen Missstand in den ärmsten Ländern der Welt zu ändern, hat Bosch und Siemens Hausgeräte GmbH (kurz: BSH) ein Hightech-Kochgerät bester Qualität entwickelt, den PROTOS-Pflanzenölkocher (siehe Abbildung 2). Durch seine neuartige Verbrennungstechnologie kann der

PROTOS praktisch alle flüssigen Brennstoffe verwerten, insbesondere Pflanzenöle, die aus ökologisch kontrolliertem Anbau stammen. Aufgrund der fortgeschrittenen Technologie – unter Druck und Wärme wird Pflanzenöl verdampft und als Gas mit einem ausgefeilten Brenner rückstandsfrei verbrannt – entstehen keine nennenswerten Belastungen beim Kochen in geschlossenen Räumen.

Der PROTOS kombiniert drei Merkmale: (1) *soziale* Aspekte durch verbesserte Lebensbedingungen für die Nutzer (u. a. die Vermeidung von Gesundheitsschäden), (2) *ökologische* Nachhaltigkeit für die Umwelt und (3) *ökonomische* Vorteile für die Nutzer, den Hersteller und die Partner im Geschäftsmodell. Man spricht im Sinne der Nachhaltigkeit daher auch von der sogenannten „Triple Bottom Line", das heißt der Absicht, in allen drei obengenannten Aspekten Gewinne zu erzielen und Werte zu schöpfen.

Die gesundheitlichen Wirkungen wurden eben kurz dargestellt, deshalb nun ein Blick auf das zweite Merkmal. Das Kochen mit Pflanzenöl ist CO_2-neutral, denn der PROTOS ersetzt fossile Brennstoffe, sei es Holz, Holzkohle, Kerosin oder Gas. Durch die Verwendung von Pflanzenölen kann indessen die Abholzung von Wäldern aufgehalten beziehungsweise die Abhängigkeit von fossilen Brennstoffen verringert werden. So können im Gesamtkreislauf bis zu sieben Tonnen CO_2 pro Kochgerät und Jahr eingespart werden. Für den PROTOS-Kocher wird das Öl der Purgiernuss (Jatropha curcas) favorisiert. Pflanze und Früchte sind für Menschen nicht essbar, und aufgrund ihrer Genügsamkeit kann die Jatropha auch auf agrarisch ungenutzten Randflächen sowie erodierenden Böden wachsen (unter anderem auf trockenem Savannenboden). Die Pflanze birgt also wertvolles ökologisches Potenzial: durch Stabilisierung arider Böden und erodierender Flächen sowie biologisch diversifizierbarem Anbau (gemischt mit anderen Nutzpflanzen). Darüber hinaus ist sie konfliktfrei mit der Nahrungsmittelkette nutzbar.

Das dritte Merkmal, der ökonomische Nutzen, ist nicht nur für den Hersteller und potenzielle Geschäftspartner selbstverständlich und wichtig, sondern wesentliche Voraussetzung für die Akzeptanz des PROTOS-Kochers bei der Bevölkerung. Die Bevölkerung akzeptiert den Kocher gern, weil er (aufgrund eines zukunftsweisenden Ertragsmodells) für sie erschwinglich ist, die täglichen Betriebskosten senkt und aufgrund der fortschrittlichen Technologie das Ansehen der Familie im Dorf steigert. Nach der internen Analyse und Auswertung erster Ergebnisse des PROTOS-Projekts geht die BSH davon aus, dass gerade der ökonomische Anreiz für Nutzer und Partner das ausschlaggebende Erfolgselement für den Aufbau eines nachhaltigen Systems mit sozialem und ökologischem Mehrwert war und ist.

Die Regierungen ärmerer Länder können leicht von diesen Vorteilen (soziale und ökologische Verantwortung, ökonomischer Erfolg) überzeugt werden, schon weil sie gut gegenüber internationalen Organisationen (WHO, UNO) und Unternehmen – aber auch der Bevölkerung – darstellbar sind und deren Unterstützungsbereitschaft für das Land erhöhen.[2] Das Wohlwollen der Regierungen ist vor allem für die Bereitstellung von Anbauflächen für die Bebauung mit Jatropha im Rahmen von Mischkulturen verlangt. Daneben wird oftmals auch die Anschaffung des Kochers durch einmalige Subventionen des Kaufpreises begünstigt.

Darüber hinaus wurden weitere Nutzenkomponenten gefunden, die das Geschäftsmodell für weitere Stakeholder erstrebenswert machen. Bereits kurz erwähnt wurden langfristige ökonomische Vorteile der Regierungen durch potenzielle Einsparungen bei Import und Subvention fossiler Brennstoffe für die Ärmsten der Bevölkerung. Bei genauer Betrachtung des BOP-Geschäftsmodells ergeben sich jedoch noch andere ökonomische Vorteile, die durch verschiedene Partner im System nutzbar sind: (1) Der Pflanzenölhersteller, ein Großplantagen-Betrieb, in dem Hunderte (arme) Farmerfamilien den Jatropha-Anbau bewirtschaften. Eigentliches Kerninteresse ist das Exportgeschäft unter anderem zur Produktion von Bio-Diesel. Mit Einführung des PROTOS haben nun alle auf der Plantage arbeitenden Familien die Möglichkeit, das Pflanzenöl aus Eigenanbau zu nutzen: Das Plantagen-Management sponsert den Anschaffungspreis für den Kocher und gibt das Jatropha-Öl zur Eigennutzung zum Selbstkostenpreis ab. Für das Pflanzenöl-Unternehmen entsteht eine erheblich gesteigerte Bindung der Farmerfamilien an die Plantage durch die gelebte und erlebbare Wahrnehmung der sozialen Verantwortung des Unternehmens. Für die BSH als Hersteller sind daher die Pflanzenöl-Unternehmen vor Ort Garant für einen großen Absatzmarkt, die nachhaltige Nutzung der Kocher und günstige Betriebskosten. (2) Die Familien, die den Kocher PROTOS nutzen, profitieren gleich in mehrfacher Hinsicht: Durch die innovative Technik lässt sich mit einem Liter Jatropha-Öl erheblich länger und heißer kochen als mit Kerosin. Darüber hinaus ergibt sich für die Nutzerfamilien

---

[2] Daüber hinaus dient das System aber auch ganz „banalen" wirtschaftlichen Zielen der Regierung. So werden in vielen Ländern der Import und die Verbraucherpreise für Kerosin und Gas subventioniert. Daher liegt es für Regierungen nahe, die nachhaltigen Nutzungsmöglichkeiten des Kochersystems mit lokal angebauten natürlich nachwachsenden Rohstoffen zu fördern.

ein Zeit- und Sicherheitsgewinn, denn ein PROTOS-Kocher kann im Gegensatz zu Kerosin- oder Gaskochern nicht explodieren.

Das von BSH praktizierte Wertschöpfungsmodell für den Kocher besteht darin, alle notwendigen Komponenten zur erfolgreichen Herstellung, Vermarktung und Akzeptanz zu identifizieren, potenzielle Partner von dem Geschäftsmodell zu überzeugen und einzubinden, potenzielle Hürden (beispielsweise ökonomische) zu überwinden sowie gemeinschaftlich die identifizierten Externalitäten des PROTOS-Jatropha-Systems zu aktivieren und zu nutzen.

- Eine erste Externalität besteht in der günstigen CO_2-Bilanz. Die CO_2-Einsparungen können nach dem Kyoto-Protokoll seit dem Jahr 2005 direkt über den Markt für CO_2-Rechte im Rahmen eines CDM-Projekts verkauft werden. Diese erste Externalität hängt vor allem von der erwähnten CO_2-Bilanz des Landes ab, das heißt von dem Anteil (zu ersetzender) fossiler Energie.

- Eine zweite Externalität besteht in dem positiven Ansehen, das der Kocher (in Verbindung mit den weiteren, von BSH kontrollierten Umständen zur Sicherung ökologischer Standards) bei den wohlhabenderen Schichten der Weltbevölkerung erzeugt. Dieses positive Ansehen ist sowohl in den obengenannten ärmeren Ländern wie auch in den reicheren Industriestaaten zur Kundengewinnung und Geschäftsausweitung nutzbar. Kommunikativer Schwerpunkt sind dabei (1) die positiven Wirkungen auf die Gesundheit und den Lebensstandard der Nutzerfamilien sowie (2) die ökologischen Vorteile des PROTOS-Jatropha-Systems.

Leider reichen die Erträge aus dem Verkauf der Rechte über den „normalen" CO_2-Markt (erste Externalität) noch nicht aus, um die Kosten für das PROTOS-Jatropha-System zu decken. So wird die Frage kritisch, ob die zweite Externalität, das positive Ansehen, einfach „verpufft" ohne explizit Erträge zu generieren, oder ob durch die mit der zweiten Externalität verbundene Schaffung von Ansehen bei den reicheren Bevölkerungsschichten Erträge eingefangen werden können.

Allerdings kann das Unternehmen, das den Kocher anbietet, die BSH, mit einer ausschließlichen Eigennutzung der zweiten Externalität („Wir sorgen für die Gesundheit der Ärmsten und fördern die Ökologie am unteren Ende der Einkommenspyramide") nicht in ausreichendem Umfang Erträge einfangen. Denn die Kundenstruktur verhindert dies – BSH ist nicht im Massenmarkt tätig. Außerdem hat die BSH aufgrund ihrer eigenen Produkte keinen direkten Kontakt zu den Ländern am Fuß der Pyramide, sodass sich keine natürliche Verwertung der zweiten Externalität ergibt.

Doch BSH hat einen Weg gefunden, die zweite Externalität zu verkaufen. BSH bietet die zweite Externalität Partnerunternehmen an, deren eigenes Ertragsmodell stark von der Einschätzung wohlhabender Schichten der Weltbevölkerung abhängt und die einen Bezug zu den Ländern am Fuß der Einkommenspyramide haben. So finden sich auf der Partnerliste der BSH namhafte Stiftungen aus den Bereichen Umwelt und Energie, aber auch Interessenten aus staatlichen Bereichen sowie internationale Versicherungskonzerne. Die Partnerschaft wird glaubhaft unterlegt, weil die Unternehmen einen Teil der CO_2-Rechte direkt von der BSH übernehmen und dies ihrer Kundschaft kommunizieren. Der entscheidende Punkt ist hierbei, dass die Unternehmen nicht einfach CO_2-Rechte von irgendeinem „anonymen Marktteilnehmer" kaufen (um gesetzliche Beschränkungen einzuhalten), sondern von der mit ihr partnerschaftlich verbundenen BSH. Die BSH wiederum sorgt durch die Kombination der Externalitäten für den maximalen Mehrwert ihrer Partner, indem sie sich der Öffentlichkeit stellt und strengen „Spielregeln" unterwirft. So sind PROTOS-Projekte auf dem CO_2-Markt mit dem sogenannten „Gold Standard" zertifizierbar, ein Gütesiegel, das nur Projekte mit sozialem und ökologischen Nutzen unter hohen Auflagen erhalten. Die Partner können somit die zweite Externalität (Gesundheit, Ökologie des PROTOS-Jatropha-Systems) gegenüber der eigenen Kundschaft kommunizieren, was die Kundenbindung und potenzielle Zahlungsbereitschaft stärkt. Dieser Weg könnte so umschrieben werden: „Tue Gutes und sorge dafür, dass jene anderen darüber reden können, die daraus die größten Vorteile ziehen."

Das dargelegte Geschäftsmodell der BSH ist aus drei Gründen innovativ. Erstens setzt es die neuere Erkenntnis um, dass auch die Bedürfnisse der nur mit geringer Kaufkraft ausgestatteten Nachfrager in den Entwicklungsländern nicht mit minderwertigen Produkten zu befriedigen sind. Denn die Menschen am Fuß der Einkommenspyramide sind informiert (Fernsehen, Mobiltelefonie). Sie erwarten fortschrittliche Produkttechnik sowie ein dahinter stehendes Unternehmen mit Ansehen. Zweitens ist das Geschäftsmodell der BSH innovativ, weil es Wege beschreitet, positive Externalitäten übertragbar zu machen und zu verkaufen. Die Idee, dass ein Unternehmen positive Externalitäten (selbst) ausnutzt, ist nicht neu. Organisationen versuchen beispielsweise, „word-of-mouth recommendation" für sich zu nutzen. Doch das Design, Partnerschaften zu bilden und dem Partner positive Externalitäten zu übertragen, weil der Partner die Externalitäten deutlich besser in Erträge münzen kann, ist neu. Drittens ist das Geschäftsmodell der BSH innovativ, weil die hierbei verwendeten Wege (CO_2-Handel, Übertragung von Externalitäten, Partner-Netzwerk) ausgesprochen neue Instrumente darstellen (neue Märkte, neue Formen der Kommunikation).

3 Die Dimensionen des Geschäftsmodells nach Bieger und Reinhold

Ein Geschäftsmodell stellt die Schlüsselfaktoren des Erfolgs dar. Es zeigt, wie durch das Zusammenwirken von Faktoren, Ressourcen und angesichts der Umstände Wertvolles entsteht, und wie mit dem Wertvollen Erträge eingefangen werden. Nach Bieger und Reinhold (2011) soll das Geschäftsmodell sechs Dimensionen zeigen. Wir folgen dieser Konzeption und zeigen, welche Merkmalsausprägungen BSH dem PROTOS-Jatropha-System in den sechs Dimensionen gegeben hat.

Die erste Dimension im Bieger-Reinhold-Konzept des Geschäftsmodells zeigt auf, was die Organisation anbietet und welchen „Kunden" oder „Partnern" damit ein Nutzenversprechen gegeben werden kann (Value Proposition). Bieger und Reinhold sprechen vom Leistungskonzept (Value Proposition) und erläutern, dass die Leistung sowohl materielle wie immaterielle Güter umfassen kann.

Nun kann eine moderne Unternehmung nicht mehr so erfasst werden, als ob sie mit ihren „Produkten" lediglich der „Kundschaft" etwas bietet. Organisationen bewerkstelligen das Zusammenwirken verschiedenartiger Ressourcen, weshalb sie im Gegenzug verschiedenen Ressourcengebern Nutzen versprechen. Auch ein Unternehmen wird allen Gruppen seiner Stakeholder etwas anbieten – und nicht nur den Kunden im eigentlichen Produktmarkt. So verspricht ein Unternehmen, attraktive Arbeitsplätze für Mitarbeitende zu erhalten oder zu schaffen, es verspricht rentable Anlagemöglichkeiten für Finanzinvestoren, Absatzmöglichkeiten für die Lieferanten von Inputs und so fort. Entsprechend dieser von Williamson (2002) und anderen entwickelten Kontraktperspektive bietet die Unternehmung letztlich ein „Kuppelprodukt", dessen Komponenten Stakeholder in verschiedenen Gruppen und Märkten ansprechen.

In der vorangehenden Darstellung des Angebots von BSH darf man deshalb das Angebot nicht einzig im Hightech-Kocher oder im PROTOS-Jatropha-System sehen. Eine solche Einengung würde wesentliche Komponenten des Angebots ausklammern. Tatsächlich besteht das Neuartige auch nicht darin, dass ein Unternehmen wie BSH ein technisch fortschrittliches Gerät herstellt und in Entwicklungsländern anbietet. Vielmehr ist das PROTOS-Jatropha-System so gestaltet, dass positive Externalitäten entstehen, insbesondere die zuvor als zweite Art von Externalitäten bezeichnete positive Wirkung bei wohlhabenderen Schichten der Weltbevölkerung.

Wir gelangen zu dem Schluss, dass die BSH an erster Stelle positive Externalitäten erzeugt und anbietet. Das ist ihr primäres Nutzenversprechen. Das Angebot richtet sich an Unternehmen, die diese Externalitäten als Input für das eigene Leistungsversprechen und das eigene Ertragsmodell verwenden können. Erst an zweiter Stelle nennen wir das Angebot eines Hightech-Kochers (mit positiven Wirkungen für Gesundheit und Ökologie). Wer weitere Komponenten des Angebots sehen möchte, kann an dritter Stelle das Angebot nennen, das BSH den Regierungen der Entwicklungsländer mit dem PROTOS-Jatropha-System vorlegt.

Die zweite Dimension des Bieger-Reinhold-Konzepts geht darauf ein, wie die Werte für die im Zentrum des Geschäftsmodells stehende Organisation geschaffen werden (Value Creation). Bieger und Reinhold sprechen vom Wertschöpfungskonzept. Es zeigt, wie durch die Kombination von unternehmensinternen und von externen Ressourcen Wert entsteht.

Die Schaffung von etwas Wertvollem verlangt, dass die abgegebenen (materiellen oder immateriellen) Outputs einen höheren Wert haben als die eingesetzten Inputs. Wenn hingegen Inputs, die einen gewissen Wert haben, nach Transformationen auf Outputs führen, die denselben Wert haben, dann werden keine neuen Werte geschaffen. Damit Wertvolles geschaffen werden kann, muss es also gewisse „Imperfektionen" geben, aufgrund derer der Markt für Inputs, Ressourcen und Faktoren sowie der Markt für Outputs und Produkte nicht perfekt zusammengeschlossen sind. Es darf nicht so wie in einem perfekt funktionierenden Finanzmarkt sein, dass Kombinationen von Finanzposition stets einen Wert haben, der gleich ist dem Wert der kombinierten Positionen und Instrumente. Stattdessen muss es gewisse Möglichkeiten geben, durch Kombinationen und Transformationen Produkte zu erzeugen, deren Wert höher ist als der Gesamtwert der Faktoren. Diese Möglichkeiten zu entdecken, ist die Aufgabe des Entrepreneurs und des Erfinders, sie zu realisieren die des Managers und der Facharbeit.

Mit dem PROTOS-Jatropha-System kann sehr viel Wertvolles geschehen bei beschränktem Mitteleinsatz. Das Wertvolle besteht primär in den sanitären und ökologischen Wirkungen des PROTOS-Jatropha-Systems. Die Empfänger des geschaffenen Wertvollen sind die Menschen am Pyramidenfuß (Gesundheit) und – über die Natur (ökologische Wirkungen) – alle Menschen und auch die Regierung. Sekundär ist auch eine Wertschöpfung damit verbunden, dass die den Kocher nutzenden Familien eine Steigerung ihres Ansehens im Dorf erfahren.

Diese zweite Dimension zusammenfassend: Am Pyramidenfuß kann mit wenig Einsatz viel erreicht werden – sofern nur die Aufgaben von Management und Governance des Einsatzes gelöst werden. Genau das bewirkt BSH mit dem PROTOS-Jatropha-System. Mit vergleichsweise geringen Mitteln gelingt es BSH, die sanitäre und ökologische Effizienz am Fuß der Pyramide deutlich zu steigern.

Die dritte Dimension des Geschäftsmodells stellt dar, wie Werte übertragen und kommuniziert werden (Value Comunication and Transfer). Bieger und Reinhold stellen die Kanäle in den Mittelpunkt, über die sich das Unternehmen mit Kunden austauscht und die Leistung überträgt. Als Kernfrage sehen sie bei dieser dritten Dimension des Geschäftsmodells, wie geschaffene Werte Kunden und anderen Nutzniessern kommuniziert und vermittelt werden.

Hier sind drei Punkte hervorzuheben.

• Die primäre Wertübertragung bezieht sich auf die (zweite) Externalität der positiven sozialen und ökologischen Wirkung. BSH überträgt sie auf andere Unternehmen durch eine glaubhafte Partnerschaft. Für die Partner ist es natürlich ein beachtlicher Gewinn an Kundenloyalität und vielleicht auch an Zahlungsbereitschaft, wenn zum Beispiel der Flugbetrieb einer Airline unter bewiesener Förderung der Ökologie erfolgt, und wenn in den Ländern, in denen auch Flugziele liegen, die Lebensbedingungen verbessert werden. Der Träger der Werte sind die CO_2-Rechte und die damit verbundenen inhaltlichen Darstellungen der sozialen und ökologischen Wirkungen. Der Kanal ist die Partnerschaft.

• Eine sekundäre Wertübertragung wird durch die Kanäle zwischen BSH und den Regierungen vollzogen. Hier kann BSH die sozialen und ökologischen Vorteile kommunizieren, und die Behörden können diese Vorteile als Initiative der Landesregierung ausgeben und gegenüber internationalen Organisationen darstellen. Der Träger der Werte sind hier Daten und Informationen, die BSH den Regierungen zur Verfügung stellt. Der Kanal sind Besuche und Präsentationen von BSH bei den Regierungen.

• Eine tertiäre Wertübertragung findet zwischen BSH und der Bevölkerung statt, die den PROTOS aufgrund der modernen Technologie und erheblich gesteigertem Kundennutzen als wertvoll erkennt. Der Träger der Werte ist hierbei das Kochgerät in modernem Design. Der Kanal sind die physischen Distributionswege des PROTOS in die Dörfer.[3]

Die vierte Dimension des Geschäftsmodells im Bieger-Reinhold-Konzept zeigt, wie die Erträge eingefangen werden können (Value Capture). Hier wählt BSH drei Wege: Erstens sind die Partnerschaften zu nennen, mit denen BSH die zweite Externalität (an Partnerunternehmen) überträgt und im Gegenzug Transferzahlungen erhält. Zweitens gibt es die erwähnten direkten Erträge durch den Verkauf der CO_2-Rechte am Markt sowie (in eher geringem Umfang) Erlöse aus dem Vertrieb der Kocher an die Bevölkerung. Drittens können Erträge durch Kostenreduktionen erzielt werden, weil Regierungen (brach liegende) Flächen für die Jatropha zu günstigen Konditionen zur Verfügung stellen.

Die fünfte Dimension im Bieger-Reinhold-Konzept des Geschäftsmodells schließt sich an: Wie werden die eingefangenen Werte verteilt (Value Dissemination)? Auch wenn das im vorliegenden Fall nicht der Hauptpunkt ist, muss festgehalten werden: Die beteiligten Partner in den Indurstrieländern haben einen Gewinn im Ansehen, während für die Nutzer des PROTOS der gesundheitliche Gewinn das wichtigste ist. Die höhere Reputation für die BSH führt zweifellos zu den allgemeinen Vorteilen der Markenstärkung.

Wichtiger scheint noch die sechste Dimension des Geschäftsmodells zu sein. Hier wird ausgeführt, wie es sich weiterentwickelt (Value Development). Nach Bieger und Reinhold soll das Entwicklungskonzept die dynamischen Aspekte des Modells aufzeigen. Das Entwicklungskonzept soll insbesondere darauf eingehen, wie sich die Aktivitäten, die Transformationen und die Wertschöpfung qualitativ und quantitativ weiterentwickeln.

Beim PROTOS-Jatropha-System fällt vordergründig die enorme Größe der untersten Schicht der Pyramide auf. Nach Schätzungen sind zwei bis drei Milliarden Menschen von den skizzierten Problemen der Armut betroffen. Von daher gibt es ein Wachstumspotenzial auf sehr lange Zeiträume, was den Absatz des Kochers und die Nutzung brach liegender Savannen für den Anbau der Jatropha betrifft.

Allerdings ist diese, wie ausgeführt, nicht der primäre Output im Transformationsprozess. Denn das Geschäftsmodell sieht primär vor, die (zweite

---

[3] Als besondere Herausforderung erweisen sich Distributions- und Kommunikationkanäle für den Aufbau von BOP-Geschäftsmodelle in Drittwelt- oder Schwellenländern (Anderson/Markides, 2007). Beispiele wie Unternehmen diese Schwierigkeiten gelöst haben, finden sich zum Beispiel bei Anderson und Kupp (2008), Hart und Christensen (2002) oder Prahalad und Hart (2002).

364

Art von) Externalitäten zu erzeugen (und so weiter zu geben, dass damit Erträge eingefangen werden können). Das Geschäftsmodell wird sich daher in jenem Mass weiterentwickeln, in dem es möglich ist, weitere „Abnehmer" der positiven Externalitäten einzubinden.

Diese Betrachtung lässt ein nachhaltiges und sehr langfristiges Wachstum erwarten, nicht aber eine überstürzte Überschwemmung eines Landes mit den Kochern. Deshalb verlangt die sechste Dimension eine genaue Verfolgung von Aktivitäten allfälliger Konkurrenz. Den Regierungen muss klar werden, dass das Geschäftsmodell nicht mehr funktionieren kann, sollte Konkurrenz im Markt für Externalitäten zu einer Erosion der Preise (für die Externalitäten) führen.

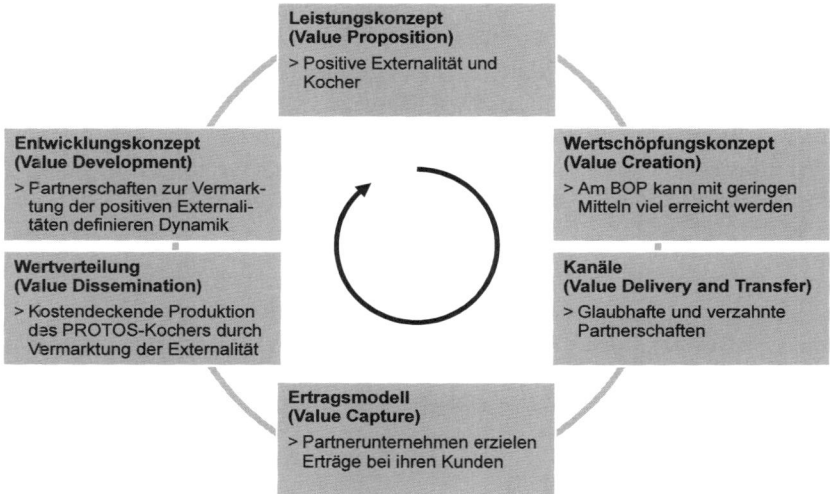

Abb. 3: Dimensionen des PROTOS-Jatropha-Geschäftsmodells

Das Bieger-Reinhold-Konzept eignet sich gut, die wesentlichen und die innovativen Merkmale des Geschäftsmodells für das PROTOS-Jatropha-System darzustellen. Durch die Auffächerung in sechs Dimensionen wird deutlich, wie Externalitäten vermarktet werden. Die Schwierigkeit ist die, dass vielfach – so auch im vorliegenden Fall – der Hersteller des Produkts und jenes Unternehmen, das die Externalitäten optimal vermarkten kann, unterschiedlich sind. Dann müssen die Externalitäten übertragbar gestaltet und in einem virtuellen Unternehmen partnerschaftlich genutzt werden. BSH zeigt mit dem PROTOS-Jatropha-System ein Geschäftsmodell, mit dem die Situation der Ärmsten dieser Welt (Bottom-of-the-Pyramid) verbessert werden kann. Der Schlüssel besteht darin, die positiven Externalitäten übertragbar zu gestalten und an jene Partner zu verkaufen, die sie am besten in Erträge ummünzen können.

4 Zusammenhänge mit dem Denkrahmen von Prahalad

Der indische Wirtschaftswissenschaftler und Unternehmensberater C. K. Prahalad (1941-2010), zuletzt Professor an der University of Michigan in Ann Arbor, USA, hatte Wege zur Beseitigung der globalen Armut gesucht. Der traditionellen Hilfe durch die Verteilung von Gütern seitens des Staates oder durch Hilfsorganisationen stellt Prahalad die Idee gegenüber, den Ärmsten zu profitabler Arbeit zu verhelfen, wozu innovative Konzepte und neueste Technologien verlangt sind. Er hat sich gegen die Vorstellung gewandt, die Ärmsten mit „vereinfachten Produkten" und „älteren Technologien" auszustatten. Prahalad (2004) formuliert seine Vision plakativ, wenn er fordert: „The poor deserve world-class products and services."

Auch Kritiker geben zu, dass die Ärmsten heute informatorisch vernetzt sind (Mobiltelefonie, TV, Internet), auf Markennamen achten und dass sie fortschrittliche Produkte und Technologie nachfragen, gleichwohl eine Anpassung an ihre Lebensumstände und Kultur erwarten. Indessen stellen Kritiker die Frage, ob die Zahlungsmöglichkeiten am Fuß der Pyramide letztlich nicht überschätzt werden.

Ohne Erträge von dritter Seite können die Präferenzen für das Neue und die großen Namen kaum in Einklang mit den finanziellen Möglichkeiten am unteren Ende der Einkommenspyramide gebracht werden. Die klassische Formel lautete stets, nach dem Staat zu rufen, doch die hergebrachten staatlichen Verteilungen sind immer weniger akzeptabel. Moderne Entwicklungsmodelle der internationalen Hilfseinrichtungen sind immer wieder von dieser beschränkten Akzeptanz betroffen. Armut kann mit Almosen vielleicht gelindert, aber nicht beseitigt werden.

Zur Lösung des Dilemmas weist Prahalad (2004) den Weg, profitable Arbeitsmöglichkeiten zu schaffen. Doch solange dieser Weg nicht tief genug beschritten ist, erweisen sich rein private Lösungen für die ökonomische Allokationsaufgabe als begrenzt.

Indes können die Erträge von dritter Seite auch aus einer anderen Quelle stammen, wie das Geschäftsmodell von BSH beweist. Auch BSH setzt auf moderne Technologie und bringt den guten Firmennamen ein, wie von

Prahalad (2004) postuliert. Doch BSH klammert die Schaffung profitabler Arbeit als Voraussetzung aus. Stattdessen erkennt BSH, dass die Menschen am Fuß der Pyramide, wenn sie Produkte kaufen, neben dem Entgelt etwas Zweites bieten. Unter der Bedingung, dass die Produkte den Lebensstandard heben, Gesundheit und Sicherheit fördern, sind Produktion und Vertrieb keine rein privatwirtschaftliche Aktivität mehr, sondern begleitet von starken Externalitäten. Anders ausgedrückt: Wer den Ärmsten zu Produkten, Diensten und zu Information verhilft, die erkennbar die tägliche Mühsal verringern oder Krankheiten zu vermeiden helfen, der kann mit hoher Anerkennung beim restlichen Teil der Menschheit rechnen. Diese positiven Externalitäten stellen Werte dar, die die Ärmsten den Produzenten zur Verfügung stellen und mit denen diese Produzenten möglicherweise (zusätzliche) Erträge einfangen können.

Die Voraussetzung für diese positiven Externalitäten besteht wie gesagt darin, dass die Produkte in den oberen Ebenen der Pyramide als „gesund" (für die Menschen am Pyramidenfuß und ihre Gesellschaft) eingestuft werden – es darf nicht um Güter und Dienste gehen, die lediglich der Konsumfreude oder der Unterhaltung dienen. Außerdem dürfte in vielen Fällen – so auch beim PROTOS-Jatropha-System – eine Partnerschaft erforderlich werden, innerhalb derer die Externalitäten übertragen werden können. Damit erweitert das Geschäftsmodell den Denkrahmen von Prahalad (2004).

5 Literaturverzeichnis

Anderson, J./Kupp, M. (2008). Serving the poor: drivers of business model innovation in mobile. In: *Info*, 10 (1), S. 5-12.

Anderson, J./Markides, C. (2007). Strategic Innovation at the Base of the Pyramid. In: *MIT Sloan Management Review*, 49 (1), S. 82-88.

Bieger, T./Reinhold, S. (2011). Das wertbasierte Geschäftsmodell – Ein aktualisierter Strukturierungsansatz. In: Bieger, T./zu Knyphausen-Aufseß, D./Krys, C. (Hrsg.): *Innovative Geschäftsmodelle. Konzeptionelle Grundlagen, Gestaltungsfelder und unternehmerische Praxis* (S. 13-70). Berlin et al.: Springer-Verlag.

Hart, S. L./Christensen, C. M. (2002). The Great Leap: Driving Innovation From the Base of the Pyramid. In: *MIT Sloan Management Review*, 44 (1), S. 51-56.

Katz, M. L./Shapiro, C. (1992). Product introduction with network externalities. In: *The Journal of Industrial Economics*, 40 (1), S. 55-83.

Prahalad, C. (2004). *The Fortune at the Bottom of the Pyramid – Eradicating Poverty through Profit.* Wharton School Publishing.

Prahalad, C. K./Hart, S. L. (2002). The Fortune at the Bottom of the Pyramid. In: *Strategy + Business*, 26 (1), S. 1-14.

Silent and deadly (25. September 2010). *The Economist*, S. 72.

Williamson, O. (2002). The Theory of the Firm as Governance Structure: From Choice to Contract. In: *Journal of Economic Perspectives*, 16 (3), S. 171-195.

World Health Organization [WHO] (2007). *Indoor Air Pollution – National burden of disease estimates*. Geneva: WHO Press.

Ausblick – Megatrends und ihre Implikationen auf Geschäftsmodelle

Christian Krys

Ein Ausblick auf die zukünftige Entwicklung von Geschäftsmodellen muss zunächst den Rahmen abstecken, innerhalb dessen eine solche Entwicklung abläuft. Diesen Rahmen setzen Megatrends, also langfristige Entwicklungen, die einen großen Einfluss auf das natürliche, technologische, gesellschaftlich-politische und ökonomische Umfeld von Unternehmen haben. Sieben wesentliche Megatrends sind der demografische Wandel, die weiter fortschreitende Globalisierung, die Knappheit von Ressourcen, der Klimawandel, die Weiterentwicklung der Wissensgesellschaft, die Dynamik der technologischen Entwicklung und die zunehmende globale Verantwortung für die Wahrung der Menschenrechte und die Erhaltung des Ökosystems Erde. Abgeleitet aus diesen Megatrends lassen sich evolutionäre und revolutionäre Entwicklungen unterscheiden, also eine Weiterentwicklung bestehender Geschäftsmodelle und das Auftauchen völlig neuer Geschäftsmodelle.

1 Einleitung

Zum Abschluss unseres Buches zu innovativen Geschäftmodellen wagen wir einen Blick in die Zukunft von Geschäftsmodellen. Ausgangspunkt dieser Überlegungen ist zunächst die Unternehmensstrategie. Diese wird wesentlich von den natürlichen, technologischen, gesellschaftlich-politischen und ökonomischen Umfeldbedingungen eines Unternehmens bestimmt. So schreiben Schwenker und Spremann (2008, S. 96f.): „Strategie ist ein Kontingenzplan, der die eigene Vorgehensweise in Abhängigkeit von Umweltzuständen, die eintreten könnten, und in Abhängigkeit von denkbaren Aktionen anderer Personen entwickelt. […] Die Strategie geht von einer Analyse der Situation, der Umwelt und der Wirkungszusammenhänge aus und entwickelt für sie eine differenzierte Sicht."

Entlang dieser Argumentationslinie gelangt man schnell zum Zusammenhang zwischen Strategie und Geschäftsmodell, den Bieger und Reinhold (2011, S. 24) herausgearbeitet haben: „Die im Rahmen der Strategie verfügbaren Handlungsspielräume (Entscheide hinsichtlich Regeln, Ressourcen und Führungsstrukturen) bilden das ‚Rohmaterial' für die Gestaltung von Geschäftsmodellen. Die Festlegung des Geschäftsmodells und dessen Anpassung, um die Ziele der Strategie zu erreichen, sind Teil des Strategieprozesses. Das Geschäftsmodell einer Unternehmung reflektiert daher dessen realisierte Strategie."

Vor diesem Hintergrund kann kein Zweifel daran bestehen, dass die Umfeldbedingungen die Gestaltung von Geschäftsmodellen maßgeblich beeinflussen. Wer also – wie wir im dritten Abschnitt dieses abschließenden Beitrags – einen Ausblick auf mögliche Geschäftsmodelle im Jahr 2030 wagt, kommt nicht umhin zu prognostizieren, welche Phänomene und Trends die nächsten zwei Jahrzehnte prägen werden.

Einen Blick in die Zukunft zu werfen, gleicht dem Aufstellen und Lösen eines Gleichungssystems mit vielen Unbekannten: Je nachdem, welche Parameter gewählt und welche Werte eingesetzt werden, gelangt man zu völlig verschiedenen Ergebnissen. Auch bei professionellen Vorhersagen der Zukunft gibt es ganz unterschiedliche Ansätze. Eine grundsätzliche Warnung gilt dabei aber für alle Methoden: sich niemals in falscher Sicherheit zu wiegen. Die Zukunft ist nämlich keine lineare Extrapolation der Vergangenheit; beispielsweise können technologische Innovationen wie das Internet Alltag und Arbeitswelt im Laufe einer Generation komplett verändern. Auch sogenannte „Wild Cards" erschweren Vorhersagen über künftige Entwicklungen und greifen – wie der Joker im Kartenspiel – in den Lauf der Dinge ein. Der Autor Nicolas Taleb bezeichnet diese „Wild Cards" als „Schwarze Schwäne" (vgl. Taleb, 2008); Beispiele sind die Entdeckung des Penicillins oder der Terroranschlag vom 11. September 2001. „Wild Cards" sind „surprising and unexpected events with low ‚perceived probability' of occurrence but with very high impact" (vgl. o.V., 2010a). Auch wenn „Wild Cards" per definitionem nicht vorhersehbar sind, hat die Forschung inzwischen begonnen, sich systematisch mit den „Schwarzen Schwänen" auseinanderzusetzen, zum Beispiel im Rahmen des von der EU-Kommission initiierten „iKnow"-Projekts.[1]

Während die „Schwarzen Schwäne" als Überraschungseffekte heranfliegen, zeichnen sich bereits heute deutliche Entwicklungslinien ab, die künftig die Rahmenbedingungen von Ökonomien und Gesellschaften be-

---

[1] Beim „iKnow-Projekt" arbeiten Wissenschaftler aus acht Forschungseinrichtungen aus Großbritannien, Finnland, Deutschland, Tschechien und Israel zusammen. Ziel des Projekts ist es „to advance knowledge and tools related to events and developments [...] potentially shaping and shaking the future of science, technology and innovation." (http://wiwe.iknowfutures.eu/iknow-description/; abgerufen am 8. Januar 2011)

stimmen werden. Die im nächsten Abschnitt skizzierten Megatrends werden in den nächsten Jahrzehnten weltweit die gesellschaftlichen, politischen und wirtschaftlichen Entwicklungen prägen – und damit das Umfeld für Unternehmen und die Erfolgsfaktoren für Geschäftsmodelle.

2   Megatrends

Der Begriff „Megatrend" wurde durch den US-Autor John Naisbitt populär, der 1982 seinen gleichnamigen Bestseller veröffentlichte (vgl. Naisbitt, 1982). Diese Megatrends haben erheblichen Einfluss auf die künftige Entwicklung von Geschäftsmodellen: „Jedes Geschäftsmodell beruht auf einer Reihe von Annahmen darüber, wie die Welt funktioniert." (Magretta, J., 2004, S. 79). Sind diese Annahmen falsch oder werden die Zeichen der Zeit ignoriert, hat dies unter Umständen fatale Folgen für Unternehmen, wie wir an zwei Beispielen aus der Vergangenheit zeigen werden, deren Geschäftsmodelle jeweils vom Megatrend „Dynamische Entwicklung von Technologie" (siehe 2.6) ausgehebelt wurden.

Ein Beispiel für eine technologische Entwicklung mit gravierenden Folgen für die Branchenakteure ist die digitale Fotografie. Der Film- und Fotokonzern Eastman Kodak aus dem US-Bundesstaat New York war jahrzehntelang die unangefochtene Nummer eins auf dem Markt für Fotokameras und -filme; phasenweise erreichte Kodak bei Fotofilmen einen Weltmarktanteil von 90%. Diese Vormachtstellung wurde zwar bereits in den 1980er Jahren durch japanische Hersteller erschüttert. Den endgültigen Einstieg in eine Abwärtsspirale markierte aber der Beginn der digitalen Fotografie: „Kodak hat den technologischen Wandel vom analogen Fotografieren und Filmen auf die Digitaltechnik nie geschafft. Seit Chip und Computer das Fotografieren und Filmen bestimmen, geht es mit Kodak bergab." (Büschemann, 2010). Die Unternehmenszahlen belegen diese Einschätzung: 1995 standen weltweit 125.000 Menschen auf der Lohnliste von Kodak, davon 60.000 am Stammsitz Rochester, 2010 gab es rund um den Globus noch 20.000 Beschäftigte, in Rochester noch 10.000. Deutlich geschrumpft ist auch der Börsenwert: Er lag Anfang 1997 bei 31 Mrd. US-Dollar, im September 2010 betrug er nur noch 1 Mrd. US-Dollar (vgl. Büschemann, 2010).

Ein anderes Beispiel für mögliche Auswirkungen des Technologiewandels ist TA Triumph Adler: Das 1886 gegründete Unternehmen produzierte seit 1909 Schreibmaschinen (Triumph-Adler, Firmenchronik Triumph-Werke, 2011). Die Schreibmaschinen-Serien „Matura", „Factura" und „Gabriele" gehörten weltweit zum Inventar zahlreicher Büros. 1968 belegte das Unternehmen Platz fünf im globalen Ranking der Büromaschinenhersteller. Zu seinen Hochzeiten beschäftigte der Konzern über 17.000 Mitarbeiter, davon rund 6.000 in Nürnberg. 1986 übernimmt der italienische Büromaschinenhersteller Olivetti TA Triumph-Adler. Die Firmenchronik vermeldet für dieses Jahr eine „erstmals rückläufige Nachfrage bei elektronischen Schreibmaschinen, Absatzrückgang um 10 Prozent auf 675.000 Stück, Tendenz weiter stark fallend" (Triumph-Adler, Firmenchronik 1986-2000, 2011). Innerhalb des Olivetti-Konzerns erhält TA Triumph-Adler die Verantwortung für PCs und Notebooks und bringt 1991 die Personal Computer der Dario-Reihe sowie Notebooks mit Farbdisplay heraus. Aber schon 1992 stellt Olivetti die Notebook-Fertigung bei TA ein. 1993 wird das Nürnberger Werk mit seinen noch 1.700 Beschäftigten geschlossen. Heute ist die TA Triumph-Adler AG eine 100-prozentige Tochter des japanischen Kyocera-Konzerns. In einem radikalen Umstrukturierungsprozess hat sich das Unternehmen (2009: 1.285 Beschäftigte, 287,5 Mio. Euro Umsatz) in den letzten Jahren komplett erneuert und sich, in Anknüpfung an die alte Kernkompetenz in der Bürokommunikation, auf effiziente Prozesse im Dokumentenmanagement spezialisiert (Triumph-Adler, 2010). Bei der Analyse, Beratung und Realisierung des Dokumenten-Workflow sowohl in Papier- als auch in elektronischer Form ist die TA Triumph-Adler AG nach eigenen Angaben Marktführer in Deutschland.

Wie diese Beispiele zeigen, sollten Inhaber und Manager von Unternehmen kritisch hinterfragen, welche Auswirkungen die sich heute bereits abzeichnenden Megatrends auf ihr aktuelles Geschäftsmodell haben könnten. Nur wer Bestehendes auf den Prüfstand stellt, kann die verschiedenen Dimensionen des Geschäftsmodells entsprechend den sich wandelnden Rahmenbedingungen verändern oder völlig neue Geschäftsmodelle entwickeln. Hinzu kommt: Eine pro-aktive Auseinandersetzung mit den möglichen Konsequenzen der Megatrends auf das eigene Unternehmen erhöht die Chance auf First-Mover-Vorteile, die wiederum zu einer Spitzenpositionierung im Wettbewerb führen. Im Folgenden stellen wir, entlehnt dem Trend Compendium 2030 von Roland Berger Strategy Consultants (quantitative und qualitative Angaben beziehen sich – falls nicht anders vermerkt – auf die Angaben im Trend Compendium 2030), sieben Megatrends vor, die die zukünftige Entwicklung von Gesellschaft und Wirtschaft – und damit von Unternehmen und Geschäftsmodellen – entscheidend beeinflussen.

2.1 Demografischer Wandel

Nach den Prognosen der Vereinten Nationen werden 2030 rund 8,3 Milliarden Menschen auf der Erde leben, rund 20% mehr als heute. Dabei verläuft die demografische Entwicklung in den Industriestaaten und in den Entwicklungsländern völlig unterschiedlich: In den meisten reicheren Ländern sind die Bevölkerungszahlen langfristig rückläufig, eine Ausnahme stellen die USA dar. Dagegen werden die Bevölkerungszahlen in Entwicklungsländern deutlich steigen: von heute 5,7 Milliarden auf 7 Milliarden im Jahr 2030.

Eine kontinuierlich steigende Lebenserwartung lässt die Weltbevölkerung altern: Die Hälfte der Weltbevölkerung wird 2030 älter als 34 Jahre alt sein, heute liegt das Medianalter erst bei 29 Jahren. Dabei zeigen sich erneut deutliche Unterschiede zwischen armen und reichen Ländern: In den Industriestaaten liegt das Median-Alter 2030 bei 44 Jahren, in den Entwicklungsländern bei 32 Jahren.

Neben dem Wachstum und der Alterung der Weltbevölkerung ist die zunehmende Urbanisierung ein weiterer demografischer Trend, der die nächsten Jahrzehnte prägen wird: Lebt heute erst gut die Hälfte der Weltbevölkerung in Städten, werden es 2030 fast zwei Drittel sein. Auch die Zahl der Megastädte, also von Städten mit mehr als 10 Millionen Einwohnern, wird weiter wachsen, vor allem in Asien und Afrika.

2.2 Globalisierung

Die Globalisierung wird auch in den nächsten zwei Jahrzehnten die Weltwirtschaft prägen: Die weltweite Wirtschaftsleistung soll laut Goldman Sachs bis 2030 um 125% (4,1% p.a.) wachsen (Moe et al., 2010, S. 6). Die Vorhersage der EIU fällt mit 80% (3% p.a.) moderater aus (EIU, 2010). Beide Prognosen zeigen, dass sich das globale Wachstum beschleunigen wird. In den letzten 20 Jahren betrug die Zunahme lediglich 69% (2,7% p.a.).

Die Exporte werden bis 2030 um 179% (5,3% p.a.) auf gut 40 Bn. US-Dollar zunehmen, das heißt, sie werden doppelt so schnell wachsen wie die weltweite Wirtschaftsleistung. 2030 wird der Anteil der Exporte an der weltweiten Wirtschaftsleistung 45% ausmachen. Zum Vergleich: 1990 lag dieser Wert bei 17%, heute beträgt er 29%.

Die Entwicklung der BRIC-Staaten (Brasilien, Russland, Indien und China) wird weiterhin dynamisch verlaufen: Bis 2020 wird das Bruttoinlandsprodukt (BIP) der BRIC-Staaten jährlich um 7,9% zulegen , bis 2030 werden sie ihren Anteil an der weltweiten Wirtschaftsleistung von derzeit 18% auf 36% ausbauen. Was das Volumen ihrer Exporte anbelangt, werden die BRIC-Staaten vermutlich bis 2030 mit Europa gleichziehen. Ihr Anteil am Weltexport liegt heute bei 14%, 2030 soll er 23% betragen. Die dynamische Entwicklung der BRIC-Staaten darf nicht den Blick verstellen auf die Chancen in den neuen Emerging Markets: Das BIP der sogenannten „Next Eleven"[2] wird bis 2030 jährlich um 5,9% wachsen. Ihr Anteil am Weltexport wird von heute 9% bis 2030 auf 12% steigen.

2.3   Ressourcenknappheit

Der globale Energiebedarf wird weiterhin wachsen, da das Bevölkerungswachstum und die zunehmende Industrialisierung der Schwellenländer die Energienachfrage treiben. Nach dem sogenannten „New Policy Scenario" der Internationalen Energieagentur (IEA) wird der Primärenergiebedarf bis 2030 um 26% (1,2% p.a.) auf 16.014 Mio. Tonnen RÖE[3] steigen. Im Energiemix des Jahres 2030 wird laut IEA-Prognosen Öl mit einem Anteil von 28% (heute: 32%) am globalen Primärenergiebedarf dominieren – regenerative Energien nehmen zu, stellen jedoch 2030 erst 13% der weltweiten Energieversorgung. Auch künftig ist mit steigenden Energiepreisen zu rechnen: Die IEA prognostiziert bis 2030 einen Anstieg von 69%; der Preis für ein Barrel importiertes Rohöl wird 2030 bei 111 US-Dollar liegen. Andere Institutionen rechnen mit einem deutlicheren Preisanstieg auf einen Wert zwischen 124 und 204 US-Dollar pro Barrel.

Künftig werden Bevölkerungswachsum und die Folgen des Klimawandels den Wassermangel in vielen Regionen der Welt noch verschärfen: Von den 9,1 Milliarden Menschen, die 2050 voraussichtlich die Erde bevölkern, werden nach den Prognosen des 2. UN-Weltwasserberichts 1,8 Milliarden in Gegenden mit Wasserknappheit (weniger als 1.666 Kubikmeter pro Kopf und Jahr) und fünf Milliarden Menschen in Regionen mit Wassermangel (weniger als 1.000 Kubikmeter pro Kopf und Jahr) leben (vgl. Henzelmann, 2010).

Seit der Jahrtausendwende haben sich die Preise für Nichteisen-Metalle (Kupfer, Aluminium, Zink, Bronze, Messing usw.) verdoppelt, Eisenroh-

---

[2]   Zu den „Next Eleven" gehören Ägypten, Bangladesch, Indonesien, Iran, Mexiko, Nigeria, Pakistan, Philippinen, Südkorea, die Türkei und Vietnam.

[3]   RÖE gleichbedeutend mit Öleinheit oder oil equivalent; Maßeinheit für die in Heizstoffen vorhandene Energie beziehungsweise den Energieverbrauch.

stoffe (Eisenerz und Stahlschrott) kosten fast vier Mal so viel wie im Jahr 2000 (vgl. IfW, 2009). Diese Preisentwicklung spiegelt das strukturelle Ungleichgewicht aus einer drastisch gestiegenen Nachfrage, die vor allem durch die Industrialisierung der Schwellenländer getrieben wird, und einem knappen Angebot wider. Ein weiterer Faktor sorgt langfristig für steigende Preise auf den Rohstoffmärkten – die physische Begrenztheit der natürlichen Rohstoffvorkommen.

Die Nachfrage nach Nahrungsmitteln wird weiter steigen, nicht zuletzt durch das Bevölkerungswachstum. Andererseits werden die Folgen des Klimawandels und die Wasserknappheit sowie die zunehmende Nutzung von Agrarprodukten zur Energieerzeugung negative Auswirkungen auf die globale Nahrungsmittelproduktion haben, sodass mit einem Preisanstieg sowie mit Verteilungskonflikten zu rechnen ist.

2.4   Klimawandel

Zwischen 1850 und 2009 wurden circa 1.280 Mrd. Tonnen Kohlendioxid in die Atmosphäre emittiert, mehr als die Hälfte davon seit Mitte der 1970er Jahre. 2008 erreichte die CO_2-Konzentration in der Atmosphäre im Jahresdurchschnitt mit 384 ppm den höchsten Wert seit zwei Millionen Jahren (vgl. Henzelmann, 2010). Die globale Erwärmung ist auf diesen anthropogenen Treibhauseffekt zurückzuführen: Die größten Emittenten von Kohlendioxid[4] sind die Sektoren Energieerzeugung, Industrie und Verkehr. Seit Beginn des Industriezeitalters hat sich die globale Mitteltemperatur um 0,8 Grad erhöht; bis 2030 ist mit einem weiteren Anstieg um 0,5 bis zu 1,5 Grad zu rechnen.

Das Ausmaß des Temperaturanstiegs in der zweiten Hälfte dieses Jahrhunderts ist davon abhängig, ob entsprechende Maßnahmen zum Schutz des Klimas ergriffen werden. Das Ziel der internationalen Klimapolitik ist es, die globale Mitteltemperatur auf circa zwei Grad gegenüber dem vorindustriellen Zeitalter zu begrenzen. Eine Erwärmung jenseits der Zwei-Grad-Leitplanke birgt für das Ökosystem Erde erhebliche, zum Teil schwer kalkulierbare Risiken. Extremwetterereignisse wie Hitzewellen, Dürren, Starkregen und Überflutungen werden häufiger auftreten. Schon der Anstieg der globalen Mitteltemperatur um mehr als 1,5 bis 2,5 Grad überfordert die Anpassungsfähigkeit vieler Tier- und Pflanzenarten – mit

---

[4]   Mit über 75% hat CO_2 den größten Anteil am globalen Ausstoß von Treibhausgasen. Das Gas wird überwiegend durch die Verbrennung fossiler Energieträger wie Kohle, Öl oder Gas emittiert.

verheerenden Auswirkungen auf die Biodiversität: Etwa ein Drittel aller Spezies würde eine Erderwärmung dieses Ausmaßes nicht überleben.

2.5   Globale Wissensgesellschaft

Die Entwicklung einer globalen Wissensgesellschaft wird in den kommenden zwei Jahrzehnten enorme Fortschritte machen, nicht zuletzt durch zunehmende Verbreitung des Internets: Voraussichtlich werden im Jahr 2030 fünf Milliarden Menschen weltweit das Internet nutzen, rund 3,3 Millarden Menschen mehr als heute. Das Qualifikationsniveau wird weltweit steigen: 91% der Weltbevölkerung werden einen Grundschulabschluss haben (heute: 88%). Der Anteil der Menschen mit dem Abschluss einer weiterführenden Schule wird von heute 50% auf 55% zunehmen. Die Kluft zwischen den Geschlechtern im Bereich Ausbildung und Erwerbstätigkeit wird sich bis 2030 verkleinern.

Der Bedarf an qualifizierten Arbeitskräften wird weltweit zunehmen. Etwa die Hälfte aller Beschäftigten wird 2020 im Dienstleistungssektor tätig sein, ein Viertel ist den sogenannten „Wissensarbeitern" zuzurechnen. Nur noch 15% der Beschäftigten auf dem globalen Arbeitsmarkt sind „Ungelernte". Der demografische Wandel führt in den nächsten Jahrzehnten zu einer Verringerung des Erwerbspersonenpotenzials. Dementsprechend wird der sogenannte „War for Talents" weltweit zunehmen.

2.6   Dynamische Entwicklung von Technologie

In den nächsten zwei Jahrzehnten werden sich die Innovationszyklen noch weiter verkürzen und die Diffusion von Technologie wird sich beschleunigen. Dabei ist die technologische Entwicklung gleichzeitig Determinante und Ergebnis eines steigenden Einkommensniveaus: Da die weltweite Wirtschaftsleistung und der Wohlstand – vor allem in den Schwellenländern – zunehmen, wird sich die Technologiediffusion erhöhen. Dies wiederum hat positive Auswirkungen auf die Produktivität, sodass ein sich selbst verstärkender Kreislauf initiiert wird.

Wie bereits in den letzten Jahren zu beobachten, werden Informations- und Kommunikationstechnologien (IKT) die Innovationen bis zum Jahr 2030 wesentlich prägen und vorantreiben. Die Digitalisierung wird noch weiter voranschreiten, sowohl im Geschäftsleben als auch im privaten Bereich. Interessante Entwicklungen verspricht das „Internet der Dinge": Voraussichtlich wird es bis 2025 möglich sein, Gegenstände aller Art mit kleinen

Chips zu versehen; diese Implante ermöglichen eine Vernetzung der Objekte untereinander sowie mit dem Internet. Ein anderer Trend ist die wachsende Bedeutung der virtuellen Realität, zum Beispiel im Bildungsbereich.

Die bereits in den letzten Jahren enorm gewachsene Bedeutung der Life Sciences wird künftig noch weiter zunehmen. Unter dem Begriff „Life Sciences" werden verschiedene Wissenschaftsdisziplinen und Branchen zusammengefasst, die wichtigsten sind Biotechnologie, Pharmazie und Medizintechnik. Life Sciences werden in den Jahren bis 2030 eine enorme Dynamik entfalten. Ein Treiber dieses sich bereits heute abzeichnenden Booms ist der technologische Fortschritt. Außerdem wird der demografische Wandel mit dem wachsenden Anteil älterer Menschen in den meisten hochentwickelten Ländern die Nachfrage nach Life-Sciences-Produkten erhöhen.

2.7   Globale Verantwortung

Die weltweite Entwicklung der nächsten zwei Jahrzehnten lässt sich durch weiter zunehmende Globalisierung, steigende Komplexität und technologischen Fortschritt charakterisieren. Große Herausforderungen für die Menschheit bestehen in nationalen und internationalen Konflikten, etwa wegen der Verteilung knapper Ressourcen, der Vermeidung und Bewältigung wirtschaftlicher Krisen und der wachsenden Bedrohung für das Ökosystem Erde, vor allem durch den Klimawandel. Diese Entwicklungen zeigen die Verwundbarkeit der Welt und müssen zwangsläufig zu einem größeren Verantwortungsbewusstsein der internationalen Staatengemeinschaft führen. Dass der Wille dazu prinzipiell vorhanden ist, zeigen die gemeinschaftlichen Reaktionen nach der globalen Wirtschaftskrise sowie die Bemühungen um ein globales Klimaabkommen. Beides zeigt aber auch, wie schwer sich viele Staaten mit bindenden internationalen Verpflichtungen tun.

Bis 2030 werden Nicht-Regierungsorganisationen („Non-Government Organizations" – NGOs) an Zahl und Einfluss weiter zunehmen. NGOs und die dazugehörigen Non-Profit-Organisationen und Stiftungen spielen bereits heute eine große Rolle bei der Stärkung der globalen Zivilgesellschaft, beim Eintreten für Meinungsfreiheit, Umweltschutz und soziale Gerechtigkeit. Die Bedeutung dieser Rolle wird in den nächsten Jahrzehnten noch zunehmen. Weltweit war in den vergangen Jahren eine hohe Spendenbereitschaft zu verzeichnen: So ist beispielsweise das Spendenaufkommen für Greenpeace zwischen 2000 und 2009 um 4% jährlich gestiegen. Trotz der Wirtschaft- und Finanzkrise wurden für Opfer und Hilfsmaßnahmen nach dem Erdbeben in Haiti 2010 insgesamt 1,4 Milliarden US-Dollar gespendet. Diese Freigebigkeit wird sich in den nächsten Jahrzehnten fortsetzen. Allerdings wird sich die Form des Geldgebens wandeln. Neben der klassischen Unterstützung von Non-Profit-Organisationen durch Spenden tritt die „Venture Philanthropy", also die Unterstützung von Non-Profit-Organisationen und sozial tätigen Unternehmen durch Risikokapital, Mentoring, Beratung und Netzwerkkontakte.

3   Mögliche Szenarien für die Entwicklung von Geschäftsmodellen

Technologische, soziokulturelle und politisch-regulative Parameter sind maßgebliche Faktoren für die Stimmigkeit und den Erfolg eines Geschäftsmodells (Zollenkop, 2011). Je nach Ausprägung der im vorherigen Abschnitt beschriebenen Megatrends sind unterschiedliche Szenarien für die Entwicklung von Geschäftsmodellen in den nächsten zwei Jahrzehnten denkbar. Grundsätzlich lassen sich dabei die evolutionäre und die revolutionäre Geschäftsmodellentwicklung unterscheiden (Bieger/Reinhold, 2011). Diese Differenzierung bezeichnet allerdings die jeweils extremen Ausprägungen auf einem Kontinuum. In der Praxis werden zwischen diesen Schwarz- und Weiß-Polen viele Grautöne zu finden sein. Es ist intuitiv einleuchtend, dass in der Realität nicht ausschließlich die evolutionäre Geschäftsmodellentwicklung vorkommen wird. Diese These zu vertreten, würde bedeuten, die Möglichkeit von Technologiesprüngen oder „Wild Cards" von vornherein zu negieren. Noch wirklichkeitsferner ist die Annahme ausschließlich revolutionärer Geschäftsmodellentwicklungen. Das würde heißen, dem Großteil der heute existierenden Unternehmen die Fähigkeit zum schrittweisen Wandel ihres Geschäftsmodells abzusprechen.

3.1   Evolutionäre Geschäftsmodellentwicklung

Wie Bieger und Reinhold (2011) ausgeführt haben, werden bei einer evolutionären Adaption die Elemente oder die Architektur des Geschäftsmodells graduell verändert. Mögliche Auslöser eines solchen Prozesses sind veränderte Rahmenbedingungen. Wir beschreiben anhand ausgewählter Beispiele, zu welchen evolutionären Geschäftsmodellinnovationen die Megatrends führen könnten. Dabei zeichnen sich einige der Beispiele in Ansätzen bereits heute ab, andere sind denkbare Weiterentwicklungen, ohne dass Unternehmen oder Institutionen schon erste Schritte in diese Richung unternommen hätten.

Beispiel 1: Neue Dienstleistungen für ältere Menschen

Der demografische Wandel führt dazu, dass der Anteil älterer Menschen an der Bevölkerung zunehmen wird. Im Jahr 2030 werden in Deutschland fast 28% der Menschen mindestens 65 Jahre alt sein – heute beträgt deren Anteil erst 21% (Giannakouris, 2010, S. 8). Die Senioren wollen so lange wie möglich ein selbstbestimmtes Leben in ihrer gewohnten Umgebung führen. Vor diesem Hintergrund wird die Nachfrage nach Dienstleistungen steigen, die sie bei der Realisierung dieses Wunsches unterstützen. Gerade Menschen, die ihre Wohnung nur noch schwer verlassen können, sind bei ihrer Versorgung mit Lebensmitteln und Waren des täglichen Bedarfs auf Hilfe angewiesen. Es ist möglich, dass künftig Supermärkte entsprechende Angebote aufbauen. Erste Ansätze hat es bereits gegeben, allerdings wurden diese zumeist nicht großflächig umgesetzt, sondern blieben auf bestimmte Pilotregionen begrenzt. Obwohl diese Internet-basierten Angebote bislang von älteren Menschen nicht in großem Umfang angenommen worden sind, könnten sie sich in den nächsten zwei Jahrzehnten als Erfolgsmodell erweisen: Die künftigen Rentnergenerationen haben keinerlei Berührungsängste mit dem Internet und sind mit dem Online-Handel vertraut, sodass für den Lebensmitteleinzelhandel die Innovation der Distributionskanäle ein lohnendes Projekt darstellen könnte.

Für ambulante Pflegedienste wäre die Ausweitung ihres Leistungssystems eine Option, um zusätzliche Erträge zu generieren: Sie könnten den von ihnen betreuten Personen ein umfassendes Dienstleistungsportfolio anbieten. Dieses könnte zum Beispiel Einkaufsdienste, die Erledigung von Behördenangelegenheiten und die Vermittlung von Dienstleitungen wie Friseurbesuche zu Hause umfassen.

Beispiel 2: Energiecontracting/Facility Management

Aufgrund des Klimaschutzes wird die Regulierung zur Verminderung von CO_2-Emissionen verschärft; gleichzeitig steigen die Energiepreise drastisch an. Beide Faktoren erfordern Anstrengungen und Investitionen im Bereich der Energieeffizienz. Im Gebäudesektor ist die Höhe des Energiebedarfs eine entscheidende Determinante für die Betriebskosten und die CO_2-Emissionen einer Immobilie. Entsprechend wird der Bedarf nach Dienstleistungen steigen, die den Energiebedarf minimieren. Dazu gehört das Energiecontracting, bei dem Anbieter Komplettlösungen rund um die Energieversorgung übernehmen – von der Beratung, Planung, Finanzierung bis zum Betrieb von Energieanlagen. Bei diesem Geschäftsmodell realisiert der Contractor durch den Einsatz neuer effizienter Technologien Einsparpotenziale, die zunächst die Investitionskosten decken und langfristig an den Kunden weitergegeben werden (vgl. BMU, 2009).

Da sich die Nachfrage nach Contracting-Dienstleistungen angesichts der steigenden Energiepreise und des zunehmenden Umweltbewusstseins positiv entwickeln wird, haben etablierte Unternehmen aus „verwandten" Branchen Anreize, ihr Leistungssystem entsprechend anpassen. Diese Tendenz zeichnet sich bereits ab, denn die Akteure im Bereich Energiecontracting haben ihre Wurzeln in ganz verschiedenen Branchen, zum Beispiel kommen sie aus dem Umfeld von Energieversorgern. Schon heute ist zu beobachten, dass große Bauunternehmen – vor allem in ihrem Geschäftsbereich Facility-Management – das Geschäftsfeld Energiecontracting erschließen: Ein Anbieter stellt beispielsweise den technischen Betrieb einer Sportstätte sicher, inklusive der Übernahme des Energiemanagements (Liefer-Contracting). Dasselbe Unternehmen hat das Einspar-Contracting für ein Großklinikum übernommen und trägt dabei das Risiko im Prozess der Leistungserstellung.

Beispiel 3: Business-Schools entdecken die Ingenieurwissenschaften

Die weiter zunehmende Bedeutung der Technologie und die Entwicklung zur Wissensgesellschaft verlangt nach exzellent ausgebilden Fachleuten, gerade in den sogenannten MINT-Berufen.[5] Die zunehmende Nachfrage nach Absolventen technischer Studiengänge kann dazu führen, dass Business Schools ihr Geschäftsmodell weiterentwickeln und ihrem Lehr- und Forschungsprofil ausgewählte Ingenieurwissenschaften hinzufügen. Dabei liegt es auf der Hand, dass sie dabei anwendungsbezogen bleiben und beispielsweise mit Institutionen wie der Fraunhofer-Gesellschaft kooperieren. Die Erweiterung des Studienangebots ist bei Business Schools nicht vollkommen neu. So wird die European Business School in Wiebaden ab September 2011 auch Rechtswissenschaft lehren. Der Schritt zu einer Erweiterung von Lehre und Forschung um ausgewählte Ingenieurwissenschaften ist zwar tendenziell größer, liegt aber bei der Bedeutung, die das Kaufmännische in der Berufspraxis vieler Ingenieure und die das Technische in der Berufspraxis zumindest einer großen Anzahl von Kaufleuten hat, auch für die privaten Hochschulen nahe. Technische Universitäten und Fachhochschulen in öffentlicher Trägerschaft haben

---

[5] MINT – Mathematik, Informatik, Naturwissenschaft und Technik.

diesen Weg bereits erfolgreich beschritten, indem sie seit Jahren Studiengänge wie Wirtschaftsingenieurswesen oder Wirtschaftsinformatik anbieten.

3.2 Revolutionäre Geschäftsmodellentwicklung

Bei einer revolutionären Adaption werden die Elemente oder die Architektur eines Geschäftsmodells grundsätzlich verändert. Charakteristisch für diese Form der Geschäftsmodellentwicklung ist, dass aus der Sicht des Unternehmens völlig neue Märkte und Bedürfnisse angesprochen werden (vgl. Bieger/Reinhold, 2011). Auch bei revolutionären Adaptionen des Geschäftsmodells erfolgt die Initialzündung in der Regel durch veränderte Rahmenbedingungen. Wir stellen einige revolutionäre Geschäftsmodelle vor. Manche davon – wie das erste Beispiel „Better Place" – sind tiefer durchdachte Visionen, andere sind lediglich Gedankenskizzen.

Beispiel 1: Better Place

Die Verknappung fossiler Brennstoffe wird zu neuen Geschäftsmodellen im Bereich Energie und Verkehr führen. Vordenker dabei ist Shai Agassi, Gründer und CEO von Better Place. Seine Vision ist Mobilität ohne Abhängigkeit von Öl. Der ehemalige SAP-Manager setzt dabei auf Elektroautos. Sein 2007 gegründetes Unternehmen hat mit politischem Rückenwind der israelischen Regierung ein flächendeckendes Netz von Lade- und Batteriewechselstationen in Israel aufgebaut,[6] andere Märkte werden folgen. Das Geschäftsmodell, bei dem Better Place mit Renault zusammenarbeitet, sieht derzeit vor, dass Kunden rund 40.000 Euro für den Kauf eines Neuwagens investieren und einen Energievertrag mit Better Place abschließen. Dazu gehört, dass der Kunde seine Batterien an den Ladestationen von Better Place aufladen beziehungsweise austauschen kann (vgl. Bernhart/Zollenkop, 2011). In einer radikaleren Fortschreibung dieses Modells geht Better Place einen Schritt weiter, indem das Erlösmodell der Mobilfunkbranche auf die Elektromobilität übertragen wird: Die Kunden erhalten Autobatterien und komplette Elektrofahrzeuge kostenlos. Das

---

[6]   „After nearly three years of development, testing and trials, by my company and in partnership with Renault, history is being made as people are able to drive electric cars throughout the entire country with guaranteed mobility, zero oil use and zero exhaust emission." – So der CEO von Better Place in einem Artikel im *Economist* (vgl. Agassi, 2011, S. 121).

Ertragsmodell von Better Place basiert darauf, dass die Kunden die Betriebskosten per Fahrleistung bezahlen (vgl. Heuer, 2010).

Beispiel 2: Revolutionäre Energiekonzepte

Gelänge es Wissenschaftlern, ein Material zu entwickeln, das bei normalen Umgebungstemperaturen supraleitend ist, Strom also ohne Verluste transportiert, würde dies das Geschäftsmodell von Energieproduzenten tiefgreifend verändern. Dies würde eine Stromproduktion weit entfernt vom Ort des Stromverbrauchs ermöglichen und somit Projekte wie „Desertec" (Stromerzeugung über solarthermische Kraftwerke in der Sahara) stark forcieren. Der Schwerpunkt der heimischen Energieversorger läge dann auf der Energieverteilung und nicht mehr auf der (heimischen) Energieerzeugung.

Ein weiteres disruptives Energiekonzept: Neue, im Rahmen der Entwicklung von Elektroautos konstruierte Batterien oder eine Brennstoffzelle könnten Haushalte dezentral mit Strom versorgen. Zudem könnten die Erhöhung des Wirkungsgrads von Solarzellen oder die Installierung von „Mini-Windkraftwerken" (Windmühlen) einen weiteren Dezentralisierungsschub bei der Energieversorgung auslösen. Das würde langfristig das Hochspannungsnetz der Energieversorger überflüssig machen und deren Geschäftsmodell bedrohen.

Beispiel 3: Öffentlicher Nahverkehr zum Nulltarif

Um die Emissionen des Verkehrssektors zu reduzieren und die Energieeffizienz im Bereich Mobilität zu erhöhen, setzt der Staat einen starken Anreiz für den Umstieg auf den öffentliche Personennahverkehr: Die Regierung beschließt, dass der öffentliche Personennahverkehr komplett über Steuern finanziert wird; Fahrgäste können jedes Verkehrsmittel zum Nulltarif nutzen. Auf der einen Seite wäre dies eine Revolution des Ertragsmodells. Auf der anderen Seite entfielen alle Kosten für Automaten, Fahrkartenverkauf, Kontrollen etc. Die Verlagerung der Verkehrsteilnehmer auf Busse und Bahnen würde zudem die Straßen entlasten.

Welche evolutionär neuen Geschäftsmodellkonzepte sich in der Zukunft durchsetzen und welche revolutionär neuen Konzepte auftauchen werden, kann heute natürlich noch nicht abgeschätzt beziehungsweise vorhergesagt werden – zumal, wenn man, wie die Megatrends, bis ins Jahr 2030 blickt. Klar ist nur, dass Unternehmen und Institutionen ihre Geschäftsmodelle weiterentwickeln werden. Ein überlegenes Geschäftsmodell ist das schärfste Schwert im Wettbewerb. Das ist der Grund, weshalb Unternehmen viele Ressourcen in Geschäftsmodellinnovationen stecken und wissen wollen, an welchen Strukturen, Elementen und Prozessen sie ansetzen können. Und das ist wiederum der Grund, weshalb wir uns in diesem Buch intensiv mit Geschäftsmodellen und Geschäftsmodellinnovationen beschäftigt haben.

4 Literaturverzeichnis

Agassi, S. (2011): What China and Israel will teach the world (S. 121). In: *The World in 2011. The Economist*. Special Edition.

Bernhart, W./Zollenkop, M. (2011). Geschäftsmodellwandel in der Automobilindustrie – Determinanten, zukünftige Optionen, Implikationen. In: Bieger, T./zu Knyphausen-Aufseß, D./Krys, C. (Hrsg.): *Innovative Geschäftsmodelle. Konzeptionelle Grundlagen, Gestaltungsfelder und unternehmerische Praxis* (S. 277-298). Berlin et al.: Springer-Verlag.

Bieger, T./Reinhold, S. (2011). Das wertbasierte Geschäftsmodell – Ein aktualisierter Strukturierungsansatz. In: Bieger, T./zu Knyphausen-Aufseß, D./Krys, C. (Hrsg.): *Innovative Geschäftsmodelle. Konzeptionelle Grundlagen, Gestaltungsfelder und unternehmerische Praxis* (S. 13-70). Berlin et al.: Springer-Verlag.

Büschemann, K. (2010). An jedem Kiosk der Welt. In: *Süddeutsche Zeitung*, 22. September 2010.

Bundesministerium für Umwelt, Naturschutz und Reaktorsicherheit (BMU) (2009). *Umwelttechnik-Dienstleistungen. Treiber für ökologische Modernisierung und Beschäftigung*. Berlin.

EIU (2010). *EIU dataservices – EIU* Country *Data*. Economist Intelligence Unit. 2010.

Giannakouris, K. (2010). Regional population projections EUROPOP 2008: Most EU regions face older population profile in 2030. In: *eurostat Statistics in Focus*, 1/2010.

Henzelmann, T. (2010). *Erfolg durch Green Transformation*. Köln: BrunoMedia.

Heuer, S. (2010). „Stärker als Geld allein" (S. 86-89). In: *brandeins*, Heft 5 2010.

IfW (2009). Pressemitteilung vom 5. November 2009. http://www.ifw-kiel.de/medien/pressemitteilungen/2009/pm05-11-09; abgerufen am 2. März 2010.

Krys, C./Pfaeffle, N./Reichl, V. (2011): *Trend Compendium 2030* (interaktive DVD). München: Roland Berger Strategy Consultants.

Magretta, J. (2004). *Basic Management*. München: Deutscher Taschenbuch Verlag.

Moe, T./Maasry, C./Tang, R. (2010). *EM Equity in Two Decades: A Changing Landscape*. Goldman Sachs Global Economic Papers No. 204. 8. September 2010. The Goldman Sachs Group.

Naisbitt, J. (1982). *Megatrends. Ten New Directions Transforming our Lives*. Warner Books.

o.V. (2010a): *What is a Wild Card?*
http://wiwe.iknowfutures.eu/what-is-a-wild-card/; abgerufen am 7. Januar 2011.

Schwenker, B./Spremann, K. (2008). *Unternehmerisches Denken zwischen Strategie und Finanzen. Die vier Jahreszeiten der Unternehmung*. Berlin: Springer-Verlag.

Taleb, N. (2008). *Der schwarze Schwan. Die Macht höchst unwahrscheinlicher Ereignisse*. München: Hanser Verlag.

Triumph-Adler (2010). *„Marktführer mit neuer Imagekampagne"*. Pressemeldung vom 21. Dezember 2010.
http://www.triumph-adler.de/C125713A00471CCE/direct/ta-triumph-adler-marktfuehrer-mit-neuer-imagekampagne; abgerufen am 8. Januar 2011.

Triumph-Adler (2011). *Firmenchronik Triumph-Werke* auf www.triumph-adler.de.
http://www.triumph-adler.de/C125713A00471CCE/direct/chronik-triumph-werke; abgerufen am 8. Januar 2011.

Triumph-Adler (2011). *Firmenchronik 1986-2000* auf www.triumph-adler.de.
http://www.triumph-adler.de/C125713A00471CCE/direct/triumph-adler-1986-2000; abgerufen am 8. Januar 2011.

Zollenkop, M. (2011). Geschäftsmodellinnovation im Spannungsfeld zwischen Unternehmensgründung und Konzernumbau. In: Bieger, T./zu Knyphausen-Aufseß, D./Krys, C. (Hrsg.): *Innovative Geschäftsmodelle. Konzeptionelle Grundlagen, Gestaltungsfelder und unternehmerische Praxis* (S. 201-211). Berlin et al.: Springer-Verlag.

Autorenverzeichnis

Bernhart, Wolfgang, Dr., ist Partner im Automotive Competence Center bei Roland Berger Strategy Consultants in Stuttgart. Er berät Unternehmen im In-und Ausland; die Projektthemen reichen von operativen Prozess-und Organisationsfragen bis hin zur strategischen Gesamtausrichtung. Dabei liegt ein besonderer Schwerpunkt seiner Beratungstätigkeit in entwicklungs- und technologiefokussierten Themen. Dr. Wolfgang Bernhart betreut Kunden unter anderem in Deutschland, Frankreich, Italien, Russland, USA und China. Er hat Maschinenbau (Produktionstechnik) an der Universität Karlsruhe studiert und am Institut für Produktionstechnik der Universität Karlsruhe zum Thema „entwicklungsbegleitende Kalkulation" promoviert.
wolfgang.bernhart@de.rolandberger.com

Bieger, Thomas, Prof. Dr. rer. pol., Ordinarius für Betriebswirtschaftslehre mit besonderer Berücksichtigung der Tourismuswirtschaft, Rektor der Universität St. Gallen und Direktor des Instituts für Systemisches Management und Public Governance der Universität St. Gallen (IMP-HSG). Publikations-, Forschungs-, Beratungs- und Unterrichtstätigkeiten an verschiedenen Hochschulen/Universitäten (unter anderem Universität Innsbruck, Wirtschaftsuniversität Wien, Universita Svizzera Italiana Lugano, University of Otago) mit Schwerpunkt Dienstleistungsmanagement und Netzwerkmanagement sowie Destinations- und Standortmanagement.
thomas.bieger@unisg.ch

Daecke, Julia, Dr. rer. pol., ist Vice President bei der Deutschen Telekom AG in Bonn und leitet in der Group Technology den Bereich OSS Programs and Projects. Zuvor verantwortete sie als Projekt Managerin bei Roland Berger Strategy Consultants Projekte in der IT- und Telekommunikationsbranche. Dr. Julia Daecke hat Wirtschaftsingenieurwesen an der Universität Karlsruhe studiert und an der Universität Bamberg zum Thema Open Innovation promoviert.
julia.daecke@telekom.de

Drees, Alexander, ist wissenschaftlicher Mitarbeiter und Doktorand von Prof. Dr. Möller. Er koordiniert das vom Deutschen Bundesministerium für Bildung und Forschung geförderte Projekt *EDiMed* zur Effizienzbewertung von Dienstleistungen. Zuvor hat er an der Universität Karlsruhe (jetzt Karlsruher Institut für Technologie) Wirtschaftsingenieurwesen studiert und anschließend im Bereich Transaction Advisory Services von Ernst & Young in Hamburg und Mumbai gearbeitet.

alexander.drees@wiwi.uni-goettingen.de

Eilenberger, Guido, Prof. Dr., war nach dem Studium der Rechts- und Wirtschaftswissenschaften und einer Tätigkeit als wissenschaftlicher Mitarbeiter an der Universität München Lehrbeauftragter und Gastprofessor der Universität Innsbruck und der TU Chemnitz. Von 1991 bis 1993 war er Professor der Katholischen Universität Eichstätt, von 1993 bis 2006 Inhaber des Lehrstuhls für Allgemeine Betriebswirtschaftslehre, Bankbetriebslehre und Finanzwirtschaft der Universität Rostock und Vorstand des Instituts für Betriebswirtschaft. Daneben wirkte er als Vorstand des Instituts für Bankrecht und Bankwirtschaft an der Universität Rostock und als Leiter des Zentrums für bankbetriebliche Forschung (ZBF), Rostock. Forschungsaufenthalte führten ihn in die USA, nach Hongkong und Singapur. Seit 2006 ist Prof. Dr. Eilenberger Professor emeritus mit Aktivitäten bevorzugt im International Banking und International Financial Management.

guido-eilenberger@t-online.de

Franke, Tim, studierte Wirtschaftsingenieurwesen an der Technischen Universität Berlin. Er ist wissenschaftlicher Mitarbeiter am Fachgebiet für Strategische Führung und Globales Management bei Prof. Dr. Dodo zu Knyphausen-Aufseß und leitet das Siemens Center of Knowledge Interchange an der TU Berlin. Zu seinen bisherigen Praxistätigkeiten zählen unter anderem Engagements bei der PAREXEL International GmbH, der Deutsche Bahn AG und Horváth & Partner Management Consultants. Die Forschungsschwerpunkte von Tim Franke sind Fragestellungen der Diversifikation und des strategischen Managements von Konzernen.

tim.franke@cki.tu-berlin.de

Frick, Roman, M.A. HSG in Banking and Finance, ist wissenschaftlicher Mitarbeiter am Lehrstuhl von Prof. Dr. Dr. h.c. Klaus Spremann am Schweizerischen Institut für Banken und Finanzen der Universität St. Gallen.

roman.frick@unisg.ch

Gregarek, Daniel, Studium der Wirtschaftswissenschaften an der Universität Bochum; seit 2005 wissenschaftlicher Mitarbeit am Institut für Umwelttechnik und Management mit den Schwerpunkten internationales Management und Controlling; seit 2010 Prokurist.

gregarek@uni-wh-utm.de

Gross, Mirco, Dipl-.Kfm., wissenschaftlicher Mitarbeiter und Doktorand am Institut für Systemisches Management und Public Governance der Universität St. Gallen (IMP-HSG) am Lehrstuhl von Prof. Dr. Kuno Schedler und am SBB Lab an der Universität St. Gallen. Sein Studium der Betriebswirtschaft mit den Schwerpunkten Public Management, Logistik und Operations Research absolvierte er an der Universität Hamburg. Forschungsinteressen: Entscheidungen in multirationalen Kontexten, Liberalisierung im öffentlichen Personenverkehr.

mirco.gross@unisg.ch

Harbach, Michael, Studium der Volkswirtschaftslehre an den Universitäten Heidelberg und Mannheim; seit 2005 wissenschaftlicher Mitarbeiter am Institut für Umwelttechnik und Management an der Universität Witten/Herdecke; zudem international beratend tätig für Behörden, Ministerien und Unternehmen.

harbach@uni-wh-utm.de

Harren, Hendrik, studierte von 2000 bis 2005 Wirtschaftsingenieurwesen an der Technischen Universität Karlsruhe ; im Jahr 2004 schloss er einen einjährigen M.Sc. (Management) am Rensselaer Polytechnic Institute in den USA ab, wo er erste Fachartikel veröffentlichte. Seit 2006 ist Hendrik Harren hauptsächlich im Energiebereich bei Siemens Management Consulting tätig, seit 2009 als Projektleiter; derzeit Promotion an der Technischen Universität Berlin, Forschungsschwerpunkt: Geschäftsmodelle in der Energiewirtschaft.

Hendrik.Harren@siemens.com

Heitmann, Martin, studierte Betriebswirtschaftslehre an der Universität Hamburg, der Technischen Universität Berlin und der Wirtschaftsuniversität Wien mit den Schwerpunkten Marketing, Technologie- und Innovationsmanagement. Zu seinen bisherigen Praxistätigkeiten zählen Engagements bei der Deutsche Städte Medien GmbH und den Deutsche Telekom Laboratories. Martin Heitmann ist wissenschaftlicher Mitarbeiter am

Fachgebiet für Strategische Führung und Globales Management bei Prof. Dr. Dodo zu Knyphausen-Aufseß. Seine Forschungsschwerpunkte befassen sich mit den Fragestellungen des strategischen Managements in der Softwareindustrie, speziell des Umgangs proprietärer Anbieter mit Open Source Softwareentwicklung.

heitmann@strategie.tu-berlin.de

van Hettinga, Eiko, hat 2011 sein Studium des Wirtschaftsingenieurwesens an der TU Berlin abgeschlossen. Er ergänzte sein Studium durch Aufenthalte an der Cass Business School und der Universidade de São Paulo (USP). Derzeit arbeitet er bei der Unternehmensberatung Siemens Management Consulting.

eiko_vh@gmx.de

Hoffmann, Dirk, Dr. h. c., Alumni der Elektroingenieurs-Fakultät der Universität München und ehemaliges Kadermitglied der Deutschen Bundeswehr, trat 1993 der BSH Bosch und Siemens Hausgeräte GmbH bei. In seiner jetzigen Funktion als CEO der Regionen APAC, Afrika, UAE, ANZ und Indien leitet er globale Wachstumsprojekte. Seinen Ehrendoktortitel verlieh ihm die Visayas State University (Philippinen) für sein hohes Engagement im Protos Jathropha Pflanzenölkocher Projekt und für seine ehrenamtliche Tätigkeit im Rahmen einer Gastprofessur.

dirk.hoffmann@bshg.com

zu Knyphausen-Aufseß, Dodo, Prof. Dr. rer. pol., seit 2008 Leiter des Fachgebietes Strategische Führung und Globales Management an der Technischen Universität Berlin. Vorher war er Inhaber einer Stiftungsprofessur für Unternehmensführung, Unternehmenspolitik und Organisation an der Universität Heidelberg (1993-1994), des Lehrstuhls für Allgemeine Betriebswirtschaftslehre, insbesondere Internationales Management, an der Universität Jena (1994-1999) und des Lehrstuhls für Betriebswirtschaftslehre, insbesondere Personalwirtschaft und Organisation, an der Universität Bamberg (1999-2008). Studium, Promotion (1988) und Habilitation (1994) an der Ludwig-Maximilians-Universität München. Seine Forschungsschwerpunkte sind Strategische Unternehmensführung, Top Management Teams und Entrepreneurship.

knyphausen@strategie.tu-berlin.de

Krys, Christian, Dr. rer. pol., studierte Elektrotechnik sowie Betriebs- und Volkswirtschaftslehre an der Ruhr-Universität Bochum und an der Fern-Universität Hagen. Er promovierte im Jahr 2003 bei Prof. Dr. Dodo zu Knyphausen-Aufseß an der Otto-Friedrich-Universität Bamberg. Seit 1996 arbeitet Dr. Christian Krys bei Roland Berger Strategy Consultants in Düsseldorf. Er leitet das Academic Network und das Doktorandenprogramm von Roland Berger. Thematische Schwerpunkte seiner Arbeit sind makroökonomische Fragestellungen sowie Trends und Szenarioplanung. Veröffentlichungen auf diesen Gebieten.

christian_krys@de.rolandberger.com

Laesser, Christian, Prof. Dr. oec. HSG, Professor für Betriebswirtschaftslehre mit besonderer Berücksichtigung der Tourismuswirtschaft und Vizedirektor des Instituts für Systemisches Management und Public Governance der Universität St. Gallen (IMP-HSG). Forschungs-und Unterrichtstätigkeiten unter anderem an verschiedenen Hochschulen/Universitäten mit Schwerpunkt Tourismus- und Destinationsmanagement. Internationale Publikationen.

christian.laesser@unisg.ch

Mansel, Robert, Student des Wirtschaftsingenieurwesens an der Technischen Universität Berlin. Zu seinen Studienschwerpunkten gehören Wettbewerbs- und Unternehmensstrategien sowie Produktion und Logistik. Seine bisherigen Forschungsaktivitäten umfassen unter anderem Einflussfaktoren auf Geschäftsmodelle. Derzeit arbeitet er am Fachgebiet für Logistik der TU Berlin an der Lehrveranstaltung Produktionslogistik und dem Benchmarking-Wettbewerb „Manufacturing Excellence Award".

robert.mansel@googlemail.com

Möller, Klaus, Univ.-Prof. Dr., ist Direktor des Instituts für Accounting, Controlling und Auditing sowie Inhaber der Professur Controlling/Performance Management an der Universität St. Gallen und schriftführender Herausgeber der Zeitschrift „Controlling". Nach Studium zum Wirtschaftsingenieur (Maschinenbau) an der TU Darmstadt Promotion und Habilitation bei Prof. Dr. Dr. h.c. mult. Péter Horváth an der Universität Stuttgart. Anschließend Lehrstuhlinhaber für Controlling an der TU München und der Universität Göttingen. Zahlreiche internationale Forschungs- und Beratungsprojekte sowie Gutachten für Unternehmen und öffentliche

Institutionen. Seine Forschungsgebiete sind Performance Management, Netzwerk- und Innovationscontrolling.
Klaus.Moeller@unisg.ch

Reinhold, Stephan, M.A. HSG, dipl. Wipäd., wissenschaftlicher Mitarbeiter und Doktorand am Institut für Systemisches Management und Public Governance (IMP-HSG) am Lehrstuhl von Prof. Dr. Thomas Bieger und am SBB Lab an der Universität St. Gallen. Sein Studium in Strategic and International Management absolvierte er an der Universität St. Gallen. Forschungsinteressen: Geschäftsmodelle, Innovation und organisationaler Wandel, Dienstleistungs- und Netzindustrien.
stephan.reinhold@unisg.ch

Reuter, Emmanuelle, MSc, MIB, wissenschaftliche Mitarbeiterin am Institut für Systemisches Management und Public Governance (IMP-HSG) am Lehrstuhl von Prof. Dr. Thomas Bieger und Doktorandin im Strategischen Management an der Universität St. Gallen. Ihre Masterstudien absolvierte sie am Institut National Polytechnique de Grenoble (INPG, Frankreich) und der Grenoble Graduate School of Business (GGSB, Frankreich). Ihre derzeitigen Forschungsinteressen beziehen sich auf strategische Entscheidungen aus einer kognitiven Perspektive.
emmanuelle.reuter@unisg.ch

Rudolph, Karl-Ulrich, Promotion zum Dr.-Ing. in Darmstadt sowie Promotion zum Dr. rer. pol. in Karlsruhe; seit 1985 Professor für Umweltmanagement und Leiter des Instituts für Umwelttechnik und Management an der Universität Witten/Herdecke; zudem unter anderem Gastprofessur an der National Economics University of Vietnam, Koordinator der UNW-DPC-Arbeitsgruppe „Capacity Building in Water Efficiency", Aufsichtsrat und Beirat in namhaften Unternehmen und Gebietskörperschaften, sowie international tätiger Gutachter.
mail@professor-rudolph.de

Schläfke, Marten, wissenschaftlicher Mitarbeiter und Doktorand an der Professur für Unternehmensrechnung und Controlling der Georg-August-Universität Göttingen. Er studierte Betriebswirtschaft auf Diplom an der Georg-August-Universität Göttingen und der Katholischen Universität Leuven (Belgien). Im Rahmen seiner Forschung befasst er sich mit den

Aufgaben und der Ausgestaltung von Performance Management Systemen sowie deren Schnittstellen zu Business Analytics.

Marten.Schlaefke@wiwi.uni-goettingen.de

Spremann, Klaus, Prof. Dr., Dr. h. c., lehrt seit 1990 als Ordinarius an der Universität St. Gallen und ist Direktor am Schweizerischen Institut für Banken und Finanzen. Von 1977 bis 1990 war er Professor für Wirtschaftswissenschaften im Studiengang Wirtschaftsmathematik an der Universität Ulm. Zu den weiteren Stationen seiner akademischen Tätigkeit gehören München, Karlsruhe, Vancouver, Taipei, Innsbruck, Hong Kong und Singapur. Schwerpunkte seiner Arbeitsgebiete sind Investition und Finanzierung.

klaus.spremann@unisg.ch

Wiedemann, Andrea, arbeitet als Wirtschaftsjournalistin und Lektorin. Studium der Wirtschaftlichen Staatswissenschaften und der Slawistik. Berufliche Stationen: Volontariat und Tätigkeit als Wirtschaftsredakteurin bei einer Tageszeitung; langjährige Tätigkeit im Bereich Corporate Publishing. Themenschwerpunkte: Ökologische Industriepolitik, Umwelttechnologie, Innovation, Managementstrategien.

andrea.wiedemann@mnet-online.de

Zaby, Andreas, Prof. Dr., lehrt „International Management" und „Entrepreneurial Finance" an der Hochschule für Wirtschaft und Recht Berlin. Er ist dort auch Vizepräsident für Internationales und Weiterbildung. Zuvor war er als Berater bei Bain & Company und als Finanzvorstand eines deutsch-amerikanischen biopharmazeutischen Unternehmens tätig. Er studierte Betriebswirtschaftslehre in Bayreuth und San Diego und promovierte bei Prof. Dr. Dodo zu Knyphausen-Aufseß zur Internationalisierung von Hochtechnologie-Unternehmen.

andreas.zaby@hwr-berlin.de

Zollenkop, Michael, Dr. rer. pol., Principal und Mitglied der Geschäftsleitung bei Roland Berger Strategy Consultants in Stuttgart. Seine Beratungsschwerpunkte liegen in den Bereichen innovative Geschäftsmodelle, Produktentwicklungs- und Innovationsmanagement sowie cross-funktionale Performance-Optimierung; seinen Branchenfokus bilden die Automobilindustrie, Maschinen- und Anlagenbau sowie Hightech-Branchen. Promoviert wurde er an der Universität Bamberg bei Prof. Dr. Dodo zu

Knyphausen-Aufseß zum Thema Geschäftsmodellinnovation; er studierte Betriebswirtschaftslehre, Volkswirtschaftslehre und Politikwissenschaften an den Universitäten Erlangen-Nürnberg, Detroit/USA und Strasbourg/ Frankreich.

michael_zollenkop@de.rolandberger.com